南海周边国家
海洋渔业资源和捕捞技术

杨 吝 主编

海洋出版社

2017 年 · 北京

内容简介

在南海周边有许多个国家，除了中国，还主要包括菲律宾、文莱、马来西亚、印度尼西亚、新加坡、泰国、柬埔寨和越南。为了让广大渔民和渔业工作者进一步了解和掌握南海周边国家的海洋渔业资源及捕捞技术，特此编写本书。

本书共分八章，分别叙述了菲律宾、文莱、马来西亚、印度尼西亚、新加坡、泰国、柬埔寨和越南这 8 个国家的海洋渔业资源及其捕捞技术，主要包括海域环境、渔业资源、渔场渔汛、渔具渔法、捕捞生产、渔港设施等。

本书图文并茂，基本反映出目前南海周边国家的海洋渔业面貌和捕捞技术水平，可供广大渔民、渔业院校师生、渔业科研人员和渔业工作者参考。由于编者水平有限，参考文献和资料不足，书中不妥甚至错误之处在所难免，敬请读者批评指正。

图书在版编目（CIP）数据

南海周边国家海洋渔业资源和捕捞技术/杨吝主编．—北京：海洋出版社，2017.9
ISBN 978-7-5027-9947-2

Ⅰ.①南…　Ⅱ.①杨…　Ⅲ.①海洋渔业-资源管理-研究-东南亚②海洋渔业-渔法-研究-东南亚　Ⅳ.①F333.064②S973.9

中国版本图书馆 CIP 数据核字（2017）第 243540 号

责任编辑：杨　明
责任印制：赵麟苏

海洋出版社　出版发行

http://www.oceanpress.com.cn
北京市海淀区大慧寺路 8 号　邮编：100081
北京朝阳印刷厂有限责任公司印刷　新华书店发行所经销
2017 年 10 月第 1 版　2017 年 10 月北京第 1 次印刷
开本：787mm×1092mm　1/16　印张：26.5
字数：534 千字　定价：160.00 元
发行部：62132549　邮购部：68038093　总编室：62114335
海洋版图书印、装错误可随时退换

《南海周边国家海洋渔业资源和捕捞技术》

编委会

主　编　杨　吝

编　委　杨　吝　杨炳忠　张　鹏　张旭丰

　　　　晏　磊　谭永光　陈　森　李　杰

前　言

南海，在国际上通称中国南海（South China Sea），是中国南部的陆缘海，也是西太平洋的一部分，地处热带、亚热带，位于 3°11′~23°35′N、98°00′~120°15′E 之间，外形大体上呈东北—西南向伸展的偏菱形，南北长约 2 900 km（跨越 20 多个纬度），东西宽约 1 600 km。整个南海被中国大陆、中国台湾岛、菲律宾群岛（包括吕宋岛、巴拉望岛等）、大巽他群岛（包括苏门答腊、爪哇、马都拉、加里曼丹、苏拉威西等岛屿）及中南半岛（中印半岛）和马来半岛所环绕。

在南海周边有许多个国家，除了中国之外，还有最邻近的国家（以顺时针为序）主要包括菲律宾、文莱、马来西亚、印度尼西亚、新加坡、泰国、柬埔寨和越南。这些最邻近国家的海洋渔业部分在南海水域。所以，南海水域环境的好坏和鱼类资源及其他水产资源的多少，对这些国家的海洋渔业发展有着直接的影响。

中国政府历来高度重视南海（尤其南沙水域）渔业的发展，提出了"开发南沙，渔业先行"的战略决策。中国是南海周边最大的国家，在摸清本国南海水域渔业情况的基础上，为了更好地开发南海（尤其南沙）渔业生产，切实维护我国的海洋及渔业权益，颇有必要进一步了解和掌握我国南海周边其他国家的海洋渔业资源及捕捞技术，也具有重大、深远的意义。于是，我们特此编写本书——《南海周边国家海洋渔业资源及捕捞技术》。特别指出，有关中国海洋渔业资源和捕捞技术方面已另有专著，所以本书不含中国方面。

本书共分 8 章，分别着重叙述南海周边（中国除外）8 个国家（包括菲律宾、文莱、马来西亚、印度尼西亚、新加坡、泰国、柬埔寨和越南）的海洋渔业资源及捕捞技术，主要包括海域环境、渔业资源、渔场渔汛、渔具渔法、捕捞生产、渔港设施等。

本书图文并茂，基本反映出目前南海周边国家的海洋渔业面貌和捕

1

捞技术水平，可供广大渔民、渔业院校师生、渔业科研人员和渔业工作者参考。由于编者水平有限，参考文献和资料不足，书中不妥甚至错误之处在所难免，敬请读者批评指正。

编者

2015 年 10 月

目　　录

第一章
菲律宾海洋捕捞和渔具渔法

第一节 自然环境

菲律宾位于亚洲东南部，在中国的东南方。北面隔离巴士海峡与中国台湾省遥遥相望，西面濒临南海，南和西南面隔着苏拉威西海、苏禄海、巴拉巴克海峡与印度尼西亚、马来西亚相望，东临广阔的太平洋（图1-1）。它是亚洲、大洋洲两大陆和太平洋之间以及东亚和南亚之间的桥梁，其地理位置具有重要的战略意义。

图1-1 菲律宾地理位置

菲律宾是一个群岛国家，被称为"千岛之国"。岛屿面积占全国土地总面积的3/4以上，其中北部的吕宋岛最大，其次是南部的棉兰老岛、中东部的萨马岛等11个主要岛屿占全国岛屿总面积的96%。主要河流有棉兰老河、卡加延河等。

菲律宾海岸线十分曲折，长达17 460 km。沿岸天然良港较多。海洋水域广阔，大陆架约为陆地面积的2/3，在东南亚国家中仅次于印度尼西亚、马来西亚和缅甸，位居第四，是海洋渔业的主要作业场所。

菲律宾整个国家处在北回归线以南，属于热带地区，北部属海洋性热带季风气候，南部属热带雨林气候，年均气温27℃左右，温差小，终年炎热多雨，水源充沛，年降水量2 000~3 000 mm，由北往南逐增。森林茂密，占全国土地面积的40%以上。夏季和秋季多雨、湿度大、台风多。每年11月至翌年5月为少雨季节，6—10月为多雨季节。每年7—11月是台风旺发季节，尤其是位于北部的吕宋岛一年遭受20多次台风袭击，而南部的棉兰老岛则很少受到台风的影响。

菲律宾海流主要受从东部流入的北赤道洋流控制。北赤道洋流一般在北纬5°以北由东向西流动，在临近菲律宾时分为2支：一支向北，沿菲律宾群岛向北移动，然后在中国台湾省沿岸形成黑潮暖流；一支向南，向东南亚补充太平洋水，形成赤道逆流由西向东流。菲律宾各内海主要受季风影响，其次是受黑潮暖流及北赤道洋流的影响。

菲律宾四面环海，岛屿众多，各岛之间的海洋水深一般在50 m以内。内海辽阔，面积比陆地大5倍左右，但群岛的外海则很深，在菲律宾群岛东缘是棉兰老海沟（也称菲律宾海沟），最大深度达到11 299 m，是全球最深的海沟之一。境内多内海、海峡和港湾，沿岸河口港湾和岛屿周围有充足的饵料、营养盐。

优越的自然环境为各种水产资源的栖息、生长、繁殖提供了很好的条件，也为发展海洋捕捞业营造了得天独厚的基础，海洋渔业开发潜力巨大。

第二节　渔业资源与渔场

一、渔业资源状况

菲律宾海洋渔业资源丰富，海洋鱼类约1 600种，占东南亚地区海洋鱼类种类的80%；虾类资源也很丰富；金枪鱼资源居世界前列，并且在沿海岛屿经常发现新的海洋物种。据联合国粮农组织（FAO）资料，底层鱼类可捕量为$70×10^4$ t；近海中上层鱼类可捕量在$65×10^4$ t左右；外海中上层鱼类可捕量约$30×10^4$ t。重要的渔场有42个，传统作业的渔场面积$64×10^4$ km²，尚未开发的渔场面积估计为$12.6×10^4$ km²。

菲律宾具有良好的渔业资源基础，目前海洋捕捞以个体渔民捕鱼为主，正处开发时期，发展潜力很大。根据菲律宾渔业与水生资源局（BFAR）1995 年的数据，菲律宾专属经济区（EEZ）海域渔业资源年最大持续可捕量（MSY）为 $165×10^4$ t。2004 年 EEZ 海域渔获量 $157.8×10^4$ t，已接近 MSY 水平（表 1-1）。菲律宾 EEZ 海域的底层鱼、虾资源还有一定开发潜力。

表 1-1　菲律宾海洋渔业资源状况

类　别	EEZ 海域 MSY （$×10^4$ t）[1]	EEZ 海域产量（$×10^4$ t）[2]		国内渔业产量（$×10^4$t）	
		2004 年	最高（年份）	2006 年	最高（年份）
渔业资源	165	157.8	157.8（2004）	216.2	216.2（2006）
其中：底层鱼、虾	60	42.2	42.2（2003）	44.5	44.5（2006）
中上层鱼类	80	87.8	87.8（2004）	104.0	106.3（2005）
金枪鱼和类金枪鱼	25	21.2	21.2（2004）	59.3	59.3（2006）

注：① BFAR. 1995. On the allocation of fishing area for exclusive use by the municipal fisheries sector: a policy brief. Bureau of Fish and Aquatic Res., Quezon City, Philippines.

② http://www.seaarourdus.org

二、捕捞资源种类

菲律宾境内所属的海域渔业资源比较丰富，种类繁多。已经发现的捕捞资源种类超过 2 000 种，但具有开发潜力的种类只有 100 多种。其中，可作为商业性捕捞的有 70 余种，主要包括黄鳍金枪鱼（*Thunnus albacores*）、鲣（*Katsuwonus pelamis*）、双鳍舵鲣（*Auxis rochei*）、扁舵鲣（*Auxis thazard*）、鲔（*Euthynnus affinis*）、其他金枪鱼类、鲭科（Scombridae）、旗鱼（*Istiophorus platypterus*）、甲鲹（*Citula armatus*）、鲻（*Mugil cephalus*）、秋刀鱼属（*Lolobabi* spp.）、羊鱼科（Mullidae）、鲻银汉鱼（*Pseudomugil signifer*）、小沙丁鱼（*Sardinella*）、羽鳃鲐（*Restrelliger kanagarta*）、短体羽鳃鲐（*Restrelliger brachysoma*）、沙丁鱼（*Sardinella*）、眼镜鱼（*Mene maculata*）、六齿金线鱼（*Nemipterus hexodon*）、侧带小公鱼属（*Stolephorus* spp.）、带鱼（*Trichiutus lepturus*）、蓝枪鱼（*Makaira mazara*）、剑鱼（*Xiphius gladius*）、红斑狗母鱼（*Synodus rubromarmaratus*）、勒氏皇带鱼（*Regilecus russellii*）、金眼鲷科（Berycidae）、鮨科（Serranidae）、鲹科（Carangidae）、脂眼凹肩鲹（*Selar crumenophthalmus*）、圆腹鲱（*Dussumieria hassletii*）、燕飞鱼（*Prognichthys agoo*）、黑鳃棘鲈（*Plectropomus melanoleucus*）、梅鲷（*Casio*）、樱虾科（Sergestoidea）、对虾属（*Penacus*）、枪乌贼属（*Loligo* spp.）、锯缘青蟹（*Scylla serrata*）、海参、螯虾、章鱼等。

1. 中上层鱼类

菲律宾沿岸中上层鱼类资源的开发历史悠久，早于底层鱼类资源的开发，而且开发量也比底层鱼类多。

（1）羽鳃鲐属：菲律宾海域常见的羽鳃鲐属有羽鳃鲐和短体羽鳃鲐2个种，以前者较为丰富，广泛分布于近海区；后者则分布于沿岸水域。这2种羽鳃鲐主要被围网和刺网捕捞。

（2）圆鲹属：常见的有长体圆鲹（*Decapterus macrosoma*）、马氏圆鲹（*D. Decapterus maruadsi*）和红鳍圆鲹（*D. Russelli*），分布于环热带浅海和邻近大洋海域。捕捞水深为40~200 m。马尼拉湾的长体圆鲹分布水深为50~90 m，渔获平均体长为177 mm（雄）和176 m（雌），最大为250 mm，产卵期在每年11月至翌年3月。以甲壳类、浮游动物、鱼类和软体动物为食。

（3）小沙丁鱼属：以长头小沙丁鱼（*Sardinella longiceps*）和黑色小沙丁鱼（*S. fimbriata*）为常见。在马尼拉湾捕获的长头小沙丁鱼平均体长为127 mm，最大体长223 mm，补充群体体长80 mm。马尼拉湾的黑色小沙丁鱼分布水深为10~20 m，渔获平均体长100~180 mm；繁殖力为2.1万~6.1万粒卵，5月和10月有补充群体，体长40 mm。主要渔具是围网、刺网和袋网。

（4）鳀科：通常分布于沿岸海域，喜栖于浅海，密集于近岸水域。主要有布氏侧带小公鱼（*Stolephorous buccaneeri*）、康氏侧带小公鱼（*S. commersoni*）、棘头侧带小公鱼（*S. heterolobus*）、德氏侧带小公鱼（*S. devisi*）、棘侧带小公鱼（*S. punctifer*）、印度侧带小公鱼（*S. indicus*）等。布氏侧带小公鱼和康氏侧带小公鱼均分布于5~30 m水深，渔获最大体长分别为130 mm和113 mm，产卵季节分别于9月至翌年3月和2—6月；短头侧带小公鱼、德氏侧带小公鱼和棘侧带小公鱼常年均可繁殖，以10月至翌年3月为产卵高峰期，寿命1~2年。渔场一般限于沿岸水域，主要渔具有敷网、袋网和小型小网目围网。

（5）鲹科：以大甲鲹（*Megalaspis cordylo*）、金带鲹（*Selaroides leptolepis*）、脂眼凹肩鲹、及达叶鲹（*Caranx djeddaba*）和马拉巴裸胸鲹（*Caranx malabanirus*）为常见。米沙鄢海拖网捕获的鲹科鱼类水深因种而异，大甲鲹捕于20~50 m和110~140 m水深，金带鲹捕于20~50 m水深，后三种鲹则捕于20~80 m水深。捕获的金带鲹全长为35~185 mm，其中，全长35~60 mm的捕于7月、10月和1—3月，而全长150~185 mm的捕于7月至翌年3月。全长30~180 mm的金带鲹主要在马尼拉湾口水域15 m水深处被刺网捕获，而其他渔具在湾内作业。较小的鱼捕于2—3月。米沙鄢海的金带鲹产卵于8—9月和1—3月，7月和10月有体长35~60 mm的补充群体，首次性成熟的雄、雌鱼体长分别为152 mm和154 mm。

（6）康氏马鲛（*Scomberomorus commerson*）：广泛分布于近岸和近海水域。仔幼鱼常在沿岸水域被拖网和桩张网捕获，而成鱼在近海水域被刺网、曳绳钓和延绳钓捕获。

（7）金枪鱼类：菲律宾水域的金枪鱼类有大洋性和沿岸性两类。大洋性金枪鱼有黄鳍金枪鱼、大眼金枪鱼（Thunnus obesus）、长鳍金枪鱼（Thunnus alalunga）和鲣，在鱼品制罐业需求甚殷的情况下，近年来得到迅速开发，已成为菲律宾的重要渔业之一；沿岸性金枪鱼主要有扁舵鲣、双鳍舵鲣和鲔，资源丰富。在棉兰老海和莫罗湾捕获的扁舵鲣最大体长分别为 470 mm 和 635 mm。在卡莫蒂斯海捕获的双鳍舵鲣体长为 170 mm、290 mm、350 mm 和 430 mm，年龄分别为 1~4 龄。在八打雁湾，双鳍舵鲣于 3 月、5 月、7 月和 11—12 月产卵，雄雌性比为 1.2：1.0。在菲律宾水域捕获的鲔平均体长为 420 mm，最大体长 800 mm，4—7 月产卵。

金枪鱼类常年产卵于整个菲律宾水域，主要产卵场在南部的巴拉望岛西岸、苏禄海、棉兰老南岸和民都洛岛西岸。黄鳍金枪鱼的产卵季节主要在 5—8 月和 10—12 月；鲣的产卵高峰期为 4—7 月。

2. 底层鱼类

菲律宾水域的底层鱼类资源种类繁多，其中很多种类已被开发生产。底层渔业的一个显著特点是，大量无经济价值的小鱼常常与有经济价值的大鱼一起被捕获，这些小杂鱼的渔获比例有时竟占总渔获量的一半。

底层鱼类资源较丰富的水域一般在大陆架，而小杂鱼则分布于浅水区。

（1）鲾科：在菲律宾水域鲾科鱼类有 2 个属，即鲾属（Gazza）和牙鲾属（Leiognathus）。前者在种数和资源量上均多于后者，其中常见的有：短吻鲾（Leiognathus brevirostris）、黄斑鲾（L. bindus）、黑斑鲾（L. daura）、头带鲾（L. blochi）、曳丝鲾（L. leuciscus）、粗纹鲾（L. lineolatus）、黑边鲾（L. splendens）、鹿斑鲾（L. ruconius）等。由于大量分布于沿岸浅水域，所以主要被拖网所捕获。马尼拉湾的短吻鲾分布于水深 10~60 m，雄、雌渔获平均体长分别为 100.6 mm 和 105.5 mm，最大体长分别为 120 mm 和 135 mm，产卵于 10 月和 7 月至翌年 2 月，2—9 月有补充群体，体长在 80~85 mm 之间。

（2）笛鲷科：分布于菲律宾水域的笛鲷科有 2 个属——笛鲷属（Lutjanus）和梅鲷属（Casio），其中笛鲷属最重要，渔获中以约氏笛鲷（Lutjanus johni）、马拉巴笛鲷（L. malabarius）和画眉笛鲷（L. vitta）居多。广泛分布于整个海区，但大量密集于水深 60 m 以深的南海近海水域，在其他海区的较深水域也有类似的集群。若采用合适的渔法，可以进一步扩大捕捞，尤其是在尚未开展作业的较深水渔场，因为那里的底鱼资源尚未得到充分开发。

（3）羊鱼科：在菲律宾水域分布的羊鱼科只有绯鲤属（Upeneus），被捕获的有鹿加绯鲤（Upeneus moluccensis）和黄带绯鲤（U. sulphurus）2 个种，均广泛分布于沿岸和近海水域，以深水域资源较为丰富。

（4）大眼鲷属：主要捕捞对象为长尾大眼鲷（*Priacaeidus tayenus*）。该鱼种的经济价值较高，资源丰富，通常密集于水深30～60 m水层，有时也密集于较深水层，但仅限于某些海区。萨马岛海域捕获的长尾大眼鲷最大体长为290 mm。

（5）金线鱼属：主要有日本金线鱼（*Nemipterus japonicus*）、长丝金线鱼（*N. nematophorus*）和横斑金线鱼（*N. ovenii*）。在马尼拉湾捕获的日本金线鱼和在米沙鄢海捕获的长丝金线鱼最大体长分别为300 mm和270 mm，而垂直分布于米沙鄢海水深20～140 m的横斑金线鱼，渔获平均体长为140 mm，最大体长250 mm。

（6）石斑鱼属：主要有六带石斑鱼（*Epinephelus sexfascantus*）和巨石斑鱼（*E. tauvina*），分布状况因种而异，在资源量和栖息水深之间无相关性。

（7）石首鱼科：菲律宾水域主要分布有勒氏枝鳔石首鱼（*Dendrophysa russelli*）和大头鼓纳石首鱼（*Pennahia macrocephalus*）。一般在水深30 m以浅水域资源较为丰富。

（8）蛇鲻属：主要是多齿蛇鲻（*Saurida tumbil*）和花斑蛇鲻（*S. undosquamis*），其中前者经济价值较高，广泛分布于浅水域和深水域，但以30～60 m水深处密集度最大。

3. 虾类

菲律宾的虾类资源有：印度对虾（*Penaeus indicus*）、宽沟对虾（*P. latisulcatus*）、墨吉对虾（*P. merguiensis*）、斑节对虾（*P. monodon*）、短沟对虾（*P. semisulcatus*）、红斑对虾（*P. longistylus*）、日本对虾（*P. japonicus*）、独角新对虾（*Metapenaeus monoceros*）、努力新对虾（*M. wndeavouri*）、中型新对虾（*M. intermedicus*）、马氏新对虾（*M. mastersii*）、粗糙鹰爪虾（*Trachypenaeus asper*）、澳洲拟对虾（*Parapenaeus australiensis*）、长缝拟对虾（*P. fissurus*）、角额仿对虾（*Parapenacopsis cornatus*）、壳赤虾（*Metapenaeopsis durus*）以及樱虾属（*Sergestids*）等，其中最常见的是前5种对虾和樱虾属。

三、渔场和渔期

菲律宾全国有6个重点渔业开发区，即桑托斯将军城、达沃、奎松、巴丹、纳沃达斯和三宝颜。其中桑托斯将军城、达沃和三宝颜都在棉兰老岛，该岛南临苏拉威西海，与印度尼西亚相邻，东与贝劳、密克罗尼西亚相距不远。菲律宾出口的经济鱼类大部分均可在棉兰老岛南部海域捕获。可供出口的鱼类有54种，其中最主要的是金枪鱼、枪鱼和鲹科鱼类。金枪鱼在棉兰老岛沿海索饵生长，向北洄游，经吕宋岛再转向南部。一年四季都有金枪鱼可捕，无明显的淡、旺季之分。

菲律宾主要渔场和渔期的分布情况如表1-2所示。

表 1-2 菲律宾渔区和渔期分布

渔区	渔期	渔区	渔期
达澳湾、茅禄湾、西巴拉望海	1—2 月	东米沙鄢海	7 月
吕宋海、棉兰老海、东苏里高、莫罗湾	3 月	南棉兰老海、东棉兰老海	8—9 月
东菲律宾海、东苏里高、东萨马、多岛海	4—5 月	班乃湾、苏禄海	10 月
西北吕宋海	6 月	莫罗湾、苏禄海	11—12 月

菲律宾海洋捕捞业包括商业渔业和市级渔业。商业渔业的捕捞活动发生在 15 km 限制区以外，使用 3 GT 以上渔船捕捞作业；而市级渔业（即地方渔业）的捕捞活动集中在离岸 15 km 的区域内，使用 3 GT 以下渔船捕捞作业，包括其他各种形式的捕捞，不涉及使用筏。根据 1998 年菲律宾《渔业条例》8550 号的有关规定，允许小型和中型商业渔船在离岸 10.1~15 km 区域内作业。

市级渔业的渔船包括非机动渔船和机动渔船；商业渔船分为小型（3~20 GT）、中型（20~150 GT）和大型（大于 150 GT）。商业渔业大多数使用大围网（61.6%）、小围网（12.4%）和袋网（12.4%）；市级渔业使用刺网（45.5%）、钓钩（15.3%）、小围网（11.5%）、拉网（8.3%）、大网围（3.7%）、鱼栅（2.9%）和袋网（2.9%）。商业渔业和市级渔业的产量各占大约 33%。

菲律宾全国划分为 13 个政区（图 1-2），分别为：伊罗戈斯（Ⅰ区）；卡加延河谷（Ⅱ区）；中央吕宋（Ⅲ区）；甲拉巴松（Ⅳ-A 区）；民马罗巴（Ⅳ-B 区）；比科尔（Ⅴ区）；西米沙鄢（Ⅵ区）；中米沙鄢（Ⅶ区）；东米沙鄢（Ⅷ区）；三宝颜半岛（Ⅸ区）；北棉兰老（Ⅹ区）；达沃（Ⅺ区）；南北哥苏库萨将（Soccsksargen）（Ⅻ区）；卡拉加区（ⅩⅢ区）。

市级渔业小船大多数集中在Ⅳ区、Ⅷ区、Ⅶ区和Ⅴ区，而商业渔船大多数注册于 NCR 区（国家首府区）、Ⅺ区、Ⅵ区和Ⅸ区。市级渔业最有生产力的地区是Ⅳ区、Ⅵ区、Ⅸ区和Ⅴ区，商业渔业最有生产力的地区是Ⅸ区、Ⅺ区、NCR 区和Ⅵ区。

就渔场而言，市级渔业产量主要来自米沙鄢海、东苏禄海、摩洛湾和吉马拉斯海峡，而商业渔业产量主要来自西巴拉望水域、南苏禄海、米沙鄢海、摩洛湾和拉蒙湾。

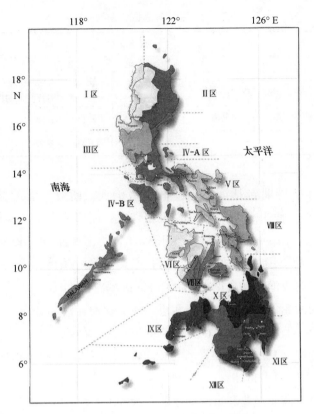

图 1-2　菲律宾全国 13 个行政区划分

第三节　捕捞生产概况

菲律宾自 1949 年独立后，渔业开始受到重视和发展，但因基础差，生产工具原始，捕捞技术水平低，到了 1961 年海洋捕捞产量还不到 44×10^4 t。

自 1962 年起，菲律宾海洋捕捞产量稳步上升，1968 年上升到约 89×10^4 t，虽然 1969 年产量有所下降，但 1970 年突破 100×10^4 t。此后，虽然也有些年份产量出现下降，但总体上海洋捕捞产量仍然呈增长趋势，1983 年达到 167×10^4 t，居世界渔获量排名第 13 位，成为东南亚第三渔业大国。

20 世纪 90 年代初期，菲律宾捕捞产量增长有所减缓，食用鱼的供应量下降，捕捞产量已达到自然生物资源上限。20 世纪 90 年代至 2010 年渔获量在 $161 \times 10^4 \sim 260 \times 10^4$ t 之间波动，在全球渔获量排名上一直稳居第 12~13 位（图 1-3）。

中上层鱼、底层鱼、金枪鱼是菲律宾 EEZ 海域的主要渔获种类。2004 年中上层鱼产量 87.8×10^4 t（占 55.6%），底层鱼产量 22.6×10^4 t（占 14.3%），金枪鱼和类金枪鱼产量 21.2×10^4 t（占 13.4%）（表 1-1）。底层鱼产量多年来基本不变，中上

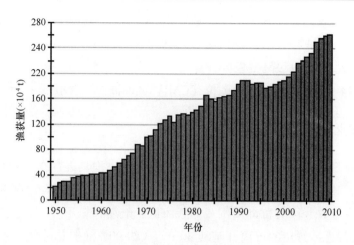

图 1-3　菲律宾历年海洋捕捞产量

层鱼和金枪鱼的产量稳定增长。

　　自 2000 年起，菲律宾渔业步入了稳步增长时期。2000 年菲律宾渔业总产量约 300×10^4 t，世界排名提升至第 9 位，在东南亚国家中仅次于印度尼西亚位居第二，2010 年超过 516×10^4 t，年均增长约 6.6%。就海洋捕捞产量而言，从 2000 年约 190×10^4 t 逐年增加到 2010 年约 262×10^4 t，占全国渔业总产量的 50.68%（表 1-3）。

表 1-3　2000—2011 年菲律宾渔业产量（t）

年份	渔业总产量（t）	海洋捕捞		年份	渔业总产量（t）	海洋捕捞	
		产量（t）	占比（%）			产量（t）	占比（%）
2000	2 999 845	1 898 943	63.30	2006	4 414 445	2 322 171	52.60
2001	3 172 558	1 952 102	61.53	2007	4 717 529	2 502 744	53.05
2002	3 371 919	2 033 525	60.31	2008	4 972 458	2 564 760	51.58
2003	3 617 723	2 169 219	59.96	2009	5 083 265	2 605 874	51.26
2004	3 931 597	2 214 569	56.33	2010	5 161 762	2 615 801	50.68
2005	4 168 431	2 272 583	54.52	2011	4 975 351	2 367 238	47.58

　　根据联合国粮农组织（FAO）的统计资料，在 2000—2010 年菲律宾渔业总产量中，海洋捕捞产量占 50% 以上，但该百分比出现逐年下降趋势，从 2000 年的 63.3% 到 2011 年降至 47.58%（表 1-3）。2011 年菲律宾海洋捕捞产量约 237×10^4 t，占世界海洋捕捞总产量（$9\,350\times10^4$ t）的 2.5%，名列世界第 11 位，排在越南之后。近几年，菲律宾渔业对国内生产总值的贡献率在 4% 左右，为全国约 5% 的劳动力提供了就业机会。

菲律宾虽然海洋资源丰富，但开发利用海洋资源的能力不强，海洋产业整体发展水平也不高。渔业产量最大的区是穆斯林棉兰老自治区（ARMM），约占全国总产量的 17.5%，其次是民马罗巴区（Ⅳ-B 区）和三宝颜半岛区（Ⅸ区），分别占全国总产量的 14.1%和 13%，科迪勒拉（CAR）区的渔业产量最低。

一、商业渔业

商业渔业是指使用 3 GT 以上渔船，以主动或被动渔具进行作业的大型渔业。渔船类型各异，吨位相差悬殊（3~1 600 GT 不等）。作业航程离岸 5~600 n mile 不等，作业范围大多数在菲律宾群岛周围或邻近海区，航期长短不一，较大的渔船 5~10 d，有运输船接运冰鲜鱼的可离开基地 30 d。大约 90%渔船总吨位在 150 GT 以下。150 GT 的大型渔船在公海附近作业，渔具以大围网、小围网配以集鱼装置进行作业为优势，还广泛使用丹麦式旋曳网。主要捕捞对象有金枪鱼和类金枪鱼（鲣、黄鳍金枪鱼、大眼金枪鱼、长鳍金枪鱼、鲔等）、小型中上层鱼（圆鲹、沙丁鱼、鳀、羽鳃鲐）、底层鱼（鲾科、六齿金线鱼、石斑鱼、笛鲷）和无脊椎动物（虾类、乌贼、枪乌贼和蟹类）。

20 世纪 90 年代末，商业渔业有渔船约 3 200 艘，注册渔民约 5.7 万人。1977—2009 年间渔业产量产值均保持稳定上升，产量年均增长 2.9%，产值的增幅更大，年均增长 4.7%，主要原因是菲律宾海洋渔获物中高值经济鱼类占大多数。捕捞产量最大的是圆鲹，其次是印第安沙丁鱼、金枪鱼和飞鱼。这 4 种鱼的捕捞产量占商业捕捞总产量的大约 55%。

1. 金枪鱼渔业

菲律宾的金枪鱼渔业始于第二次世界大战之前，当时由日本人经营。到了 20 世纪 40 年代后期，在美国鱼类和野生动物局的帮助下，开始重视金枪鱼渔业。70 年代中期开始商业性资源开发，到 1980 年底已有 80 艘渔船从事金枪鱼围网、金枪鱼延绳钓等作业。

在菲律宾水域分布大约 21 种金枪鱼，其中黄鳍金枪鱼、鲣、鲔、扁舵鲣、双鳍舵鲣和大眼金枪鱼是菲律宾金枪鱼渔业的主要捕捞对象，其次为旗鱼、剑鱼和枪鱼。金枪鱼几乎常年分布于菲律宾的各个渔场，其中，苏禄海和棉兰老海被认为是资源较为丰富的海区，其次为莫罗湾，也是鲣和黄鳍金枪鱼的主要索饵场。此外，还有巴拉望、米沙鄢海、锡比扬海、莱特湾等岛屿水域。

黄鳍金枪鱼进入棉兰老的南部和北部岛屿水域，在棉兰老海和安蒂克附近的苏禄海、三描礼士和依罗戈离岸 4~10 n mile 水域均有大量可捕资源。鲣分布的海区与黄鳍金枪鱼相同，但密集于饵料丰富的岛屿周围。大眼金枪鱼分布于菲律宾许多海区，常年均可捕获，但数量不多。鲔在菲律宾各个渔场均有捕获，尤其是在 10 月至翌年的东北季风季节。扁舵鲣捕自沿岸水域的海湾，11 月至翌年 1 月有大量渔获，而 5—7 月渔获量最低。双鳍舵鲣资源以夏季卡莫蒂斯海较为丰富，第二旺汛期为 10 月。在莫罗湾，用大围网和小围网常常可捕到上述 2 种舵鲣和鲔，无明显的季节性。

延绳钓和竿钓是"二战"以前引进的，围网于 1956 年中期引进，目前美式围网虽有所发展，但活饵尚未跟上。

2. 鱿渔业

菲律宾近岸、沿海和领海水域盛产鱿资源。在米沙鄢海，鱿资源量较大的有剑尖枪乌贼（Loligo edulis）、虎斑乌贼（Sepia pharaonis）、辛加长枪乌贼（Doryteuthis singhalensis）、金乌贼（Sepia esculenta）和莱氏拟乌贼（Sepioteuthis lessoniana）；在牙仁因湾，数量最多的是杜氏枪乌贼（Coligo duvaucelii），其次是金乌贼和虎斑乌贼；在萨马海和卡里加拉湾，主要有虎斑乌贼、杜氏枪乌贼、金乌贼和莱氏拟乌贼。

在菲律宾海洋渔业中鱿占有一定的地位，产量不断上升，1965 年为 10 000 t，1976 年为 $2.4×10^4$ t，1981 年为 $3.1×10^4$ t，1995 年达到 $5.6×10^4$ t 高峰后产量有所下降，2000 年为 $4.7×10^4$ t。大多数鱿是在沿岸和岛屿间水域捕获，主要捕捞对象是浅海种的闭眼族（Myopsida）；在毗邻经济区附近或外围水域具有开发潜力的大洋性种类开眼族（Oegopsida），目前尚未开发利用。据有关专家调查估计，菲律宾的鱿产量可超过 $10×10^4$ t。

在菲律宾已知的渔场中，有 11 个渔场的产量较高。在吕宋岛和棉兰老岛之间有著名的鱿渔场，如锡布延海、米沙鄢海、塔亚巴斯湾、萨马海、拉盖湾、阿西特湾和吉马拉斯海峡等。目前这些渔场的捕捞强度很大，鱿资源已属充分开发。

鱿渔具有拖网、围网、定置敷网、刺网、钓具等。拖网是捕鱿的主要渔具。1962 年菲律宾首次引进灯光围网，主要在巴拉望水域进行光诱围捕作业，网次产量为 35~100 t。定置敷网是当地的一种传统渔具，起源于帕奈北部及其附近地区，其形状像一张倒过来的蚊帐，吊在船的下面，其大小可通过调整吊杆和舷外撑杆来确定，作业海区主要在暗礁和沙洲附近，利用光源引鱿入网。使用这种渔具的船只大部分是小船，没有制冷设备，渔获物只能在当地销售。围网是一种大型渔具，地方俗称 Sapyaw，昼夜均可作业，夜间作业时需要一艘辅助船，它上面装有一盏诱鱼灯，引诱趋光而来的鱿群入网。这种网劳力强，成本高，目前很多已被定置敷网所取代。

在萨马海北部和东部盛行鱿钓捕捞，使用的钓钩有 4 种：虾形钩、圆柱形钩、塔农圆柱形钩（挂有饵钩）和以整条鱼为饵的圆柱形钩。在米沙鄢海和吉马拉斯海峡，主要使用的渔具是拖网、定置敷网和手钓。在圣米格尔湾，定置敷网产量最高，其次是灯光抄网和小围网。吕宋岛西部主要使用拖网，夜间使用灯光板缯网，旺汛期也使用钓具。

二、市级渔业

菲律宾除了商业渔业之外，还有一种特殊类型的渔业——市级渔业（即地方小型渔业）。市级渔业指在地方政府管辖水域内不使用船只或使用 3 GT 以下的渔船，经由市政府批准，在沿岸和当地水域作业的小型渔业（其中包括在离岸 15 km 以内的海洋水域作业和在市辖范围内的内陆水域作业）。市级海洋渔业以沿海地区利用小功率渔船在海岸带从事捕捞为主，主要渔具是钓具，其次为刺网。2009 年菲律宾共有 47 万艘小于 3 GT 的渔船从事沿海和内河捕捞，其中非机动船 29 万艘，占小船的 67%。

菲律宾市级海洋渔业水域均在 200 m 等深线的大陆架海区，其中水深 100 m 以浅的沿岸大陆架海区约占 75%。这一区域内的珊瑚礁、红树林和鱼类资源丰富。珊瑚礁区是所有海洋生物环境中生产力较高的海区，面积约 $3.4×10^4$ km^2。市级渔业捕获的种类包括小型中上层鱼（如小沙丁鱼、羽鳃鲐、鳀、圆鲹、梅鲷、圆腹鲱等）、大型中上层鱼（如遮目鱼、枪鱼、剑鱼、旗鱼、大鲆等）、底层鱼（如鲷科、金线鱼科等）以及虾、蟹类。

菲律宾市级海洋渔业的特点是通常作业于各群岛之间的水域，作业时间短，生产率低，作业工具多样化。每年渔汛期有 5—6 个月，通常 10 月至翌年 5 月在较深水域作业，渔获物中 80% 是底鱼。菲律宾虽有超过 70 万人从事沿岸渔业，但绝大部分渔民仍然使用传统的非机动渔船进行海上作业。菲律宾的渔船大多数是装有舷外撑杆的小木船，属个体渔民所有，经常在群岛周围生产，当天往返，不带冰出海，渔获物主要用于盐制或干制，有的用来生产鱼露，也有一小部分熏制。这种渔船使用的渔具有刺网、缠刺网、三重刺网、袋网、延绳钓、陷阱、鱼栅和小型拖网，捕捞鱼类和采集贝类、海藻。这些渔船年产量为 $70×10^4$ t 左右，约占菲律宾总渔获量的一半以上。

第四节　渔具渔法

菲律宾海洋渔具种类繁多，据近年菲律宾渔具渔法调查报告，菲律宾的海洋渔具有 12 个类别，43 种型式（表 1-4）。就产量而言，1995 年商业渔业的大围网和小围网产量分别占 51.41% 和 16.31%；刺网和钓具是市级渔业最有生产力的渔具，它们的产量分别占 32.85% 和 23.87%。

表 1-4　菲律宾海洋渔具分类

序号	渔具类别	渔具名称
1	围网	市级围网、商业围网、竹筴鱼/鲐/沙丁鱼围网、金枪鱼围网
2	拉网	地拉网、船拉网
3	拖网	板拖网（包括高口拖网和普通拖网）、对拖网、桁拖网
4	刺网	表层刺网、漂流刺网、底层刺网、三重刺网、包围刺网
5	抄网	人力推网、船推网、捞网
6	敷网	手提敷网（包括蟹敷网和虾敷网）、鱼敷网、定置敷网、围拉网
7	掩罩	手抛网
8	陷阱/笼具	鱼笼、蟹笼、鱿笼、鹦鹉螺笼、虾笼、栅网、长袋网、竹栅陷阱、定置网
9	钓具	手钓（普通手钓和浮钓）、拖钓、延绳钓（底置延绳钓和金枪鱼漂流延绳钓）
10	赶网	飞鱼/鱚赶网、黄背梅鲷/珊瑚礁鱼赶网
11	耙网	手耙网、船耙网
12	杂渔具	章鱼诱捕装置、鱼标/叉、鱿诱捕装置、神奇洞穴、鱼钩

捕捞金枪鱼和其他小型中上层鱼以及无脊椎动物使用围网、小围网、袋网、钓具、推网、刺网、拖钓、流刺网和拉网进行。捕捞底层鱼类主要用拖网、丹麦式围网、地拉网和赶网进行。这些渔具的使用在不同地区有所不同，它们的作业受到盛行季风和渔汛期的影响。在沿海水域，渔民使用许多种渔具渔法，产生很高的捕捞努力量，导致捕捞过度。

《共和国条例 No. 8550》（也叫做《1998 年菲律宾渔业条例》）的颁布，使得小于 3 GT 的渔船作业区域扩大，包括离岸 200 n mile 的市辖水域和国家水域。法律允许商业渔船在市辖水域 15 km 外围捕鱼。由于沿海水域渔获量正在下降和过度开发，目前有些商业渔船在专属经济区和公海捕捞，期望能减少沿海水域的捕捞努力量。

一、围网

菲律宾的围网渔业开始于 19 世纪后期，它是通过改进地拉网来捕捞深水域的表层鱼种而发展起来的。起初，沉子纲比浮子纲短，经过不断的革新，在 1930 年采用独木舟进行商业围网作业，虽然实现机械化，但作业主要在浅水域。

1960 年引进现代围网捕捞，而传统的小围网主要在沿岸水域使用。原围网的浮子纲长度为 348~439 m，网衣深度 64~75 m。围网船使用液压绞车、动力滑车和探鱼设备进行作业。由于围网捕捞效果令人满意，所以 1964 年许多拖网船改为围网作业。它的发展得到联合国粮农组织深海捕捞专项的援助和私人渔业的进一步接受，现有网具设计得到改进，全网的缩结比率交错使用。也试验过白天围捕金枪鱼，但不成功。

1974 年在哥打巴托省小型捕捞中使用小围网捕捞金枪鱼获得成功。利用光诱和集鱼装置（Payaw）使得渔获量增加。在 FAO 南海发展和合作项目中特许使用 2 艘加拿大围网船后，渔业得到了加速发展。借助浮木、Payaw 和光诱方法获得最富有成效的捕捞网次。1976 年中期，一家私人捕捞公司投资大型金枪鱼围网捕捞获得成功，然后很多公司追随其捕捞作业。20 世纪 80 年代后期，使用新型电子设备（如声呐/鱼类探测器、雷达、卫星导航仪等）的围网船数量增加。到今天为止，围网迅速发展，并且仍然是捕捞中上层鱼种最有生产力的渔具类型。围网捕捞产量分别占商业渔业和市级渔业产量的大约 68% 和 7%。

菲律宾围网主要包括小围网和大围网。小围网的取鱼部在网的中央，由人力同时拉动 2 个网翼完成起网；大围网的取鱼部在网的一端，借助动力滑车绞动网的另一端进行起网操作。小围网和大围网的主要渔场有所不同，小围网主要集中于拉蒙湾、保和海、摩洛湾、东苏禄海和南苏禄海；大围网主要在西巴拉望水域、南苏禄海、米沙鄢海、摩洛湾和拉蒙湾作业。它们捕获的主要鱼种是蓝圆鲹、沙丁鱼、鲣、扁舵鲣、东方小金枪鱼、脂眼凹肩鲹和鲔。

根据诱捕技术、渔船大小和目标鱼种，菲律宾围网又分为市级围网和商业围网，如图 1-4 所示。市级围网由小于 3 GT 的小渔船（机动或非机动）作业；商业围网使用大于 3 GT 的渔船作业。

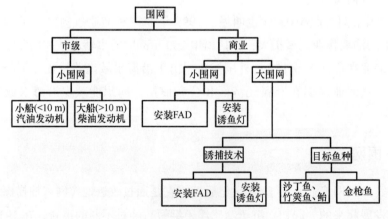

图 1-4　围网的分类

菲律宾的围网渔具包括 4 种作业型式：市级小围网、商业小围网、竹篊鱼/鲔/沙丁鱼围网和金枪鱼围网。

1. 市级围网

市级围网（图 1-5）包括小围网和大围网。小围网（图 1-5a）由直径 0.5~0.7mm 的尼龙单丝和 380~400 D/9-15 的聚乙烯复合制成，网长 250~400 m，网深（高）30~50 m，取鱼部、网身和网翼的网目尺寸为 20~80 mm。聚乙烯网衣主要用来制作网缘。该网由 3~5 位渔民使用由圆木雕刻的小型独木舟（螃蟹船）作业，船上装配船用胶合板和竹质外舷支架。螃蟹船的典型尺度为 7~10 m 长，0.6 m 宽，0.6 m 深，船艉有一个简易的网具平台，以 7.35~11.76 kW 汽油发动机为动力。在日出时和日落前，渔民寻找在表水层索饵的鱼群位置并迅速包围鱼群。

大围网（图 1-5b）作业使用大型独木舟，船长 10~15 m，型宽 1~2 m，型深 1 m，以 58.8~66.15 kW 柴油发动机为动力，装备简易绞车，并与主机耦合。网具堆放在发动机前面或艏部。网衣由尼龙复丝和聚乙烯网片结合制成，网长 400~500 m，网深 50~80 m，由 7~10 位渔民作业，作业时间与小型独木舟相同。

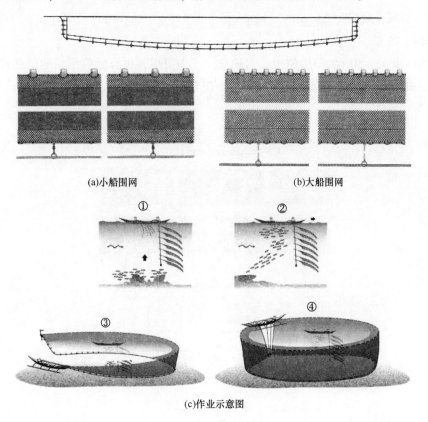

(a)小船围网   (b)大船围网

①   ②

③   ④

(c)作业示意图

图 1-5 市级围网

市级围网捕捞作业除了探测鱼群之外，还涉及光诱和 Payaw。渔船配置 4~8 个功率为 200~500 W 的灯泡，在日落前开灯诱鱼作业。通过潜水或根据冒出水面的鱼气泡来侦测鱼群，放网前将诱集的鱼群转移到灯光暗淡的小艇周围，把一个锥形盖套住只剩下的一个灯泡来减少发光区域。放网围捕作业通常在黎明时分进行。Payaw 被锚系于垂立的单根老竹竿上，竹竿下面结附着椰子叶或棕榈叶，锚系于50~200 m 深度的水域。通常使用 2~4 只灯泡（每只 500 W），有时也使用加压汽灯，在黎明时分作业。当鱼聚集后，在漂流中的 Payaw 周围放网进行围捕作业（图1-5c）。

市级围网主要分布于八打雁省、安蒂克省、保和省、达沃市和南达沃省。捕获的鱼种主要包括竹筴鱼、沙丁鱼、鲐、鳀、鲣、扁舵鲣、鲾、鳓等。

2. 商业小围网

商业小围网长度为 500~800 m，深度为 100~150 m，取鱼部的网衣为PA210 D/15-24，网翼和网身的网衣均为 PA210 D/6-12，网目尺寸 17~30 mm。缘网衣为 PA210 D/26-36，网目尺寸为 50~80 mm。浮子规格为 90 mm×120 mm，每个500 g。铅沉子规格为 25 mm×35 mm，每个重 110 g。底环由直径 10 mm 的不锈钢制成，环径 75 mm（图 1-6）。

该网由 15~50 GT 渔船使用。驾驶室位于中甲板，也有的位于船的前部或船首。工作甲板供起收括纲和起网使用。鱼舱和简易绞车对于不同的甲板安排有所不同。

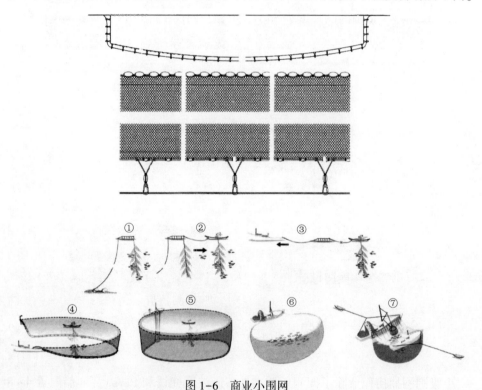

图 1-6　商业小围网

典型的小围网渔船是木质船，以 58.8~161.7 kW 柴油机为动力，辅机安装在主甲板上，以便于在围网作业和拉起 150~250 kg 沉锤时启动简易绞车。船上没有雷达或探鱼仪，只有一个小小的航海罗经和一个用于收听天气预报的普通收录机。使用动力为 11.76 kW 汽油发动机或 58.8 kW 柴油机发动机的舷外支架泵船或灯船帮助捕鱼船。捕鱼船配员 20~30 位渔民，灯船有 2~3 位渔民。

捕鱼作业主要使用 Payaw 在夜间利用灯光进行诱围捕捞。在指定的时间（04：00—05：00），由灯船上的渔民给捕鱼船发出准备放网信号，把 Payaw 引诱物分开并系于灯船上。测定风和流后，灯船放出 Payaw 锚绳，捕鱼船放网包围灯船。在船上收起括纲，并使用简易绞车拉起，把底环挂在吊车上，同时把网翼吊起，直到取鱼部离水为止。在正常情况下整个围网作业花费 25~30 min。然后把渔获物吊起倒在甲板上进行分类或直接吊起到鱼舱冷冻。最后把网堆放在网台上，准备下一网次作业。

商业小围网主要分布于三描礼士省、甲米地省、卡皮兹省、巴拉望省、宿雾省、南哥打巴托省和达沃省。主捕对象包括金枪鱼、鲣、东方狐鲣、鲐、羽鳃鲐、竹筴鱼、沙丁鱼、鲱、鳀、鲹科等。

3. 竹筴鱼/鲐/沙丁鱼围网

竹筴鱼和沙丁鱼围网的长度为 540~720 m，网深 108~144 m。鲐围网的结构和材料与沙丁鱼围网相同，网长 720~900 m，网深 126~144 m。因为观察到鲐栖息的水层较深，并且鲐移动比竹筴鱼和沙丁鱼大，所以捕鲐需要较大网深的围网。这些围网使用的网衣材料是尼龙无结节网衣，网身和网翼的网线规格为 210D/9-21，取鱼部的网线规格为 210D/24-36，网缘的网线规格为 210D/30~210D/120。网身和网翼的网目尺寸为 30~60.9 mm，网缘的网目尺寸为 38.1~152.4 mm，取鱼部的网目尺寸为 20~33.8 mm。

渔船为 30~150 GT，通常船长 25 m，型宽 7 m，型深 3 m，以 220.5~882 kW 柴油机为动力。普遍使用电子导航、助渔设备，如雷达、全球定位系统（GPS）、鱼探仪、卫星导航系统（SATNAV）、声呐、绞车和动力滑车。在围网船队中，每艘围网船通常配备 3~5 只灯船，1~2 只声呐船和 2~3 只运鱼船。在某些地区，木质围网船装配一台简易机械操作起网机。

这些围网都是利用灯光诱集鱼群和利用声呐探测鱼群。诱鱼灯有白炽灯和卤素灯 2 种：白炽灯泡每只 1 000 W，每船 10~12 只；卤素灯泡每只 1 000~1 500 W，每船 6~10 只。黄昏开始点灯诱鱼，用鱼探仪或声呐测定鱼群。当鱼聚集成群后，灯船呼叫捕鱼船，同时减少诱鱼灯至只剩下 1 只灯泡，形成锥形阴影以保持鱼群在较小的半径范围漫游。然后灯船抛锚，捕鱼船包围鱼群（图 1-7）。

使用声呐探测并确定渔船四周的鱼群及其大小，与声呐船保持密切联系并取得声呐船关于鱼群的方向、深度和速度的指令后，呼叫捕鱼船放网。在某些情况下，如果鱼群稳定，声呐船点亮船上的灯，然后由捕鱼船包围声呐船，直到网的底部完全合拢为止，声呐船驶出网外并继续寻找其他鱼群。捕鱼船起网，直到把渔获拉上分类甲板为止，最后把分类好的渔获贮藏于鱼舱里。在其他起网操作中，直接把渔获导入到大塑料容器中，并堆放在冷冻鱼舱里。

这些围网主要分布于菲律宾的三描礼士省、马尼拉市、宿雾省、南达沃省、南哥打巴托省和桑托斯将军市。

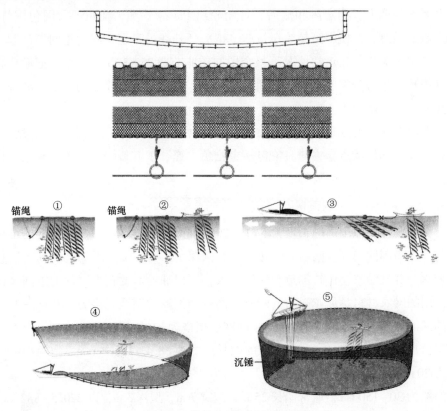

图1-7 竹筴鱼/鲐/沙丁鱼围网

4. 金枪鱼围网

菲律宾的金枪鱼围网有2种：一种是在近海和国际水域主捕鲣、黄鳍金枪鱼和大眼金枪鱼的高级围网（图1-8），在大于400 GT有冷冻盐水贮藏渔获物的渔船上使用，网长1 080~2 160 m，网深216~324 m，网翼使用的材料和规格为PA 210D/36-60，网目尺寸76.2~254 mm，取鱼部使用的材料和规格为PA 210D/60~168，网目尺寸88.9~127 mm；另一种是在沿岸和近海水域捕捞小型中上层鱼和金枪鱼的混合型围网（图1-9），在200~300 GT渔船上使用，网长720~1 080 m，网深144~250 m，网翼材料和规格为PA 210D/30-48，网目尺寸为88.9~203.2 mm，取鱼部材料和规格为 PA 210D/60~72，网目尺寸为 50.8~76.2 mm。

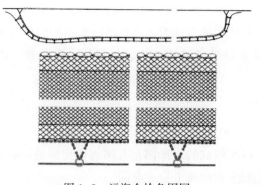

图 1-8　远海金枪鱼围网

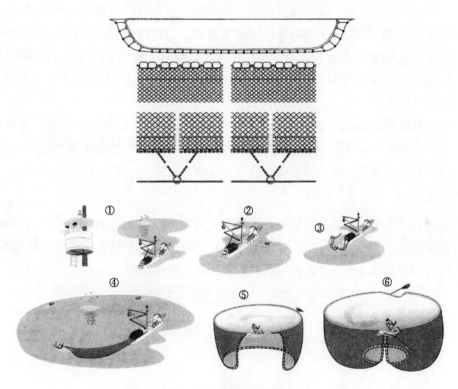

图 1-9　近海金枪鱼围网

夜间捕捞主要使用抛锚式的木筏或 Payaw 来聚集鱼类，Payaw 的漂浮段由竹、钢质浮筒或镀锌浮鼓制成。一艘围网船可与几个 Payaw 一起作业，但一个夜间使用强光水银灯或超级灯捕鱼 1~2 网次。用来提高一个 Payaw 集鱼效果的另一种技术是在白天把 5~10 个 Payaw 引诱物拉到一个中心（或终端）Payaw。因为来自其他引诱物的鱼类聚集，从而使得在中心（或终端）Payaw 的鱼类密度增大。在夜间开灯，黎明时分由捕鱼船围捕鱼群。采用这种技术可增加渔获量 20%~30%。在黄昏时刻，由小船使用 2~4 只 1 000 W 灯泡照亮 Payaw，等到有足够密度的金枪鱼群后，把引诱物从漂浮段移除，系到小船上并漂离漂浮段。然后捕鱼船包围小船完成捕鱼作业，直到把渔获物倒入贮有盐水的鱼舱为止。鱼被冷冻到 -15.5 ~ -30.5℃ 的温度范围。

金枪鱼围网主要分布于三描礼士省、马尼拉、宿雾省、南达沃省和南哥打巴托省。

二、拉网

拉网是由 2 个长网翼构成的袋形网，其网翼比拖网的网袖长。原始拉网有些没有网囊。在固定的渔船上或海滩上拉、起网。

菲律宾拉网包括地拉网和丹麦式旋曳网（船拉网），由市级渔民和商业渔民使用。菲律宾沿海区多沙，海滩逐步倾斜，使地拉网成为渔民最常用的渔具之一。丹麦式旋曳网在 20 世纪 50 年代由地拉网演变而成，当时由小型独木舟在较深的水域进行作业，直到 60 年代在中米沙鄢推广使用之后得到了进一步的改进。在市级拉网中，以地拉网产量为优势（占 77.3%）；在商业拉网中，产量几乎全部（98.8%）来自丹麦式旋曳网。

商业地拉网捕获的主要种类是毛虾、鳀、金带细鲹、带鱼、沙丁鱼、大甲鲹、眼镜鱼、小牙鲾、笛鲷等。商业丹麦式旋曳网捕获的优势鱼种是小牙鲾、六齿金线鱼、绯鲤、金带细鲹、枪乌贼、蓝圆鲹、大眼鲷、蛇鲻、印度太平洋鲐、鳓等。

1. 地拉网

就网具结构而言，地拉网包括 2 种类型：有囊地拉网和无囊地拉网。有囊地拉网（图 1-10）类似于拖网，由 2 个网翼、1 个网身和 1 个网囊构成；无囊地拉网（图 1-11）中央部分有一个较松弛并且网目较小的特殊结构。

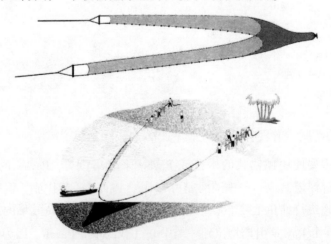

图 1-10　有囊地拉网

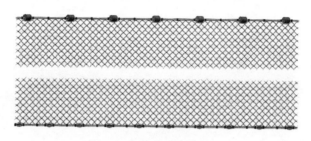

图 1-11　无囊地拉网

地拉网的大小取决于作业深度、渔民数量、螃蟹船（banca）的使用、绞纲机的可用性和目标鱼种。大多数地拉网长度为 50~200 m，深度为 2~10 m。有些地拉网的网翼使用尼龙复丝 210D/2~210D/9，网目尺寸为 10~130 mm；网身使用 210D/4-6 的网衣，网目尺寸为 20~35 mm；网囊材料与网身相同，但网目较小（10 mm）。也有些地拉网使用聚乙烯 B-网衣，主网衣或翼网衣的网目尺寸为 13 mm；网囊很长（大多数为 10~20 m），网目尺寸也有变化。捕捞遮目鱼苗的地拉网使用聚乙烯网衣，网线直径 0.1 mm，网目尺寸 1 mm，上纲长度 10 m，由 2 人沿着海岸拖拉网具（图 1-12）。

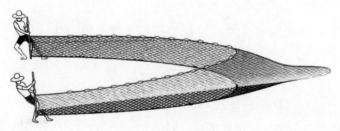

图 1-12　遮目鱼苗地拉网

大多数地拉网的拉纲通常为直径 16 mm 的聚乙烯绳，长度 100~400 m。三角手纲为直径 12 mm 的聚乙烯绳，系结于网翼的上、下端，也有使用竹取代手纲的情况。参与地拉网作业的渔民数量为 2~60 人（图 1-13）。在某些沿海渔村，由以汽油机或柴油机为动力的绞纲机拉纲起网。

根据水深的不同，放网作业也有所不同。在浅水域，渔民只投放第一条拉纲，接着放网和投放第二条拉纲，包围鱼群。在较深的水域，把网堆放在一条 banca 上（banca 可能是非机动的），由机动 banca 拖曳。机动 banca 拖曳网船（非机动 banca），同时放出第一条拉纲和网，接着投放第二条拉纲，包围鱼群。在拉纲过程中，有些渔民能看到水下的网具，把底纲移离有阻碍的珊瑚礁，防止网具损坏，有助于更快地拉纲。同样，可通过渔民之间的适当协作同时完成拉纲。

菲律宾的地拉网主要分布于北伊洛戈斯省、拉乌尼翁省、三描礼士省、保和省、

图 1-13　地拉网捕捞作业

伊洛伊洛省和东米萨米斯省。主捕对象包括鳀、沙丁鱼、遮目鱼、小牙鲆、浮游虾等。

2. 船拉网

船拉网有市级型（使用船只小于 3 GT）和商业型（使用船只大于 3 GT）之分。在浅水域（10~30 m 深度），由长 8~10 m、主机功率 7.35~11.76 kW 的舷外支架式 banca（图 1-14）拉网，人力绞起惊吓纲和沉锤，2~4 位渔民就能操作渔具。在较深水域（30~80 m 深度），由长 11~15 m、主机功率 58.8~165.4 kW 的舷外支架式 banca 拉网，使用与主机联接的简易绞车拉纲和起网，由 5~10 位渔民操作渔具。

丹麦式旋曳网属于船拉网类型，小、大型丹麦式旋曳网的网具设计和网具材料均相同，只是网的大小、拉纲长度和沉锤重量不同而已。它们的操作方法也相同，大型网使用绞车来绞收拉纲和绞起沉锤。大、小型网都有 2 个网翼、1 个网身和 1 个网囊，最常用的网衣是 400D/6-12 聚乙烯（PE），网目尺寸为 25~60 mm。两边的惊吓纲通常是直径 6~15 mm 的聚丙烯（PP）绳或 PE 绳，每条长度 200~1 200 m。在绳股之间按一定的间隔插装沉子和塑料带（图 1-16），根据作业规模的不同，配以重量为 50~400 kg 的双铁环沉石或混凝土沉锤（图 1-15）。把渔具设置于海底，以包围底层鱼和离底鱼的潜在区。在测定渔场深度和流向之后投放浮标，banca 沿半圆方向移动，同时连续放出左惊吓纲、左网翼、网身、网囊、右网翼和右惊吓纲（图 1-16）。到达浮标时，缚住右惊吓纲的末端，左、右惊吓纲的末端穿过双铁环沉锤，然后把沉锤投入水中，双铁环滑过惊吓纲，直到它到达海底时马上开始起收拉纲，这一过程可由人力或绞车来完成。当网翼到达沉锤时，绞起沉锤直到渔获拉起在甲板上进行分类为止。然后安排渔具准备下一网次的作业。

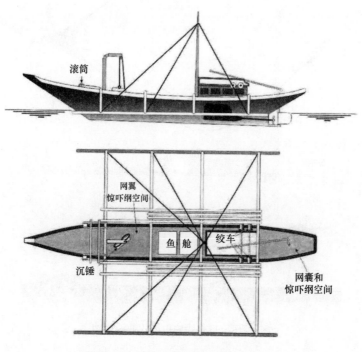

图1-14　丹麦式旋曳网渔船（banca）

图1-15　双铁环沉石（左）和混凝土沉锤（右）

目前丹麦式旋曳网主要分布于奎松省、甲米地省、内湖省、宿务省和保和省，广泛应用于港湾、小湾和海湾捕捞，作业简单、渔获个体较大和捕鱼选择性较好，使得沿海区的捕捞努力量和渔获量增加。主捕对象是：乌鲂、羊鱼、鳐、底层鱼类。

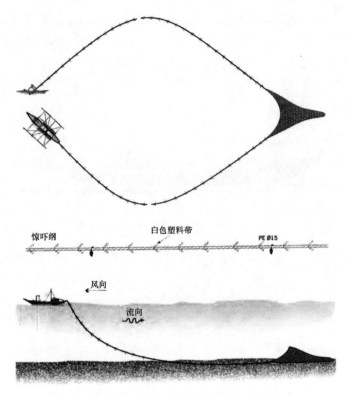

惊吓纲　　　　白色塑料带　　　　PE Ø15

风向

流向

图 1-16　丹麦式旋曳网作业示意图

三、拖网

早在 1945—1949 年，菲律宾就普遍使用拖网捕捞商业底层鱼，在作业的头 3 年间，渔民对桁拖网的捕捞效率感到满意，后来他们使用网板取代木桁杆来增大网的水平张开。板拖网的使用促使捕捞业在网具的设计、制作和作业上做了许多改进。

1958 年菲律宾渔民在拖网船上采用双机来增大拖网速度，捕捞快速游泳的鱼类，又通过不断地改进拖网来提高网口的垂直高度。1966 年后半年采用了挪威式拖网。

20 世纪 70 年代初期，在马尼拉湾试验了德国拖网——赫尔曼·恩格尔式拖网，网口周长为 47.04 m（=294 目×160 mm）和 66.88 m（=418 目×160 mm），由纯尼龙网线制成。使用该网的渔船为 44.9 GT，以 2×165.4 kW 灰海洋发动机为推进力。其他渔船为 40 GT，以 2×183.75 kW 康明斯发动机为动力。

在马尼拉湾和其他拖网渔场，拖网船使用德国二片式高口拖网，拖速从 2.5～3.5 n mile/h 增加到 4 n mile/h，网袖和网身的网目尺寸比当地制作的拖网大，网板尺寸为 109 cm×214 cm，重量 90 kg。在捕鱼试验中，德国拖网效率更高，捕鱼 90.94 kg/h，而当地拖网捕鱼只有 32.48 kg/h。

随着捕鱼作业向粗糙底质渔场扩展，还试验了塑料滚球和椭圆网板。塑料滚球的配置长度为 38 m，由不同滚球尺寸、链节、钢丝绳、铁滚盘和橡胶滚盘构成，以链式连接方式把滚球直接与底纲连接起来。三缝口椭圆形网板每块重 326 kg，装配刚性前、后三脚架，给链式网板叉纲装配了连接"8"字环的滑轮式滚球。与矩形网板（拖速 3 n mile/h）相比较，使用装配塑料滚球和椭圆网板的拖网速度较快（拖速 3.5~3.7 n mile/h）。椭圆网板阻力较小，滚球滚动不犁底。在粗糙底质渔场，滚球拖网能成功地捕获大石斑鱼和笛鲷。

因为渔民期望捕捞离底鱼，所以拖网捕捞业采取了更多改进措施。目前渔民通过在拖网的网袖和网身部位使用 2 m 以上的网目尺寸来增加网口高度和拖速。

1992 年在联营协议下从中国引进双船底层拖网，渔船为 180.74 GT 的钢质船体，以 3 台 294 kW 康明斯柴油机为动力。拖网作业需要 2 船同步拖网，不使用网板。双船底层拖网在北巴拉望捕鱼作业 10 d 捕获的主要鱼种有带鱼（28.68%）、红眼鱼（18.41%）、蛇鲻（12.36%）、鲨（6.14%）、绯鲤（5.45%）、蓝圆鲹（5.45%）、大甲鲹（5.23%）、鲳（3.59%）、鲹科（小 3.27%）、金线鱼科（3.23%）、混杂大鱼（3%）等。

板拖网是多泥多沙底质下捕捞底栖鱼种最有效的渔具，而且能捕获一些中上层鱼种，目前由市级渔民和商业渔民使用。在商业渔业中，优势渔获是鳎。值得指出的是，该渔具能捕获沙丁鱼、鲐、竹筴鱼和鳀之类的中上层鱼种足以说明其网口垂直张开较大。

菲律宾的海洋拖网渔具分为 3 种：板拖网、双船拖网和桁拖网。

1. 板拖网

板拖网根据渔船的大小分为小型板拖网（<3 GT）、中型板拖网（3~20 GT）和大型板拖网（>20 GT）。这 3 种拖网都是使用网板来扩张网口。

小型板拖网由 7~10 m 长的舷外支架式机动渔船（banca）作业，通常以 11.76 kW 柴油机为动力，在 5~15 m 深度市辖水域作业，目标种类是虾、鱼和其他无脊椎动物。使用 2 种网具设计，最常用的一种是 V 形网，大多数为全单脚剪裁，长度约 13 m。底纲通常比上纲长 1 m，常用网目尺寸为 20~30 mm。使用木质网板，规格为 67 cm×33.5 cm。由 2~3 位渔民作业。另一种设计类似于中型二片式拖网和大型拖网，每块网片的剪裁斜率按"边傍-单脚"剪裁的组合而变化，长度 15 m，网目尺寸 20~35 m。网板的规格和形状与小型虾拖网网板相同。底纲比上纲长 2~6 m。

中型板拖网也是由舷外支架式 banca 作业，但该型拖网较大。banca 长 10~13 m，以 55.8~165.4 kW 柴油机为动力，主甲板由胶合板制成，平台设在放、起网的船尾部，有一根后桅杆供拖网时系结拖纲。渔民使用多种设计，有些网没有网盖，有些网网袖很短。全网长度为 30~50 m，网袖和网身使用聚乙烯网衣，下部使用尼龙复丝和合成聚乙烯醇短纤维。网袖和网囊的网目尺寸分别为 203.2 mm 和 19.05 mm。使用木质矩形平面网板，但网板下边设置拖铁条以增加重量。网板长度为100~200 cm，宽度为 50~100 cm。中型板拖网主要为二片式结构，主要在白天作业，主要作业渔场在马尼拉湾、米沙鄢海、萨马海和卡里加拉湾，捕获的种类是鲴、大甲鲹、枪乌贼和虾蛄。

大型板拖网主要用来捕捞底层和离底鱼种，由木质或钢壳船作业，船上装备机械绞车或液压绞车、绞车卷筒、吊杆、拉索滑轮和网板架。大多数船上装备鱼类探测仪，较大型船有雷达。通常船长 14~30 m，以 1~2 台发动机为动力，通常使用的是五十铃 88.2~132.3 kW 或 205.8~264.6 kW 康明斯、洋马或卡特彼勒发动机。大型网的材料是 400D/15~400D/48 聚乙烯，其他网使用的材料是尼龙。

在林嘎彦湾，拖网船在 50~80 m 深度处拖网作业。使用木质矩形平面网板，网板长度为 1.4~1.6 m，宽度为 70~80 cm。手纲长度 72 m，与上、下网袖端连接。拖网船以五十铃发动机为动力，在船尾部完成放网和起网操作。绞车卷筒或网鼓位于两舷，有助于起网。捕获的鱼种是鲴、带鱼、裸胸鲹、绯鲤和金线鱼科。

在马尼拉湾，拖网船在 Batanna 和科雷吉多尔 30~60 m 深度的沿岸区附近作业。这些拖网船在该区域停留 3~5 d，装备绞盘式绞车来绞收曳纲并将渔获起吊到船上。大多数船相对大于中型 banca，装备 132.3~220.5 kW 发动机。使用二片式拖网，网目尺寸为 160~300 mm，使用 210D/33~210D/72 尼龙网线，网囊网目尺寸24 mm。使用矩形木质网板，规格为 100~112 cm 宽，200~230 cm 长，每块网板重量为 80~150 kg。在该区域捕获的主要鱼种是羽鳃鲐、鲲、带鱼、枪乌贼、鲴和石首鱼。

在米沙鄢区，拖网船主要捕捞底鱼种和离底鱼。在罗哈斯市、卡巴洛甘、卡里加拉、埃斯坦西亚和卡迪斯，大多数拖网船为木质船。在伊洛伊洛和巴科洛德市，普遍是大型钢壳拖网船。木船装备鱼类探测仪和罗盘，也在海上停留到鱼满舱或必需品不足为止。钢壳拖网船在海上停留时间较长。有些渔船配载运鱼艇，在返港时将其渔获运送到市场并补充必需品。大多数网具是二片式拖网，网袖网目尺寸为 1~2 m，网囊网目尺寸为 30~40 mm。放网和起网机械化，一天可以完成 4~5 网次的捕捞作业。捕获的主要鱼种是金线鱼科、带鱼、鲹属、银鲳、绯鲤、蛇鲻和其他底层鱼种，也能捕获离底鱼种。

菲律宾的板拖网主要分布于拉乌尼翁省、邦嘎锡南省、三描礼士省、奎松省、马尼拉市、八打嘎斯省、卡皮斯省、伊洛伊洛省、巴拉望省。

2. 双船拖网

双船拖网（也叫对拖网）捕捞由菲律宾公司与中国公司联合经营。渔船为钢壳，船长 30 m，180.74 GT，以 3 台 294 kW 康明斯柴油发动机为动力，船上装备回声探测仪、雷达、电罗经、单边带、GPS、罗兰、气象传真机和其他导航和助渔设备。

拖网作业要求 2 艘渔船的大小和功率相等，以等长曳纲拖网，作业水深 70～82 m，拖网速度 4~4.2 n mile/h。网具扩张取决于两船之间的适当距离。不使用网板，曳纲直接与每边网袖的手纲连接。

该网为手工逐段编织，然后缝接起来形成拖网的网袖、上下网身和网囊。上纲是外包塑料和聚乙烯线（直径 12.7 mm）的钢丝绳，装配 26 个红色塑料浮子（孔径 25 mm），浮子纲中央装配一个相同直径的蓝色塑料浮子作为标志。下纲为钢丝绳，也外包着塑料和直径 12.7 mm 的聚乙烯绳，装配 280 个铅沉子，每个沉子重1.5 kg。

可以从船的任何一头投放网具，两船各取一条曳纲，然后两船的曳纲同时放出到所需的长度为止。拖网作业延续 2~4 h。起网时整个网身和网袖留在船外，只把网囊吊上甲板，倒出渔获物，再次以链绳封闭网囊，准备下一次放网操作。

底层双船拖网在北巴拉望水域捕获的主要鱼种是带鱼、红眼鱼、蛇鲻、鲨和绯鲤。但是，底层双船拖网长期作业是不划算的，因为其维修和作业费用比底层单船拖网增加 1 倍。

菲律宾的双船拖网仅分布于马尼拉市。

3.3 桁拖网

在第二次世界大战之前，有 40~50 艘日本桁拖网船已经在马尼拉湾使用所谓的"utase"网作业。但是，使用桁拖网不久就引进了板拖网。到 1950 年，板拖网几乎取代了桁拖网。

商业渔业部门不使用桁拖网，由于使用竹或钢管永久固定网口张开（图 1-17），这一限制使得渔民只能在有限期间使用桁拖网作业，所以现在只有少数区域使用桁拖网，主要分布于北伊洛戈斯省和拉乌尼翁省。

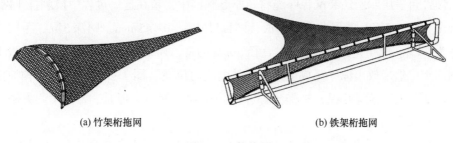

(a) 竹架桁拖网　　　　　　　　　　　　(b) 铁架桁拖网

图 1-17　桁拖网

该渔具由舷外支架式机动 banca 在多沙泥底质浅水域作业。目标种类是虾类、蟹类和小个体底栖鱼类。

四、刺网

刺网是菲律宾最有生产力的市级渔具，其设计、制作和作业都比较简单，投资成本也较低，所以它成为小型渔民的首选渔具。刺网设计一般与目标鱼种的行为和类型（包括栖息地和游泳水层）一致。因可用渔业资源的不同常常看到在不同的地方其设计也有所不同。

根据主捕种类、作业类型和海域深度，刺网可分为很多种类。按主捕种类分有：鳀刺网、鲐刺网、蟹刺网、金枪鱼流刺网、飞鱼刺网、颌针鱼刺网和其他鱼种刺网。按照水深分有：表层刺网、中层刺网和底层刺网。还有其他的分组，例如用网具包围鱼群和渔民划桨拍击水面驱赶鱼类的围刺网。刺网也用来拦截鱼群，装配塑料带的惊吓装置或绳子把鱼群驱赶到网内。

按照网具结构和作业方式，菲律宾刺网可分为5种型式：表层刺网、漂流刺网、底层刺网、三重刺网和围刺网。

1. 表层刺网

表层刺网捕捞游泳或生活在近海面的鱼种，渔民在夜间用灯光引诱鱼类，也使用惊吓绳将鱼群驱赶到等待网中加以捕捞。表层刺网设置在中上层鱼类丰富的特殊渔场。

一些常见的表层刺网主要用来捕捞鳀、鲐、沙丁鱼和颌针鱼。这些刺网的利用取决于鱼种的高峰期，作业技术彼此不同。鳀刺网在鱼种易被灯光吸引的夜间使用。

表层刺网的网衣由尼龙复丝210D/2制成，网目尺寸为14.5 mm。开灯时把网放在banca下面，然后把灯从banca的一侧转移到另一侧，让鳀刺挂在网上（图1-18）。沙丁鱼刺网和鲐刺网的作业方法与鳀刺网相同，但使用的网目尺寸较大，分别为30 mm和42 mm。

颌针鱼表层刺网还装配惊吓绳将鱼驱赶到网中，鱼在这一过程中被刺挂于网上。该网由直径0.4 mm的尼龙单丝制成，网目尺寸为40~45 mm，网深3 m，下网缘缩结率为35%。惊吓绳长400 m，由直径5 mm的聚乙烯结附塑料带制成。首先投下锚将网固定，然后放出惊吓绳成半圆形，并朝网向拉绳（图1-19）。还有一种捕捞技术是由2位渔民拉惊吓绳，把受到惊吓的鱼引导到网内。但是，2种作业方法都取决于参与作业的渔民人数。

飞鱼在近海面游泳或在海面上方飞这一行为催生了飞鱼表层刺网（图1-20）。该网由直径0.2 mm的尼龙单丝制成，网目尺寸30 mm，设置在飞鱼资源丰富的海域，在三描礼士和保和水域获得尤为成功。

菲律宾的表层刺网主要分布于南伊洛戈斯省、邦嘎锡南省、甲米地省和达沃市。

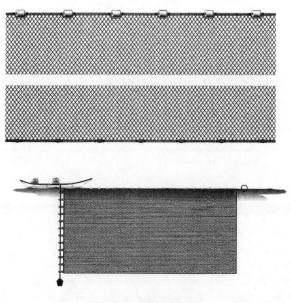

图 1-18　鲯表层刺网

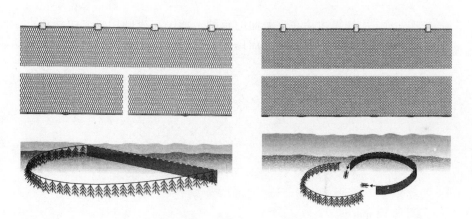

图 1-19　颌针鱼表层刺网

2. 漂流刺网

漂流刺网，也叫流刺网，通常简称流网。常见的渔获种类是鲐、飞鱼、金枪鱼及类金枪鱼、蝠鲼和其他中上层鱼种。这些鱼种需要不同的网衣材料、网目尺寸和网线粗度来提高其渔获量。

捕捞鲐、飞鱼、沙丁鱼和其他小型中上层鱼种的流网由直径 0.2~0.4 mm 的尼龙单丝制成，网目尺寸为 25~90 mm。作业时把由几个单元构成的网设置在已知目标鱼种所在区域，随海流漂移 3~6 h，然后手工起网（图 1-21）。有的布网技术是在网的一端放置一个灯标，网随 banca 漂流（图 1-22 和图 1-23）。在卡加延采用的一种新方法是流刺网和钓具相结合（图 1-24），在网中央每隔一定的间隔系结钓具，

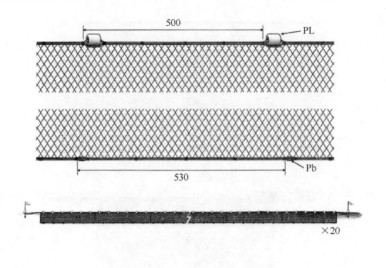

图1-20 飞鱼表层刺网

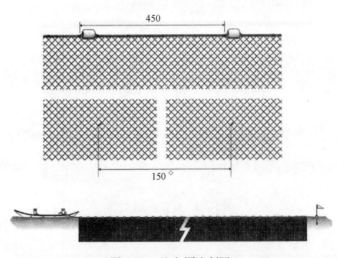

图1-21 飞鱼漂流刺网

以提高渔获量，但是，这种方法存在的问题是在流急波浪大时会使渔具纠缠。

捕捞金枪鱼的漂流刺网主网衣材料是尼龙复丝 PA 210D/12～210D/18，网目尺寸为50～90 mm，使用铁环和/或粗复丝网衣（210D/30～210D/36）作为沉锤，网衣下部10～20目粗网衣所起作用就像沉锤（图1-25）。在作业过程中，网可以随流放置漂移或系到 banca 上随流漂移。金枪鱼流刺网遍及伊洛戈斯海岸、达沃湾、八打雁西部和东内格罗斯南部水域。

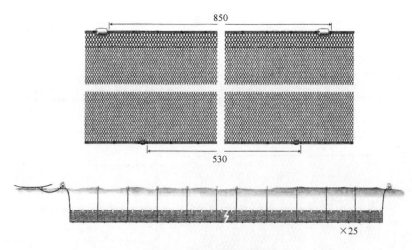

图 1-22　沙丁鱼漂流刺网

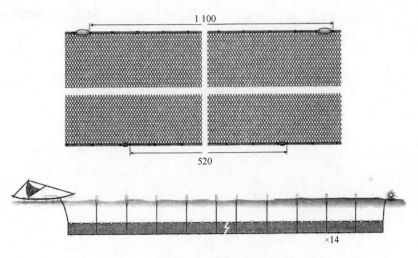

图 1-23　鲐漂流刺网

在保和省的哈那（Jagna），捕捞蝠鲼时使用一种特殊型流刺网（图 1-26），该网由相应网目数的不同颜色（绿色、黄色和黑色）聚乙烯网衣组成，网深约 30 m，网线直径 2 mm，网目尺寸 650 mm，装配 2.5 m 长的吊纲，能使网停留在中水层深度，在白天或夜间放网时也随流漂移。该网捕获的鱼种价格高，有助于鼓励渔民寻找好渔场。与小缩结率的金枪鱼和小型中上层鱼流刺网比较，蝠鲼流刺网的缩结率（85%）非常高，网衣几乎被充分拉紧。

菲律宾的漂流刺网主要分布于卡加延省、南伊洛戈斯省、三描礼示省、甲米地省、八打雁省、卡坦端内斯省、马林杜克省、南甘马磷尼斯省、马斯巴特省、北萨马省、萨马岛、阿克兰省、莱特省、宿务省、保和省、南三宝颜省、沙冉嘎尼省和达沃市。

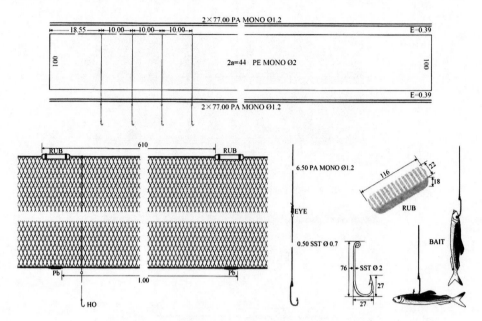

图 1-24 漂流钓刺网

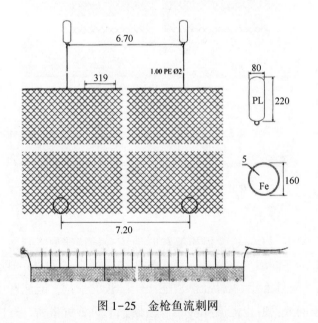

图 1-25 金枪鱼流刺网

3. 底层刺网

底层刺网是主捕生活在海底或近海底种类的刺网，最常用的材料是直径 0.2~0.4 mm 的尼龙单丝，网目尺寸为 30~150 mm。主要渔获种类是蟹、蛇鲻、鲼科、带鱼、鲷等。

蟹刺网（图 1-27）是针对蟹的爬行行为制作的，一般由直径 0.2 mm 的尼龙单

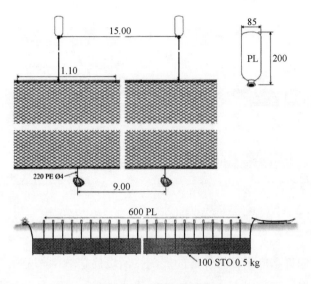

图 1-26 蝠鲼流刺网

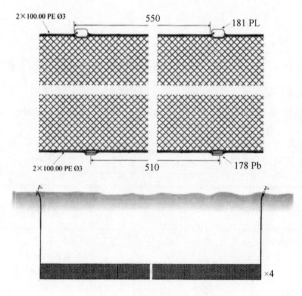

图 1-27 蟹底层定置刺网

丝制成，网目尺寸 30 mm。最特别的特征是网深目数有限，只有 60 目。该网设置在浅水区，并经常检查网中是否有渔获。

也有些底层刺网捕获白天洄游的鱼种。由于鱼在水表层游泳或索饵，所以在夜间换用表层刺网（图 1-28）。这种刺网由直径 0.25 mm 的尼龙单丝制作，网目尺寸 42 mm，也有些使用直径 0.4 mm 的尼龙单丝制作，网目尺寸较大（120 mm），通常设置在多沙泥海底。

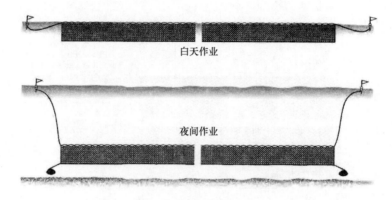

图 1-28　底置刺网和漂流刺网昼夜轮换作业

由于菲律宾的许多渔场具有优良的底况，所以底层刺网作业十分流行。主要分布于北伊洛戈斯省、邦嘎锡南省、奎松省、甲米地省、南甘马磷尼斯省、西民都洛省、东民都洛省、索索贡省、马斯巴特省、萨马岛、宿务省、西内格罗斯省和巴拉望省。

4. 三重刺网

三重刺网在菲律宾并不流行，原因可能是鱼被刺挂于内层网衣上难以摘除。为了解决这一问题，渔民尝试了几种改进。目标鱼种是难以被单片刺网捕获的颌针鱼。

三重刺网的原始设计由 3 片重合网衣构成（图 1-29），其中 2 片外网衣具有相

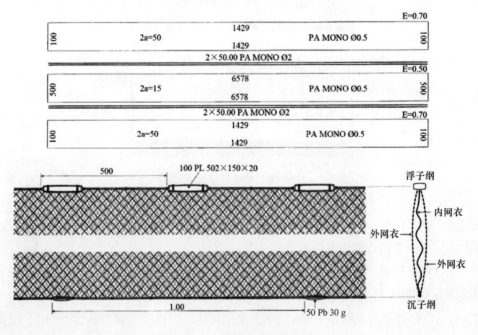

图 1-29　三重刺网（原始设计）

同的网线、网目尺寸、宽度网目数和高度网目数；内网衣的网目尺寸较小、网线较细、松弛度较大。外网衣缩结率比内网衣大。当鱼进入第一片外网衣时，通过撞击内网衣缠住其身体，随后又通过第二片外网衣被络在网中。陷捕于内网衣中的鱼没有任何逃逸机会。

其他设计也是由 3 片网衣构成，网线也相同，但网目尺寸和缩结率各不相同，第一片网目尺寸较大，第三片网目最小（图 1-30）。不被第一或第二片网衣捕获的鱼将被第三片网衣捕获。这一设计导致鱼被刺挂而不是被缠络于网衣。常用的网衣是直径 0.3~0.5 mm 的尼龙（PA）单丝。

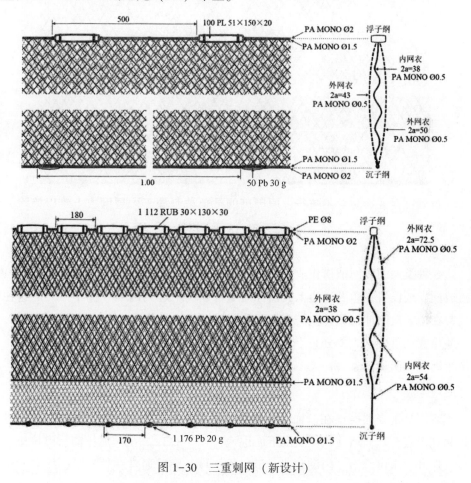

图 1-30　三重刺网（新设计）

目标鱼种的行为和当地渔民设计颌针鱼三重刺网的独创性捕捞方法产生了另一种改进——使用 2 片重合网衣（即双重刺网）（图 1-31）。第一片网目尺寸为 60.9 mm，第二片网目尺寸为 43.5 mm，网线规格同为直径 0.3 mm 的 PA 单丝。第一片缩结率为 51%，第二片缩结率为 47%。该网应用于达沃湾捕捞颌针鱼和其他中上层鱼种。

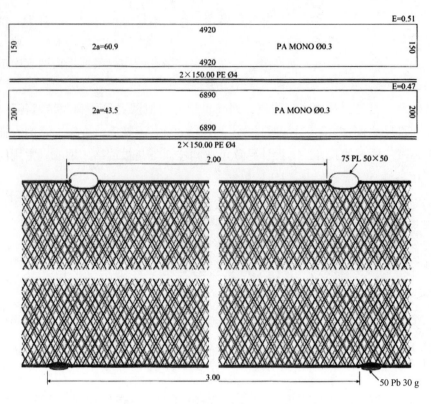

图 1-31　双重刺网

这 3 种类型的刺网捕捞作业相同。考虑到鱼和流向，把网对着颌针鱼鱼群设置，顶流放网，或设置在鱼游通道上，而惊吓纲将鱼群驱赶到网中（图 1-32）。这种刺网通常在白天放网捕捞颌针鱼，在夜间放网捕捞其他鱼种，如鳎、石斑鱼、鲻等。

菲律宾三重刺网主要分布于马林杜克省、索索贡省、马斯巴特省、宿务省、东米萨米斯省和南达沃省。

5. 围刺网

围刺网被用来捕捞正在海面索饵或移动的鱼群。该网设置在浅水域包围鱼群，网接触到海底，从而堵住鱼类从网下面逃逸（图 1-33）。在马尼拉湾、巴拉望、安蒂克、保和、东民都洛、内湖和达沃沿岸浅水域，渔民通常在竹筴鱼、鲐和沙丁鱼成群移动时使用该类型网。

该网最常用的材料是直径 0.25 mm 的尼龙单丝和 210D/2 复丝，网目尺寸为 28~40 mm，网深 16~24 m。包围鱼群后，用船桨拍击海面使鱼群受惊，划桨产生的声音将鱼类驱赶到网而被刺挂在网上。主要渔获物包括竹筴鱼、蓝圆鲹、鲐、沙丁鱼、乳香鱼、鲱等。

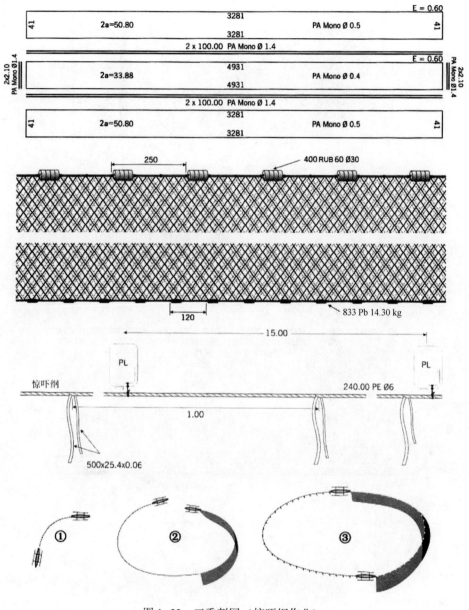

图1-32 三重刺网（惊吓纲作业）

五、抄网

抄网是网口固定或可变的袋网渔具，由1个网和1~2根推杆（竹竿或木杆）构成，并使网保持张开，由1~2位渔民在浅水域推网作业，或者用机动船（小于3 GT的市级渔船或大于3 GT的商业渔船）在较深水域推进作业。捕获的主要种类包括毛虾、白虾、鲻、鲲、沙丁鱼等。

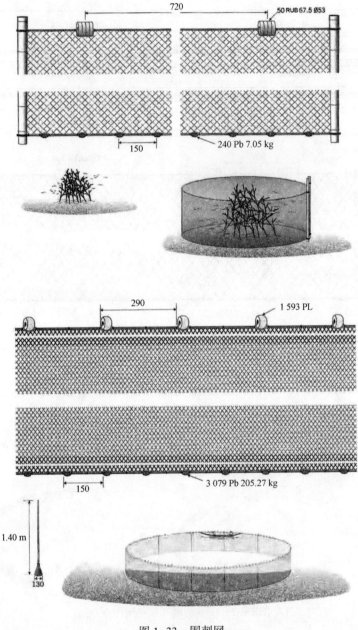

图 1-33　围刺网

菲律宾抄网包括人推网、船推网和捞网：

1. 人力推网

人力推网是可折叠式三角框架网，由 1 位以上渔民在沿岸区或在河流中 0.5～
1.5 m 深度处向前推网捕鱼，随时可以提起网收捡渔获。

该网主要由细网线（尼龙复丝 210D/2～210D/4）和聚乙烯 400D/6 小目网制

成，网长 1.7~5.0 m，底纲长 1.25~4.0 m。推杆由竹或红树林木制成，长 1.8~
4.0 m，直径 3~5 cm，杆的末端装配滑撬或滑鞋以防推杆陷入海底（图 1-34）。

　　在作业过程中，有 2 种方法把浮子纲结附到推杆上：一种是把浮子纲全部系结
在推杆上，另一种是每隔一定的间距做成绳环套穿在推杆上。有时在推网作业时把
驱赶链设置在底纲前面以刺激虾类跳入网里。

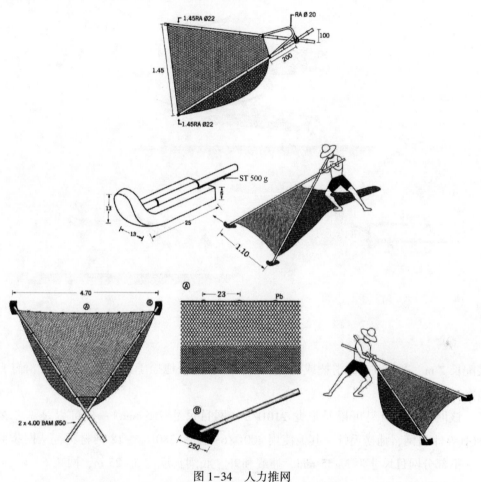

图 1-34　人力推网

2. 船推网

　　船推网有 3 个截然不同的部分：上部、下部和网囊（网袋）。底纲（长度 5.3~
25 m）装配铁链或铅沉子加重纲，两端扎牢在撑网推杆上。上纲结附在整条推杆
上。由机动船在较深水域作业，根据捕获种类（如鳁、虾和其他鱼）分类（图 1-
35）。

　　推杆为竹竿或木电杆，长度 6~25 m，直径 5~30 cm，这取决于渔具和渔船的大
小。通常，小杆前部装配长 27~40 cm、宽 4.8 cm 的滑撬或滑鞋，较大的木杆前部

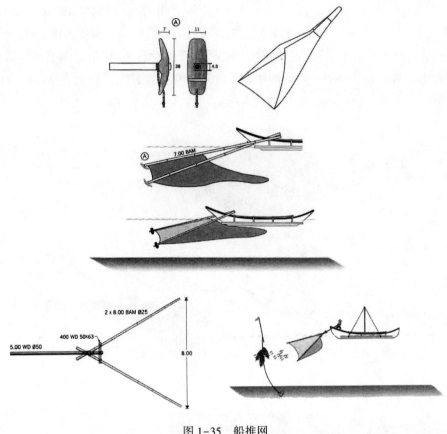

图 1-35　船推网

装配长 2 m、宽 70 cm 的滑撬或滑鞋。滑鞋尖端宽松地拴于金属座上，可使滑鞋自由滑行和移动。

该网常用的材料可以是尼龙 210D/2（网目尺寸 7.5 mm），也可以是聚乙烯 380D/9 小目网，捕捞毛虾。其他使用 400D/6-24 和 380D/6-18 网材料，从网袋到上、下部分网目尺寸为 3~55 mm，捕鳀和虾。底纲长度为 5~25 m，网长 6~33 m。有些装配底纲或驱赶链来刺激虾类跳入网中。

船推网捕捞作业要么在白天，要么在夜间进行，这取决于鳀和毛虾的出现时段。对于小船，渔民使用 1.5 m 竹竿来寻找和确定在水面的虾群，然后将推网向前推移。为了把渔获带上船，把一根直径 4 mm 的聚丙烯（PP）取回绳放置于网囊附近，以便船可以连续作业。在操作推网时也使用 1~2 根带有绳索的平行杆来调节三角架杆的深度。对于大船，使用双滑轮或小动力滑车挂在舷外桁杆前端完成木杆的投放和吊起。借助一根结附于网囊的绳索把网囊吊起、倒空和再放下，准备下次放网作业。

菲律宾船推网主要分布于甲米地、内湖、八打雁、甘马磷尼斯、阿克兰、伊洛伊洛、达沃和沙冉嘎尼等省市。

3. 捞网

捞网是一种渔具又是一种捕鱼属具，由圆框、手柄和网衣构成（图1-36）。手柄长 0.5~2 m，由直径 2~5 cm 的竹竿或木杆制成。由直径 5~6 mm 的不锈钢或镀锌铁丝制成的圆框使网形成一个网袋，框口张开直径为 28~45 cm。网口周长264~450 cm，深度 45~120 cm，主要由尼龙复丝 210D/2 或直径 0.5 mm 单丝尼龙制成，网目尺寸 9~30 mm。

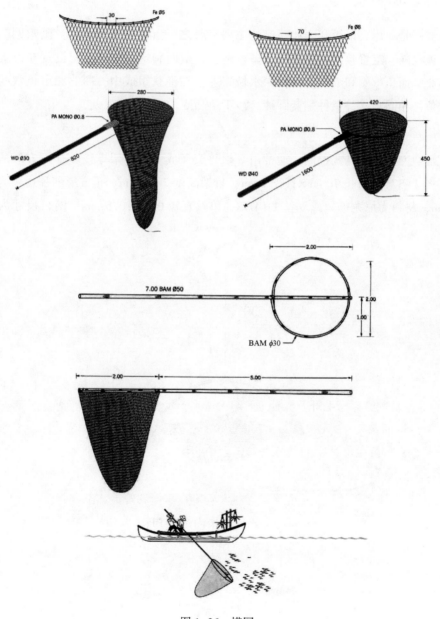

图 1-36　捞网

该渔具用来捞取在夜间被光吸引的鱼类。在大多数情况下，它用来拾取敷网、庇鱼装置、鱼栅网圈或小型钓具的渔获。在白天和夜间作业，大捞网也用于围网捕捞中把渔获捞上主甲板或直接捞进鱼舱。

菲律宾抄网主要分布于北伊洛戈斯、内湖、南甘马磷尼斯、索索贡、伊洛伊洛等省。

六、敷网

敷网是菲律宾市级和商业捕捞的主要渔具之一，共有 5 种型式：蟹敷网、虾敷网、鱼敷网、定置敷网和围拉网。蟹敷网、虾敷网和定置敷网主要设置在市级浅水域作业，而鱼敷网和围拉网在较深水域作业。在渔获组成中，商业和市级敷网所捕获的鱼种相同，优势鱼种是蓝圆鲹、沙丁鱼和鳀。

1. 蟹敷网

蟹敷网属于便携式敷网，通常由 2 根竹交叉成十字形架撑住一片正方形网衣构成（图 1-37）。竹长 70 cm×直径 1 cm，竹架高度 7~20 cm。正方形网片边长为 40~60 cm，材料为尼龙单丝或复丝 210D/3，单丝直径 0.25~0.5 mm，网目尺寸为 30~

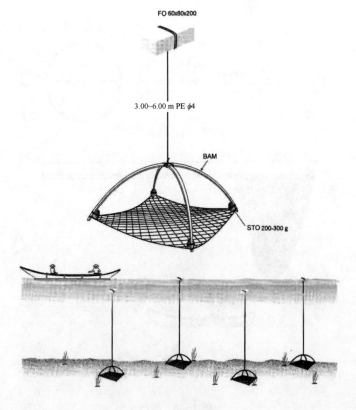

图 1-37　蟹敷网

76 mm。一条长度 3~6 m、直径 4 mm 的聚乙烯收网绳一端系结于竹架顶端（竹架交叉处），另一端结附泡沫塑料浮子或竹浮子，竹架顶端还系结石头或铅锤。

作业时把饵料放在竹架中央，通常敷网可以不装饵料作业或设置。在浅水域，渔民划 banca 或简单地沿海岸步行操作渔具，经常检查设置的敷网以确定是否有渔获。捕捞在白天或夜间完成，全年作业。渔获种类主要是锯缘青蟹和远海梭子蟹。

菲律宾蟹敷网主要分布于拉乌尼翁、奎松、甲米地、南甘马磷尼斯等地。

2. 虾敷网

虾敷网也是一种便携式敷网，其结构与蟹敷网类似，但使用的架较长，网衣也较大（图 1-38）。竹长 2.6 m×直径 15 mm，竹架高度 1.1 m。正方形网衣由直径 0.7 mm 尼龙单丝或 210D/2 尼龙复丝制成，边长 75 cm，网目尺寸 10 mm。在网上方 60 cm 处沿着竹架系结重为 100~200 g 的石头。

该渔具使用一些小鱼作为饵料（放在竹架中央），在夜间沿河设置，1 位渔民放网 10 个，捕获的虾和虾虎鱼用作底置延绳钓的饵料。

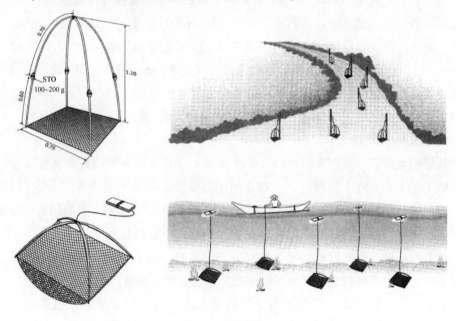

图 1-38　虾敷网

3. 鱼敷网

鱼敷网类型多样化，有许多奇特的技术和作业方法，渔船和捕捞区域都有所不同。最简单的是小型中上层鱼敷网，使用小型舷外支架式机动 banca，网的大小取决于船长、舷外支架和外伸竹竿长度，网目尺寸取决于目标鱼种。

独特的作业方法是三描礼士省的小型袋网（当地叫 singapong，图 1-39）。该网长 10.8 m，宽 9 m，深 4.2 m，由 210D/4 尼龙复丝制成，网目尺寸 8 mm。木质舷外支架式banca船长8～10 m，以7.35～11.76 kW汽油发动机为动力，通常由2位渔民操作。

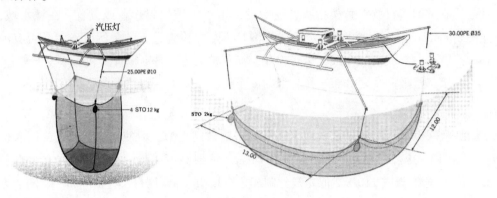

图1-39　鱼敷网（singapong）

Banca在黄昏到达渔场，抛锚后开灯诱鱼，使用2盏煤油灯，每盏500 W。当吸引足够的鱼群时，把诱鱼灯移到系结20 m回收绳的竹浮筏上，让其漂离banca一段距离。渔民准备4根竹竿，每根竹竿长7 m，基部直径60～80 mm，末部直径30～40 mm。拉纲通过滑轮系结于竹竿末端。把网放置于banca下面，同时把浮标灯回收到其原始位置。把一个锥形遮盖物围住诱鱼灯以集中鱼群。一有信号，渔民就开始起网，直到把渔获带上船为止。每夜可作业3～5次，捕获的主要鱼种是鳀、竹筴鱼、沙丁鱼和小梅鲷。

其他类型的敷网使用8根撑杆来张网（图1-40）。这8根撑杆由绳索支撑，绳索系结于船上1支或3支桅杆上。在船的中部安装一台人力绞车来帮助起绞拉纲。在某些渔场，只把诱鱼灯（200～1 000 W/只）布设于船首，但大多数诱鱼灯分布在船周围。根据船的大小和发电机组的功率，使用10～20只灯泡。

鱼敷网捕捞的最新发展是配备10～20只卤素灯，每只灯泡1 000～5 000 W。也使用水下金属卤素灯将在较深水层游泳的鱼类吸引到海面来。

最大的鱼敷网出现于甲米地省、奎松省、达沃省和三宝颜省。舷外支架船长25～30 m，宽3～4 m，吃水2～3 m。通用的发动机功率为58.8～161.7 kW，装配10～24 kVA的发电机。船的中部有1～3支桅杆，在作业时支撑外伸吊杆。安装19只1 000 W灯泡或2～8只高瓦数金属卤素灯（每只1 000～5 000 W）。网长20～40 m，网宽15～20 m，网深8～15 m。

亮灯是吸引鱼类的方法，黄昏将全部灯开启直到吸引足够的鱼群为止，接着把灯逐个关掉直到剩下1只灯为止。把锥形网套住灯以集中鱼群，然后下网并保留在海底上几分钟。当鱼群集中在网中央后，渔民开始拉纲直到把网拉起在船上为止。最后把渔获倒在甲板上进行分类和贮藏，再次开灯进行下一网次作业。

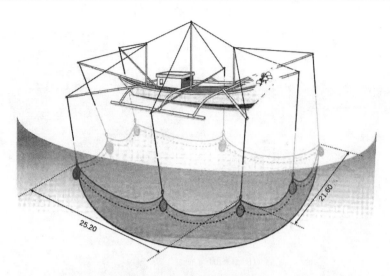

图 1-40 鱼敷网（8 撑杆）

菲律宾鱼敷网主要分布于邦嘎锡南、三描礼士、南甘马磷尼斯、莱特、巴拉望、南三宝颜、沙冉嘎尼等省。

4. 定置敷网

定置敷网由构架和网衣构成，通常设置在浅水域，渔具的设置深度取决于作为系柱（竹竿或棕榈桩）的长度。构架由 2 排以上的竹竿构成，竹竿互相平行设置，并有 4 条相等的边柱，永久插在海底上。2 排竹竿用支架和人行道支撑，渔民站在超过最高潮位 1 m 处起网。系柱上安装滑轮和吊环供拉纲通过。在某些结构物中，平台搭建在人力起网绞车的位置上。其他区域设有结附垂直绳的转角系柱，绳端系结一个 50 kg 沉锤，在起网过程中拉纲环通过垂直绳。

网的大小取决于竹结构或构架的长度、宽度和深度。通常网的长度为 10~15 m，宽度 10~14 m，深度 5~10 m。网衣材料可以是 PE 380D/6-9，网目尺寸 0.2 mm 或 PE 400D/6，4 mm 小鱼网（图 1-41），也可以是尼龙复丝 PA210D/9，网目尺寸 16 mm。有时使用小目 B 网来捕捞鳀（图 1-42）。使用煤油灯或压缩气灯来引诱鱼类，并悬挂在结构物中央。网袋角端安装 2~3 块石头或铅锤来加快网的沉降。当鱼的数量足够时，绞起拉纲直到网袋拉上 banca 为止。根据鱼群的密度，在夜间可作业数网次。捕获的主要鱼种是鳀、沙丁鱼、竹筴鱼和鲐。

菲律宾定置敷网主要分布于达沃湾、索索贡、保和、伊洛伊洛、内格罗斯、巴拉望、卡皮兹、奎松、北甘马磷尼斯、阿克兰、西内格罗斯、南哥达巴托等省。

5. 围拉网

围拉网是由 3 艘非机动灯船、2 艘平底船和 1 艘舷外支架式机动 banca 组成作业的敷网类型。在开往渔场时，由舷外支架式 banca 拖曳 2 艘平底船和 3 艘灯船。3 艘

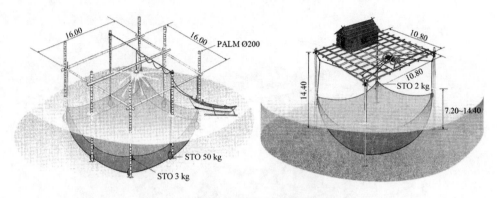

图 1-41　定置敷网（小鱼网）

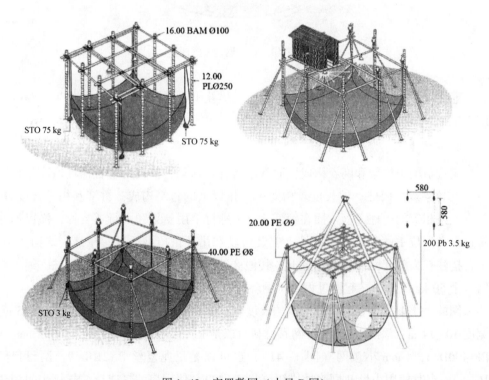

图 1-42　定置敷网（小目 B 网）

灯船彼此相隔 300~500 m 抛锚，而 2 艘平底船在该区域等候。当探测到足够的鱼群时，灯船向平底船发出信号准备作业。平底船开始靠近诱集鱼群的灯船，并考虑流向抛锚。载有网具的一艘平底船把网的一边转移给另一艘平底船，2 艘平底船向侧面分开，从而使网撒开。诱集鱼群的灯船缓慢地放出一些锚绳漂向网中央。当鱼群一到达网中央就同时把拉纲绞起在 2 艘平底船上，直到底纲到达海面为止。然后把鱼集中于网袋，带上一艘平底船进行分类。当其他灯船也有鱼群时，就重复这一作业过程。

平底船长 13.7 m，以 11.76 kW 发动机为动力。灯船是非机动独木舟，长 4.9 m。每艘灯船有 2~3 盏增压煤油灯。服务性 banca 长 13 m，以 58.8 kW 福州牌发动机为动力。主网衣由无结节尼龙 210D/6 制成，网目尺寸为 8 mm。网缘使用聚乙烯 400D/18，网目尺寸 33.7 mm。浮子纲长 73.2 m，由直径 10 mm 的聚乙烯绳制成，结附 40 个泡沫塑料浮子。沉子纲长 36.6 m，由直径 10 mm 的聚乙烯制成。网的两侧装配 6 条拉纲，但只有下面 3 条装配重量为 15 kg、30 kg 和 40 kg 的沉锤（图 1-43）。主要渔获种类是鲱、沙丁鱼、鳀、竹筴鱼、鲐、卡瓦拉马鲛、鲣、扁舵鲣等。

目前，围拉网主要分布于卡加延、奎松、卡皮兹、莱特、保和等省。

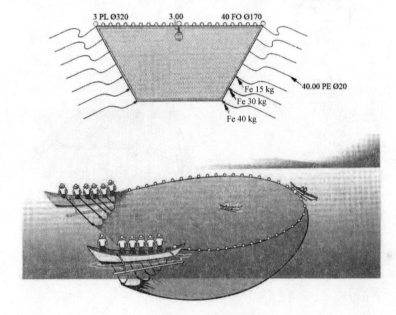

图 1-43　围拉网

七、掩网

掩网通常是一种锥形网具，以跌落或投掷网具的方式来覆盖水产动物，并把这些动物封闭在网中。有些船在浅水域手工作业，有些抛网从小船或筏上作业。

菲律宾的掩网类渔具主要指手抛网。这是一种传统渔具，在沿岸小型渔民中流行。它是一种市级渔具，由一位渔民在浅水域使用（或不使用）banca 或竹筏进行捕捞作业，主要用来捕捞鱼类供人类每日食用。

在投网之前，渔民首先侦察适合鱼群或单个鱼栖息的区域。在可涉水而过的深度，渔民携带着网具并向鱼投掷。在较深的水域，渔民从 banca 或竹筏上投网，同时放出足够长的网尾绳（取回绳）让网到达海底，通过收拉取回绳收回网具。目标鱼种是鲻、沙丁鱼、竹筴鱼、鲐、篮子鱼和虾类。

菲律宾最典型海洋掩网是鲻掩网和沙丁鱼掩网。鲻掩网的主网衣由复丝尼龙 PA 210D/2 或直径 0.2 mm 的 PA 单丝经手工制成，网目尺寸为 20 mm；网缘是尼龙复丝 210D/3，网目尺寸为 16 mm。鲻掩网总长度为 3 m，网口周长 22.4 m，沿网口圆周有 90 个小网兜，网的尖端系结一条直径 4~6 mm、长 6.3~10 m 的聚乙烯绳作为取回绳（图 1-44）。沙丁鱼掩网网目尺寸为 22 mm，网长 9 m，网口周长 40 m 并装配 75 个小网兜，取回绳由直径 4 mm、长 6 m 的聚乙烯制成（图 1-45）。这两种掩网的下纲都装配铅或链锤。

菲律宾海洋掩网主要分布于三描礼士、安蒂克和西内格罗斯。

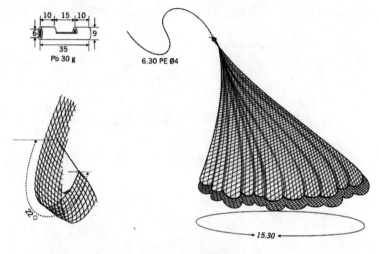

图 1-44　鲻敷网

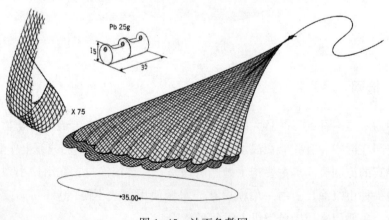

图 1-45　沙丁鱼敷网

八、陷阱/笼具

菲律宾陷阱（包括笼具）是定置渔具之一，结构形式、使用的材料、操作技术

48

和目标鱼种都有很大的不同。各种陷阱，如鱼笼、鱿笼、鹦鹉螺笼、蟹笼、虾笼、栅网、长袋网（滤网）和鱼栅，传统上都属于小型渔具，过去20多年在某些区域已成功使用了大型陷阱——定置网（Otoshi-ami）。

菲律宾海洋陷阱包括鱼笼、蟹笼、鱿笼、鹦鹉螺笼、虾笼、栅网（退潮竹栅陷阱）、长袋网、竹栅陷阱和定置网。

1. 鱼笼

鱼陷阱在当地通常叫鱼笼（bubo），根据它们的形状可分为圆柱形笼、矩形笼和半圆柱形笼。小笼长50 cm，宽40 cm，高20 cm。大笼长160 cm，宽100 cm，高50 cm。但有些鱼笼尺寸较大，长500 cm，宽320 cm，高100 cm。

竹是使用最广泛的笼材料，用于制作笼框架、防逃漏斗和围笼编织物（图1-46和图1-47）。如今，聚乙烯（图1-48）或尼龙单丝网衣是制作小笼的主要材料，而大笼由钢丝网制作（图1-49和图1-50），六角形网目目脚长20~25 mm。

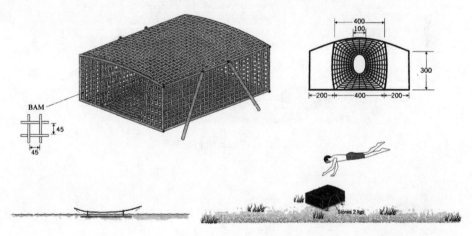

图1-46 竹编方目鱼笼

大多数鱼笼只有一个入口，入口有尖锐的竹漏斗防止鱼进入笼后逃逸。投放笼的数量为10~20个，这取决于笼和banca的大小。作业时在笼的每个角落装配沉石。小笼通常装有饵料，每天起笼。大笼不含任何饵料，沉浸于海底几天才起笼。有些笼通过潜水员将其设置在多岩石的珊瑚海底，有些笼系结取回绳后设置在海底，也有些笼设置后没有留下海面标志。设置地点是根据山脉或高建筑物的方位来确定。使用加重取鱼钩收回鱼笼，具体做法是钩起笼绳或笼本身。通过笼两侧或下部的开口摘下被捕的鱼。主要渔获物有石斑鱼、笛鲷、褐梅鲷、黑体鲹、卡瓦拉马鲛、海鳝、竹筴鱼、沙丁鱼、海鳗、乌鲂、刺尾鱼、鹦嘴鱼等。

菲律宾鱼笼主要分布于南伊洛戈斯、三描礼士、奎松、里萨尔、甲米地、南甘马磷尼斯、马斯巴特、莱特、巴拉望、宿务、保和、南三宝颜等省。

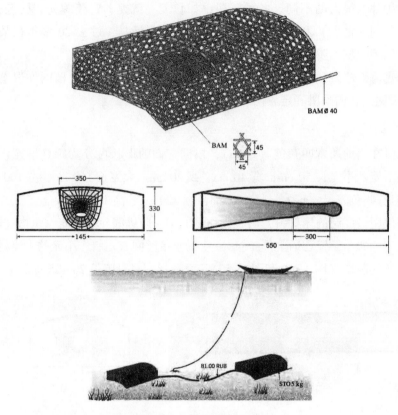

图1-47 竹编六角目鱼笼

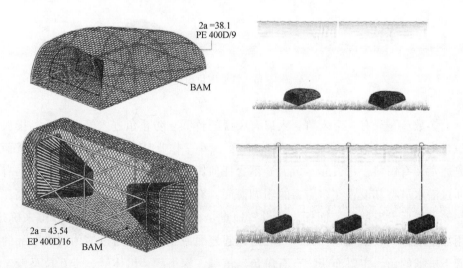

图1-48 PE菱目鱼笼

2. 蟹笼

菲律宾蟹笼有3种笼型（扁圆形、方形和圆柱形），其形状因主捕种类的不同

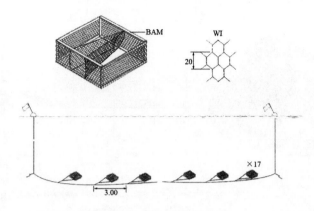

图1-49 铁丝六角目鱼笼

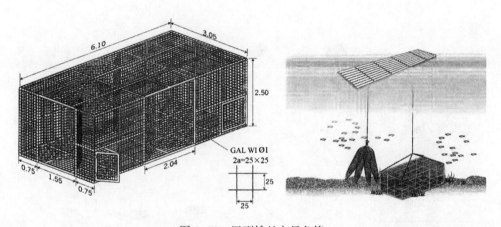

图1-50 巨型铁丝方目鱼笼

而异，扁圆形和方形笼主要用于捕捞远海梭子蟹，而圆柱形笼主要用于捕捞锯缘青蟹。

扁圆形蟹笼（图1-51）直径50 cm，高14 cm，单一入口位于笼的顶部，开口直径12 cm。作业时，给笼装上鱼饵，笼内两侧各放置1个重100 g的沉石，设置在浅水中，渔民可按6 m的间距设置多达42个笼。

方形蟹笼（图1-52）有2个入口，配以1个内置漏斗，可让蟹四周漫游。笼框架由竹或木制成，笼的四周敷上400D/12聚乙烯网衣，网目尺寸50 mm，笼的中央放置一个装鱼饵的小笼。

主捕锯缘青蟹的圆柱形笼（图1-53）由竹片制成，笼体长70~150 cm，圆柱部最大直径250~280 mm，两对面有2个入口。不同尺寸的防逃倒须（漏斗形）也是由竹制成，长度为25~40 cm。作业时，用椰子叶覆盖着笼的顶部，饵料放在笼中央，把笼沿着海岸区设置于河中或红树林附近，用竹竿把笼固定于海底。一天起笼1~2次。

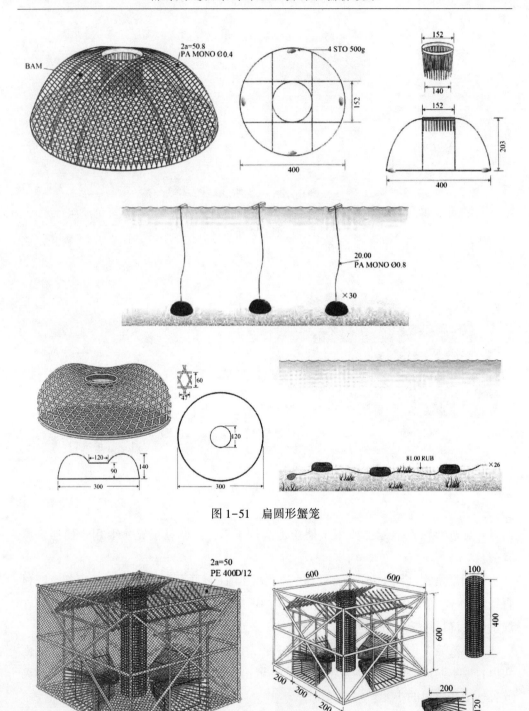

图 1-51　扁圆形蟹笼

图 1-52　方形蟹笼

菲律宾蟹笼主要分布于马林杜克、马斯巴特、巴拉望、宿务等省。

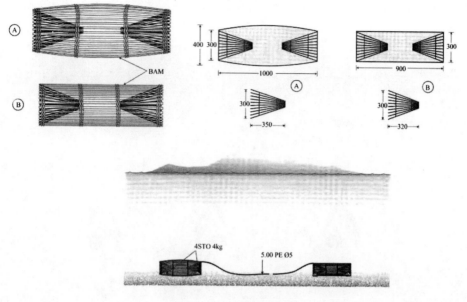

图 1-53　圆柱形蟹笼

3. 鱿笼

菲律宾鱿笼有许多形状和尺寸，最常见的是半圆柱形（图 1-54 和图 1-55）和圆柱形笼（图 1-56）。半圆柱形笼长 120~155 cm，宽 60~120 cm，高 50~80 cm。圆柱形笼长 135 cm，直径 120 cm。竹和藤是制作鱿笼框架广泛使用的材料。笼的封面是 380D/12 聚乙烯网衣（网目尺寸 60 mm）和 0.5 mm 尼龙单丝 PA（网目尺寸 40 mm）。饵料为椰子花枝，系结在笼的中央。在某些区域，把笼放置在由竹枝组成的平台顶上诱鱿。该笼只有一个入口，入口位于笼的顶部或其中一个侧面。笼设置在 9~15 m 深的水域。常用的方法是沿着海底设置笼，另一种方法是把笼悬吊在垂竹上，用绳把垂竹固定于海底（图 1-54 和图 1-55）。

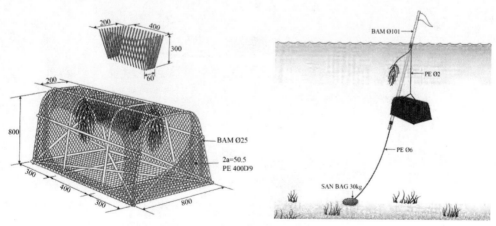

图 1-54　半圆柱形鱿笼（浮标式）

菲律宾鱿笼主要分布于奎松、东民都洛、比利兰、莱特、宿务、达沃等省。

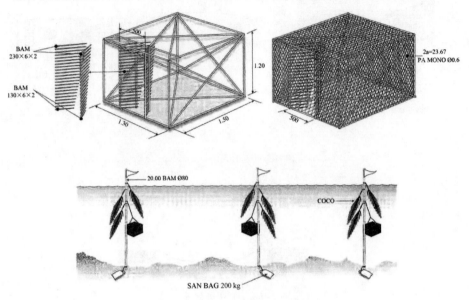

图 1-55　半圆柱形鱿笼（定置式）

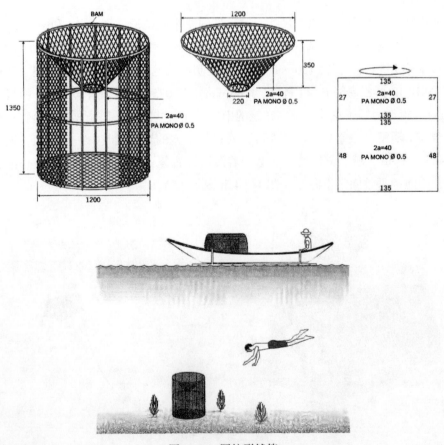

图 1-56　圆柱形鱿笼

4. 鹦鹉螺笼

鹦鹉螺笼有 2 种笼型，包括矩形笼和圆形笼，它们由竹和铁丝相结合制作笼框架，外敷 0.8 mm 尼龙单丝（PA）和 380D/15 聚乙烯（PE）网衣，PA 网衣的网目尺寸为 110 mm，PE 网衣的网目尺寸为 65 mm。矩形笼（图 1-57）长 45~60 cm，宽 35~60 cm，高 29~37 cm，侧面有 2~3 个入口。圆形笼（图 1-58）底部直径 86 cm，上部直径 68 cm，高 36 cm。

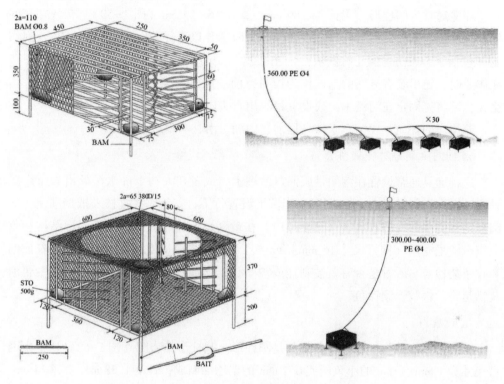

图 1-57　矩形鹦鹉螺笼

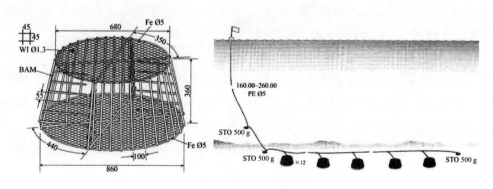

图 1-58　圆形鹦鹉螺笼

该笼由小型渔民作业，在深水域捕捞鹦鹉螺。所有笼的中央都装有饵料，如鳗、胭脂鱼、鲨鱼片和黄貂鱼。一夜可设置 20～30 个笼，笼的设置水深为 200～400 m。使用直径为 5 mm 的聚乙烯绳按 12 m 间隔把笼互相连接起来形成一笼列，在整列笼两端用 500 g 的沉石锚定，并投放旗标作为标志。渔船上安装人力绞车用于起笼。

菲律宾的鹦鹉螺笼主要分布于三描礼士、阿克兰、巴拉望等省。

5. 虾笼

虾笼通常为圆柱形，笼长 33～80 cm，直径 16～24 cm（图 1-59）。有些虾笼的后端圆周比前端大，后端开口直径 85 mm，前端开口直径 40 mm（图 1-60）。制作笼（包括雄、雌防逃漏斗状倒须）的主要材料是竹。虾笼主要在江河中用来捕虾。在作业时，笼里装有煮熟的米糠作为饵料，前端用椰纤维封闭。在夜间作业时，用交叉竹竿将笼固定在河流中，或设置笼时用石头压在笼上面。

菲律宾的虾笼主要分布于拉乌尼翁、内湖、南甘马磷尼斯等省。

6. 栅网（退潮竹栅陷阱）

这种渔具通常设置在潮间带或河口沙洲上，或者在大约 1 m 水深处沿着海岸线设置。在海岸附近以 2～3 m 间隔呈半圆形设置竹竿，安装一些竹枝来抵挡潮流。在圆形结构的中部安装收鱼袋（图 1-61）。在最高潮期间，渔民沿着半圆形结构和收鱼袋设置尼龙网（网目尺寸 16 mm）或聚乙烯网衣。在最低潮之后，渔民沿着该网和收鱼袋检查，看看是否有鱼被刺挂或被圈住。该渔具主要分布于保和省，主要渔获物是鲻、银鲛、颌针鱼。

7. 长袋网

长袋网大多数为锥形，也有一些是圆柱形。圆柱形长袋网（图 1-62）通常由网目尺寸为 1 mm×1 mm 的小鱼网或 0.2 mm 的聚乙烯制成，长度 1.28 m，直径 24 cm。装配 2 个防逃倒须，长 25 cm，后开口直径 24 cm，前开口直径 4 cm。在作业时，网的一端被封闭，用竹竿定置于水中，向流的后端与长袋网系结在一起。锥形长袋网（图 1-63）有 2 个 20 m 长的网翼，网目尺寸 20 mm，网线规格为 400D/6-9；网身长度大约 12.5 m，由 400D/3 聚乙烯制成，网目尺寸 6～15 mm；网囊长 3.65 m，开口 90 cm。

长袋网通常在 1～3 m 深度的浅水域，但也有一些长袋网设置在较深的水域作业。在浅水域，使用该网捕捞虾、浮游生物虾和杂鱼。周年白天或夜间作业，通常在高潮后至最低潮时作业。频繁绞起网囊或全网来收集渔获物。

菲律宾的长袋网主要分布于邦嘎锡南、内湖等省。主要渔获包括虾、蟹和底层鱼类。

8. 竹栅陷阱

竹栅陷阱通常叫做"鱼栅"，有普通竹鱼栅和综合驱赶鱼栅之分。这 2 种鱼栅

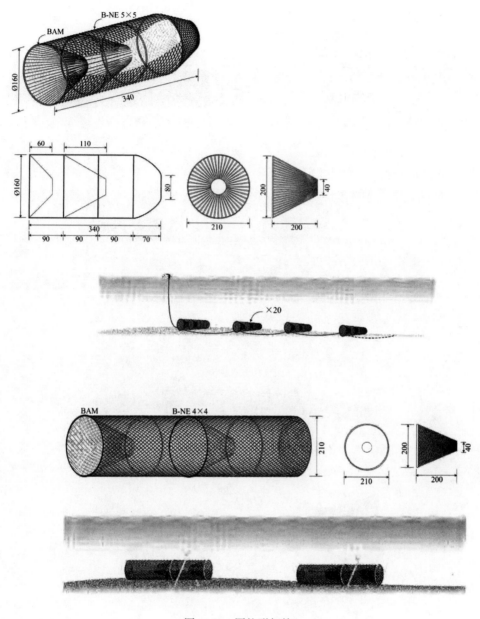

图 1-59 圆柱形虾笼

所使用的材料和引导鱼群进入收鱼袋的方法有着根本上的不同。

普通竹鱼栅（图 1-64）由网墙、运动场（围栏）和收鱼袋（网囊）3 个部分组成。网墙由竹竿、网衣、铁丝或树枝构成，网墙的长度变化很大（10～400 m），取决于陷阱的大小和海底地形。一般来说只有一幅网墙，但在某些鱼栅中布设 2～3 幅网墙。主网墙的设置通常与海岸垂直，在退潮时入口向流，引导鱼进入运动场。运动场为心形或 C 形围栏，由竹、椰子叶或打入海床的木杆与聚乙烯或尼龙单丝网

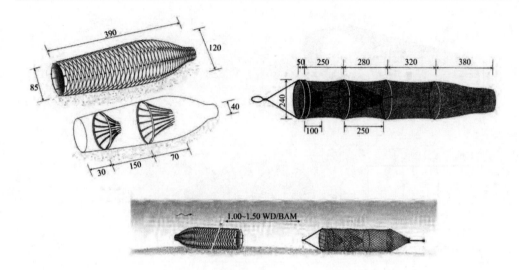

图 1-60　小虾笼

图 1-61　栅网

套构成，引导鱼进入收鱼袋，用敷网或鱼叉进行捞取或捕捞。收鱼袋（网囊）为半圆形，配以竹竿或棕榈树干为框架，用聚乙烯或铁丝网衣覆盖。

驱赶鱼栅（图 1-65）主要在南哥达巴托、苏丹库达拉和马京达瑙省受保护的沿海水域作业，设置在 20~30 m 水深处，捕捞出现在沿岸附近的鲣和黄鳍金枪鱼。网墙由 3~5 根竹竿扎在一起构成竹筏，竹竿长约 9 m，直径 50~80 mm。用绳将竹筏互相连接起来。网墙的一端与网囊或网袋系结，另一端用石头锚定。网墙的长度为225 m，几乎与海岸线平行设置。竹筏下面结附垂绳，并装配被撕开的椰子叶或棕榈叶作为惊吓装置，绳长取决于锚定竹筏的水深度。半圆形网袋位于岸坡处，将 30~

图 1-62　圆柱形长袋网

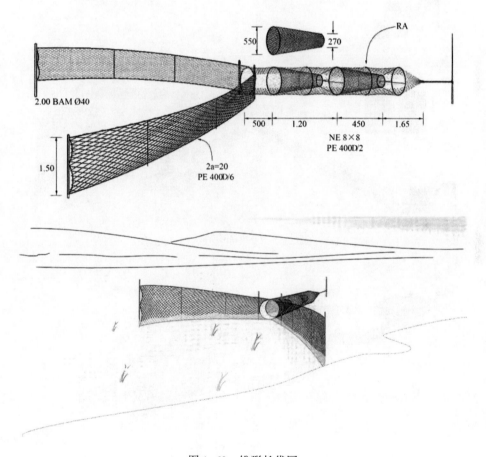

图 1-63　锥形长袋网

50 根椰子树干（长 10~20 m）按 3~4 m 间隔插入海床作为聚乙烯盖网的支柱。网袋的前面也装配椰子树干，这些树干距离中央入口 16 m，在入口处悬挂一片长 18 m、深 16 m 的网衣。

当金枪鱼出现时，约 30 艘划桨 banca 将鱼驱向陷阱。当鱼进入包围圈后，把位于入口处的网衣放下以防鱼逃逸。使用袋网或抄网来捞取渔获物。

菲律宾的竹栅陷阱主要分布于卡加延、奎松、里萨尔、甲米地、保和等省。主要渔获包括鲻、颌针鱼、金线鱼、褐梅鲷、鲻、魟、鱿、虾、蟹和其他底层鱼类。

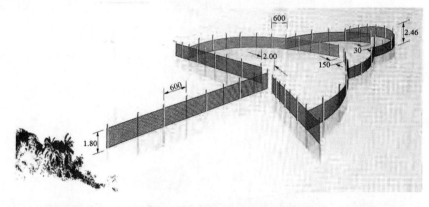

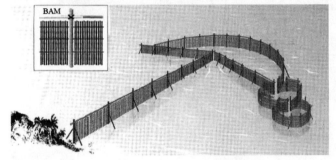
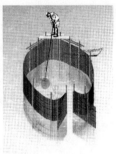

(a) 单幅网墙

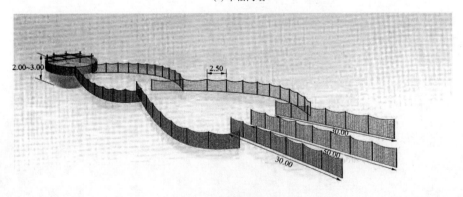

(b) 三幅网墙

图 1-64　普通竹鱼栅

9. 定置网（Otoshi-ami）

定置网（Otoshi-ami）是一种日本渔具，三十多年前被引进到菲律宾的民都洛

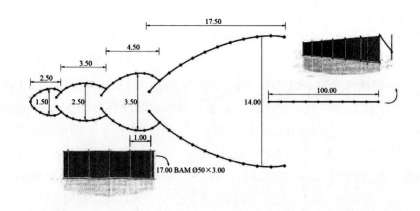

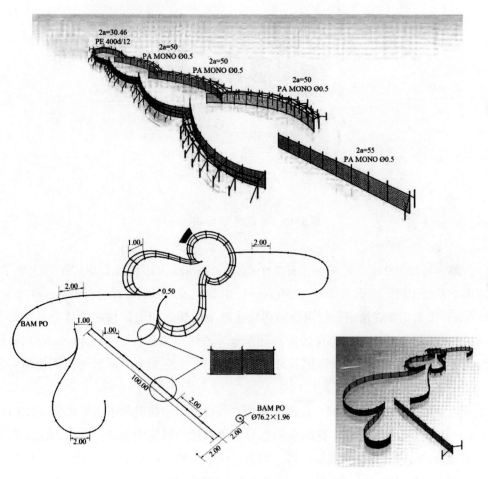

图 1-65　驱赶鱼栅

岛，在当地叫做"Lambaklad"，目前在三描礼士、北伊洛戈斯、南伊洛戈斯、莱特、巴达安、安蒂克、阿克兰和伊洛伊洛省被广泛使用。它是最昂贵的陷阱，现在每个作业单价 80 万~130 万比索，相当于 11 万~17 万元人民币。

该渔具设置在23~35 m水深的沿岸水域，安装1~2个入口，作业方法类似于普通竹栅陷阱，但在材料和制作方法上却大不相同。它由4大部分（网墙、运动场、内外网坡和网袋）构成（图1-66）。网墙由手编聚乙烯网衣制成，网目尺寸304.8 mm，网线规格为400D/18。网墙长度为200~450 m，其深度取决于作业区域的地形和倾斜度，通常与海岸线垂直设置。墙网衣装配在直径32 mm的聚乙烯绳上。网袋（取鱼部）、网坡和运动场（围栏）由相同的尼龙（210D/30）网衣制成，但网目尺寸范围变化较大（25.4~152.4 mm）。网墙把鱼导入运动场（围栏），然后经过网坡，最终到达网袋（取鱼部）而被捕获。从海底向装有网底和侧网衣的网袋倾斜15°~45°角形成网坡，网袋隔间有网底、海岸、入口和拦截网衣。

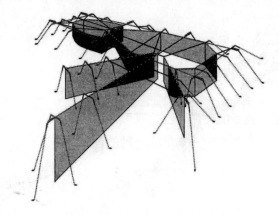

图1-66　定置网（Otoshi-ami）

该渔具长200 m，宽40 m，有2个由直径36 mm聚丙烯绳制成的平行主框架，对面端系结于圆形钢质主浮标（180 cm×1.3 cm）或矩形钢质浮标（2.4 m×1.2 m×0.6 m）上，用沙袋锚定。使用分隔绳将主框架向侧面伸展到预定的活动场网坡和网袋的宽度，然后在网袋部位装配圆柱形聚苯乙烯泡沫塑料浮子（40 cm×30 cm）。使用直径6 mm聚丙烯系结绳把各种网构件装配在主框架上，最后在两侧使用附加沙袋锚定。

通常在早上和下午起网，起网时使用2艘由机动船拖曳的木质平底船（7.3 m×1.8 m×0.6 m）拉起网袋，提起袋网衣直到鱼被拉到网兜中为止。捕获的主要鱼种是金枪鱼、马鲛、鲔、竹筴鱼、鳐、旗鱼、枪鱼和鲨。

菲律宾定置网（Otoshi-ami）主要分布于安蒂克省。

九、钓具

钓具是菲律宾海洋渔业中最常用的渔具之一，也是市级渔业中第二类最有生产力的渔具，在商业渔业产量中排名第六位。

菲律宾海洋钓具分为 3 种类型：手钓、拖钓和延绳钓。

市级钓具使用的 banca 小于 3 GT，或者是机动的，或者是非机动的。大多数机动 banca 在沿岸水域作业，钓捕中上层鱼种和底栖鱼种。集鱼装置（FAD）设置于近海水域聚集金枪鱼。拖钓在 FAD 附近钓捕鱼群。延绳钓通常是底层定置延绳钓，钓捕底栖鱼类，如蛇鲻、乌鲂、石斑鱼、笛鲷、鲨等。

商业钓具使用 3~30 GT 的舷外撑杆船，母船拖曳几艘非机动 banca，在黎明时分到达渔场。每艘小 banca 有 1~3 位渔民在船上进行手钓或拖钓作业。在日末时由母船收集渔获，并将渔获运回遮蔽区或港口。在某些情况下，把主尺度为 7 m×0.5 m×0.5 m 的 banca 搬到舷外撑杆母船之顶层甲板。商业延绳钓主要钓捕金枪鱼和类金枪鱼。

钓具在设计、制作和操作技术方面大不相同，每个地区有其自己的使用方法，主要取决于目标鱼种的行为和习性。

1. 手钓

手钓，顾名思义就是渔民用自己的双手进行钓捕作业的渔具。虽然手钓看起来结构简单，但它具有许多有效捕捞目标鱼种的设计和制作方法。一般来说，手钓由主干线、支线、钓钩和沉子组成，还有其他属具，包括卷绕钓线的木/竹/塑料线轴、防止钓线扭转的转环和用来保护钓钩因被鱼咬而损失的不锈钢丝。

简单的手钓只有 1 枚钩（单钩）（图 1-67），为了提高渔获几率，现在使用几枚钩（多钩）（图 1-68）也是常见的，尤其是捕捞沙丁鱼、鲐、竹筴鱼、鲈、石斑鱼和鲷科。手钓可以用来捕捞中上层、中层或底层鱼种。现在手钓使用的钓饵有天然饵（如鱼、鱿）和人造饵（如类似虾、鱿或章鱼的塑料或丝绸材质拟饵）。单钩钓装配塑料浮子或竹浮子，可以随流漂移，渔民让它们漂流几个小时后绞起有渔获的浮动钓具。

根据目标鱼种的不同行为对手钓进行了许多改进。对于金枪鱼手钓，使用直径 1.5 mm、长度 15 mm 的铅沉子内嵌 50~90 cm（直径 3 mm）铁条来提高手钓的沉降速度；使用活饵（如扁舵鲣和鱿）来提高手钓的捕鱼效率。

手钓使用的材料大多数为尼龙单丝，干线直径 1.5~2 mm，支线直径 0.5~1.5 mm，沉子为铅质，钓钩为 Mustad J 形钩或圆形钩。

渔民也使用单钩和多钩手钓来钓捕底层鱼。干线和支线是直径为 1.2~2 mm 的尼龙单丝。就多钩手钓而言，支线（0.45~1.0 mm）连接于干线的转环上，以防钓线扭转。钓钩尺寸及形状的变化取决于目标鱼种的不同。不同尺寸和形状的转环由黄铜制成。底层手钓的一种特有革新是备用一个饵料袋放置小鱼或贴底鱼（图 1-69）。钓钩到达理想的深度时，突然猛拉钓具以释放饵料，饵料吸引鱼群到一个钓捕区域，从而提高钓捕效率。

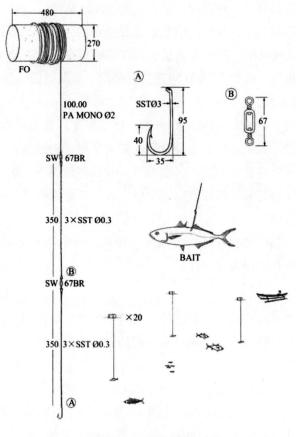

图 1-67　单钩手钓

在巴拉望岛，珊瑚礁丰富，商业手钓渔船载有 6~8 艘小型非机动 banca（长 3~4 m）带到渔场，给每艘 banca 指派预先选定的珊瑚礁区。手钓在当天日落之前完成捕捞作业，小 banca 再次集中在一起，将渔获称重后贮藏在鱼舱里用碎冰保藏。母船仍然停留在渔场直到鱼满舱或供给物品（如食物、油和水）几乎用完为止。目标鱼种是石斑鱼、鲷科和其他珊瑚礁鱼。

也使用不锈钢夹作为干线和支线之间的连接器来消除起钓时因渔获的影响而导致钓线扭结和纠缠。同样，也在干线上增加一些转环以防钓线扭转，还沿干线设置三角形不锈钢丝来为其他支线提供连接（图 1-70）。这一创新使得钓钩数量增加，从而增加单位努力渔获量。使用具有不同颜色的丝绸布作为人造饵料被证明钓捕成群鱼十分有效。这些饵料系结于钩眼处以覆盖钓轴和倒刺（图 1-68）。

在桑托斯将军城，金枪鱼手钓捕捞非常普遍，因为它是出口金枪鱼生鱼片的主要来源。几千艘手钓船（长 19 m）外出到西里伯斯海寻找 Payaw，钓捕大个体的黄鳍金枪鱼和大眼金枪鱼。通常，一航次延续 7~10 d（包括 4 d 航行）。当地渔民采用的主要新渔法是，使用 2 m 支线把饵钩和 0.5~1 kg 的石头卷在一起，然后放下在

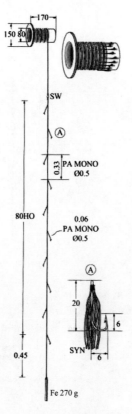

图 1-68　多钩手钓

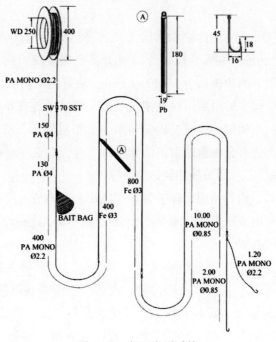

图 1-69　新型底层手钓

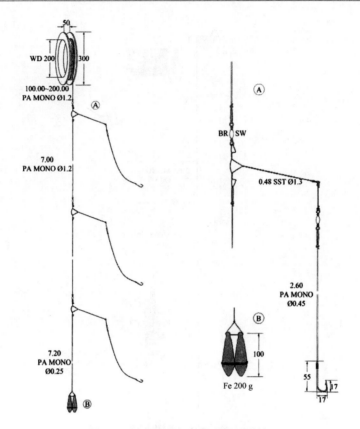

图 1-70　多转环和三角形钢丝手钓

Payaw 附近，直到它到达金枪鱼游泳水层为止，突然拉动钓线以释放石头（图 1-71）。在这一深度处，渔民频繁猛拉钓线以吸引金枪鱼攻咬饵钩。鱿和扁舵鲣是金枪鱼的偏爱饵料。最好的鱼饵长为 15.22~17 cm，最好的鱿饵长度是 10~17 cm。目前已证明能提高渔获效率的最新饵料类型是鱿墨，把鱿墨放在小塑料袋中并系结在钓钩的倒刺尖附近。当猛拉钓线时，钩尖刺出一个塑料袋孔，从而释放出墨云，其气味能吸引金枪鱼，使得金枪鱼的索饵活动增强。金枪鱼在 Payaw 下的游泳水层为 90~200 m 深度，渔民必须调节钓钩到达这一深度。

　　对于某些形式的手钓，使用虾样吸引器（把几个钓钩植入"虾体"）来捕捞大鳍礁鱿（图 1-72）。由于礁鱿的分布并不十分广阔，所以这种作业是有限的。渔民使用竹笼取代它捕捞礁鱿。

　　菲律宾的手钓主要分布于北伊洛戈斯、卡加延、南伊洛戈斯、拉乌尼翁、三描礼士、奎松、马尼拉、八打雁、巴拉望、南达沃、南哥达巴托和沙冉嘎尼等地。主要渔获包括大眼金枪鱼、黄鳍金枪鱼、飞鲔、箭鱼、鲨、沙丁鱼、脂眼凹肩鲹、魟、枪鱼、旗鱼、竹筴鱼、鲐、鲈、马鲛、魣、石斑鱼、鲷科、珊瑚礁鱼和大鳍礁鱿。

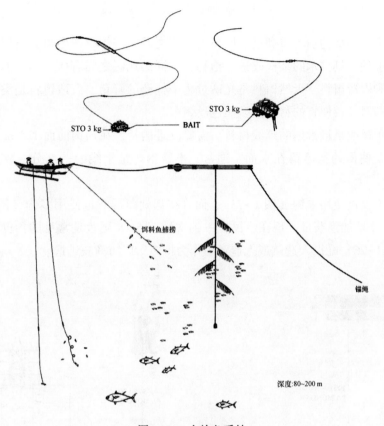

图 1-71　金枪鱼手钓

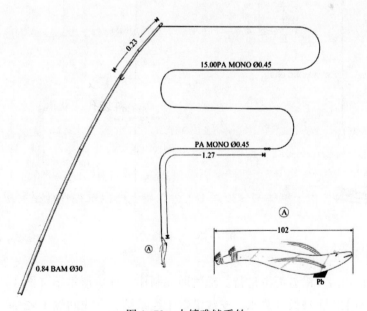

图 1-72　大鳍礁鱿手钓

2. 拖钓

拖钓主要用来钓捕表层和近表层鱼类。鱼类游向物体时产生喷洒或潺潺流水声这一现象促使钓具技术的某些改进。拖钓在不同的地区之间有所不同，但都是使用天然饵料和人造饵料。天然饵料是光诱过程中捕获的鲜鱼。人造饵料是类似鱿或章鱼样的硬塑料，较便宜的材料是多颜色丝绸布。

尼龙单丝线是最常用的干线材料。需要改进的是，在钓钩前面 1.5 m 处配置一个泡沫浮子使得钓钩停留在水面。通常，不锈钢丝是干线的一部分，放置在钓钩之前。

拖钓不仅仅使用单钩（图 1-73），而且在遇到鱼群时也使用多钩（图 1-74 和图 1-75）来增加渔获量。现在渔民在一钓次捕获 5~8 尾鱼是常见的，也普遍使用双钩（图 1-76）配以人造鱿或人造章鱼作为拟饵，以防渔获逃逸。

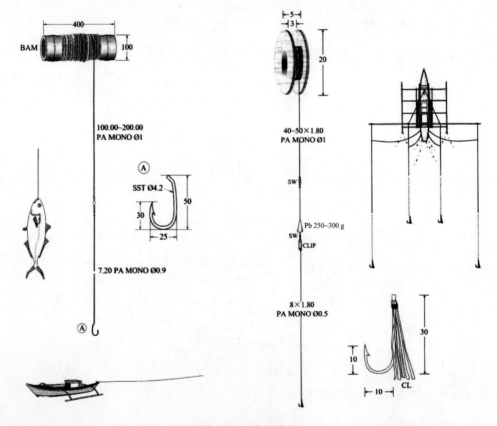

图 1-73　单钩拖钓

拖钓捕捞也可以沿着海滩进行，渔民即兴制作一种鱼形木筝（图 1-77），在拖曳该筝时海面上产生波纹或溅水。支线沿着干线系结，支线间隔 1~2 m。鱼形筝在拖曳时朝相反方向自动倒转。捕获的鱼是竹筴鱼、鲹属和常常出现于沿岸浅水区的

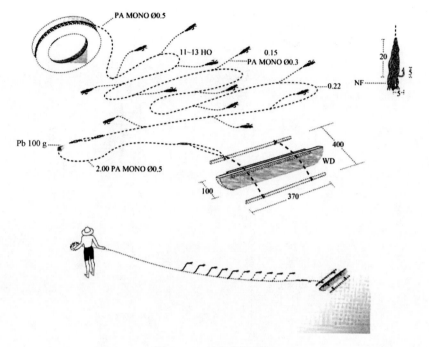

图 1-74　单船多钩拖钓

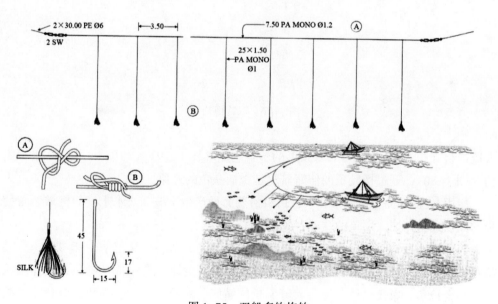

图 1-75　双船多钩拖钓

其他鱼类。

　　在某些地方还使用飞机样的溅洒器（图 1-78）。这种类似飞机的木制物体（当地叫 saba-saba）由机动 banca 在 Payaw 附近拖曳，捕捞康氏马鲛和金枪鱼。也使用

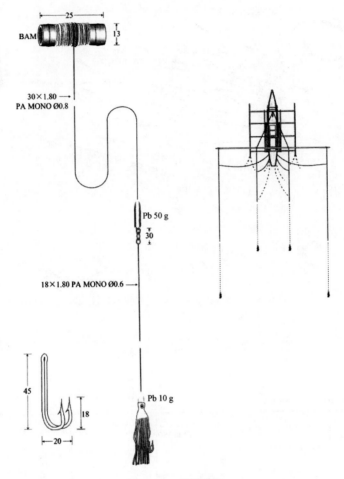

图 1-76 双钩拖钓

人造饵料（拟饵），如鱿形和章鱼形的塑料制品（图 1-79），由 Banca 拖曳 2 组拟饵钓（图 1-80），通过橡胶条的伸缩显示是否捕获鱼的迹象。

使用 saba-saba、鱼形筝和人造饵料沿着海面产生水波动或水干扰的机械装置使拖钓捕捞成为钓捕表层鱼的一种有效方法。

菲律宾的拖钓主要分布于北伊洛戈斯、南伊洛戈斯、拉乌尼翁、邦嘎锡南、三描礼士、奎松、马林杜克、萨马、沙冉嘎尼等省。主捕种类包括金枪鱼、黄鳍金枪鱼、小金枪鱼、康氏马鲛、鲣、大鯠、长颌鳍鲹、鲯鳅、枪鱼、箭鱼、旗鱼、裸胸鲹、鲐、鲹、竹筴鱼、鱿等。

3. 延绳钓

菲律宾的延绳钓有两种：底层定置延绳钓和金枪鱼延绳钓。底层定置延绳钓（图 1-81 至图 1-84）是小型渔民最常用的延绳钓，设置在浅水泥沙质海底，捕捞带鱼、石斑鱼、鲷、鲨和金线鱼。延绳钓的组件主要包括浮子纲、干线、支线、干

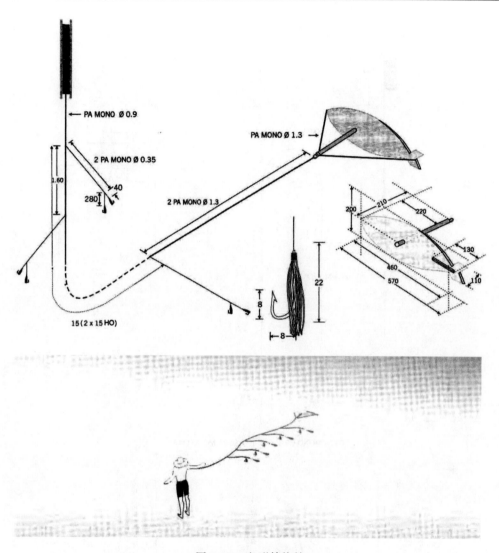

图 1-77　鱼形筝拖钓

线带绳、转环、接钩铁丝和钓钩组成。钓线和钓钩的规格取决于目标鱼种，通常每套钓具有 200~1 000 枚钩。切片鱼是常用的饵料。放钓前，钓钩装上饵料并安排在钩箱中，有时在钩箱里放置沙子以防钓纠缠。钓捕作业在清早或日落之前完成，放钓时沿着干线每隔 100 枚钩系结一个沉锤以让钓沉浸在海底上。角鲨是特种渔获物，在某些特殊的渔场可钓获它。在起钓时渔民使用简易的起钓机。

金枪鱼延绳钓（图 1-85）最初由硬捻尼龙复丝干线配以硬捻聚酯绳和单丝尼龙支线制成，如今干线和支线均由聚酰胺单丝制作，支线由支线带绳、子支线、转环、接钩铁丝和钓钩组成，旗杆（结附浮子）或无线电信标是捕捞作业时使用的属具。金枪鱼延绳钓的计量单位为筐或箱，由 30~50 GT 的商业渔船应用台湾技术作业。

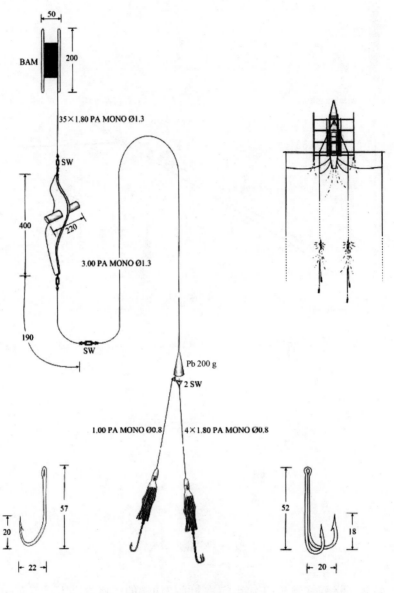

图 1-78　saba-saba 拖钓

放钓长度达到 30~50 km。金枪鱼延绳钓的发展也很快，渔民增加浮子绳和支线的深度主捕较大的金枪鱼，尤其是栖息于较深水层的大眼金枪鱼。最初浮子绳的长度为15 m，支线长度为 20 m。如今浮子绳长度增加到 30 m，支线长度增加到 40~50 m。捕获的金枪鱼立即存养在鱼舱中。有些捕捞公司把金枪鱼的内脏和鳃去除并用海水冲洗，清除血液和黏液。

使用活的遮目鱼或冷冻鱿作为饵料。因为有光泽又移动的鱼饵吸引金枪鱼，从而有效地提高渔获率。

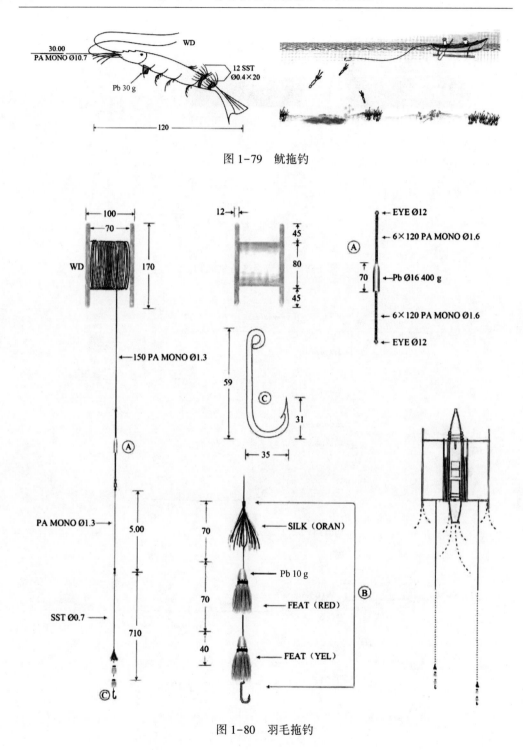

图 1-79 鱿拖钓

图 1-80 羽毛拖钓

菲律宾的延绳钓主要分布于北伊洛戈斯、卡加延、南伊洛戈斯、拉乌尼翁、三描礼士、奎松、里萨尔、北甘马磷尼斯、八打雁、东民都洛、阿尔拜、索索贡、马

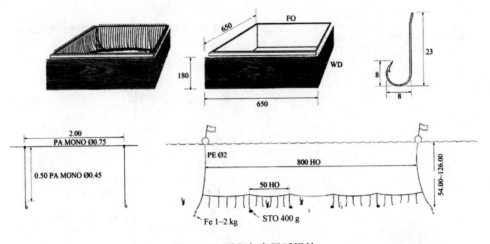

图 1-81　石斑鱼底置延绳钓

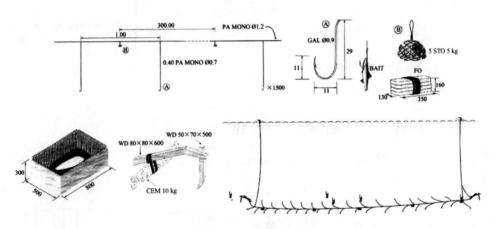

图 1-82　带鱼底置延绳钓

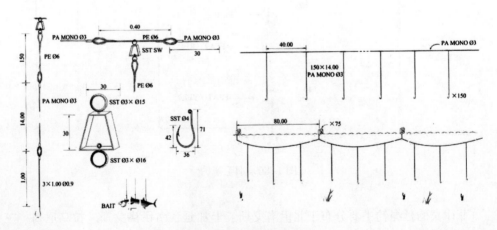

图 1-83　鲨底置延绳钓

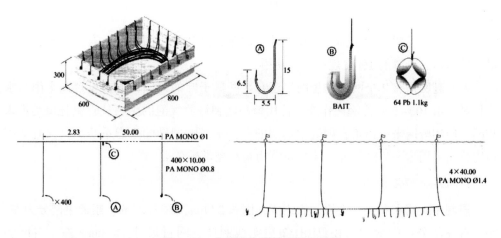

图 1-84 金线鱼和笛鲷底置延绳钓

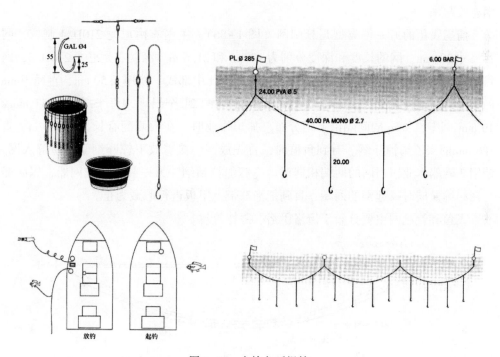

图 1-85 金枪鱼延绳钓

斯巴特、萨马、比利兰、伊洛伊洛和南哥达巴托等省。主要渔获种类包括石斑鱼、笛鲷、带鱼、金线鱼、鲨、马鲛、蛇鲻、乌鲂、大虹、鳗、鲹、竹筴鱼、卡瓦拉马鲛、黄鳍金枪鱼、大眼金枪鱼、箭鱼等。

十、赶网

菲律宾的赶网包括捕捞飞鱼、颌针鱼、鱚的小型赶网和捕捞黄背梅鲷和珊瑚礁鱼大型赶网。

小型赶网类似于小型围网，在设计、作业方法和使用的材料上有所不同，其产量不足捕捞总产量的 1%，现在极少使用。

大型赶网是有 2 个网袖的袋网，还有装配椰子叶的栅墙，通常设置在水中与水流相对，由 100~200 位渔民作业，使用惊吓绳和释放气泡的塑料软管驱赶鱼类进入袋网，使用敷网来捕捞正在网墙中逗圈的鱼，不影响珊瑚的生态系统。目前有 3 家捕捞公司采用这一方法作业，主捕黄背梅鲷和珊瑚礁鱼类。

1. 飞鱼和鱚赶网

该网由主网衣和上、下缘网衣组成，网长 270 m，深 32.4 m。矩形主网分为左、中、右三部分：中部网衣由 210D/2 尼龙线制成，网目尺寸 18 mm；左、右网侧（网翼）是尼龙 210D/9 网衣，网目尺寸 25 mm。该渔具有底环，用手纲把底环与下纲连接起来。

捕捞飞鱼的另一种类型是赶刺网（图 1-86），主网衣由尼龙 210D/4 制成，网目尺寸 20 mm，网的长度和深度分别为 108 m 和 21.6 m。缘网衣是尼龙 210D/6，网目尺寸 30~40 mm。下部结构为梯形，2 个网翼比中部浅。使用长 50 cm、直径 3 mm的聚乙烯手纲把底环系结于下纲上。下纲上装配 21 个铅环，每个规格为 53 mm×16 mm，以 12.6 m 的间隔沿下纲分布。捕鱼作业时，在两侧配有长为 1 000 m、直径 6 mm的聚乙烯惊吓纲。看到鱼群时，首先放网，接着放下惊吓纲驱赶鱼群入网。使用 2 艘船作业，当网的两端相遇时，一艘船拉括纲，另一艘船拖曳网船，以防船与网纠缠。同时绞起网的两端，直到把渔获带上甲板进行贮藏为止。

飞鱼和鱚赶网主要分布于伊洛伊洛、莱特等省。

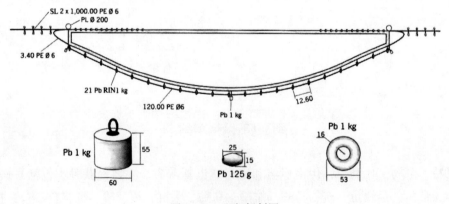

图 1-86 飞鱼赶刺网

2. 黄背梅鲷和珊瑚礁鱼赶网

浅水珊瑚礁鱼赶网类似于拖网，网翼长为 22 m，由直径 0.5 mm 的聚酰胺单丝制成，有 2 种不同的网目尺寸，即上部网目尺寸 40 mm，下部网目尺寸 35 mm；网身有 3 段，由直径 0.4 mm 的尼龙单丝制成，网目尺寸 35 mm，而上部是直径 0.5 mm 的聚酰胺单丝，网目尺寸 40 mm；网囊也是 0.4 mm 的聚酰胺单丝，但网目尺寸为 30 mm；惊吓纲为直径 0.8 mm 的聚乙烯，长 400 m，以 15~20 cm 的间隔安插白色塑料袋。下纲以 3~4 m 的间隔放置 100~200 g 的石头作为附加沉锤。该渔具在10~20 m 深度的珊瑚礁区放网作业，由 2 艘船朝着网拖拉惊吓纲（图1-87）。

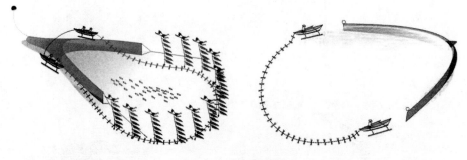

图 1-87　珊瑚礁鱼赶网

捕捞珊瑚礁鱼的新渔具是"Paaling"（图 1-88），它由 1 个网袋和 2 个可拆开的网翼组成，在礁和沙洲周围将扩张成一个弧形进行捕鱼。渔民使用塑料软管喷出气泡，惊吓和驱赶鱼进入等待网中。翼网衣是聚乙烯醇纤维（kuralon），长 25 m，深 200 目，网目尺寸 101.6 mm；网囊长 29 m，宽 18.6 m，也是聚乙烯醇纤维网衣（PVA 20D/21-40），网目尺寸为 33.8~101.6 mm。一回完整的作业网次，除了 20 位船员之外，还包括母船（200~300 GT）、4 艘网船、4 艘气船（压缩机用）和 250~300 位渔民和游泳者。

到达渔场后，用旗浮标标记浅滩礁的浅水区（10~20 m），渔民探测该区域并确定流向，在良好区域逆流放网于海底，母船包围已设置好的网并保持 500 m 距离。渔民靠近气船，并到达他们各自的塑料软管（配有聚苯乙烯泡沫塑料浮子），当他们接近网时，猛拉配有塑料带的塑料软管。在离网大约 50 m 处，打开压缩机，释放出气泡幕惊吓鱼类。当鱼进入网里面时，渔民把网带到水面，把渔获倒在甲板上加冰和分类。母船又确定另一个浅滩礁准备下一次作业。Paaling 捕获的鱼大多数是梅鲷、裸胸鲹、金带细鲹、颊纹鼻鱼、隆头鱼科和鹦嘴鱼。

随着其捕捞效率的提高，在渔船数量、每天驱赶作业次数、网目尺寸、作业区域和渔民团体方面，对该渔具作业加以控制。

该类型的赶网主要分布于邦嘎锡南、马尼拉、内湖、莱特等省。

十一、耙网

耙网主要由铁丝、竹或木、网袋和装配在网口处的铁框架构成，在近岸小规模

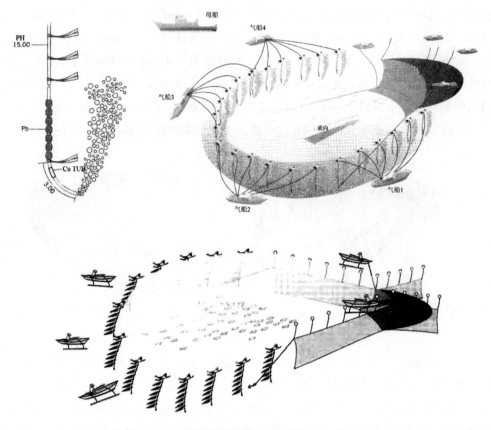

图 1-88　黄背梅鲷和珊瑚礁鱼赶网（Paaling）

作业，沿着海底拖拉渔具，通常用来收集软体动物，例如贻贝、牡蛎、扇贝、蛤等贝类。

　　耙网在菲律宾不是流行渔具，因为贝类资源和捕捞区域均有限。菲律宾耙网主要有 2 种：手耙网和船耙网。

　　1. 手耙网

　　手耙网装配一个竹手柄或木手柄，可以由 1 位渔民在齐腰深水域推移或拖拉作业。竹手柄长 1.5~2.5 m，直径 55 mm。网衣是 400D/9 聚乙烯，网目尺寸 15~20 mm，网口张开呈三角形，底边长 1.2~1.6 m，两侧边长 0.9~1.2 m（图 1-89a）。

　　另一种手耙网（图 1-89b）在耙网的顶部装配木手柄以控制耙网基部与海底的接触。该网还装配拉纲，拉纲与框架的下转角连接，拉纲围在渔民身上向后移动。网衣由不锈钢丝制成，钢丝直径 1.5 mm，网目尺寸 10 mm×10 mm。框架前部由直径 13 mm 的铁条制成，垂直铁条直径 550 mm。该渔具在白天用来收集贝类。

　　菲律宾手耙网主要分布于邦嘎锡南、里萨尔和甲米地省（图 1-89）。

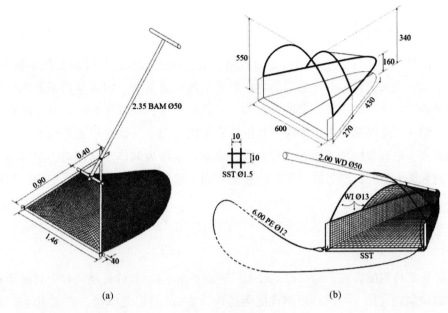

图 1-89　手耙网

2. 船耙网

船耙网（图 1-90）是一种拖曳式耙网，它有一根横杆似的结构，由直径 20 mm 的铁条制成。矩形网口张开大约 80 cm 长，18 cm 宽。该网由聚乙烯 400D/2 小鱼网衣制成，网目尺寸 4 mm。使用三角铁条来控制耙网的垂直张开形状，使用直径 14 mm 聚乙烯绳作为拖纲。该耙网主要分布于邦嘎锡南省，收集的贝类主要用作鸭子和对虾的饲料。

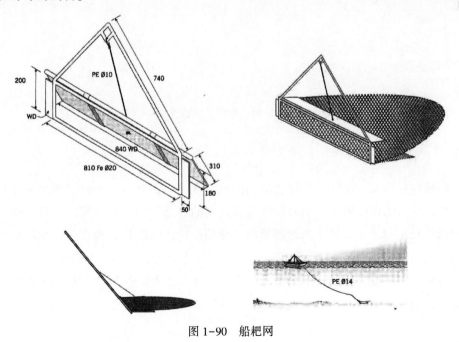

图 1-90　船耙网

十二、杂渔具

杂渔具包括在其他地方不指定的或基于混合原理的各种各样的其他渔具渔法，例如手钩、鱼叉或鱼标等。它们的存在虽然未被记录下来，但大多数被看作捕捞特殊鱼种的主要渔具的属具。杂渔具含各种各样的渔具，具有混合的作业方法和操作技术，但在作业时都是手工操作。其他渔法是挖入泥中，使在岸边附近或在潮间带形成洞穴，把几根树枝或树梢或竹梢放进该洞穴里作为掩体。高潮时，潮水将鱼带到岸边被陷入洞穴；潮退时，鱼将留在洞穴内。然后渔民移开树枝，用手或用抄网收集鱼。

菲律宾的杂渔具主要包括章鱼引诱装置、标枪、诱鱿装置、奇洞和鱼钩。

1. 章鱼引诱装置

这是章鱼似的装置，也可以是虾似的装置，由 1 kg 黑石头外包着带有眼睛和触须的黑布制成（图 1-91）。浮纲或拖绳是直径 2 mm 的尼龙单丝，长度 40 m。在章鱼渔场缓慢拖曳该装置，章鱼受到它的引诱与它扭打，渔民立即拉起拖绳，摘取章鱼。该渔具主要分布于八打雁。

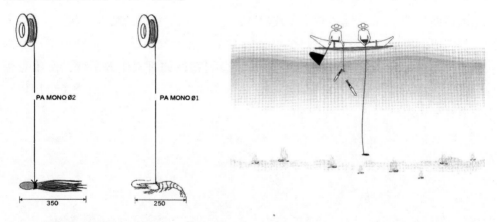

图 1-91　章鱼引诱装置

2. 标枪

标枪包括鱼叉、鱼标、鱼枪之类的渔具（图 1-92 至图 1-94），类似一支长手枪，借助拉长的橡皮筋作为动力来源将有倒刺的铁条射向鱼、龙虾或章鱼。该标由木制成，长 1~2.8 m。铁条的端部紧固于枪的扳机，同时拉长橡皮带，加压扳机将铁条释放出去，从而打击目标。在木枪中间开一个导管，用圆形金属环引导铁条。

菲律宾的标枪主要分布于奎松、八打雁、马斯巴特和宿务。主捕种类包括鲸鲨、海豚、石斑鱼、鹦嘴鱼、篮子鱼、笛鲷、乌贼、章鱼和珊瑚礁鱼类。

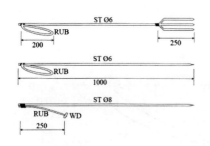

图 1-92　鱼叉

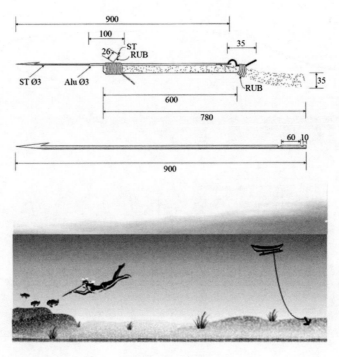

图 1-93　鱼枪

3. 诱鱿装置

诱鱿装置由木、铁复合（配直径 0.2~0.5 mm 尼龙单丝）的手柄和鱿诱饵（人造饵料）制成（图 1-95a）。鱿诱饵类似于由粉红色合成丝绸布或银色锡纸包住的章鱼或鱼。手柄和铁条总长度为 40 cm。该渔具在夜间使用灯光作业，使用抄网捞取渔获物。

也使用装配塑料稻草的环形绳作为人造饵料来吸引鱿，在夜间使用在小 banca 作业（图 1-95b）。用这种方法连接环形绳，能绕 banca 的一舷不断地旋转，用抄网捕获攻击人造饵料的鱿。

菲律宾诱鱿装置主要分布于南伊洛戈斯和奎松。

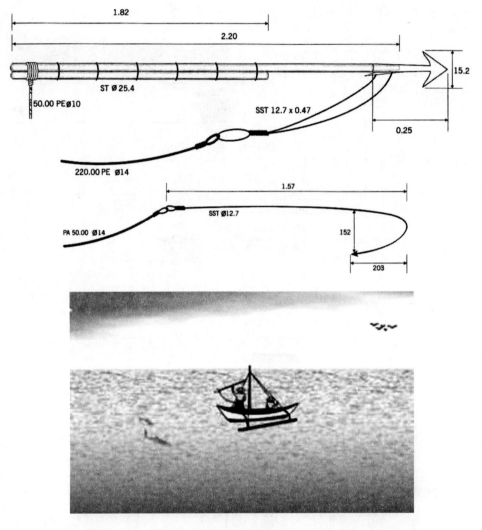

图 1-94 鱼标

4. 奇洞

奇洞是一些小方形的洞穴，每边长 1~5 m，深 0.1~0.5 m，沿着海岸线附近的潮间带挖掘而成，并配以竹枝或树梢（图 1-96）。高潮时，它们被潮水淹没，所以有些鱼被带到海岸，于是这些鱼寻找洞穴庇护；潮退时，鱼被圈住，渔民移开竹枝，用抄网或徒手收集渔获物。该渔具主要分布于保和省。主要渔获物包括鲻、银鲛、鲶、颌针鱼等。

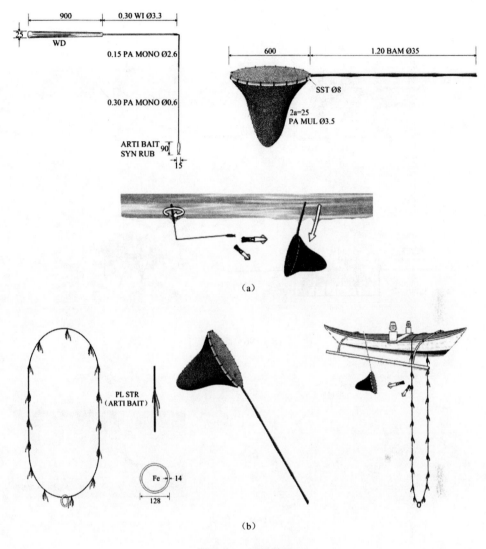

图 1-95　诱鱿装置

5. 鱼钩

鱼钩是将章鱼和龙虾从石缝取出的手用工具（类同其他钓捕渔具的小属具），由木柄和尖锐或弯曲的铁条或不锈钢条构成，总长 0.4~1 m，直径 5 mm（图 1-97）。渔民潜入水中寻找岩石或珊瑚礁区，把鱼钩插进石缝中将章鱼和龙虾赶出并捕获。该渔具主要分布于奎松。主捕种类包括章鱼、乌贼、龙虾、蟹等。

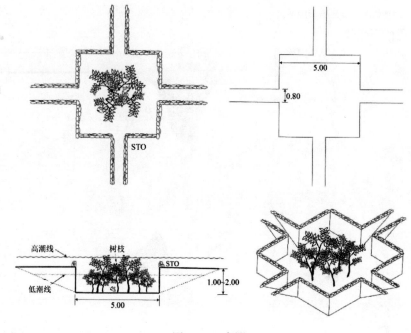

图 1-96　奇洞

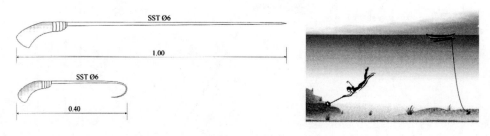

图 1-97　鱼钩

参考文献

陈思行．菲律宾．中国远洋渔业信息网，2007-07-16．http：//www.cndwf.com/bencandy.php？fid=138&id=581.

陈思行．菲律宾的海洋渔业，海洋渔业，1984，（3）：140-142.

广东省海洋与渔业局科技与合作交流处．菲律宾渔业．海洋与渔业，2010（5）：52-54.

李文琥，陈南芝．菲律宾渔业与渔港建设．渔业机械仪器，1981（2）：6-8.

乔俊果．菲律宾海洋产业发展态势．亚太经济，2011（4）：71-76.

思路．东南亚国家海洋渔业生产的现状与前景．东南亚，1994（2）：15-21.

孙满昌．渔具渔法选择性．北京：中国农业出版社，2004.

新言．菲律宾渔业面临困境．东南亚南亚信息，2001（5）：29.

徐卓君．菲律宾的海洋渔业．现代渔业信息，1994，9（6）：13-15.

宣尚水．菲律宾渔业．世界农业，1981（8）：6-7.

佚名．菲律宾的地理．Philippines Online，2014-04-24．http：//www.feilvbin.com/flbdl/zrdl.htm

佚名．菲律宾渔业．水产科技情报，1975（7）：29~30．http：//www.feedtrade.com.cn/fishmeal/fishmeal_ news/200806/206348.html.

FAO. FAO Yearbook，Fishery Statistics，Capture Production. Vol. 90/1，2000，Roma，2002.

FAO. Global Capture Fisheries Production Statistics for the year 2011. ftp：//ftp.fao.org/FI/news/Global-Capture ProductionStatistics 2011. pdf.

FAO. FAO Fisheries Circular，Production，Accessibility，Marketing and Consumption Patterns of Freshwater Aquaculture Products in Asia. FIRI/C973，No. 973，2001.

FAO. FAO Fishery Department Fishery Country Profile——The Republic of Philippines. FID/CP/PHI Rev. 5，2000，May.

FAO. FAO Yearbook，Fishery Statistics，Fishery Commodiies. Vol. 91，2000，Roma，2002.

Ruangsivkul N，Prajakjitt P，Dickson J O，Siriraksophon S. Fishing Gear and Methods in Southeast Asia：Ⅲ. Philippines，Part 1. Southeast Asia Fisheries Development Center，2003.

Ruangsivkul N，Prajakjitt P，Chindakarn S，Siriraksophon S. Fishing Gear and Methods in Southeast Asia：Ⅲ. Philippines，Part 2. Southeast Asia Fisheries Development Center，2004.

第二章
文莱海洋渔业资源开发和捕捞技术

文莱（文莱达鲁萨兰国的简称）是东南亚加里曼丹岛北海岸的一个小主权国家，全国分区、乡、村三级，并划分为 4 个区（图 2-1）：穆阿拉、马来奕、都东和淡布伦。截至 2013 年底，文莱全国人口总数为 40.6 万人，年增长率 2.1%，其中马来人占 65.8%，华人占 10.2%，其他种族和外籍人占 24%。

文莱是东盟十国中面积最小的国家，经济较为富裕，尽管经济总量不大。2007年全国 GDP 仅占东盟十国总量的 1%，名列倒数第三位，但人均 GDP 却远高于东盟其他国家，达到东盟平均水平的 15 倍以上。渔业在国民经济中所占比重极小，仅占文莱 GDP 的 0.5%，是东盟十国中渔业经济最弱的国家。2007 年全国渔业总产量约 2 863 t，其中捕捞产量 2 241 t，在东盟十国捕捞产量中排位倒数第一。

在文莱，渔业传统上被认为是一些娱乐活动、个人消费需要或者个人爱好。但文莱海域辽阔，海洋渔业资源丰富，海洋捕捞业是文莱收入贡献最大的产业之一，海鱼（其中大多数是鲜鱼）仍然是文莱人民饮食中动物蛋白质的主要来源。近年来，文莱政府为促使经济转型，对捕捞实施支持鼓励政策。目前，文莱海洋渔业凭借得天独厚的地理位置，已成为文莱政府推行经济多元化的主要产业，也是文莱最具发展潜力的产业之一。

第一节　自然地理气候

文莱地处东南亚的中心位置，位于加里曼丹岛北部，北濒南海，东、南、西三面与马来西亚的沙捞越州接壤，并被沙捞越州北部的市镇林梦分隔为不相连的东、西两部分（图 2-1）。

文莱有"袖珍之国"的美称，海岸线长 130 km（面临南海），沿海为平原，内地多山地，大部分被森林覆盖。东部地势较高，其中一半由广阔的沿海平原向内地延伸为崎岖的山地，西部多沼泽地。

文莱虽然国土面积狭小，但是境内却流淌着好几条河流，其中较大的有白拉奕河、都东河、淡布伦河和文莱河。白拉奕河为文莱最大的河流，源于文莱和马来西亚沙捞越交界的山区，从东南通向西北，纵贯白拉奕区全境，最后注入南海，全长

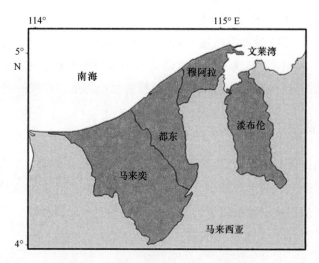

图 2-1　文莱的地理位置和行政划区

32 km；都东河由南往北流经都东区境内，注入南海；文莱河也是由南往北流，经过文莱–穆阿拉区，在首都斯里巴加湾市附近流入大海；淡布伦河发源于淡布伦区南部与马来西亚沙捞越交界处，从东南向西北纵贯淡布伦区，最后流入文莱湾。此外，还有一条林梦河，它主要流经淡布伦区与文莱–穆阿拉区之间的马来西亚沙捞越林梦地区，也是南北流向，在文莱–穆阿拉区境内注入文莱湾。所有河流最终汇入南海。

　　文莱距赤道线以北约 440 km，属热带雨林气候，终年高温炎热、多雨潮湿。一年分为两季：旱季和雨季。每年 11 月至翌年 2 月是雨季，12 月雨量最大；每年 3—10 月是旱季。近年来，雨、旱两季区分不是很明显，年降雨量约 3 295 mm（2 500～3 500 mm），平均湿度 75%～82%。最低气温为 24℃，最高气温为 33℃，年平均气温 28℃。11 月至翌年 3 月刮东北风，4—10 月刮西南风。地理位置优越，处于台风带以外，无台风、地震、洪灾等自然灾害袭击，未出现过龙卷风，所辖海域相对辽阔，没有污染，非常适宜发展海洋捕捞。

第二节　渔业资源开发状况

　　文莱地处东南亚中心位置，面临南海，海洋渔业资源丰富。文莱沿海岸线生长着 18 418 hm²、在整个东南亚保存最好的红树林，在靠近红树林的海岸海域拥有种类丰富、数量众多的海洋鱼类以及栖居于海底的甲壳动物，如蟹、虾和大龙虾等。在离岸 42～200 n mile 范围海域，还有较为丰富的远洋渔业资源，主要包括金枪鱼或类似金枪鱼的鱼种和鱿。文莱海域是金枪鱼洄游的途经之路，金枪鱼资源丰富。近年来，文莱政府和东南亚渔业发展中心部（SEAFDEC）合作，开展了渔业资源调查和捕捞试验研究工作。据文莱渔业局统计，文莱海域最大可捕量（MEY）约 21 300 t，其中沿岸资源最大可捕量 3 800 t，底层资源 12 500 t，浮游资源 5 000 t。

从文莱所处地理位置和现有条件、开发水平等情况来看，文莱具有得天独厚的地理优势和自然条件，非常适宜开展海洋捕捞和水产养殖，且发展潜能较大。

一、渔业资源

文莱的鱼类区系是东南亚海域鱼类群聚的典型，具有高度种类多样性。根据在文莱水域使用各种渔具的渔获数据，已记录到大约 500 种鱼类和无脊椎动物。在捕捞作业过程中主捕两大资源群组，即底层资源组和中上层资源组。大部分资源（约 12 500 t）是底层资源，而中上层资源估计为 8 800 t。

1. 底层资源

"底层资源"指鱼类和无脊椎动物，它们的生命时间大部分生活在海底或近海底。底层资源占文莱水域各种渔具渔获量的大部分，数量为大约 400 种，大约 100 种经常出现在底拖网渔获物中。这些鱼种主要是：鳎科、羊鱼科、乌鲂科、石首鱼科、石鲈科、狗母鱼科、海鲶和银鲈科。

2. 中上层资源

"中上层资源"指成年期大部分时间生活在离开海底的水体中的种类。鉴于种类多样性比底层资源少，中上层资源仍然是丰富的种类，粗略地认为大约有 100 种。文莱水域各种渔具捕获的中上层资源属于两大群组，即小型中上层资源和大型中上层资源。小型中上层资源包括圆鲹科、鲭科、鳀科、鲱科、鲹科、鲳科和军曹鱼；大型资源包括黄鳍金枪鱼、大目金枪鱼、颌针鱼科、鲣、鲨、宝刀鱼科、鲆科、狐鲣等。

二、开发现状

文莱渔业部门在国家经济方面发挥重大作用，渔业在 2004 年 GDP 中贡献率大约 1.1%。目前，鱼类仍然是文莱人民动物蛋白质的主要来源，2004 年鱼类消费量为 16 818 t，其中大多数是鲜鱼，人均鱼类消费量约 47 kg。

1999—2005 年捕捞总产量大幅度增加，增幅高达 67%，从大约 9 620 t 增加到 16 069 t，平均而言，总产量的大约 70% 来自小型渔业，30% 来自商业渔业。

1. 商业渔业

商业渔业总产量的大约 30% 主要来自在文莱第 2、第 3 捕捞区作业的底拖网船、围网船和延绳钓船。商业捕捞企业生产力下降的情况显然受到 1990—2005 年年底拖网船生产性能下降的影响。

1999 年和 2001 年重新开始作业的底置延绳钓船和围网船对商业渔业总产量的贡献最小。相反，仅 2005 年使用围网的中上层捕捞产量大约 1 235 t，低于每年大约 7 000 t 的预期最大可持续产量（MSY）。这意味着捕捞产量的潜在增加依靠中上层捕捞的发展，尤其是文莱第 3、第 4 捕捞区。

2. 小型渔业

多年来，文莱海洋捕捞业连续为国家提供大约 50% 鱼类供应量。2005 年小型渔业为当地提供大约 70%（约 11 911 t）的鱼产量，该渔业的渔民大多数在第 1 捕捞区（离岸 3 n mile 内的渔区）作业，他们一般使用玻璃钢渔船，安装 1~2 台舷外机，操作小型渔具（例如三重刺网、钓具和鱼笼）进行捕捞作业。大多数捕捞技术现代化，使用电子装置，如 GPS 接收机、回声探测仪或鱼探仪，甚至小型渔民十分普遍使用移动电话进行通信。

1999—2005 年文莱小型渔业和商业渔业的底层鱼产量明显增加，尤其小型渔业的鱼产量一般超过目标 MSY（大约 6 400 t）限制。2000—2005 年小型渔具的鱼产量从 5 083 t 增加到 11 911 t，大多数小型渔具的鱼产量相当惊人地超过 MSY，这可能是生物过度捕捞的迹象。

文莱大多数小型渔具（包括小围网、底置刺网、栅栏陷阱和潮汐陷阱）的单位努力渔获量（CPUE）总体明显下降。据报告，1998 年和 1999 年小围网 CPUE 分别下降为 364 kg/d 和 262 kg/d。另一方面，最常用渔具（底置刺网）的 CPUE 不断下降，从 1991 年的 87 kg/d 下降到 2001 年只有 27 kg/d。2000 年深水栅栏陷阱的 CPUE 突然下降，而 2001 年恢复到接近 1998 年的水平。同样，文莱使用的最古老渔具（潮汐陷阱）的 CPUE 追随底置刺网 CPUE 趋势，从 1984 年的 117 kg/d 不断下降到 2001 年只有大约 14 kg/d。

如果该趋势继续下降，将会降到渔业崩溃的极点。有学者指出，到目前为止大约 1/3 的海产种类已经崩溃。这意味着渔获量下降 90%，降到历史最低水平。这些海产种类当中有 7% 已经灭绝。如果我们不改变管理海洋生态系统的方法，100% 的种类将于 2048 年崩溃。

文莱捕捞业 CPUE 不断下降的主要因素之一是渔民人数的日益增加和无控制增加。小型渔民人数从 2000 年的 2 070 人惊人地增加到 2005 年的 5 588 人。绝大多数小型渔民是兼职者，一般在周末作业。

基于 2004 年渔业部进行的 CPUE 分析，有 12 种小型渔具已超过了估算的最大努力量。这 12 种小型渔具是：小围网、三重刺网、底层定置刺网、鱼笼、潮汐鱼籣、手钓、表层刺网、深水栅栏陷阱、浅水栅栏陷阱、掩网、漂流刺网、锥形潮间陷阱。

第三节 捕捞业简况

文莱国土面积狭小，但海域相对辽阔，海岸线漫长，因此捕捞业占据文莱渔业的绝对地位。文莱的捕捞业以海洋捕捞为主，在文莱发现油气资源之前，海洋捕捞一直是这个海滨国家的主要经济方式，时至今日，海洋捕捞仍然是文莱渔业的主要方式。

文莱的海洋捕捞主要包括小型捕捞和商业捕捞，其中小型捕捞产量占总捕捞量的 70% 左右。文莱海洋捕捞产量从 1998 年以来经历了较大幅度的波动，2010 年海洋捕捞产量为 1 578 t，随后几年一直在稳定上升，2005 年达到最高峰（2 709 t），2006 年开始有所下降，2009 年降到 1 766 t（这可能与 2008 年文莱在第 1 捕捞区实行禁渔政策有关），2010 年又回升到 2 272 t，基本维持在年产量 2 200 t 左右（表2-1）。

表 2-1　2001—2010 年文莱捕捞产量（t）

渔业	年份									
	2001	2002	2003	2004	2005	2006	2007	2008	2009	2010
内陆捕捞	19	14	5	11	–	–	–	–	–	–
海洋捕捞	1 578	2 044	1 784	1 912	2 709	2 279	2 550	2 357	1 766	2 272
合　计	1 597	2 058	1 789	1 923	2 709	2 279	2 550	2 357	1 766	2 272

近年来，文莱水域渔业资源日益减少，渔业调查资料显示，从 1980—2000 年间，第 1 捕捞区 0~50 m 水深海域的渔业资源已经减少了 43%。因此，文莱对海洋渔业资源实行了较为严格的保护措施，实施保护性捕捞。自 2008 年 1 月 1 日起，文莱在第 1 捕捞区实施禁渔，禁渔令将持续到该海区的渔业资源完全恢复为止。受到这一政策影响的主要是近岸的小型渔业。从文莱渔民数量的变化也可以看出这一显著影响。

2005 年统计数据显示，文莱有渔民 5 500 多人，其中专业渔民 1 226 人，兼业渔民 4 362 人，主要采取岸边手工作业或舢板作业方式。从 2008—2010 年，文莱从事捕捞作业的渔民数量显著下降，其中专业渔民（主要从事商业性捕捞）数量变化不大，基本维持在 1 000 人，但兼业渔民数量则从 2008 年的 4 000 多人下降到 2010 年不足 3 000 人（表2-2）。

表2-2　2009—2010年文莱捕捞渔民数量（人）

渔民	年份		
	2008	2009	2010
专业渔民	1 150	1 050	1 053
兼业渔民	4 041	3 028	2 854
合计	5 191	4 078	3 907

文莱的渔港主要是穆阿拉渔港（图2-2），有2个渔船码头，附近还有用来储存渔获物的制冰厂以及为渔船服务的加油码头。

图2-2　穆阿拉商业渔港

文莱全国有约25艘较小的作业渔船，其中拖网船14艘，围网船5艘，延绳钓船1艘，大多数集中在20 n mile以内水域作业。过去文莱渔民主要使用木船和小型机动船在近海和内河进行捕捞活动，现在捕捞设备已有很大改进。目前，文莱已拥有几艘装备英国新式电子探测设备的拖网渔船，不仅可以在近海作业，而且还可以进行远洋捕捞作业。

文莱海域虽然海洋渔业资源丰富，但由于基础设施薄弱，技术和人才缺乏，尤其是国民厌恶从事海洋捕捞生产等原因，海洋渔业资源开发利用程度不高，捕捞能力不强，捕捞技术水平较低。因此，目前国内的渔业产出远远不能满足国民对水产品的需求，每年约有50%的水产品消费量仍然依靠从国外进口。近年来，尽管政府支持和鼓励渔业发展，但发展速度依然较慢。

第四节　渔具渔法

按照FAO关于渔具的定义和分类，并根据2007年公布的文莱渔具渔法调查报告，文莱渔具可分为10大类别（围网、拉网、拖网、刺网、敷网、抄网、掩网、陷阱/笼具、钓具和杂渔具）共38种作业类型（表2-3）。文莱渔具主要分布于穆阿拉和都东地区，数量较多的渔具是刺网和钓具，其次是陷阱/笼具、围网和拖网。

表2-3 文莱的渔具分类

类别	渔具名称	类别	渔具名称
围网	光诱围网；普通围网	陷阱/笼具	深水竖杆陷阱；浅水竖杆陷阱；
	小围网；乌鲳小围网		潮汐鱼簖；潮间漏斗网；
拉网	地拉网；小型无囊地拉网		栅网；鱼笼；蟹笼；虾笼
拖网	底拖网；桁拖网	掩网	便携式罩网；棒受网
刺网	表层刺网；漂流刺网；	钓具	简单手钓；竿钓；单钩手钓；
	底置刺网；蟹刺网；		延绳钓；底置延绳钓；
	三重刺网；围刺网		漂流延绳钓/金枪鱼延绳钓
敷网	定置敷网；蟹敷网		拖钓；复钩手钓；立式延绳钓
抄网	抄网；推网	杂渔具	采拾具

一、围网

文莱围网分为3大类型：单船围网、双船围网和无括纲围网。单船围网通常在文莱水域使用。按归类作业规模和捕捞方式，文莱围网可分为大围网（围网）、小围网（环网）和乌鲳围网3种。

1. 大围网

大围网在文莱近海区域由有动力滑车和诱鱼灯的渔船用来捕捞中上层鱼种，如鲹科和沙丁鱼科。围网船总长度大约20 m，60~150 GT（图2-3）。作业时以小型动力木船（小机船）扣住网的一端，主船扣住网的另一端包围聚集于早在几天前设置的鱼类聚集装置（FAD）周围的鱼群。小船也用作灯船，把集结在多个FAD周围的所有鱼聚集到其中一个FAD旁边（图2-4）。使用括纲穿过固结于网下面的底环来封闭（或拉拢）下网缘以围捕鱼类。使用船上绞车绞拉括纲，然后慢慢地把网拉起，直到鱼类接近水面被捞到主船鱼舱之中。该网通常由聚乙烯网衣制成，长度400~600 m，拉紧网目尺寸通常为25~30 mm。主捕对象为白腹鲭、竹筴鱼、鲹科、金枪鱼、狐鲣等。该渔具主要分布于文莱穆阿拉地区，并在第2、3捕捞区作业。文莱的典型大围网结构如图2-5所示。

2. 小围网

这种围网是一种帘状网，在海湾和沿海区域风平浪静季节作业，捕捞沙丁鱼和/或樱花虾（图2-6和图2-7）。在一艘9~12 m的船上由4~6位渔民人力操作。作

图 2-3　围网船

图 2-4　围网作业

业先从侦察鱼群开始，然后用网包围鱼群。通过收拉贯穿底环的括纲收拢网的下端以围捕鱼类，并把网拉上船。该网为矩形网衣，浮子纲长度为 175 ~ 600 m，网深 14 ~ 26 m，网目尺寸 25 ~ 43 mm，取鱼部最小网目尺寸 6 ~ 27 mm。网衣材料是聚酰胺（PA），而浮子、沉子和括纲为聚乙烯（PE）绳。樱花虾小围网（图 2-7）由 PA 无结节网衣制成，网目尺寸较小，只有 6 ~ 7 mm。

小围网的作业区域在第 1、第 2 捕捞区，主捕对象为沙丁鱼、鳀、狐鲣、白腹鲭、竹筴鱼、鲹科、马鲛、金枪鱼、樱花虾等。

3. 乌鲳围网

这种渔具通常在文莱西南诗里亚附近的沿海区使用。作业之前，首先设置好 FAD 并在渔场浸浮几天，以聚集目标鱼类。将要放网时，由一位潜水员检查 FAD 的鱼类聚集情况，在鱼（乌鲳）向他游去时摆成替代 FAD 的姿势，带着鱼群游离 FAD，开始投网，把渔具放离渔船后，包围鱼群和潜水员。为了围捕乌鲳，潜水员先游出网具包围圈，通过结附在网底部的底环人力把括纲拉起到船，然后由 3 ~ 4 位渔民人力把网吊起到船上，捞取被围入网腹（取鱼部）的乌鲳。

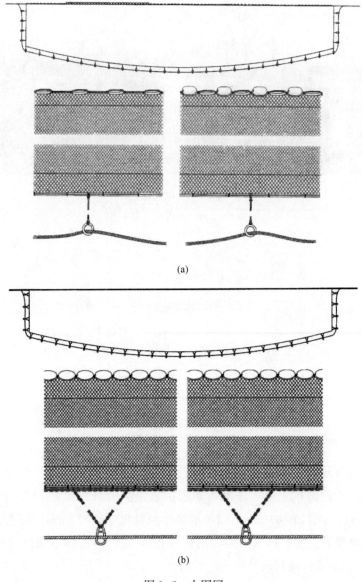

(a)

(b)

图 2-5　大围网

二、拉网

拉网是有 2 个网袖的锥形网，其网袖通常比拖网的网袖大，在固定的渔船上或在海滩上拉网。文莱的拉网可分为 3 类型：大型有囊地拉网、小型无囊地拉网和丹麦式拉网。

1. 大型有囊地拉网

这种地拉网通常在文莱海滩的潮间带附近作业，需要 6~10 人操作。使用一艘

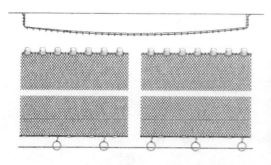

图 2-6　鲐和沙丁鱼小围网

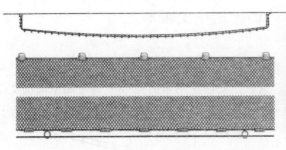

图 2-7　樱花虾小围网

小船离岸放网开始作业，然后当沿着网行道出现足够数量的鱼时，由渔民在岸上拉动与网连接的拉纲，把网拉向海滩。当渔具被拉回到离海滩始端（即开始放网时的海滩）有一定的距离时，渔民站在战略位置把网拉回到海滩上，鱼进入网囊被捕获。这种网具本身并不算很长，但拉网的纲索相当长。主网身网目尺寸为 76.2 mm，网囊网目尺寸 25.4~31.7 mm。渔获物通常是小鱼。这是一种相当古老的渔具渔法，现今在文莱水域很少使用。

2. 小型无囊地拉网

如大型有囊地拉网一样，小型无囊地拉网也是由渔民站在海滩上拉网作业。小型无囊地拉网的尺度较小，并且没有网囊。小型无囊地拉网长 64~91 m，网目尺寸为 25.4~31.7 mm，作业时只需要 2~3 人，除了不需要船只外，作业方法与大型有囊地拉网相同。一位渔民站在一个固定的位置手握渔具的一端，另一位渔民在临海位置涉水（深度至他的下巴处）带着渔具的另一端，然后涉步回到离开始位置有一段距离，形成一个 "C" 字形（图 2-8）。渔获物主要是鳀科、牙鳕、乳香鱼和鲾科。

3. 丹麦式拉网

丹麦式拉网渔具（图 2-9）的设计和结构像拖网一样，而不同之处主要在于作业方法，但渔获物在鱼种组成和个体大小方面几乎相同。该渔具由 PE 网衣材料制

图 2-8　当地渔民进行拉网作业

成，作业时不使用拖网网板来水平扩张渔具，而是装配一对惊吓绳用来包围和驱赶鱼入网中。该惊吓装置由塑料细管制成，安插在纲索的捻线上通过船下面的 2 个环形网锤交拖纲拉起到船上。这种渔具由于对幼鱼（副渔获）是毁灭性的，所以目前在文莱禁止作业。

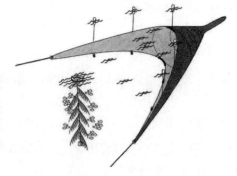

图 2-9　丹麦式拉网

三、拖网

　　拖网是一种锥袋形网，有 2 个以上的网袖，由 1 艘或 2 艘渔船拖曳作业，主要捕捞底层鱼类和生活于海底或逗留于近海底的其他水产动物。拖网主要有底拖网、对拖网和桁拖网 3 种类型，而文莱只有底拖网这一个类型。

　　根据目标种类，文莱底拖网有 2 种，一种是捕捞鱼类的底拖网（图 2-10），另一种捕捞虾类的底拖网（图 2-11）。它们的主要差异在于网具设计和使用网衣的网目尺寸。鱼拖网网口周长为 42~65 m，上纲长度 26~36 m，下纲长度 30~44 m，网囊最小网目尺寸规定为 51 mm 方形网目。虾拖网的规格相对鱼拖网较小，网口周长 25 m，上、下纲长度均为 24 m，网囊最小网目尺寸 50 mm。鱼拖网的网口垂直张开比虾拖网高。鱼拖网主要在第 3 捕捞区作业，而虾拖网只限于在第 1 捕捞区作业。两种拖网都是使用木质或钢质拖网网板来保持其水平扩张，拖速 3~3.5 n mile/h。拖网渔船（图 2-12）安装 132.3~367.5 kW 海洋柴油机作为推进力，也安装机械网鼓（图 2-13）用于放网和起网。船上还安装导航系统和寻找渔场的电子设备。

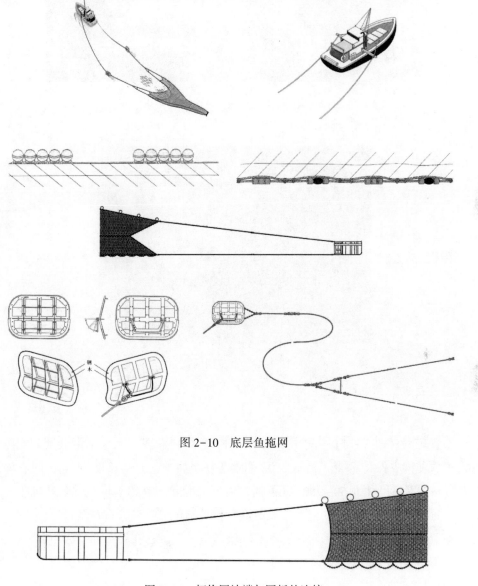

图 2-10　底层鱼拖网

图 2-11　虾拖网袖端与网板的连接

四、刺网

文莱刺网分为 4 种类型：底置刺网、三重刺网、蟹刺网和漂流刺网。

图 2-12 拖网船的前甲板（左）和艉甲板（右）

图 2-13 底拖网网鼓

1. 底置刺网

底置刺网（图 2-14）由单丝或尼龙（PA）材料制成，上、下纲分别装配浮子和沉子，使网衣保持垂直于海底，沉网时间为 6~8 h。上纲长度 90 m，网衣深度 2.4~3 m，网目尺寸为 50~200 mm。通常由 1~2 位渔民在沿海区域的舷外机船（船长6~9 m）上作业（图 2-15），常见的渔获物是鳎科、鲹科、石首鱼科等。

底置刺网主要分布于穆阿拉、都东和淡布伦 3 个区，在第 1 捕捞区作业。

2. 三重刺网

三重刺网由 3 层尼龙网衣重合在一起形成一帘状网衣装配而成（图 2-16），长度 270~460 m，深度 1.5 m，外网衣网目尺寸为 270 mm，内网衣网目尺寸在18~45 mm 之间变化。由于网线直径小，虾和蟹的附肢易于被网衣缠住，并且往往难以摘除，所以经常损破网衣。在穆阿拉、都东和淡布伦区，三重刺网主要用于捕虾，但在都东区和马来奕区的开放水域也使用三重刺网捕鱼。专门为捕虾而设计的三重刺

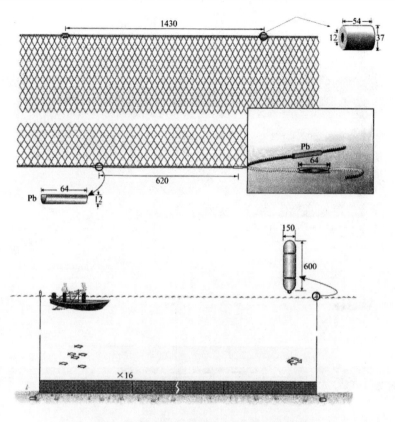

图2-14　文莱穆阿拉渔民使用的底置刺网

图2-15　底置刺网作业

网内网衣网目尺寸较小（25~45 mm），大多数为35 mm，设置于海底随流漂移。在白天渔民1~3人交替使用2列三重刺网作业。每列刺网长120~150 m，深3.5 m。每年11—12月在文莱河口和北海岸渔汛期间，渔民追随虾群（图2-17）。

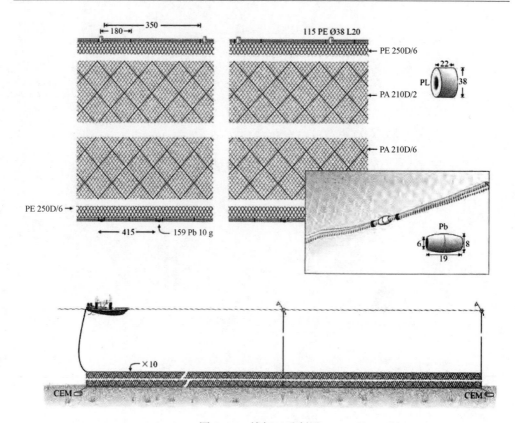

图 2-16　捕虾三重刺网

图 2-17　三重刺网作业

3. 蟹刺网

文莱没有专门捕蟹的渔具，捕蟹通常使用的网是由旧的漂流刺网、底置刺网或三重刺网制成，并对浮子和沉子加以改进。这些渔具在晚上设置，第二天早上起网。

4. 漂流刺网

这种刺网由单片尼龙（PA）网衣制成（图 2-18），上纲长度 90 m，网衣拉紧高度 4~11 m，网目尺寸 65~150 mm，由 7 m 长的小船在夜间作业。作业时，网的一端连接于船上，另一端连接一盏煤油灯作为灯标（警告灯），警告正在通过的船只要保持远离网具。该渔具主要分布于穆阿拉区和都东区，作业渔场限于在第 1 捕捞区，主捕种类是中上层鱼类。

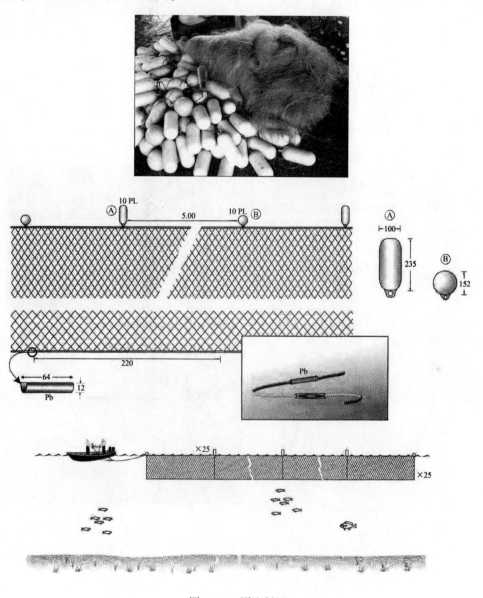

图 2-18　漂流刺网

五、抄网

抄网是网口可张开和闭合的袋形网，通常在浅水域作业。其捕捞原理是以抄捞的方式滤过一定水体，使鱼类入陷而获。文莱抄网分为2种类型：捞网和推网。

1. 捞网

捞网由小网目网衣制成，网衣安装在一个C形竹框架上（图2-19a），中央装配有一个手柄（图2-19b）。这种渔具由渔民使用小船在文莱河红树林边缘区与栅栏结合在一起作业（图2-19c），捕捞毛虾属或樱花虾。

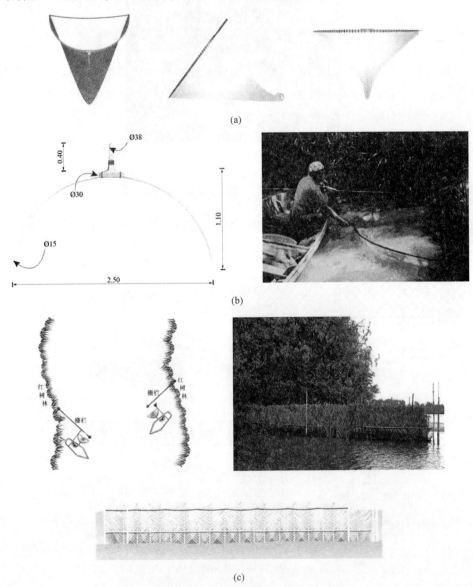

图 2-19　捞网及其作业示意图

2. 推网

推网也是由小网目网衣制成，并安装在 2 根交叉竹竿构成的框架上。每根竹竿的一端装配一个木撬（木撬的作用就像在海底上的滑行器），由渔民推动网具向前滑移捕捞作业。这种渔具在文莱河被渔民用来捕捞毛虾属或樱花虾，在当地普遍利用这些虾种制作美味的虾浆。

六、敷网

敷网网片通常为方形，但有时是锥形，安装在几根杆和纲上，或安装在框架上，设置在海底，有时设置在中水层，浸网一定时间后提起，陷捕网片上方的鱼类。

文莱有 2 种敷网，即定置敷网和蟹敷网。

1. 定置敷网

定置敷网由小网目无结节方形网衣制成，网衣材料是尼龙（PA），主尺度为 10 m×10 m，网目尺寸为 10 mm。网衣的转角和四边用绳悬吊到木架结构物或平台上（图 2-20）。结构物为木架基座，由空心塑料鼓制成的浮动装置悬吊。木架中央

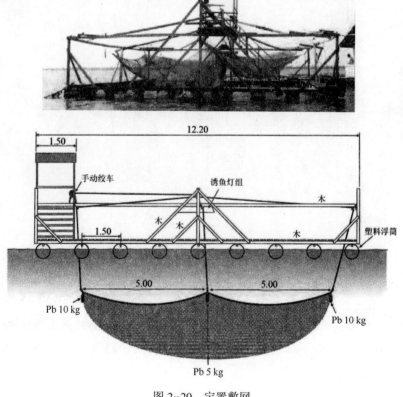

图 2-20　定置敷网

敞开，便于在作业过程中浸网和起网。使用滚轮机制（通过滑轮拉住绳的两端）来帮助操作网具，还使用灯光来吸引和引诱鱼类进入网中央。

该渔具主要分布于穆阿拉区，主捕鱼种是鳀和沙丁鱼。

2. 蟹敷网

蟹敷网通常由一片方形网衣安装在 2 根竹片交叉构成的框架上，竹片端部撑住方形网的 4 个转角（图 2-21），通常使用咸水鲶、鳐或鲨鱼块（小块）作为的饵料，用线悬吊于渔具中央以引诱蟹类。方形网由 PE 网衣制成，网衣规格为457 mm×457 mm，网目尺寸 51~76 mm。该渔具主要分布于穆阿拉区，通常由长度 3~4 m 的小船在文莱湾浅水域捕捞蟹类，主要渔获是锯缘青蟹和梭子蟹。

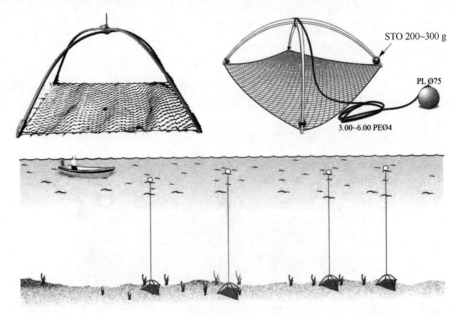

图 2-21　蟹敷网

七、掩网

掩网通常是一种锥形网，其捕捞原理是网自上而下地跌落，覆盖捕获水产动物。一般来说，掩网是在浅水域手操作业，但有些是由小船作业，如捕鱿的棒授抛网。

文莱只有一种掩网——抛网。这是在小船上或者在岸上使用的一种小型渔具（图 2-22）。该网通常由尼龙网衣制成，网目尺寸 22~28 mm 并做成各种规格。渔民把网折叠在自己的手臂上，以展开动作把网抛撒入水中捕鱼（图 2-23）。该渔具主要分布于淡布伦区。

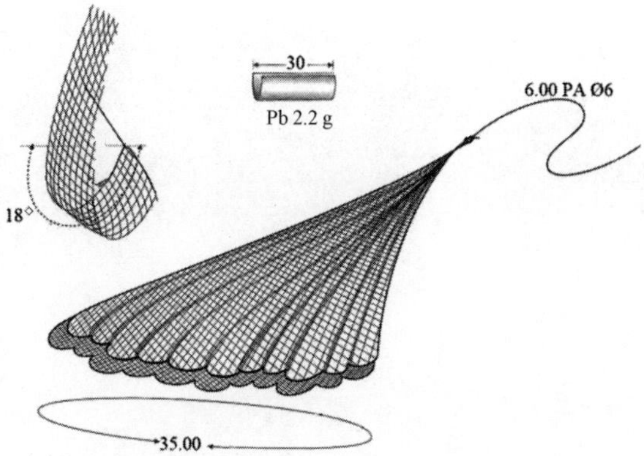

图 2-22　蟹敷网

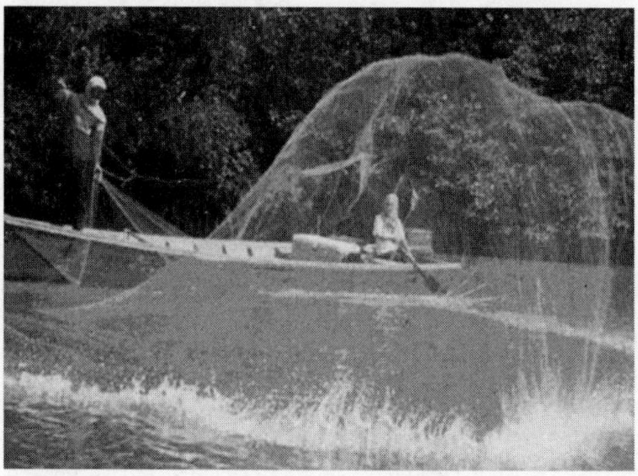

图 2-23　抛撒中的抛网

八、陷阱/笼具

文莱陷阱（包括笼具）分为定置陷阱、半定置陷阱和便携陷阱（笼）3 个类型共 8 种渔具，分别是：深水竖杆陷阱、浅水竖杆陷阱、潮汐鱼簗、锥形潮间陷阱、栅网、鱼笼、蟹笼、虾笼。

1. 定置陷阱

（1）深水竖杆陷阱：由木杆和铁丝网目构成，形如一个巨大的箭头（图 2-24）。用一个叫做 pekarangan 的导网把鱼引向一个结构物，导入一个围场后进入最终网圈（即取鱼部/网囊）而使鱼陷捕。该渔具主要分布于穆阿拉区，设置场所在文莱湾水域，主捕底鱼、竹筴鱼和虾。整个渔具的结构如图 2-24 所示。

（2）浅水竖杆陷阱：由长度 2 m 的竹竿和网目尺寸 50 mm 的聚乙烯网衣（或铁丝网目）构成，形似一个 kilong，但尺寸较小。这种渔具主要分布于淡布伦区，通

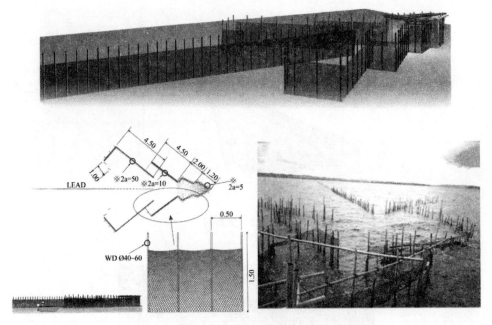

图 2-24 深水竖杆陷阱

常设置在文莱湾海滩（或泥滩）附近，尤其是沿着红树林边缘区设置，与设置在海湾深水域的 kilong 相对（图 2-25）。主捕底层鱼类。

2. 半定置陷阱

（1）潮汐鱼簖：由聚乙烯网制成，主尺度为 45.00 m×0.70 m，网目尺寸 25～30 mm，通常安装在木杆上，并在高潮时在红树林区周围设置成一个"C"字母形栅栏（图 2-26）。这种渔具原来由编织竹制成，而现在被 PA 单丝网衣材料所替代，有时设置长度可达大约 400 m，覆盖更宽的红树林区。该渔具主要分布于穆阿拉区，通常设置在红树森区周围的泥滩上捕捞虾和鱼，低潮时在泥滩上收拾。该渔具的结构和设计参数如图 2-27 所示。

（2）潮间漏斗网：潮间漏斗网（也叫潮间锥形网）是一个长度约 20 m 的锥形网，网目尺寸 20～50 mm，网口纲长约 18 m。该渔具主要分布于淡布伦区，设置在文莱湾，连续并排设置在木桩上（木桩插入海底形成平台来支撑网）（图 2-28），在退潮或涨潮之前或平潮时，把网设定位置来过滤正在流动的水和要捕的鱼。渔获物主要是虾类，但也包括鱼类，如鲻科、鳎科等。

（3）栅网：由合成网衣材料制成，安装在数根竹桩上，通常沿文莱河内河坝设置成一个栅栏（图 2-29）。这种渔具不同于使用小网目网衣主捕樱花虾的潮汐鱼簖，也不同于在渔汛期的毛虾陷阱。渔民通常利用潮流变化产生的水流来收拾随流漂移的虾。

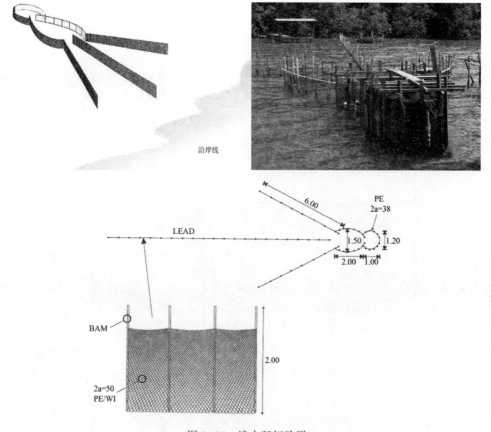

图 2-25　浅水竖杆陷阱

图 2-26　潮汐鱼簖

3. 笼具（便携式陷阱）

（1）鱼笼：通常由细铁丝网目制成，常用规格为 1.8 m×0.9 m×0.9 m，有一个入口陷捕正在进入的鱼（图 2-30）。鱼笼设置在开放海域的珊瑚礁附近，渔民一周查笼一次。渔获物主要由鲷科、鲉科及其他底层鱼类组成。在河流或小溪中使用的鱼笼通常由竹片制成，笼口有一个外口大和内口较小的锥形倒须装置阻止被诱陷的

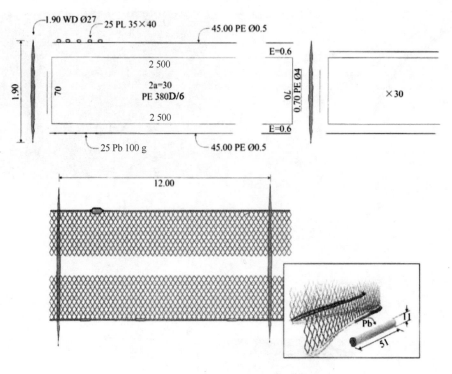

图 2-27 潮汐鱼簖的设计和结构

图 2-28 潮间漏斗网

图 2-29　栅网

鱼逃逸。笼口面向水流。这种渔具主要分布于穆阿拉区，在第 2、第 3 捕捞区作业。

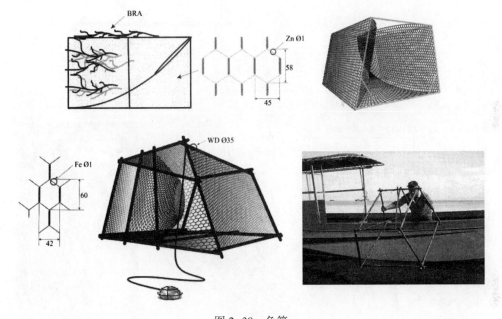

图 2-30　鱼笼

（2）蟹笼：由聚乙烯网衣（网目尺寸大约 51 mm）材料制成，安装在可折叠的框架上，目的在于增加小船上的空间和便于在作业过程中管理渔具。框架由一根直径 4 mm 的钢丝（形成椭圆形底座）和 2 个 C 形框（以底座为中心旋转）制成，以支撑网衣处于合适位置上。笼的两侧各有 1 个锥形入口（图 2-31）。该类型笼分布于穆阿拉区，主要捕捞蟹类，但也常常捕捞鱼类。

（3）虾笼：由竹片制成，竹片系在一起类似一个鱼雷形框架。笼的底部装配一个入口，形成一个锥形竹片倒须装置。另一个锥形倒须装置设在笼的下半部里面，以防止虾逃逸。用袜袋覆盖整个框架使虾保持在里面（图 2-32）。这种渔具分布于淡布伦区，主要捕捞淡水对虾。

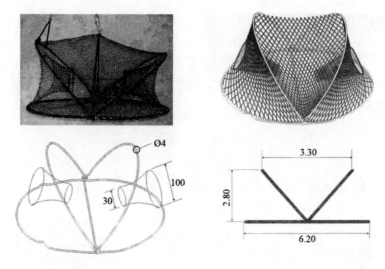

图 2-31　蟹笼

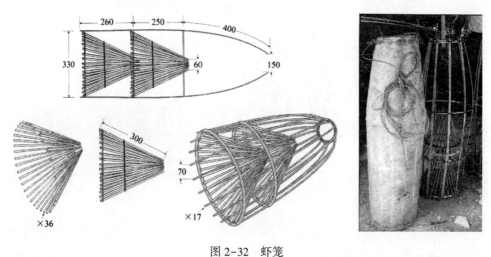

图 2-32　虾笼

九、钓具

文莱钓具分为 5 种类型：竿钓、手钓、拖钓、立式延绳钓和卧式底置延绳钓。

1. 竿钓

竿钓由钓竿和单丝线构成，结构非常简单。钓竿属于商业制造，竿上装配一个机械卷轮用于拉起饵料和渔获物，这种钓竿在休闲渔业（主要来自兼职渔民）中十分流行（图 2-33）。

2. 手钓

手钓是世界最简单最古老的捕捞方法之一，通常由单丝材料一端结附一个（图

图2-33 竿钓

2-34a）或多个（图2-34b）金属钩而成，在选定的渔场（例如：FAD、岩石、珊瑚礁、近海采油结构物等场所）作业（图2-35）。渔获物通常是鲐、鲷科、鲹科等。文莱手钓分布于穆阿拉、都东和马来奕区，主要在第1、第2捕捞区作业。

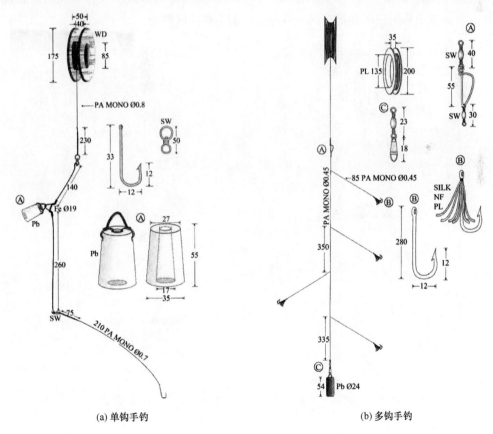

(a) 单钩手钓　　　　　　　　　　　(b) 多钩手钓

图2-34 手钓

图 2-35　手钓捕捞作业

3. 拖钓

这一钓具由钓线、钓钩、转环和铅沉子构成，并钩装全鱼（竹筴鱼、沙丁鱼）作为诱饵（图 2-36），或者由细小的单丝线装配彩色吸管作为引诱装置结附于钓钩上构成（图 2-37）。使用渔船来拖曳钓具，通常捕捞游速很快的鱼，如鲭科。该渔具主要分布于穆阿拉区和都东区，在第 1、第 2 捕捞区作业。

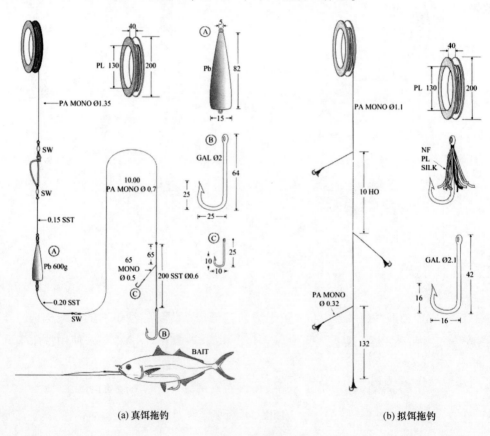

(a) 真饵拖钓　　　　　　　　　　　　　　(b) 拟饵拖钓

图 2-36　拖钓

图 2-37　彩色吸管（拟饵）拖钓

4. 立式延绳钓

立式延绳钓由一条 PA 单丝干线装配约 20 条结附引诱吸管的尼龙支线制成（图 2-38）。渔获物通常是鲹科、圆鲹科和其他中上层鱼种。该渔具借助 FAD 获得最好效果。

图 2-38　立式延绳钓的支线

5. 卧式底置延绳钓

卧式底置延绳钓由一条 PA 单丝干线和若干条结附钓钩和饵料的支线构成，水平地设置于海底，主要捕捞底层鱼类，如红鳍笛鲷、石斑鱼、鲨等。使用沙丁鱼和小竹䇲鱼作为饵料。该渔具有小型（图 2-39）和商业型（图 2-40 和图 2-41）之分，由渔民使用一艘船进行捕鱼作业，每作业钓次浸钓时间为 1~10 h。分布于穆阿拉区和都东区，作业渔场在第 1、第 2 捕捞区。卧式底置延绳钓渔具设计如图 2-42 所示。

113

图 2-39　小型延绳钓

图 2-40　商业延绳钓

图 2-41　商业延绳钓渔船

十、杂渔具

杂渔具包括没有分类的各种各样渔具，例如在沿岸采集贝类、海藻或鱼类的采拾具。

这种工具由木架配以金属撬制成，木架装配一根木杆作为手柄（图 2-43 和图 2-44），在海滩上（尤其在低潮时）主要用来寻找和采集蛤或贝类。采拾具沿着露

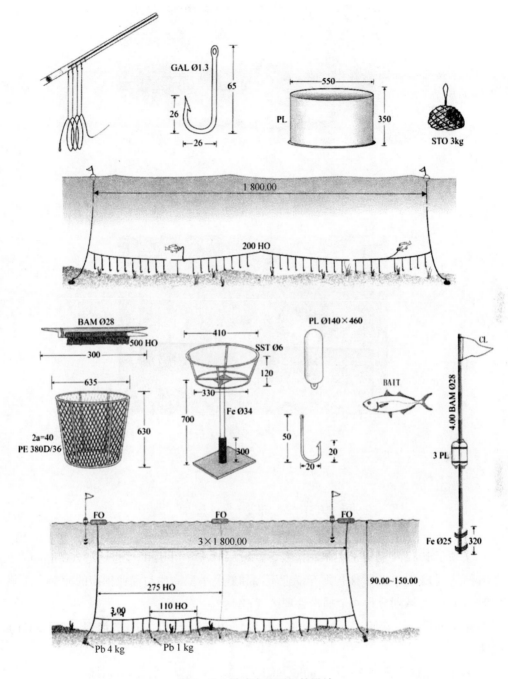

图 2-42　卧式底置延绳钓设计

出的潮滩拖拉，以揭露硬壳蛤。应用这一技术能轻易地找到要捕的蛤类。现代的采拾具从杆到鞋都是由钢材制成。

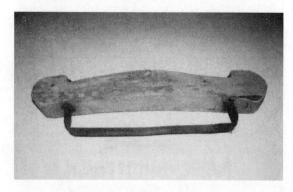

图 2-43　拾具撬

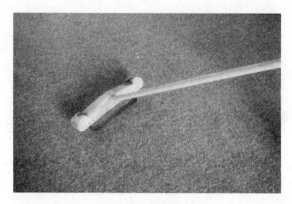

图 2-44　装配手柄的采拾具

第五节　捕捞划区管理

文莱于 1982 年制定渔业限制法令,宣布从 1983 年 1 月 1 日起划定 200 n mile 专属经济区(EEZ)。为了保护海洋渔业资源和避免小型渔船与商业捕捞的冲突,文莱政府将 EEZ 海域划分为 4 个捕捞管理区(FZ):

第 1 捕捞区:离岸 0～3 n mile,允许使用舷外挂机的小型渔船(3～6 GT)作业;

第 2 捕捞区:离岸 3～20 n mile,渔船功率<257 kW,容积<60 GT;

第 3 捕捞区:离岸 20～45 n mile,渔船功率 258～441 kW,容积 60～150 GT;

第 4 捕捞区:离岸 45～200 n mile,渔船功率 442～588 kW,容积 150～200 GT。

1984 年文莱工业与初级资源部(MIPR)渔业局发放第 2、第 3 捕捞区拖网和围网渔船捕捞许可证,并规定外国渔船只能在第 3、第 4 捕捞区作业。为了便于对商业渔船进行管理,渔业局规定,在第 2、第 3、第 4 捕捞区作业的商业渔船轮机室分别漆为橙色、蓝色、红色。从 2008 年 1 月 1 日起实行临时性保护措施，禁止在第 1 捕捞区内捕鱼。

文莱海洋捕捞业的目标是可持续发展海洋渔业并取得最大经济产量。实现这一目标的方法是，制定和执行合理和可行的管理措施以增加生产力、资源可持续性和渔民间的平等。管理目标主要包括：以可持续的水平充分开发海洋资源高达 21 300 t；通过建立海洋保护区来保护繁育场；促进小型渔业和商业渔业部门平等共享海洋资源；促进使用选择性渔具和环境友好型渔具，以减少未够规格鱼的浪费；通过资源增殖项目来增加海洋资源生产力。

为了实现上述目标，渔业部已采取如下一些缓解措施来减少捕鱼产量和减轻导致拖网业者和小型渔民作业损失的 CPUE。

① 2000 年起中止对第 2 捕捞区商业底拖网船发放新的捕捞许可证，冻结捕捞许可证的数量。实施这一管理步骤的原因在于多年来传统渔场的底层资源明显下降。同样，在小型渔业中也在考虑类似的方法，因为近年来近岸捕捞区域的小型渔民人数惊人增加，这也造成大多数小型渔具的单位努力渔获量下降。

② 实施新的网目尺寸规定，2000 年开始对所有商业拖网网囊强制使用 51 mm 方目网片。采取这一管理步骤的原因在于对高度浪费不想要鱼资源的担忧升级，主要由幼鱼组成的渔获物大约 70% 由于市场价值低而被死亡丢弃回海。把网目尺寸从 38 mm（菱目）放大到 51 mm（方目）以减少拖网船的大量渔获浪费。

③ 建立渔场或边界捕捞区，以划分各种渔具尤其商业性渔具的渔业界限。还实施避免过度捕捞，并根据每种渔具的类型和捕鱼能力，在指定区域对某些渔民允许限定捕鱼权。以该捕捞区作为参考，禁止例如包括拖网船、围网船和延绳钓船在内的商业渔船在第 1 捕捞区作业。

④ 为使生境肥沃，在特定区域建设和投放人工鱼礁，以营造鱼类繁殖场和帮助增加海洋生物多样性。

⑤ 通过增购巡逻船和增加执法人员，进一步恢复渔业部的执法能力，以防止过度开发资源，尤其是偷捕和非法捕捞。

参考文献

段有洋，勾维民，高文斌．中国与文莱渔业合作的分析．大连水产学院学报，2009，24（增刊）：244-246.

广东省海洋与渔业局科技与合作交流处．文莱渔业．海洋与渔业，2010，（7）：48-50.

佚名．文莱渔业概况．中国食品产业网，2010. http：//brunei. caexpo. com/scfx_ wl/zdhyfx/2010/11/22/3507927. html.

周雨思，阮雯，王茜，纪炜炜，陆亚男．文莱渔业近况与发展趋势．渔业信息与战略，2013，28（4）：312-316.

驻文莱经商参处．地理位置．中华人民共和国商务部网站，2015. http：//bn. mofcom. gov. cn/article/ddgk/zwdili/201502/20150200885786. shtml.

驻文莱经商参处．人口统计．中华人民共和国商务部网站，2015. http：//bn. mofcom. gov. cn/article/ddgk/zwrenkou/201502/20150200886482. shtml.

驻文莱经商参处．文莱气候条件．中华人民共和国商务部网站，2015. http：//bn. mofcom. gov. cn/article/ddgk/zwqihou/201502/20150200885271. shtml.

驻文莱使馆经商处．文莱1号海区将实施禁渔令．中华人民共和国商务部网站，2007. http：//bn. mofcom. gov. cn/aarticle/jmxw/200703/20070304479703. html.

驻文莱使馆经商处．文莱渔业发展概况．中华人民共和国商务部网站，2007. http：//bn. mofcom. gov. cn/article/ztdy/200704/20070404527129. shtml.

Anon. Fishing Gear and Method in Southeast Asia：Brunei Darussalam——Activity1：Fishing gear Survey. 2004. http：//map. seafdec. org/Monograph/Monograph_ brunei/Fishing%20gear% 20 presentation. ppt.

Combating IUU Fishing in the Southeast Asian Region. Countries Profile of Brunei Darussalam Addressing the IUU Fishing in the Southeast Asian Region. http：//www. seafdec. or. th/iuu/profiles/Brunei. pdf.

Narong R，Promjinda S，Chanrachkit I，Chindakhan S and Siriraksaphon S. Fishing Gear and Methods in Southeast Asia_ V. Brunei Darussalam. Department of Fisheries/Brunei Darussalam and Training Department of SEAFDEC，2007. P105. http：//www. seafdec. or. th/index. php/downloads/doc_ download/31-fishing-gear-and-meth-ods-in-southeast-asia-v-brunei-da russalam.

第三章
马来西亚海洋捕捞业

第一节 地理环境

马来西亚是由 13 个州和 3 个联邦直辖区组成的联邦制国家，国土被南海分隔成东、西两大部分，东部称为东马来西亚（简称东马，下同），包括沙捞越和沙巴 2 个州；西部称为西马来西亚（简称西马，下同），包括马来西亚半岛的 11 个州（玻璃市、吉打、槟城、霹雳、雪蘭莪、森美兰、马六甲、柔佛、彭亨、登嘉楼、吉兰丹）。国土总面积 $33.67 \times 10^4 \ km^2$，其中西马 $13.47 \times 10^4 \ km^2$，东马 $20.2 \times 10^4 \ km^2$。到 2014 年 2 月底，全国总人口突破 3 000 万。

一、地理位置

马来西亚地处东南亚，位于太平洋和印度洋之间（图 3-1），有西马和东马之分。西马位于马来半岛南部，东临南海，北与泰国接壤，南隔着柔佛海峡与新加坡毗邻，西濒马六甲海峡，为欧、亚、澳、非四大洲海上航运的重要通道，战略地位重要；东马为沙捞越地区和沙巴地区的合称，位于加里曼丹岛（婆罗洲）北边，北临南海，北边与文莱接壤，东北面是巴拉巴克海峡和苏禄海并与菲律宾相邻，东南面与印度尼西亚相邻。西马和东马隔海相望，最近处相距大约 600 n mile。

二、自然环境

西马地形北高南低，山脉由北向南纵贯，将马来半岛分成东海岸和西海岸两部分。沿海为广阔的冲积平原，土地肥沃。位于彭亨州的彭亨河为马来西亚第二大河流，全长 434 km，流域面积 29 137 km^2，主干河流发源于大汉山，注入南海。

东马是森林覆盖的丘陵和山地，西部沿海为冲积平原。全境河流密布，水力资源丰富。克罗河山脉纵贯南北，位于沙捞越州中部的拉让江为马来西亚第一大河流，全长 592 km，流域面积 $3.9 \times 10^4 \ km^2$。

马来西亚海岸线曲折漫长，全长 4 675 km，其中西马 2 000 km。12 n mile 领海面积 $16.12 \times 10^4 \ km^2$，200 m 以浅大陆架面积达 $37.35 \times 10^4 \ km^2$。若按大陆架面积计

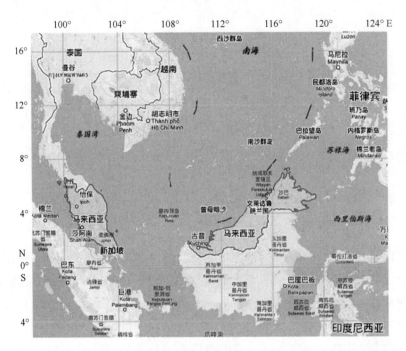

图 3-1　马来西亚的地理位置及其邻近海域

算，东马约占一半，但西马周围整个地区是由水深 100 m 或浅于 100 m 的大陆架所组成。

　　马来西亚地理位置接近赤道，属热带海洋性气候，拥有多样化的自然生态环境，全年炎热，潮湿多雨，有"四季皆夏，一雨成秋"之称。由于地处热带，全境属热带雨林气候，全年月平均气温相差不大，每月最高平均气温在 29.8~32℃，年最低气温 23.7℃，最高 35℃。马来西亚周围各海域都属热带海域，估计表层水温年平均 28℃，气温引起的微小变化为 1.5℃左右。全年无台风影响。

　　全国平均年降雨量为 2 000~2 500 mm，每年 10 月至翌年 3 月刮东北季风，为雨季，降雨较多；4—9 月刮西南季风，为旱季，降雨较少。马来西亚地处热带季风区，自然条件优越，植物茂盛，物种繁多，森林覆盖率达 75% 以上。

　　每年 10 月至翌年 4 月为马来西亚东北季风期，海面风力较大；5—9 月为西南季风期，风力微弱。马六甲海峡中心的洋面海流全年为西北流向，全年流速都超过 1 n mile/h。在东北季风期，南海的南向季风流通过马来半岛的南端进入马六甲海峡，形成西北海流；在西南季风期，海流向西流经爪哇海，再向西北流过加里曼丹海峡进入南海，然后直接进入马六甲海峡，南海的海面洋流受到季风影响。东北季风期的西南向海流盛行于 10 月至翌年 2 月，海流较强、较稳定；西南季风期的东北向海流出现于 5 月，6—8 月流速最大，3—4 月为转换期。南海大部位地区海流较弱，平均小于 0.5 n mile/h，在 7—8 月和 12 月至翌年 2 月季风盛行期，平均流速增加到 1 n mile/h，其中马来半岛和婆罗洲之间海域的流速最高达到 3 n mile/h。南海和苏禄海之间一些水道最高可达 4 n mile/h。

第二节　渔业资源与渔场

一、渔业资源

1. 渔业资源种类

马来西亚海洋渔业资源丰富且种类繁多，年可持续捕捞量为 119×10⁴t，可捕捞的主要经济种类有 80 多种，主要包括鱼类（底层鱼和中上层鱼）、甲壳类（虾、蟹等）、头足类（鱿、章鱼）、软体动物等。

（1）底层鱼类：底层鱼类有若鲹属（*Carangoides*）、羽鳃鲹属（*Rastrelliger* spp.）、海鳗科（Muraenesocidae）、鲾科（Leiognathidae）、带鱼科（Trichiuridae）、石鲈科（Haemulidae）、石首鱼科（Sciaenidae）、鲷科（Sparidae）、裸颊鲷科（Lethrinidae）、笛鲷科（Lutjanidae）、鮨科（Serranidae）以及鲨、魟科（Dasyatidae）、鲼科（Myliobatidae）、犁头鳐科（Rhinobatidae）。这些鱼类分布在整个大陆架区域。在沙捞越海域，以若鲹属、羽鳃鲹属、海鳗科、带鱼科、石鲈科、裸颊鲷科、笛鲷科、鮨科分布较多，而鲨、魟科、鲼科、犁头鳐科、虾、蟹、鱿等大多数密集分布在沙巴海域。资源调查和实际生产结果表明，由于海底状况不同，鱼种组成变化显著，在 10~80 m 水深范围盛产底层鱼类。由于沙捞越海域具有广宽的大陆架，海底平坦，等深线分布均匀，所以该海区的底层鱼拖网渔获率比其他海区高。

（2）大型洄游性中上层鱼类：大型洄游性中上层鱼类主要有鲣（*Katsuwonus pelamis*）、黄鳍金枪鱼（*Thunnus albacares*）、大眼金枪鱼（*Thunnus obseus*）、旗鱼（*Istiophorus platypterus*）、鲨等。在沙捞越外海（菲律宾西部 200 n mile 以外），有一定数量的鲣和黄鳍金枪鱼，甚至有专为捕鲣而设置集鱼装置（FAD）的围网作业。大眼金枪鱼、旗鱼等大型洄游性中上层鱼类和大洋性鲨主要分布于沙巴东部的苏拉威西海域。金枪鱼、旗鱼和大洋性鲨主要分布于远离大陆架以外海区，双鳍舵鲣（*Auxis rochei*）、扁舵鲣（*Auxis thazard*）、东方狐鲣（*sarda orientalis*）和康氏马鲛（*scomberomorus commerson*）等鱼种集中于大陆架海区。

（3）小型中上层鱼类：小型中上层鱼类主要是小沙丁鱼属（*Sardinella* spp.）、蓝带似青鳞鱼（*Herklotsichtys quadrirnaculatus*）、棱鳀属（*Thryssa* spp.）、圆鲹属（*Decapterus* spp.）和羽鳃鲹属（*Rastrelliger* spp.）等。这些小型中上层鱼类分布于整个大陆架海域，渔汛随季节变化，分布变化也很大，在每年 4—9 月的非季风季节，渔汛较旺，而在其他月份分布明显减少。这些鱼类主要被围网捕获。

（4）虾蟹类和软体动物：虾、蟹类和软体动物（鱿、乌贼、章鱼）主要分布于整个东马沿海。随着季节的变化，这些种类的分布像小型中上层鱼类一样变化很大，其旺汛期在 3—7 月，主要是由小型拖网渔船捕获。

根据马来西亚渔业部（DFO）的统计，在马来西亚的热带暖水域捕获的鱼种超过 100 个种群，一个种群可能包含数十个鱼种，因此可能有超过 1 000 个鱼种出现在渔获物中。在渔获物列表中，几种中上层鱼种群始终是优势渔获物，仅有 1~2 种底层鱼种群出现在优势种群列表之中，虾类一直是重要的渔获物。

羽鳃鲐（*Rastrelliger kanagurta*）是中上层鱼种，一直是最重要的种群，2007 年上岸量为 156 687 t，上岸量大部分来自围网船和刺网船，剩余上岸量主要来自拖网船。

蓝圆鲹（*Decapterus maruadsi*）也是中上层鱼种，在优势种群中排名第二，2007 年上岸量为 89 958 t，绝大部分由围网船捕获，拖网船捕获量不足 10%，敷网渔获量远远低于围网和拖网而名列第三。

鱿（枪乌贼 *Loligo chinensis*）在优势种群列表中一般排位第三，2007 年渔获量为 59 730 t，拖网捕获量一般占这些渔获量的大约 90%，其他渔具的渔获量相当均衡。

金枪鱼和类金枪鱼鱼种，包括金枪鱼属（*Thunnus* spp.）、鲔（*Euthynnus affinis*）、扁舵鲣、鲣，通常十分突出，2007 年上岸量 52 909 t，其中大部分渔获量来自围网船，其次是刺网船，钓具渔获量远远低于围网和刺网而名列第三。

金线鱼类（金线鱼属 *Nemipterus* spp. 或锥齿鲷属 *Pentapodus* spp.）是为数不多的底层鱼种群之一，被大量上岸，2007 年上岸量为 36 201 t。上岸量的较大部分来自拖网船，其次是携便式笼具、刺网和钓具。

小公鱼属（*Stolephorus* spp.）、牛眼凹肩鲹（*Selar boops*）、大甲鲹（*Megalaspis cordyla*）、狗母鱼（蛇鲻属 *Saurida* spp. 或大头狗母鱼属 *Trachinocephalus* spp.）、大海鲈（白姑鱼属 *Pennahia* spp. 或叫姑鱼属 *Johnius* spp.）是其他重要的鱼类种群，上岸量超过 2×10^4 t。

海洋虾类作为一个种群的上岸量总是巨大的，2007 年上岸量为 71 729 t，但近年来上岸量出现了缓慢的下降。20 世纪 90 年代虾类年上岸量曾经超过 9×10^4 t，1992 年的记录渔获量达到 126 405 t，其中大部分上岸量来自拖网船，而刺网船远远低于拖网船而排位第二。

小杂鱼主要为拖网的副渔获物。从 2000 年的渔获统计可以看出，包括小杂鱼在内的底层鱼产量占总产量的 50% 以上（表 3-1）。

表 3-1　2000 年马来西亚海洋渔获组成

海域	底层鱼	中上层鱼	甲壳类	软体动物	小杂鱼	合计
半岛西岸海域（t）	75 680	126 987	67 211	47 635	217 605	535 118
半岛东岸海域（t）	55 032	196 822	7 797	25 447	113 677	398 775
东马海域（t）	103 886	105 673	34 710	15 353	92 181	351 803
合计（t）	234 598	429 482	109 718	88 435	423 463	1 285 696
百分比（%）	18.25	33.40	8.53	6.88	32.94	100

2. 渔业资源评估与开发

马来西亚海域渔业资源的年可持续捕捞量有几种估算，由于马来半岛东、西两岸 30 n mile 内海域和东马沙捞越、沙巴 12 n mile 内近海水域的捕捞产量多年来基本保持稳定，相信这些海域的渔业资源已被充分开发。马来西亚海洋渔业生产的进一步发展只能依赖于加大外海捕捞。自 20 世纪 80 年代中期起，马来西亚渔业资源调查的重点放在了外海海域，曾开展过 2 次大规模的资源调查（表 3-2 和表 3-3）。

表 3-2　马来西亚 25 n mile 以外专属经济区底拖网调查的潜在产量和上岸量

海域	1986—1987 年潜在产量（t）				1994 年上岸量
	中上层鱼	底层鱼	金枪鱼	小计	（t）
马来半岛东海岸海域	54 600	82 200	50 000	186 800	69 506
马来半岛西海岸海域	16 950	11 300	28 250	28 370
沙捞越海域	81 550	62 300	–	143 850	28 429
沙巴和纳闽岛	17 750	10 900	50 000	78 650	9 231
合计	170 850	166 700	100 000	437 550	135 536

（1）底层鱼类开发：马来半岛西岸海域底层鱼类主要由拖网、刺网和推网渔船捕捞。1989 年持有捕捞许可证的拖网船和推网船分别为 3 331 艘和 41 艘，1997 年这一数量降至分别为 3 107 艘和 4 艘。但是，由于捕捞技术的提高，所以底层鱼类的产量从 1989 年的 27.2×10^4 t 上升到 1997 年的 31.6×10^4 t。拖网调查获得的数据显示，近海底层鱼类资源已过度开发。宣布专属经济区之后，该区的外海捕捞开始起步，1987 年 30 n mile 外的底拖网调查估算外海底层鱼类的可捕量约 11 300 t，随后有 154 艘渔船获得捕捞许可证到外海作业，目前捕捞产量已大大超过估算的可捕量。1997 年的最新调查显示，底层鱼类密度为 0.39 t/km^2，比 1989 年下降了 67%，15 种优势底层鱼类的开发率大于 60%。根据 1971—1997 年间的渔业统计资料估算的底层鱼类最大可持续产量为 27.3×10^4 t，也低于 1997 年的产量 31.6×10^4 t。这说明马

来半岛西岸海域底层鱼类资源已过度捕捞。

表3-3 马来西亚12 n mile以外专属经济区底拖网声学调查的潜在产量和总上岸量

海域	1997—1998年潜在产量（t）			1997年上岸量（t）
	底层鱼	中上层鱼	小计	
马来半岛西海岸海域（>12 n mile）	62 000	129 945	191 945	370 000
马来半岛东海岸海域（>12 n mile）	55 500	222 019	277 519	273 000
沙捞越海域（>12 n mile）	86 983	456 940	543 923	32 000
合计	204 483	808 904	1013 387	675 000

马来半岛东岸海域底层鱼类主要由拖网船捕捞，1982年持有捕捞许可证的拖网船为1 535艘，到1997年下降至874艘。捕捞产量从1982年的$5.2×10^4$ t上升到1990年的$19.8×10^4$ t，但1997年又下降到$17×10^4$ t。20世纪80年代早期估算近海水域的可捕量约$5×10^4$~$8×10^4$ t，1986年25 n mile以外海域调查估算的外海底层鱼类的可捕量约$8.2×10^4$ t。1997年该区拥有223艘深海拖网船获得捕捞许可证到外海作业。1997年的最新调查显示，55 m以浅海域的底层鱼类资源密度已从1987年的0.87 t/km²降至0.27 t/km²。55 m以深海域的资源密度从1987的1.19 t/km²降到0.39 t/km²。28种优势种类的平均开发率为大约58%，曾经产量很高的石首鱼科目前已很少见。这说明马来半岛东岸海域底层鱼类资源开发度已经饱和。

沙捞越海域的底层鱼类主要由拖网船和推网船捕捞。1989年持有捕捞许可证的拖网船1 010艘、推网船104艘，到1997年分别降为579艘和24艘，但产量从1989年$4×10^4$ t上升到1997年的$5.2×10^4$ t。单棘鲀科是该区的优势鱼类，分布于大陆架附近。1986年调查时一些优势种类，如笛鲷属、石鲈属和紫鱼属等优质鱼类，到1997年已不再是优势渔获。沿岸海域的底层鱼类已明显捕捞过度。1986年资源调查估算25 n mile以外水域的可捕量为$6.2×10^4$ t，1997年12 n mile外调查估算的底鱼资源可捕为$8.7×10^4$ t，同年有88艘拖网船在此水域作业，但底层鱼类产量只有$2×10^4$ t。另外，统计数据显示，在1996年沙捞越506艘拖网船中，约50%小于20 GT，仅5%大于70 GT。在沙捞越大于70 GT以上的本国渔船也允许在近岸作业。因此，沙捞越的渔获量绝大部分来自91 m以浅（即离岸30 n mile以内）水域。沙捞越近海的底层鱼类资源已捕捞过度，但外海区域还有很大的开发潜力。

沙巴和纳闽海域的底层鱼主要由拖网船捕捞。因大陆架较窄，渔场主要集中在近海海域，1997年拖网渔获量达$9.5×10^4$ t。1972—1998年间的多次底拖网调查资料显示，沿岸海域资源密度大幅度下降，已明显捕捞过度，而深水区则没有明显的下降趋势。

（2）小型中上层鱼类开发：马来西亚的小型中上层鱼类分布在本国整个大陆架

海域，种类组成因海区和季节而异。每年4—9月的非东北季风期，鱼汛较旺，而在其他月份产量则明显减少。这些鱼类主要由灯光围网、流刺网和拖网渔船捕捞。

马来半岛西岸海域的小型中上层鱼类产量在全国最高。围网捕捞的小型中上层鱼类主要有羽鳃鲐属、叶鲹属、虾鲹属、凹肩鲹属、圆鲹属、小沙丁鱼属、圆腹鲱属、大甲鲹和鲔、扁舵鲣、青干金枪鱼等小型金枪鱼类；拖网和流刺网捕获的中上层鱼类主要有银鲳属、乌鲳属、马鲛属、四指马鲅属、马鲅属、宝刀鱼属和鳍鲹属。自1985年开始，拖网和围网渔船的数量下降，而流刺网船从1986年的8 430艘增加到1999年的10 729艘。鳀围网船主要在岛屿附近作业，1997年60艘鳀围网船的产量达13 092 t。1986年声学调查估算12 n mile外的小型中上鱼类可捕量约 2.6×10^4 t，其中60%分布于30 n mile外的外海水域。1997年的最新调查估算可捕量增加到 13×10^4 t，而该区的小型中上层鱼类产量已达到 13.5×10^4 t，表明该区小型中上层鱼类资源已过度开发。

马来半岛东岸海域的小型中上层鱼类主要为圆鲹属、小沙丁鱼属、圆腹鲱属、大甲鲹和青干金枪鱼。该区大多数小型中上层鱼类有季风前和季风后两个产卵高峰期。1997年该区12 n mile外的小型中上层鱼类产量约 14.7×10^4 t，而估算的可捕量约 22.2×10^4 t，显然尚有增加渔获量的潜力。

沙捞越和沙巴海域的小型中上层鱼类主要为无齿鲳属、圆鲹属、鲹科、梅鲷属、鳍梅鲷属、鲱科和鲭科。沙捞越海域的小型中上层鱼类的可捕量约 45.7×10^4 t，2001年的渔获量不足 2.9×10^4 t，开发率还很低；沙巴海域的小型中上层鱼类可捕量约 19.7×10^4 t，1998年的渔获量为 9.2×10^4 t，开发率约49%，还有较大的开发潜力。

（3）大型中上层鱼类开发：马来西亚的大型中上层鱼类主要有鲣、黄鳍金枪鱼、大眼金枪鱼、旗鱼、鲨等。沙巴西岸外海的鲣和黄鳍金枪鱼资源较为丰富，有专捕鲣的围网作业。1986年25 n mile以外专属经济区资源调查估算沙巴和纳闽水域的金枪鱼类潜在可捕量为 5×10^4 t，中国部分远洋渔业公司的金枪鱼延绳钓渔船在经过南海时曾多次试捕，捕获的大多数是黄鳍金枪鱼。大眼金枪鱼、旗鱼等大型洄游性中上层鱼类和大洋性鲨较多分布于沙巴东部的苏拉威西海域。金枪鱼捕捞是马来西亚相对较新的一种作业，沙巴政府于1995年引进2艘玻璃钢延绳钓船，主要在沙巴东部的苏拉威西海作业，渔获大多数为大眼金枪鱼，上钩率维持在0.8%～2.4%。实际上生产还算不错，但由于是政府性经营，所以不到2年就停产了。另外，1986年外海调查时估算马来半岛东岸海域金枪鱼类的年可捕量也达 5×10^4 t，但这些金枪鱼主要为青干金枪鱼等小型金枪鱼类，一般被围网和流刺网捕获。

（4）甲壳类和软体动物的开发：甲壳类和水母等经济软体动物的分布随着季节变化而变化，主要是由小型拖网渔船在沿岸水域捕获，主要渔期一般在每年3—7月。马来半岛西岸海域和沙捞越是马来西亚的主要虾类渔场。在马来半岛西岸海域，根据剩余产量模型估算的虾类可捕量约 70 400 t，1997 年渔获量为 64 722 t，主要渔获有对虾属、新对虾属、赤虾属、仿对虾属、鹰爪虾属和管鞭虾属；沙捞越海域的虾类已过度开发，1997 年渔获量约 1.1×10^4 t，是估算可捕量 5 000 t 的 2 倍多。随着近岸传统渔业资源的充分开发，鱿、乌贼和水母成为新的捕捞目标，1997 年沙捞越的水母渔获量达 49 665 t。目前，近岸海域的甲壳类和软体动物资源基本已充分开发，某些种类已过度捕捞。

二、渔场

马来西亚海域划分为 4 大部分，即西马的半岛西岸海域、半岛东岸海域和东马的沙捞越海域、沙巴海域。

半岛西岸海域属马六甲海峡的一部分，海域面积 56 450 km^2，马来西亚和印度尼西亚重叠的专属经济区面积约 11 320 km^2，水深在 120 m 以内。从北部到中部，底质从泥质转为泥沙混合，这一海区比较适合拖网作业；马来半岛南端海区，海底为岩质，崎岖不平，无法进行拖网作业。

半岛东岸海域是一个宽广的热带大陆架浅海，属于南海，海域面积 35 900 km^2，水深在 100 m 以内，底质由沙、泥、泥沙和珊瑚礁构成，海底相对平坦，比较适合拖网作业，但在中部外海有一个珊瑚礁分布区，不适合拖网捕捞作业。

沙捞越海域属于南海，海域面积 25 160 km^2，大陆架面积达 132 440 km^2，其中，中部地区大陆架最远延伸到 220 n mile，并有零散的礁体分布，底质较为粗糙，东北部大陆架最窄仅 30 n mile。整个沙捞越海域的珊瑚礁和崎岖海底约占大陆架面积的 22%。沙捞越海域大陆架宽阔，且水深大多数在 120 m 以内，地形平坦，等深线分布均匀，比较适合拖网作业，但到 200 m 等深线以外，在平均 2.5 n mile 距离内，水深迅速下降到 1 000 m 以深。

沙巴海域（含纳闽岛）包括沙巴西岸海域和沙巴东岸海域。沙巴西岸海域属于南海，大陆架由陆地延伸至 30 n mile 左右，面积约 30 940 km^2，沿岸水域多礁石。整个大陆架的珊瑚礁和崎岖海底占 50% 左右，其余部分为细泥、细沙底质，适合拖网作业。沙巴东岸海域狭窄且多岩礁，适合拖网捕捞的渔场有限。纳闽岛位于离沙巴约 8 km 的南海中，面积 35 km^2，是马来西亚联邦的直辖区。沙巴海域大陆架狭窄，适合拖网作业渔场主要集中在沿岸海域，但其外海中上层资源丰富，适合延绳钓、流刺网等作业。

1. 渔场的形成

东马海区的大陆架与加里曼丹岛连成一片，海域广阔，海底平坦，坡度徐缓，向外海微微倾斜，等深线分布均匀。部分海域有海岭、岛礁，位于沙巴沿岸130 n mile 以外海域。由于海洋水深直接影响着各种水文要素的分布和变化，不同的鱼类分布在不同的水层。海岭、岛礁及海底隆起部分易于形成涌升流现象，把海底有机物涌升至海面形成浮游生物栖息场所，从而形成鱼类的索饵场。倾斜度较大的陡坡不适合鱼类的停留，而海底局部偶有起伏的沟谷和山脊，是鱼类聚集的良好场所。

该海区的海底底质多为细泥砂底质，沙巴沿岸多为礁石，部分为细泥、细沙底质；沙捞越由海岸线开始向外一直延伸到大陆架边缘，大多数为 120 m 水深以浅的平坦地形，等深线均匀分布。

整个东马海岸线曲折迂回，形成众多港湾，并且密集分布岛屿、珊瑚礁，水文状况复杂。从大陆注入的河流众多，而且雨量充沛，水质肥沃，饵料丰富，许多中上层鱼类和底层鱼类游向沿岸索饵和产卵，并有大量虾、蟹类随海流游来，海洋资源富饶。

2. 渔场范围

渔场位于南沙群岛和沙巴、沙捞越之间，这一带海域是宽大的热带大陆架浅海和大陆坡海区，水深 120 m 以浅的海域面积约 10×10^4 km^2，水深 100 m 以浅的海域面积约 5×10^4 km^2，水深在 80 m 以浅的海区面积约 4×10^4 km^2，水深 10~50 m 的海区尤其广阔，由东到西离岸 60 n mile 以内的大陆架浅海，面积约 3×10^4 km^2，适合拖网、围网、流刺网、张网、延绳钓等渔具作业。在沙巴沿岸，沿海河流众多，受季风和台风影响不大。有 28×10^4 hm^2 的沼泽林和沼泽地，滩涂面积广阔，大部分海区的陆坡甚陡。哥达基纳巴鲁以南大陆架比较宽广，底质以泥或沙泥质为主，此部分海域适合拖网作业。沿岸多岩礁，特别是在北部古达至山打根、斗湖之间，海底粗糙、崎岖不平，可拖网捕捞的渔场有限，但非常适合延绳钓、围网、流刺网、张网、定置网、陷阱等渔具作业。

3. 渔场分布及其迁移

东马海域的渔场分布与季风密切相关，主要决定于东北季风季节和非季风季节。在东北季风季节，沙捞越海域有 3 个鱼类密度较高海区：一个由海岸线到北纬 3°N 附近；一个位于离海岸线 30~90 n mile 的海区；第三个靠近文莱北部 30 n mile 以外的海区。以上 3 个高密度区，鱼类资源密度介于 2~5 t/km^2。在沙巴有 2 个海区资源密度超过 5 t/km^2，一个在西海岸的南部海域，位于瓜拉班尤以北 30 n mile 处；另一个位于哥打京那巴鲁 20 n mile 以外的海域。资源密度介于 2.01~5.00 t/km^2 的海区从文莱边界一直延伸到哥打京那巴鲁以北 20 n mile，也就是在大陆架边缘的范围。资源密度介于 1.01~2.00 t/km^2 之间的海区位于纳闽岛周围海区及该岛北部的部分礁盘地带。另外，根据生产渔船的实际记录，马鲛属、鲳科、银带鲦、宝刀鱼属、金线鱼属、石斑鱼属、鲷科、鲔科等优质鱼类分布于第 1、第 2、第 3 海区的大部分海域；若鲹亚属、鲕亚科、沟鲹属、舒属、丝鲹属、鲆、鲽、鳎等鱼类（尤其若鲹亚属、舒属）在第 1、第 2、第 6 海区内分布密度较高，在第 3、第 4 海区内的分布也有较大比重；羽鳃鲐属、凹肩鲹属、金带细鲹、小沙丁鱼属、军曹鱼属等鱼类，在整个海区都有分布，尤其是在离海岸线 90~150 n mile 范围内的海域的资源密度最高。拖网捕获的鱼类主要有若鲹亚属、鲕亚科、沟鲹属、舒属、带鱼属、海鳗属等。围网捕获的主要鱼种有凹肩鲹属、圆鲹属、鲳科、羽鳃鲐属、小沙丁鱼属、金带细鲹、银带鲱、圆腹鲱属等。

在非季风季节，资源密度分布较高的渔场一般在离海岸线 10~90 n mile 范围，如一个位于第一海区附近，一个位于离海岸线 50 n mile 的民都鲁海区，一个位于离海岸线 30 n mile 的米里海区，还有古晋、诗巫 20 n mile 以外以及文莱和哥打京那巴鲁的资源量十分丰富，高达 2.01~5.00 t/km^2。在沙巴沿岸，马鲛属、鲳科、银带鲱、宝刀鱼属、金线鱼属、石斑鱼属、鲷科、鲔科、若鲹亚属、鲕亚科、沟鲹属、舒属、丝鲹属、鲆、鲽、鳎等鱼类的资源量也十分丰富，在 1.5~3.5 t/km^2 之间。在以上的各海区，拖网、围网、刺钓均可作业，只是捕获品种不同。在此季节，渔场从远海逐渐向近海移动，渔船大多数在 90 n mile 以内作业。在哥打京那巴鲁以北 60 n mile 以外的海区以及文莱到 20~60 n mile 的海区，羽鳃鲐属、凹肩鲹属、金带细鲹、小沙丁鱼属、军曹鱼属等鱼类的密度较高，比较适合拖网作业。

东马海区一些外海经济鱼类资源量的分布情况与海流、海底底质、水温等水文要素有关。马来半岛东部沿海的水深大多数在 100 m 以浅，水流情况主要是由季风决定，每年 5—10 月西南季风来临时，洋面流向北转入泰国湾；东北季风来临时，洋面流向相反。在季风和非季风季节，鱼类生物量相差很大，这主要是不同季节的海洋状况不同而直接影响鱼类的分布所致。在不同季节同一个渔场的种类和数量分布也明显不同，在季风和非季风季节，渔场分布的迁移情况是：在非季风季节，东马海区鱼类资源量分布密度最高的海区大部分位于海岸线周围海域；而在季风季节，密度较高的渔场大多数分布在远离海岸线的海域。

在每年的 11 月至翌年 2 月季风来临时，马来西亚渔船绝大部分停产，只有少数大吨位渔船和中国、泰国、越南等外国渔船坚持作业，这是因为季风季节的风浪较大，渔场迁移至深海，当地渔船不能进行深海作业。在每年的 4—9 月非季风季节，渔场迁移至近海，当地渔船的单位捕捞量较好，由于外国渔船不能在近海作业，虽然产量高，但单位捕捞量相对较低。

马来西亚东马地区渔民主要在每年的 4—9 月非季风期间进行捕捞生产，因为每年 11 月至翌年 2 月，受东北季风影响，海上风浪较大，同时渔场从近岸迁移至外海。马来西亚的渔船相对较小，因不能进行深海作业而造成大部分小船停产，只有少数大吨位渔船和中国、泰国、越南等外国渔船坚持捕捞作业。

西马是马来西亚海洋渔业最重要的区域。由于西马位于马来西亚半岛、新加坡以北，形成东、西 2 个作业区。海洋渔业因东、西两岸地势和气象条件等不同而差异颇大，其中，西海区的渔业较为发达，其产量占西马半岛总产量的 2/3 左右。

西海区是马六甲海峡，毗连印尼，主航道在海峡中心线稍偏西，它是繁忙的国际通航水道，定期货轮、大型运输船、油船、渔船、渡船、游艇穿梭往来；岛屿、暗礁、浅滩星罗棋布。作为渔场，本来对任何作业方式都不合适，但其鱼类资源丰富，自然条件得天独厚，渔业产量高，渔获品质优良，常年可进行捕捞作业，加之海岸线长，有良好的基础结构和众多城市市场，这些因素的结合，促使这个既小且复杂的西海区渔业自 20 世纪 60 年代起便得到了蓬勃发展。

西海区的主要渔场，离岸 50 n mile 以内的海域都是 35～55 m 的浅海，适合各种渔具作业，渔船大多数为 10～20 GT 的小型单拖渔船，槟榔屿为拖网渔业的主要基地，可拖网作业的面积占 72%，目前作业渔场已跨出马六甲海峡，进入安达曼海。主要渔期为 10 月至翌年 4 月，6—9 月为淡季，但因受马来西亚半岛的中央山脉和苏门答腊岛阻挡，西南季风期间仍可在马六甲海峡一带继续作业。主要捕捞对象为虾、龙虾、沙丁鱼、枪乌贼、泥蚶等。

马六甲海峡是西海区的主要渔场，水深平均为 40～50 m，最大水深为 100 m。小型中上层鱼类主要捕自霹雳、吉打、槟榔屿、玻璃市和雪兰莪诸州，分布限于马六甲海峡的北半部。大型中上层鱼类如马鲛、宝刀鱼、长颌鲾鲹、四指马鲅和乌鲂在整个沿岸均可捕获。

东海岸为巽他陆架，渔业主要分布在登嘉楼、彭亨等州沿海地区，捕捞羽鳃鲐、鲷和沙丁鱼等。登嘉楼外海向来是围网和刺网的作业渔场，渔获量呈增长趋势。

4. 渔场的管理

马来西亚的海洋渔业管理有 2 个特点。第一个特点是海洋渔场按照距海岸线的距离划分为 4 个区：A、B、C、C2（图 3-2）。A 区，离岸 0～5 n mile；B 区，离岸 5～12 n mile；C 区，离岸 12～30 n mile；C2 区，离岸 >30 n mile。第二个特点是每类渔具根据捕捞能力分为高捕捞能力的商业渔具或低捕捞能力的传统渔具，4 类高捕捞能力的渔具（如拖网、鱼围网、鳀围网和其他拉网）来自商业渔具组，11 类较低捕捞能力的渔具（如推网、袋网、刺网、鱼笼、延绳钓等）来自传统渔具组。

商业渔具只允许在海上作业，而且对 2 类商业渔具（即拖网和鱼围网）作进一步的限制，也就是只允许拖网和鱼围网在离岸 5 n mile 以外的 B 区、C 区和 C2 区作业，并且只允许 40～70 GRT（注册总吨）的渔船在离岸 12 n mile 的 C 区和 C2 区作业，而 70 GRT 以上的渔船允许在离岸 30 n mile 以外海域（即只允许在 C2 区）作业。尽管如此，但对商业渔具中的鳀围网和其他拉网在海上作业没有限制，对所有传统渔具也没有实施作业限制，这是因为鳀围网通常在群岛和珊瑚礁周围的沿岸水域（主要在 A 区）作业。其他拉网渔具一般被认为是低捕捞能力的渔具，因为它们在沿岸水域作业，不仅使用小型网，而且使用 10 GRT 以下的小型渔船。

另一方面，所有传统渔具可以在任何渔场作业，例如湖泊、包括红树林咸水域的河流、河口和从沿岸水域到近海海域，即 A 区、B 区、C 区和 C2 区。但是，它们在海上的渔场主要在沿岸水域，即在 A 区作业（图 3-2），因为它们经常由不大于15 GRT 的小渔船进行作业。

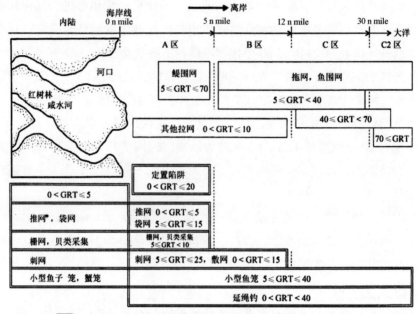

□：商业渔具；▢：传统渔具；GRT：渔船注册总吨；*：仅霹雳州；n mile: 海里（1 n mile=1 852 m）

图 3-2　马来西亚的渔具和渔场利用示意图

第三节　海洋捕捞业概况

马来西亚渔业包括海洋捕捞业、内陆渔业和水产养殖业，2010 年全国水产品总量约 201.5×10^4 t，产值约 95 亿马币（RM），相比于 2009 年渔业的产量和产值分别增长大约 9% 和 10%，渔业部门对国内生产总值（GDP）的贡献率为 1.3%。

海洋捕捞是马来西亚鱼产量的巨大贡献渔业。2000 年马来西亚海洋捕捞产量大约 130×10^4 t，占全国鱼产量的 80% 以上；2010 年海洋捕捞产量增加到大约 143×10^4 t，比 2000 年增长 10%，产值 66.5 亿马币，比 2009 年增长 2.56%。

马来西亚的海洋捕捞业分为沿岸渔业和近海渔业。沿岸渔业包括在离岸30 n mile 水域使用 70 GT 以下船只的捕捞活动；近海（也称深海）渔业包括在离岸大于 30 n mile 到专属经济区（EEZ）水域使用 70 GT 以上船只的捕捞活动。2010年，沿岸渔业产量约 111×10^4 t，占海洋捕捞总产量的 77.6%，产值约 54 亿马币；近海渔业产量约 32×10^4 t，占海洋捕捞总产量的 22.4%，产值约 13 亿马币。

就渔业性质而言，马来西亚海洋捕捞业分为商业渔业和传统渔业。商业渔业是指使用拖网和围网等商业性渔具或使用大于 15 GT 渔船进行作业的捕捞活动；传统渔业是指使用除了拖网和围网之外的渔具，并且使用 15 GT 以下渔船进行作业的捕捞活动。商业渔业虽然以拖网和围网捕捞为主，但也有少量刺网和钓捕作业。虾拖网是捕捞近海高值虾类最有效的渔具，在马来半岛西海岸分布数量最多；鱼拖网主要捕捞底层鱼类；围网普遍配有灯光诱鱼装置，主要捕捞沿岸水域的小型中上层鱼类，其中鳀围网主要分布在马来半岛西海岸；商业钓具捕捞金枪鱼等大型中上层鱼类；商业刺网捕捞马鲛等高值中上层鱼类。传统渔业使用的渔具类型多样化，其中大多数为刺网、钓具和袋网。

一、渔船

马来西亚的渔船大多数集中在沿岸区域作业。2000 年马来西亚发放捕捞许可证的渔船 31 531 艘，其中大约 98% 是沿岸渔船（<70 GT）。在沿岸区域（尤其在马来半岛沿岸区），渔业资源已达到最大开发水平，渔业主管部门已采取措施和步骤来逐步降低该区域的捕捞努力量。新的捕捞许可证只发放给近海渔船进行深海捕捞，目前已给 601 艘深海渔船发放了捕捞许可证，预计今后将不断增加深海渔船数量，继续增加全国的鱼产量。

就渔船动力而言，马来西亚渔船的动力化程度相对于周边国家高得多，无动力船只占 9.1%。在动力渔船中，39.3% 的渔船使用舷挂机，51.6% 的渔船使用船内机；63% 渔船主机功率小于 29.4 kW，14.8% 渔船功率在 29.4~72.8 kW，21.6% 渔船功率大于 73.5 kW。就渔船吨位而言，马来西亚仍以小型渔船为主，只有大约 3% 的渔船吨位大于 70 GT，23.2% 渔船吨位为 15~70 GT，63% 渔船吨位小于 15 GT。

2004 年，马来西亚全国持证渔船总数量为 36 136 艘，其中以舷挂机为动力的小船为 15 651 艘，非动力小船 2 697 艘，其余渔船为船内机动力船。然而，吨位小于 10 GT 的小船占这些渔船的大约一半，其余为 10~70 GT 以上的渔船，数量减少趋向高吨位渔船，70 GT 以上的渔船只有 833 艘。

在这些持证渔船当中，超过半数（即 18 439 艘）使用刺网/流刺网捕鱼，当中大多数是 10 GT 以下的沿岸小船。大多数大型渔船是拖网船和围网船，渔船数量排序第二的是拖网船（6 055 艘），围网船也算是大数量船（1 025 艘）。钓具捕鱼船数量为 4 731 艘，其中大多数是沿岸小船。使用其他小型渔具的船只包括敷网、定置笼、便携笼、袋网、栅网、推网和采集贝类的抄网渔船。还有大量无捕捞许可证的小型渔船，使用一些所谓的传统渔具（拖网和围网除外）在近岸水域作业。

拖网船是捕捞效能最高的渔船，2004 年拖网渔获量占 56% 以上，其次是围网船，渔获量占 22%。尽管刺网/流刺网船的数量较多，但上岸量只占 10%。其余渔获量来自使用钓具、袋网和其他杂渔具进行作业的渔船。

2010 年马来西亚登记注册的渔船达到 49 756 艘，比 2009 年（48 745 艘）增加约 2.1%，这主要归因于从事传统作业的注册渔船数量的增加。2010 年马来半岛登记注册的渔船数量为 31 592 艘，占马来西亚渔船总数的 63.5%，其中马来半岛西海岸 22 285 艘，占马来半岛渔船总数的 70.54%，而马来半岛东海岸只有 9 307 艘渔船，占 29.46%（表 3-4）。

表 3-4 2010 年马来西亚不同区域各种作业类型的注册渔船数量（艘）

渔具	马来半岛西海岸	马来半岛东海岸	沙捞越	沙巴	纳闽	总计
拖网	2 932	1 197	641	1 479	2	6 251
鱼围网	351	547	32	189	2	1 121
鳀围网	69	42	0	22	0	133
单船拉网	57	0	0	0	0	57
双船拉网	534	0	0	0	0	534
其他拉网	31	22	5	42	5	105
刺网/流刺网	16 671	4 551	4 394	5 681	126	31 423
敷网	3	41	2	330	0	376
定置陷阱	30	28	14	131	0	203
便携笼	88	203	22	545	12	870
钓具	239	2 382	93	2 546	152	5 412
袋网	270	12	327	0	0	609
推网/抄网	0	0	23	0	0	23
栅网	7	0	134	5	0	146
贝类采集	175	0	0	125	0	300
运鱼船	3	5	2	0	0	10
集鱼装置	248	174	0	0	0	422
海洋养殖系统	308	103	0	0	0	411
蟹笼	225	0	0	502	0	727
运鳀船	1	0	0	0	0	1
杂渔具	43	0	0	575	4	622
合计	22 285	9 307	5 689	12 172	303	49 756

马来半岛西海岸大部分渔船分布在霹雳州，2010 年注册渔船数量 5 623 艘，占西海岸渔船的 25.23%；马来半岛东海岸以登嘉楼州渔船数量最多，2010 年注册渔船 3 107 艘，占东海岸渔船的 33.38%。

2010 年沙巴州、沙捞越州和纳闽联邦辖区注册渔船合计 18 164 艘，占马来西亚渔船总数的 36.51%，比 2009 年（18 247 艘）下降 0.45%。在这 3 个州 18 164 艘渔船当中，沙巴州渔船数量最多（12 172 艘），占 3 个州渔船总数的 67%。

2010 年马来西亚登记注册的沿岸渔船 48 589 艘，而深海渔船为数不多，只有 1 167艘（不包括金枪鱼渔船、鳀围网船、鳀加工船，以及≥70 GT 并从事敷网、金枪鱼延绳钓和鱼笼作业的渔船），但比 2009 年（1 046 艘）增加 11.57%。

2010 年，在马来西亚注册的 49 756 艘渔船当中，不同吨位和不同功率的船内机和舷挂机渔船数量分别为 17 776 艘和 29 003 艘，无动力船 2 977 艘（表 3-5 和表 3-6）。

表 3-5　2010 年马来西亚不同吨位的注册渔船数量（艘）

| 区域 | 船内机总吨位（GT） | | | | | | | | | 舷挂机 | 无动力 | 总计 |
	0~4.9	5~9.9	10~14.9	15~19.9	20~24.9	25~39.9	40~69.9	≥70	小计			
马来半岛西海岸	656	3 041	706	848	508	912	852	370	7 893	14 306	86	22 285
马来半岛东海岸	591	832	672	380	231	442	588	619	4 355	4 949	3	9 307
沙捞越	600	553	299	98	102	176	247	290	2 365	3 322	2	5 689
沙巴	863	689	322	295	385	501	75	22	3 152	6 134	2 886	12 172
纳闽	0	0	0	0	0	1	1	9	11	292	0	303
合计	2 710	5 115	1 999	1 621	1 226	2 032	1 763	1 310	17 776	29 003	2 977	49 756

总而言之，马来西亚的渔船数量一直在逐年增加，2000 年有证渔船数量为 31 531艘，2013 年有证渔船数量已达到 57 095 艘，增长了 81%（表 3-7）。

表 3-6　2010 年马来西亚不同功率的注册渔船数量（艘）

功率（kW）	马来半岛西海岸	马来半岛东海岸	沙捞越	沙巴	纳闽	总计
船内机	7 893	4 355	2 365	3 152	11	17 776
其中：<3.68	0	3	5	111	0	119
3.68~6.62	40	59	204	259	0	562
7.35~13.96	93	407	694	367	0	1 561

功率（kW）	马来半岛 西海岸	马来半岛 东海岸	沙捞越	沙巴	纳闽	总计
14.70~28.67	478	1 051	520	159	0	2 208
29.40~43.37	99	172	49	520	0	840
44.10~72.77	869	260	126	283	0	1 538
73.50~109.52	2 431	559	124	292	0	3 406
110.25~183.02	2 064	442	220	688	2	3 416
183.75~219.77	786	174	75	375	0	1 410
220.50~256.52	358	178	63	76	3	678
≥257.25	675	1 050	285	22	6	2 038
舷挂机	14 306	4 949	3 322	6 134	292	29 003
其中：<3.68	239	151	88	290	0	768
3.68~6.62	687	518	675	436	3	2 319
7.35~13.97	4 469	2 316	1 202	1 996	135	10 118
14.70~28.67	3 336	1 109	331	2 916	39	7 731
29.40~43.37	3 939	678	738	422	72	5 849
44.10~72.77	1 636	172	276	74	41	2 199
≥73.50	0	5	12	0	2	19
合计	22 199	9 304	5 687	9 286	303	46 779

表 3-7　2013 年马来西亚不同区域各种作业类型的持证渔船数量（艘）

渔具	西马	东马				合计
		沙捞越	沙巴	纳闽	小计	
拖网	4 047	510	1 515	2	2027	6 074
鱼围网	825	34	247	4	285	1 110
鳀围网	105	–	27		27	132
单船拉网	44	–	–	–	–	44
双船拉网	534	–	–	–	–	534
其他拉网	39	9	43	5	57	96
刺网/流刺网	22 834	6 032	8 140	155	14 327	37 161
敷网	43	–	391	–	391	434

渔具	西马	东马				合计
		沙捞越	沙巴	纳闽	小计	
定置陷阱	26	7	133	–	140	166
便携笼	312	37	731	16	784	1 096
钓具	3 185	150	3 503	173	3 826	7 011
袋网	217	207	–	–	207	424
推网/抄网	–	17	–	–	17	17
栅网	7	153	5	–	158	165
贝类采集	115	–	127	–	127	242
运鱼船	8	1	–	–	1	9
集鱼装置	470	–	–	–	–	470
海洋养殖系统	380					380
蟹笼	281		648		648	929
运鲲船	–					–
杂渔具	4	–	593	4	597	601
合计	33 476	7 157	16 103	359	23 619	57 095

二、渔具

马来西亚的渔具数量呈增长趋势。据报告，1995 年登记的渔具总数为 29 152 具，较 1994 年的 25 886 具增加 12.8%。渔具渔法多种多样，估计有 70 余种，如拖网、围网、流刺网、中层延绳钓、底层延绳钓、张网、手钓、定置网、陷阱网、定置刺网、缠刺网、地曳网、板拖网、鱼栅、抄网、桓网、撒网、贝类采集器、袋置网、可移式定置网、其他散杂渔具等。按其重要性以前三者为主，就数量而言，以流刺网最多，就渔获量而言，首位拖网，其次为围网。

拖网主要用于底层鱼类、虾类和头足类的捕捞。捕获的底层鱼类主要有金线鱼科、石首鱼科、鲭科和笛鲷科鱼类以及虾类。马来西亚是主要产虾国，经济虾类有墨吉对虾、斑节对虾、近缘新对虾、短角新对虾、哈氏仿对虾等。头足类也是拖网的捕捞对象，已鉴定的枪乌贼有杜氏枪乌贼、田乡枪乌贼、剑尖枪乌贼、长枪乌贼和拟乌贼。不足 25 GT 的小型拖网渔船在不到 10 m 水深渔场捕捞，以杜氏枪乌贼最多，拟乌贼最少，而大型拖网渔船则在深水域捕捞，以剑尖枪乌贼和长枪乌贼占优势。

围网渔业仅次于拖网渔业，使用的围网包括有囊围网、鳀围网、其他拉网等。大多数以中上层鱼类为捕捞对象，较为主要的有羽鳃鲐、银带鲱、鲹、沙丁鱼和大甲鲹等。

流刺网广泛分布于马来西亚沿岸，以西马最多，数量在全国占首位，但产量仅约占全国海洋鱼类产量的10%。东马的流刺网渔船大多数用于捕捞鲔，而西马仅用于捕捞鲔，以小型鲔为捕捞对象，此外还捕鲹、沙丁鱼和虾、蟹。一般在离岸12 n mile以内作业，大多数在5 n mile以内。

实际上，马来西亚的渔具数量一直呈现增长趋势。据马来西亚渔业部门在互联网上最新公布的发证渔具数量统计，2013年马来西亚发证渔具的数量为55 965具，比2010年（48 645具）增加15%（表3-8）。就分布区域而言，在2013年发证渔具中，57.8%（32 351具）分布于西马（其中马来半岛西海岸40.7%，马来半岛东海岸17.1%），42.2%（23 618具）分布于东马（沙捞越12.8%，沙巴28.8%，纳闽0.6%）；就渔具数量而言，在2013年发证渔具中，刺网/流刺网渔具数量最高（37 161具，占66.40%），其次是钓具（7 011具，12.53%）、拖网（6 074具，10.85%）、围网（1 110具，1.98%）、便携笼（1 096具，1.96%）和蟹笼（929具，1.66%），其他渔具数量较少（合计占4.62%）（表3-8）。

表3-8　2010年和2013年马来西亚各州发证渔具数量（具）

渔具	西海岸		东海岸		沙捞越		沙巴		纳闽		合计	
	2010年	2013年	2010年	2013年	2010年	2013年	2010年	2013年	2010年	2013年	2010年	2013年
拖网	2 932	2 866	1 197	1 181	641	510	1 479	1 515	2	2	6 251	6 074
鱼围网	351	372	547	453	32	34	189	247	2	4	1 121	1 110
鳀围网	69	71	42	34	0	—	22	27	0	—	133	132
单船拉网	57	44	0	—	0	—	0	—	0	—	57	44
双船拉网	267	267	0	—	0	—	0	—	0	—	267	267
其他拉网	31	15	22	24	5	9	42	43	5	5	105	96
刺网/流刺网	16 671	18 284	4 551	4 550	4 394	6 032	5 681	8 140	126	155	31 423	37 161
敷网	3	—	41	43	2	—	330	391	0	—	376	434
定置陷阱	30	19	28	7	14	7	131	133	0	—	203	166
便携笼	88	71	203	241	22	37	545	731	12	16	870	1 096
钓具	239	149	2 382	3 036	93	150	2 546	3 503	152	173	5 412	7 011
袋网	270	217	12	—	327	207	0	—	0	—	609	424

续表

渔具	西海岸		东海岸		沙捞越		沙巴		纳闽		合计	
	2010年	2013年	2010年	2013年	2010年	2013年	2010年	2013年	2010年	2013年	2010年	2013年
栅网	7	7	0	–	134	153	5	5	0	–	146	165
推网/抄网	0	–	0	–	23	17	0	–	0	–	23	17
蟹笼	225	281	0	–	0	–	502	648	0	–	727	929
贝类采集	175	115	0	–	0	–	125	127	0	–	300	242
杂渔具	43	4	0	–	0	–	575	593	4	4	622	601
合计	21 458	22 782	9 025	9 569	5 687	7 156	12 172	16 103	303	359	48 645	55 969

通常给每艘渔船只许可使用一种渔具，但有些渔具要求一艘以上渔船作业。另一方面，也有这样的情况：给有证渔船发放一种以上渔具的许可证。因此，有证渔具的数量不可能与有证渔船的数量一致。

获证的渔船数量和渔具数量之间存在一定的差异，主要有如下2个因素：

① 在正常情况下，每艘注册渔船允许使用一种网具，但有时一艘注册渔船允许使用一种以上作业类型的渔具。这些渔具可获得捕捞许可证，全年使用或在某些季节使用。在使用传统渔具的渔船上可以看到这些情况，它们使用环境友好型渔具，为了增加传统渔民的收入，可为这些渔具发放2种或多种传统作业的许可证。

② 渔船和渔具的数量差异原因之一在于有些获得捕捞许可的渔船并未使用任何许可的渔具，这些渔船包括用来监测集鱼装置的船只和鳀加工船。另一个原因是2艘获得捕捞许可证的渔船仅使用一个获得许可的渔具，例如，使用双船拉网作业的渔船。

三、渔民

国内渔民人数下降和老龄化是马来西亚海洋渔业面临的主要挑战之一。目前大型渔船上80%～90%的人员为周边国家渔民，在小型渔船上外国渔民人数也日益增加。

2007年马来西亚实施渔民"退出计划"，将拖网渔民减少20%，并为这些渔民提供培训，让其转到养殖或深海捕捞中去。当局已经拿出2 940万美元用于深海捕鱼计划。2008年马来西亚停止向外籍渔船颁发捕捞许可证，并积极推动本国渔业的发展。经济的增长给马来西亚渔民提供了更多的就业选择机会，年轻人更愿意从事其他行业而造成本国渔民数量的逐年下降。以马来半岛西海岸地区为例，在获得捕捞许可证渔船上工作的渔民人数已从1981年的56 997人，降为2000年的30 922

人，降幅达 45.8%。渔民人数的快速减少，使马来西亚不得不雇佣泰国、菲律宾和印度尼西亚等周边国家的渔民来发展捕捞生产。

据 2000 年的统计，马来西亚的海洋捕捞业为 81 994 位渔民提供直接就业，在获得捕捞许可证的渔船上工作。实际上，马来西亚海洋捕捞业在过去多年缺乏有技能的人力资源，这有所影响到政府发展深海捕捞的政策。目前，重要的是考虑外国劳工加入，以加速这一部门的发展。2000 年，批准了 15 166 位外国渔民在马来西亚的渔船上工作。外国船员主要来自泰国、印度尼西亚和菲律宾。尤其是采取了一些措施，通过培训和推广来改善当地有技能的人力资源。据报告，2006 年马来西亚捕捞人口总数约 9.9 万人，其中，马来半岛超过 55 200 人，沙捞越 13 200 人，沙巴 29 850 人，纳闽 232 人。马来人占大约 50%，其次是外籍劳工（31%）和中国人（17%）。从事捕捞业的印度人很少，不足捕捞人口的 1%。在这些渔民当中从事刺网/流刺网的渔民人数最多（29 500 人），其次是从事拖网（25 018 人）和围网（16 426 人）作业的渔民。从事钓捕作业的渔民有 8 258 人，其余渔民使用其他传统渔具进行捕捞作业。

到了 2010 年，马来西亚共有 129 622 位渔民在注册渔船上工作，比 2006 年增加约 31%。其中，本国渔民 93 056 人，比 2009 年（91 112 人）增长 2.13%；外国渔民（非马来西亚公民）36 566 人，主要来自泰国、越南、印度尼西亚、菲律宾和中国（表 3-9）。

表 3-9　2010 年在马来西亚注册渔船上工作的渔民人数（人）

族群	马来半岛西海岸	马来半岛东海岸	沙捞越	沙巴	纳闽联邦直辖区	合计
本国渔民	39 626	21 681	11 988	19 167	594	93 056
马来人和其他土著人	22 709	20 060	11 100	18 849	573	73 291
华人	15 846	1 485	888	318	15	18 552
印度人	505	8	0	0	2	515
永久性居民	387	0	0	0	0	387
其他人（当地）	179	128	0	0	4	311
外国渔民	12 150	14 785	3 584	5 940	107	36 566
泰国	11 443	11 005	1 629	0	0	24 077
印度尼西亚	404	125	1 377	0	12	1 918
菲律宾	203	0	4	0	20	227
越南	0	2 948	537	0	0	3 485

续表

族群	马来半岛西海岸	马来半岛东海岸	沙捞越	沙巴	纳闽联邦直辖区	合计
中国	100	0	37	0	67	204
其他国家	0	707	0	5 940	8	6 655
合计	51 776	36 466	15 572	25 107	701	129 622

在 2010 年的捕捞人口当中，41.92%（54 334 人）在商业性渔船上从事拖网、鱼围网和鳀围网作业；58.08%（75 288 人）在使用传统渔具的渔船上工作（表 3-10）。

表 3-10　2010 年各区域不同作业类型的渔民人数（人）

渔业	马来半岛西海岸	马来半岛东海岸	沙捞越	沙巴	纳闽联邦直辖区	合计
商业渔业	20 315	20 999	5 005	7 987	28	54 334
拖网	10 257	7 961	4 395	6 080	12	28 705
鱼围网	7 854	12 642	610	1 753	16	22 875
鳀围网	2 204	396	0	154	0	2 754
传统渔业	31 461	15 467	10 567	17 120	673	75 288
单船拉网	285	0	0	0	0	285
双船拉网	1 226	0	0	0	0	1 226
其他拉网	41	50	9	133	27	260
刺网/流刺网	26 778	8 729	8 570	7 769	248	52 094
敷网	6	110	18	1 329	0	1 463
定置笼	64	54	34	164	0	316
便携笼	158	673	100	1 400	21	2 352
钓具	745	5 321	655	4 312	364	11 397
袋网	494	25	740	0	0	1 259
推网/抄网	0	0	165	0	0	165
栅网	25	0	236	11	0	272
贝类采集	191	0	0	97	0	388

渔业	马来半岛西海岸	马来半岛东海岸	沙捞越	沙巴	纳闽联邦直辖区	总计
运鱼船	4	6	40	0	0	50
集鱼装置	494	335	0	0	0	829
海洋养殖系统	432	164	0	0	0	596
蟹笼	406	0	0	547	0	953
运鳗船	20	0	0	0	0	20
杂渔具	92	0	0	1 258	13	1 363
合计	51 776	36 466	15 572	25 107	701	129 622

据马来西亚渔业部门最新公布的统计数字，2013 年马来西亚渔民总人数已增加到 144 019 人，其中西马 97 153 人（西海岸 60 978 人，东海岸 36 175 人），东马来 46 866 人（表 3-11）。就州域而言，渔民主要集中在沙巴州，人数最多（29 440 人），其次是霹雳州（17 564 人）、沙捞越州（16 210 人）、吉打州（13 381 人）、登嘉楼州（11 382 人）和雪兰莪州（9 122 人）（表 3-11）。

表 3-11　2012—2013 年在马来西亚有证渔船上工作的渔民人数（人）

区域	2012 年	2013 年	变化率
马来半岛西海岸	54 941	60 978	+10.99
玻璃市	6 153	6 835	+11.08
吉打	12 945	13 381	+3.37
槟城	5 548	7 011	+26.37
霹雳	15 727	17 564	+11.68
雪兰莪	6 782	9 122	+34.50
森美兰	523	527	+0.76
马六甲	1 835	1 390	−20.25
西柔佛	5 428	5 148	−5.16
马来半岛东海岸	34 501	36 175	+4.85
吉兰丹	8 976	9 382	+4.52
登嘉楼	10 775	11 382	+5.63
彭亨	7 917	8 738	+10.37
东柔佛	6 833	6 673	−2.34

区域	2012 年	2013 年	变化率
沙捞越	16 813	16 210	-3.59
沙巴	29 043	29 440	+1.37
纳闽联邦直辖区	1 216	1 216	0
小计	47 072	46 866	
合计	136 514	144 019	

四、捕捞产量

20 世纪 90 年代以来，马来西亚的海洋捕捞产量呈现逐年增长趋势，在 1991—2000 年这 10 年间，马来西亚海洋捕捞的上岸量增长约 41%，即从 1991 年的 911 933 t 增加到 2000 年的 1 285 696 t，这是马来西亚政府践行沿岸区域可持续管理和促进深海捕捞发展的结果。目前，沿岸渔业仍然是鱼类上岸一的巨大来源，占海洋捕捞总产量的 80% 以上。

马来半岛西海岸的产量占海洋总产量的大约 41.6%，其次是马来半岛东海岸，占 31.0%，其余产量来自沙捞越（10.5%）和沙巴-纳闽（16.9%）。

就渔具而言，拖网和围网是上岸量的主要来源，上岸量分别占总上岸量的约 56% 和 20%，其次是刺网（10%）和钓具（4%），其余上岸量来自笼具（3%）和其他传统渔具。

就渔获类型而言，5 种主要的可食用鱼是羽鳃鲐（8%）、对虾（8%）、蓝圆鲹（7%）、金枪鱼（6%）和枪乌贼（5%）。对虾虽然产量不显著，但它是马来西亚渔业的重要虾种，因为它具有很高的市场价值。对虾的产值占总批发产值的大约 24.4%。

2010 年，马来西亚海洋捕捞上岸量约 1 428 881 t，比 2009 年（1 393 226 t）增长 2.56%。近海渔业上岸量从 2009 年的 1 096 663 t 增加到 2010 年的 1 108 897 t，增长 1.12%；深海渔业上岸量增长 7.90%，从 2009 年的 296 563 t 增加到 2010 年的 319 984 t（表 3-12）。

表 3-12　2010 年马来西亚近海和深海的捕捞产量和产值

区域	近海渔业		深海渔业		合计	
	产量 （t）	产值 （×10^{6}RM）	产量 （t）	产值 （×10^{6}RM）	产量 （t）	产值 （×10^{6}RM）
西马	841 367	4 082	260 908	1 136	1 102 275	5 218
马来半岛西海岸	609 364	2 899	146 462	677	755 826	3 577

区域	近海渔业		深海渔业		合计	
	产量	产值	产量	产值	产量	产值
	(t)	(×10⁶RM)	(t)	(×10⁶RM)	(t)	(×10⁶RM)
马来半岛东海岸	232 003	1 183	114 446	458	346 449	1 641
东马	267 530	1 281	59 076	153	326 606	1 434
沙捞越	70 221	322	51 193	117	121 414	439
沙巴	169 342	709	5 237	11	174 579	720
纳闽联邦直辖区	27 967	250	2 646	25	30 613	275
合计	1 108 897	5 363	319 984	1 289	1 428 881	6 652

就区域而言，马来半岛西海岸产量 755 826 t，占 68.57%，其中霹雳州产量最高 303 509 t，占 40.16%，其次是玻璃市州产量 165 298 t，占 21.87%；马来半岛东海岸的主要产区是彭亨州和东柔佛州，产量分别为 120 919 t（34.90%）和 88 766 t（25.62%）（表 3-13）。

表 3-13　2010 年马来西亚各州的海洋捕捞产量和产值

州域	上岸量 (t)	百分比（%）	产值（RM）	百分比（%）
半岛西海岸	755 826	53	3 576 573 775	54
玻璃市	165 298	12	711 100 751	11
吉打	74 266	5	441 625 779	7
槟城	45 182	3	33 7610 809	5
霹雳	303 509	21	1 376 107 063	21
雪兰莪	144 440	10	509 473 223	8
森美兰	690	0	9 194 177	0
马六甲	1 666	0	18 243 596	0
西柔佛	20 775	1	173 218 377	3
半岛东海岸	346 449	24	1 641 273 634	25
吉兰丹	63 844	4	232 702 051	4
登嘉楼	72 921	5	422 277 124	6
彭亨	120 919	8	621 403 957	9
东柔佛	88 766	6	364 890 502	5
东马	326 606	23	1 434 038 458	22

续表

州域	上岸量（t）	百分比（%）	产值（RM）	百分比（%）
沙捞越	121 414	9	438 920 214	7
沙巴	174 579	12	720 445 774	11
纳闽联邦辖区	30 613	2	274 672 470	4
全国合计	1 428 881	100	6 651 885 866	100

注：RM 为马来西亚的货币单位，1 马币 ≈ 1.85 人民币。

在马来半岛，上岸量主要来自拖网渔船，2010 年产量为 569 415 t，占 51.66%；其次是围网（包括鳀围网）渔船，产量为 306 993 t，占 27.85%；使用传统渔具的渔船产量为 225 866 t，占 20.49%。就马来半岛拖网上岸量而言，半岛西海岸增长 3.46%，从 2009 年的 379 326 t 增长到 2010 年的 392 457 t；半岛东岸增长 3.99%，从 2009 年的 170 169 t 增长到 2010 年 176 958 t（表 3-14）。

表 3-14　2010 年按渔具统计的海洋捕捞渔业上岸量（t）

渔具	马来半岛西海岸	马来半岛东海岸	沙捞越	沙巴	纳闽	合计
拖网	392 457	176 958	63 622	64 043	21 088	718 168
鱼围网	182 834	111 673	8 688	55 504	1 795	360 494
鳀围网	8 833	3 653	0	393	0	12 879
其他围网	27 765	0	26	680	0	28 471
刺网/流刺网	103 295	19 498	37 189	24 022	3 003	187 007
敷网	0	2 874	495	10 134	190	13 693
定置笼	555	125	160	1 188	0	2 027
便携笼	449	9 073	380	1 539	241	11 683
钓具	5 648	21 326	2 183	14 683	4 295	48 136
袋网	21 237	1 240	3 842	0	0	26 318
栅网	3 361	0	3 929	208	0	7 498
推网/抄网	5 795	0	245	135	0	6 176
贝类采集	1 538	0	46	228	0	1 813
杂渔具	2 058	30	610	1 821	0	4 519
合计	755 826	346 449	121 414	174 579	30 613	1 428 881

2010 年来自鱼围网的上岸量增长 8.46%，在马来半岛西海岸，从 2009 年的 168 574 t 增长到 2010 年的 182 834 t。同时，东岸鱼围网的上岸量下降 3%，从 2009

年的 115 124 t 下降到 2010 年的 111 673 t（表 3-14），登嘉楼的产量下降最大，下降 17.61%，从 2009 年的 42 494 t 下降到 2010 年的 35 010 t。这一下降归因于鱼围网渔船数量下降 9.43%，从 2009 年的 265 艘下降 2010 年的 240 艘。

2010 年马来半岛近海渔业鱼类上岸量占 76.33%，总上岸量增长 0.26%，从 2009 年的 839 207 t，2010 年产量 841 367 t（表 3-12）。吨位小于 70 GT、从事拖网和鱼围网作业的商业性渔船的上岸量比例很大，总计为 73.06%，但这些渔船的上岸量下降 0.68%，从 2009 年的 617 272 t，下降到 2010 年的 613 099 t。

2010 年马来半岛深海渔业的上岸量增长 15.01%，从 2009 年的 226 862 t 增长到 2010 年的 260 908 t，占全国深海渔业上岸量的 81.54%。上岸量的产值增长 14.19%，从 2009 年的 994.41×10^6 马币增长到 2010 年的 1 135.55×10^6 马币。96.13%的深鱼渔业上岸量来自是大于 70 GT 的拖网和围网渔船（表 3-12）。

2010 年沙巴、沙捞越和纳闽联邦辖区的近海渔业上岸量增长 3.91%，从 2009 年的 257 456 t 增长到 2010 年的 267 530。然而，深海渔业的上岸量下降 15.24%，从 2009 年的 69 701 t 降至 2010 年的 59 076 t。沙巴州上岸量下降最大，下降 38.21%，从 2009 年的 8 475 t 降至 2010 年的 5 237 t（表 3-12）。上岸量的主要来自大于 70 GT 的鱼围网船。

在马来西亚海洋渔业的总上岸量中，中上层鱼类为 532 634 t，占总上岸量的 37.28%；底层鱼类 291 228 t，占 20.38%；软体动物、甲壳类等 605 019 t，占 42.34%。2010 年，马来西亚的大洋性金枪鱼（包括黄鳍金枪鱼、大眼金枪鱼和长鳍金枪鱼）上岸量合计为 3 318 t，价值 2 719×10^4 RM，其中沙巴州为 1 635 t，占大洋性金枪鱼总上岸量的 49.28%。2010 年，沙巴州大洋性金枪鱼上岸量比 2009 年（1 201 t）增长 36.14%；尽管槟城州的大洋性金枪鱼上岸量下降 40.84%，从 2009 年的 2 282 t 下降到 2010 年的 1 350 t，但这一上岸量仍然占马来西亚大洋性金枪鱼总上岸量的 40.69%。

2013 年马来西亚海洋捕捞总产量在 2010 年的基础上又增长了 3.78%，达到 1 482 900 t，其中近岸渔业 1 156 719 t（78%），深海渔业 326 181 t（22%）（表 3-15）。就渔具而言，拖网产量最高（659 308 t），占海洋捕捞总产量的 44.46%，其次是鱼围网（25.51%）、刺网/流刺网（17.32%）、钓具（4.31%）、袋网（1.58%）、鳀围网（0.69%），其他渔具合计占 6.13%。在 1 482 900 t 渔获量当中，渔获量比例较高的主要鱼种是短体羽鳃鲐（8.69%）、对虾（7.28%）、蓝圆鲹（7.27%）、鱿（5.30%）、金枪鱼（4.50%）、羽鳃鲐（4.18%）、金线鱼（3.03%）、红牙石首鱼（2.59%）、大甲鲹（1.78%），其他鱼种占 37.83%，下杂鱼占 17.58%。渔获量主要来自拖网（659 308 t）和围网（378 229 t）。拖网的主要渔获组成是鱿 10.73%、蛇鲻 5.53%、金线鱼 4.94%、石首鱼 2.93%、长尾大眼鲷 2.88%、羽鳃鲐 1.66%，其他 38.05%，下杂鱼 33.26%。围网的主要渔获组成是蓝圆鲹 26.14%，金枪鱼 14.06%，沙丁鱼 10.56%，羽鳃鲌 9.92%，短体羽鳃鲌 9.14%，牛眼凹肩鲹 4.17%，其他 20.71%，下杂鱼 5.30%。

表 3-15　2008—2013 年马来西亚捕捞上岸量（t）

区域	2008 年		2009 年		2010 年	
	沿岸	深海	沿岸	深海	沿岸	深海
西马西海岸	571 915	121 797	613 406	116 152	609 364	146 462
玻璃市	116 991	72 367	126 934	51 313	125 082	40 216
吉打	80 468	15 472	95 391	11 095	61 653	12 613
槟城	39 564	4 063	40 071	2 719	43 658	1 524
霹雳	189 171	29 895	207 061	51 025	211 742	91 767
雪兰莪	124 224	–	131 350	–	144 098	342
森美兰	376	–	610	–	690	–
马六甲	1 790		1 691		1 666	
西柔佛	19 331		10 298		20 775	
西马东海岸	235 906	125 673	225 801	110 710	232 004	114 446
吉兰丹	16 557	51 482	22 127	36 764	18 792	45 052
登嘉楼	72 873	31 826	61 777	22 542	54 282	18 639
彭亨	88 302	30 947	83 795	32 190	93 728	27 191
东柔佛	58 174	11 418	58 102	19 214	65 202	23 564
东马	270 934	68 309	257 456	69 701	267 530	59 076
沙捞越	79 311	57 013	64 573	60 563	70 221	51 193
沙巴	166 480	7 530	164 109	8 475	169 342	5 237
纳闽联邦直辖区	25 143	3 766	28 774	663	27 967	2 646
合计	1 078 755	315 779	1 096 663	296 563	1 108 898	319 984
	1 394 534		1 393 226		1 428 882	

区域	2011 年		2012 年		2013 年	
	沿岸	深海	沿岸	深海	沿岸	深海
西马西海岸	614 963	110 101	632 176	110 087	624 576	91 108
玻璃市	105 418	29 583	93 950	24 499	82 687	16 905
吉打	77 921	8 111	92 075	7 120	104 316	8 560
槟城	63 859	113	52 235	358	58 201	–
霹雳	229 576	71 969	237 858	77 959	242 236	64 950

区域	2011 年		2012 年		2013 年	
	沿岸	深海	沿岸	深海	沿岸	深海
雪兰莪	107 640	325	120 632	151	104 867	693
森美兰	666	–	573	–	568	–
马六甲	1 759	–	1 787	–	1 790	–
西柔佛	28 125	–	33 067	–	29 911	–
西马东海岸	200 879	122 198	214 500	146 547	206 334	131 361
吉兰丹	24 230	48 166	26 297	50 160	27 586	29 525
登嘉楼	52 432	12 592	67 650	13 076	61 326	10 898
彭亨	66 667	37 376	60 458	51 628	61 159	46 189
东柔佛	57 550	24 065	60 094	31 682	56 263	44 750
东马	270 123	54 842	289 505	79 423	325 809	103 711
沙捞越	72 487	46 972	93 132	47 970	114 029	45 797
沙巴	173 433	3 513	171 672	6 391	189 064	7 458
纳闽联邦直辖区	24 204	4 357	24 701	25 062	22 716	50 457
合计	1 085 966	287 141	1 136 181	336 057	1 156 719	326 181
	1 373 105		1 472 238		1 482 900	

五、渔业后勤设施

为了收集上岸量统计数据，马来西亚渔业部门将沿岸带划分为 86 个渔业区，其中马来半岛西海岸 41 个，马来半岛东海岸 18 个，沙捞越 15 个，沙巴 12 个。在每个渔业区中，可以有几个上岸地点，所以全国有数百个上岸地点，却没有在这些上岸地点中每个地点上岸的鱼数量信息。表 3-16 列出了 2010 年马来西亚各州的冰厂和冷冻设施。

西马的卸鱼点主要集中在西海岸的霹雳、雪兰莪和吉打 3 个州。随着渔业现代化的进程，已投资兴建了不少冰厂和冷藏厂，而且加工运输业也有很大发展，使东、西海岸的运输能力大为加强马来西亚渔业基础设施的发展速度远远落后于东南亚其他国家，其原因在于原有渔业生产资料和基础设施长期得不到改善和更新，尤其在深海和远洋渔业方面受到严重制约。东马渔船 90% 以上集中在靠近沿海作业，其原因是马来西亚所有的渔船中有半数只是装备舷外机的小船，吨位小、装备陈旧、生产技术落后。马来西亚渔业基础设施方面的问题突出表现在天然渔业港口少又小，加工、冷冻、制冰等基础设施薄弱，远洋和深海渔业由于缺乏相关设施和技术无法得到有效开发。

目前，马来西亚政府已经意识到制约渔业发展的瓶颈，为了发展本国渔业专门颁布了"渔业发展规划"，拨出专款来扩建渔业码头、改进基础设施；另外，为吸引当地企业对渔业基础设施的投资，政府给予低息贷款、相关税收减免以及先征后退等优惠政策来鼓励当地企业发展东马深海渔业。

表 3-16　2010 年马来西亚各州/区的冰厂及冷冻设施

州域	冰厂数量（家）	日制冰能力（t）	储存能力		
			冷库数量（个）	冰（t）	鱼（t）
玻璃市	2	150	4	0	1 000
吉打	2	80	60	450	560
槟城	26	1 424	90	1 713	4 980
霹雳	8	198	210	184	3
雪兰莪	9	579	61	839	603
马六甲	1	90	0	0	0
森美兰	1	49	1	0	0
西柔佛	14	262	7	84	455
东柔佛	5	41	7	11	0
吉兰丹	11	535	31	203	76
登嘉楼	7	390	35	246	2 721
彭亨	22	145	69	237	3 129
沙捞越	51	655	190	1 598	6 702
沙巴	50	499	108	1 551	2 881
纳闽联邦直辖区	4	83	7	195	30
合计	213	5 179	880	7 310	23 140

第四节　渔具渔法

马来西亚海洋捕捞业随着渔船数量的逐年增多，渔具数量也呈现相应的增长趋势。据马来西亚渔具渔法调查和年度渔业统计公布的数据，2000 年马来西亚 4 个主要渔区有许可证的渔具总共 24 722 具，其中发证数量最大的渔具是刺网，其次是拖网、钓具、笼具和围网；2010 年发证渔具的数量增加到 48 645 具，增长近一倍

（97%）（表3-8）；到了2013年这一数字继续增长到55 965具，在2010年的基础上又增加了15%（表3-8）。

马来西亚的海洋渔具主要分为围网、拉网、拖网、敷网、罩网、刺网、笼具/陷阱、钓具、抄网、赶网、耙网和杂渔具，广泛分布于登嘉楼、彭享、雪兰莪、霹雳、槟城、柔佛、吉打、玻璃市、沙捞越、沙巴等州。

一、围网

围网是一种近似矩形、没有明显网袋的网具，由渔民自行开发，在马来西亚长期使用，目前是马来西亚使用量排位第五、全国渔业产量贡献第二的较大渔具。马来西亚大多数围网主捕小型中上层鱼类，鲲围网只分布于马来半岛，在马来半岛东海岸（如瓜拉勿述、关丹和丰盛）也有一些狐鲣围网。马来西亚围网主要应用2种捕捞技术，即引诱和搜寻技术。在引诱捕捞中使用所谓"UNJANG"的鱼礁和诱鱼灯，而搜寻技术则应用回声探测仪和声呐，也用目视方法。

马来西亚围网渔业的发证渔船、发证渔具和渔民的数量及其产量如表3-17所示。该渔具主要分布于马来半岛尤其在东海岸。捕获的主要鱼种是蓝圆鲹、金枪鱼、羽鳃鲐、凹肩鲹、黄纹鲹、沙丁鱼和鲲。

表3-17　2000年马来西亚围网渔业持证渔船、渔民和发证渔具的数量及其产量

区域	发证渔船（艘）	发证渔具（具）	渔民（人）	产量（t）
马来半岛西海岸	311	311	6 649	55 223
马来半岛东海岸	354	554	8 227	160 760
沙捞越	22	22	359	3 739
沙巴–纳闽	174	199	1 333	56 721
合计	819	1 086	16 568	276 443

马来西亚围网有无括纲围网和有括纲围网之分。无括纲围网只有一种，而大多数属于有括纲围网，包括双船围网、小围网、鲲围网、引诱围网、普通围网和配备小艇的单船围网。在沙巴斗湖有一种叫做Pukat Gangang的小围网，在沿海水域或河口区配以小型鱼礁作业。

1. 无括纲围网

无括纲围网结构十分简单，像刺网一样，有浮子纲和沉子纲，缩结系数相同（$E=0.86$）。网材料是聚乙烯380 D/9，网目尺寸35 mm，网深300目，网长40 m（图3-3）。

操作该网需要2~4位渔民，将网包围绕鱼礁（由许多树枝构成）并原地保留一

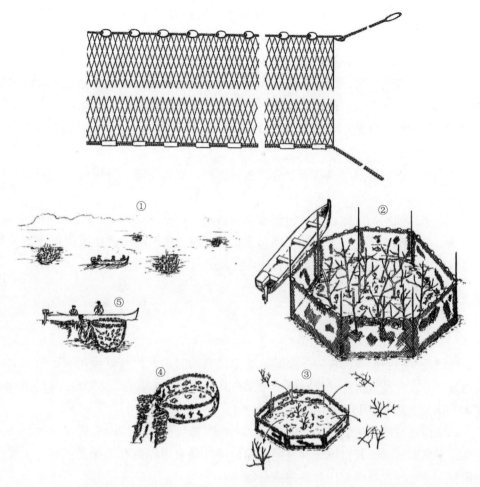

图 3-3 无括纲围网

段时间（5~10 d）。然后从网下面除去全部树枝，收集陷网鱼类。渔获物大多数是石斑鱼、鲈和蓝子鱼。

2. 有括纲围网

马来西亚围网有许多种类型，大多数设计简单，式样与泰国围网相同。有括纲围网为矩形尼龙网片，网目尺寸 7.8~100 mm（取决于目标鱼种），括纲为聚氯乙烯绳（Kuralon）。有 2 种双括纲结构：① 与泰国围网类同；② 双括纲中央用 2 个转环连接，转环间隔 6~15 m。括纲由铅、黄铜和不锈钢制成，手纲比泰国围网长（10~80 cm），手纲上结附铅沉子。诸如雷达、全球卫星定位系统（GPS）、声呐和回声探测仪之类的电子设备和动力滑车之类的甲板机械在马来西亚（尤其在马来半岛西海岸）的围网捕捞中十分普遍。而且，许多鳀围网船安装了锅炉设施用于干燥鳀。

马来西亚围网船的捕捞方法与泰国的相同，而有所不同的只是采取的步骤和使用技术，例如，通过船舷上的吊杆绞收括纲；用动力滑车起网；在小围网中使用网锤。

马来西亚围网船根据捕捞方法和目标鱼种又细分为如下 6 组：

（1）双船围网：这一组有 2 种：（a）使用 2 只划艇进行捕捞作业，如泰国的中式围网（图 3-4a）；（b）使用 2 艘船内机艇进行捕捞作业（图 3-4b）。

（2）小围网：这是一种结构简单的矩形网，由小型舷挂机渔船使用网锤作业（图 3-5）。

（3）鳀围网：这是马来西亚十分普遍的围网，比较先进，使用现代装备，如回声探测仪、动力滑车等（图 3-6）。

（4）引诱围网：这捕鱼方法使用灯艇和鱼礁（叫做 Unjang）（图 3-7）。

（5）普通围网：这一类型的围网包括狐鲣围网，使用眼睛或使用现代设备（回声探测仪，声呐）侦控鱼群，而没有使用任何引诱方法（图 3-8）。

（6）单船围网（配备小艇）（图 3-9）。

二、拉网

拉网是一种袋形网，它的 2 个网翼通常比拖网网袖大，网被拉到固定的船上或拉到海滩上。在马来西亚，拉网属于小型渔具，使用不太普遍，2000 年发证渔具只有 415 具，主要分布于马来半岛西海岸。

马来西亚拉网分为地拉网和船拉网 2 大组。地拉网在马来西亚遍及全国，尤其在马来半岛东海岸，其目标鱼种是鳀；船拉网在马来半岛西海岸深受欢迎，主要用来捕虾，而在沙捞越则配用鱼礁捕捞乌鲳。

1. 地拉网

地拉网有 2 种不同的设计（图 3-10 和图 3-11），它们的制作方法和操作方法与泰国渔民使用的地拉网几乎相同。鳀是马来西亚地拉网的主要目标鱼种。

2. 船拉网

船拉网也有 2 种不同的设计：

① 如地拉网一样，设计简单，捕捞虾类和底层鱼类，主要分布在马来半岛西海岸（图 3-12）；

② 如拖网一样，有 2 个长网翼，翼端狭窄，网中部较宽，网翼使用大网目尺寸的尼龙网衣。这种拉网配以鱼礁作业，捕捞中上层鱼种，如乌鲳等。这一类型的拉网主要分布于沙捞越的米里和纳闽的北部（图 3-13）。

三、拖网

马来西亚自 20 世纪 60 年代开始已引进拖网。这一渔具的捕捞效果很好，深受

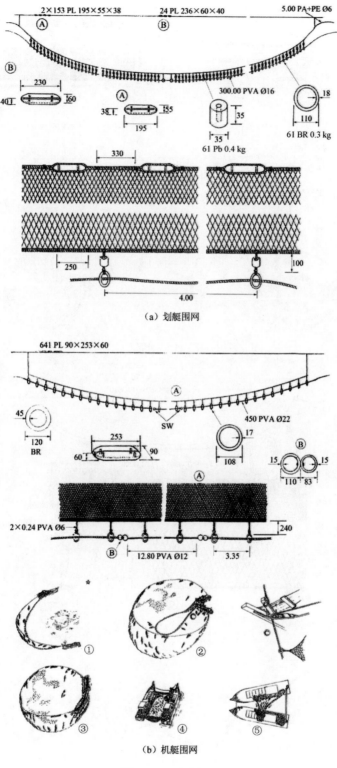

（a）划艇围网

（b）机艇围网

图 3-4　双船围网

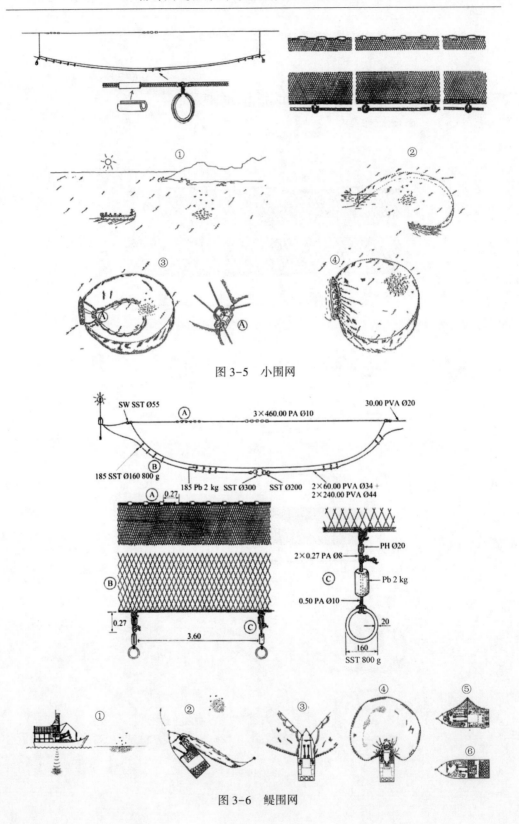

图 3-5　小围网

图 3-6　鳀围网

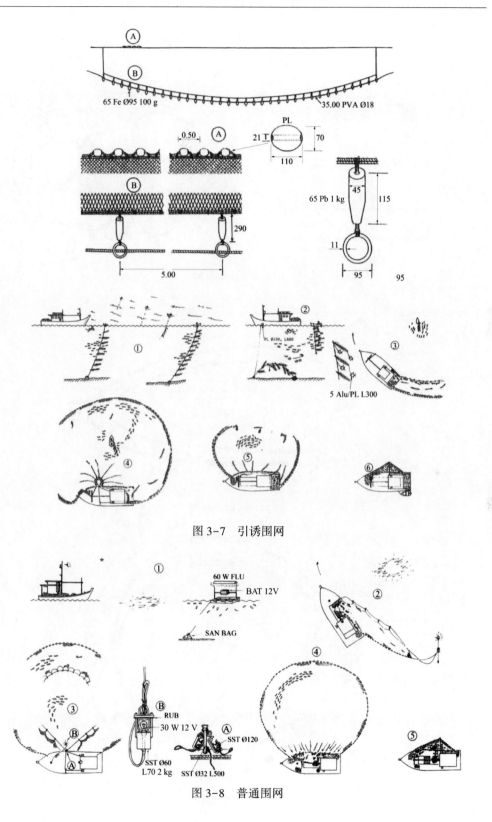

65 Fe Ø95 100 g 　　　 35.00 PVA Ø18

PL

0.50　A　21　70

110

B

290

5.00

65 Pb 1 kg　45　115

11

95　　95

① ②

PL Ø150, L600

5 Alu/PL L300

③

④ ⑤ ⑥

图 3-7　引诱围网

① 60 W FLU　BAT 12V

SAN BAG

②

③ ④

Ⓑ RUB
30 W 12 V

SST Ø60
L70 2 kg

Ⓐ SST Ø120

SST Ø32 L500

⑤

图 3-8　普通围网

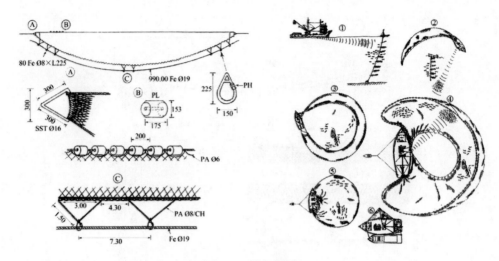

图 3-9　单船围网

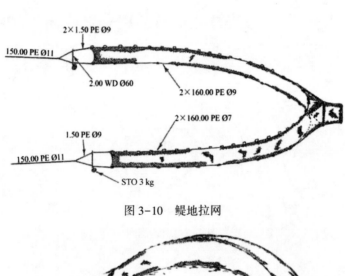

图 3-10　鳀地拉网

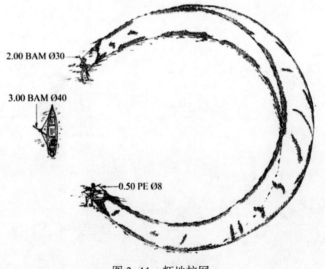

图 3-11　虾地拉网

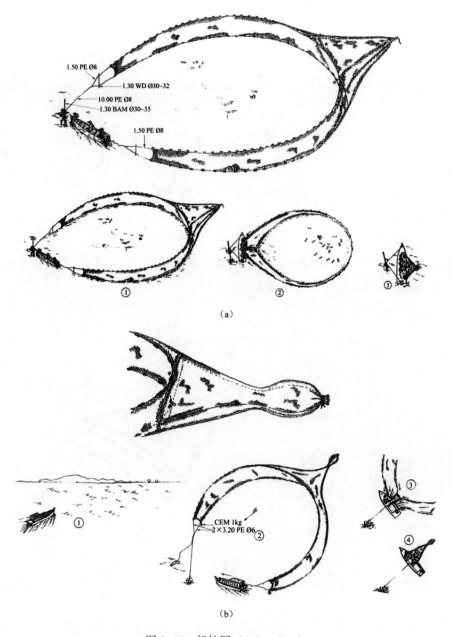

图 3-12　船拉网（Pukat-Kisa）

渔民普遍使用。目前，拖网是马来西亚使用第二最大渔具，也是全国渔业产量贡献最大的渔具。2000 年发证的渔船、渔具和渔民的数量以及拖网渔获量分别为 6 159艘、6 072 个、23 639 人和 710 379 t。

马来西亚拖网可分为 4 大组：底层桁拖网；底层板拖网；底层双撑杆拖网；底层对拖网。

图 3-13　船拉网（Pukat-Jawa）

1. 底层桁拖网

底层桁拖网是一种小型拖网，由一艘舷挂机渔船作业。目标种类是虾。该渔具只分布于沙捞越的米里（图 3-14）。

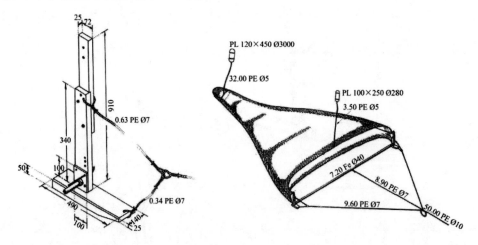

图 3-14　底层桁拖网

2. 底层板拖网

在马来西亚，拖网船通常被叫做板拖网船。板拖网也叫做老虎网，可细分为 3 种类型：鱼拖网、虾拖网和丰年虾拖网。

鱼拖网由聚乙烯网衣制成，网目尺寸范围从网袖 40~400 mm 向网囊逐步缩减到大约 30 mm（图 3-15a）。虾和丰年虾拖网都属于小型拖网，网袖网目尺寸大约 40 mm，网囊网目尺寸 25 mm，由聚乙烯网衣或最小网目尼龙网衣（捕捞丰年虾）制成（图 3-15b）。

3. 底层双撑杆拖网

底层双撑杆拖网与底层板拖网类似，但有 2 套网，由舷外撑杆船拖曳，用一条

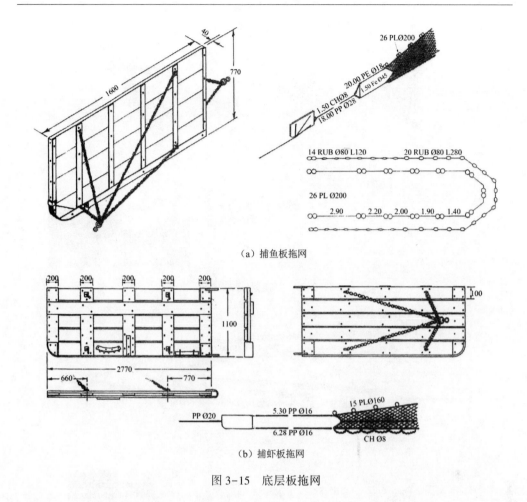

（a）捕鱼板拖网

（b）捕虾板拖网

图 3-15　底层板拖网

短手纲将网板与网连接起来，以便于起网。因为同时操作 2 套网，所以拖网船必须足够大。每套网上纲长 25 m，网身网目尺寸 37 mm，网囊网目尺寸 30 mm。在沙捞越的诗巫有很多双撑杆拖网船，普遍被用来捕虾（图 3-16）。

4. 底层对拖网

底层对拖网及其作业方法由霹雳州角头的渔民根据双船拉网改进而成，以前被分类为船拉网，但后来通过改进其捕捞作业由 2 艘大功率渔船曳网 1~2 h，现在就视为对拖网。

该网由 2 个长网袖（大约 40 m）和同样长度的上、下纲组成，包括网囊在内的网身长度大约是网袖长度的一半。对拖网有 2 种类型，它们的结构都相同，但网目尺寸不同，这取决于目标种类：捕捞对虾，网目尺寸为 25~30 mm（图 3-17a）；捕捞底层鱼、鱿和乌贼，网目尺寸为 30~75 mm（图 3-17b）。

该渔具只分布于霹雳州的角头至槟城州的虾子河一带。

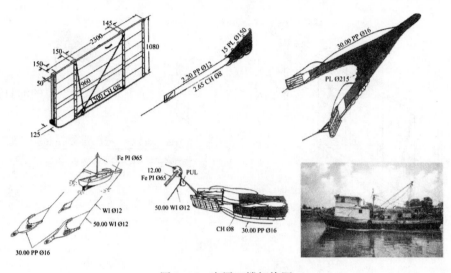

图 3-16　底层双撑杆拖网

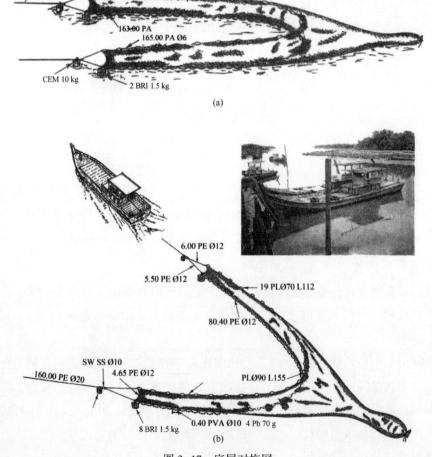

图 3-17　底层对拖网

四、刺网

在网渔业中，刺网是结构比较简单的网渔具，其特点是操作容易，即使是小渔船。该渔具在马来西亚使用数量最大，在 2000 年马来西亚渔业部门发放的渔具许可证总数量中一半以上是刺网，其年度上岸量占总上岸量的 10%，成为马来西亚海洋渔业产量名列第三位的渔具。在马来半岛和东马的沙巴和沙捞越海区的刺网作业，其中一些属于大型作业，如马鲛流网、狐鲣流网和鲐围刺网；一些属于小型刺网，如捕捞鲻、鲳、鲷、梭子蟹和虾的刺网。

马来西亚刺网包括定置刺网、漂流刺网、包围刺网和三重刺网。

1. 定置刺网

定置刺网是一种底层定置刺网，因为通常使用锚将网固定在海底，所以又称之为锚置刺网或底置刺网。对于大多数底置刺网来说，网衣材料使用尼龙单丝远比使用尼龙复丝普遍。诸如网目尺寸、网的长度和高度以及缩结系数之类的规格因捕捞对象的不同而有所不同（表 3-18 和图 3-18）。这些网固定在海底或在海底上方一定距离，借助锚或有足够重力的压载物来抵消浮子的浮力。底置刺网在沿岸浅水域作业，水深范围 3~40 m。这无疑是一种重要的小型渔业，由长度 4~10 m、功率 2.2~2.94 kW 的渔船进行捕捞作业。

表 3-18　底置刺网的规格

主捕种类	网目尺寸（mm）	网深（◇）	缩结系数 E	材料	网线直径（mm）	渔船总长（m）	功率（kW）
锯缘青蟹	90	11	0.55	PA 单丝	0.30	6	8.82
梭子蟹	80~115	7.5~16	0.26~0.59	PA 单丝	0.30~0.35	4~7	4.41~8.82
虾	45	60	0.66	PA 单丝	0.27	6	6.62
真龙虾	300~515	7.5~20	0.60~0.70	210D/30 或 PA 单丝	1.53	4~7	2.21~3.68
鲳	150~170	40	0.49~0.51	PA 单丝	0.30~0.42	5~10	4.41~17.64
石斑鱼、鲷、海鲈	100~170	14~40.5	0.40~0.67	210D/18 或 PA 单丝	0.33~1.14	4~7	4.41~29.4
巨皇后石首、马鲛	110~125	50~60	0.50~0.80	PA 单丝	0.70~0.80	4~7	4.41~8.82

2. 漂流刺网

漂流刺网通常简称流网。根据目标渔获有许多种漂流刺网，一般使用尼龙复丝作为网衣材料，但网线规格有所不同，从 210D/9~210D/30。普遍使用浅棕色和棕色网衣。有

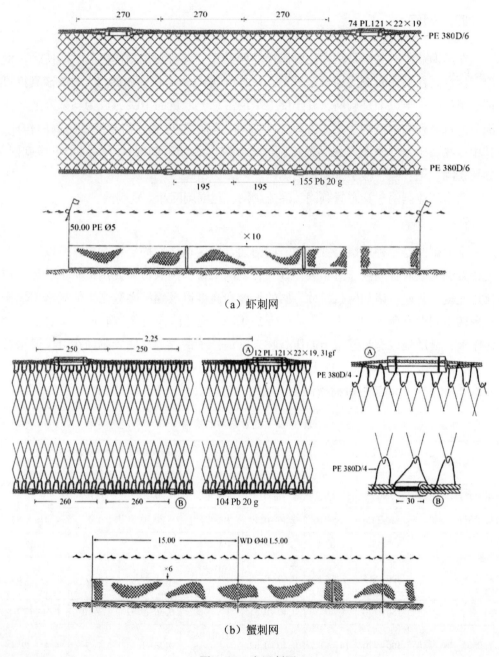

（a）虾刺网

（b）蟹刺网

图 3-18　定置刺网

些漂流刺网（尤其是马鲛、鲳和巨皇后石首鱼漂流刺网）沿下网缘连结一片萨兰（saran）尼龙网衣，其作用就像一个沉子，因为 saran 尼龙线的比重比尼龙复丝大。

　　在大多数情况下，漂流刺网一般在夜间进行捕捞作业，使用许多浮子使网保持在水面或水面下一定距离，网具随流自由漂移（图 3-19）。

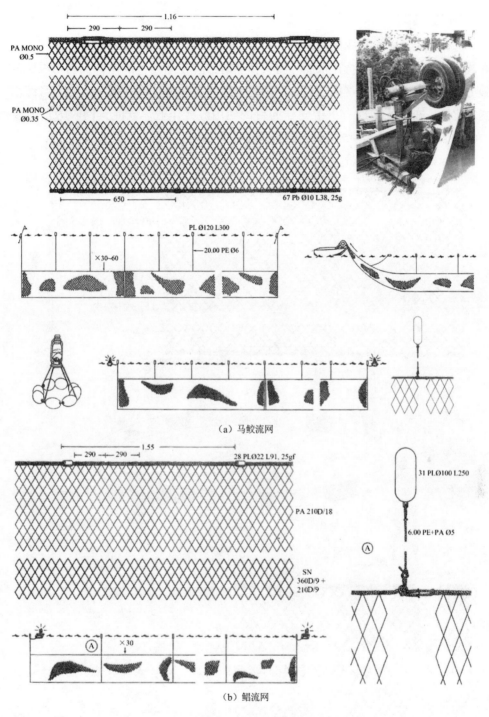

（a）马鲛流网

（b）鲳流网

图 3-19 漂流刺网

3. 包围刺网

包围刺网通常简称围刺网（图3-20）。捕捞斑点马鲛的围刺网广泛使用，一般在浅水作业，浮子纲保持在水面。白天作业时，首先用网包围鱼群，利用噪声或其他方法迫使鱼群刺挂网（图3-20a）或鱼群被网衣包围（图3-20b）时自身缠络于网衣之中；夜间作业时，出于同样的目的使用灯光作业。该渔具网衣为尼龙复丝210D/12，网目尺寸54~58 mm，网高范围15~24 m。

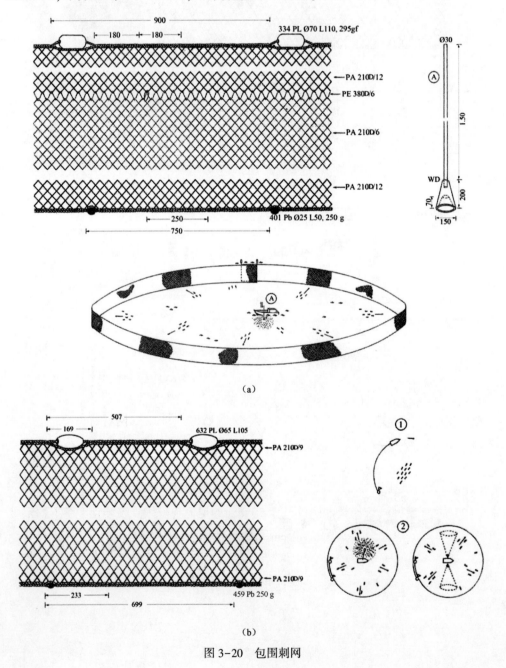

图 3-20　包围刺网

4. 三重刺网

三重刺网普遍用来捕捞虾类，大多数情况下其内网衣是由尼龙单丝制成，网目尺寸 40~45 mm；外网衣由尼龙复丝制成，网目尺寸较大，为 110~250 mm（表 3-19 和图 3-21）。在白天或夜间进行捕捞作业，网被横流设置，漂流 1~2 h 后起网。渔场水深为 3~20 m。

表 3-19　三重刺网的规格

网衣	网目尺寸 （mm）	网深 （◇）	缩结系数 E	材料	网线直径 （mm）	渔船总长 （m）	功率 （kW）
内网衣	40~45	50~60	0.44~0.59	PA 单丝	0.20~0.23	6~14	7.3~17.6
外网衣	107~110	14~14.5	0.54~0.64	PA 拉舍尔	210D/6~12		
内网衣	43	50	0.49	PA	210D/4	11	16.2
外网衣	250	7	0.76	PA	210D/6		

五、敷网

敷网是一种传统的小型渔具，在马来西亚沿海地区用来捕捞甲壳类和浅水鱼类。如今，由于更加有效的现代渔具（如拖网和围网）的引进，敷网越来越不普遍了。

所有类型的敷网捕捞都没有独立的统计记录，有些数据似乎当作总体小型渔业的一部分。马来西亚敷网可粗略地分为 4 种：手提敷网、船敷网、定置敷网和捞网。

1. 手提敷网

马来西亚手提敷网按主捕对象又细分为蟹敷网、龙虾敷网和鱼敷网。

（1）蟹敷网：由竹或金属框架、网和竹竿或浮标绳组成。框架通常是圆形，直径 40~50 cm，或者是方形，边长 45 cm，框架高度 15~25 cm。网材料为聚乙烯或尼龙，网目尺寸 80~140 mm。鱼饵固结于框架中央（图 3-22）。渔民可以在浅水域划艇或在沿岸步行操作渔具，可全年在白天或夜间进行捕捞作业。渔获物通常是锯缘青蟹和梭子蟹。

（2）龙虾敷网：该渔具由网目尺寸 50 mm 的尼龙单丝网衣装配到 2 个不同尺寸的圆形金属框上构成。大框直径 40 cm，小框直径 30 cm，大框上系结一条单丝线（图 3-23）。作业时，饵料（鱼）固结到小框上，把整个渔具沉浸于海底，连接于大框上的单丝线的另一端系结于锚泊船上，当渔民感觉有渔获时就起网。目标渔获是真龙虾。

（3）鱼敷网：这是一种锥形渔具，由网目尺寸 45 mm 的尼龙单丝网衣装配在一个直径大约 1.5 m 的金属框上构成，框上系结一条起网绳，网的底部（锥端）系结

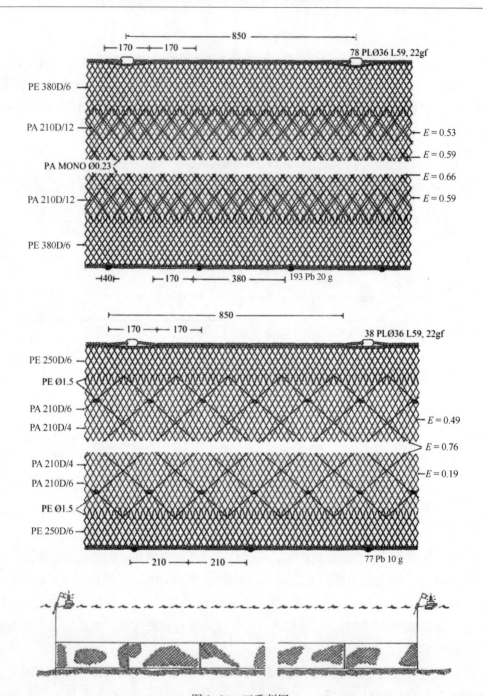

图 3-21　三重刺网

一个沉子（图 3-24）。以海蜇或莱氏拟乌贼为饵料，饵料挂在网里边。在集鱼装置（FAD）、人工礁或多石海底附近作业。将装配饵料的网沉入水中（水深大约 10 m），起网绳系结于船上，一旦渔民肯定网中有鱼，就通过提拉起网绳起网。目标渔获是单角革鲀。

164

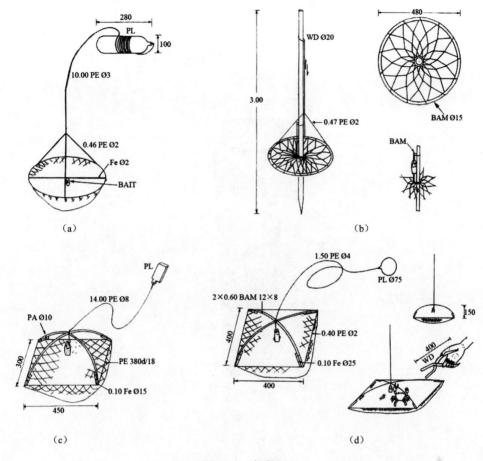

图 3-22 蟹敷网

2. 船敷网

船敷网按作业船数细分为双船敷网和四船敷网。

（1）双船敷网：该敷网看起来像一个抄网，网衣通常是尼龙 210D/6-12，网目尺寸 25~29 mm，配纲网衣的缩结系数为 0.67，下纲中部结附一个 5 kg 石沉子，下纲两端各结附一个 10 kg 石沉子（图 3-25）。网设置在水中，沉子接触海底。渔民使用一个鱼礁来聚集鱼群，然后将鱼群转移到一个手提鱼礁，接着转移到网中，由 2 艘渔船（每边一艘）起网。目标渔获是沙丁鱼、银鲳、鲐。

（2）四船敷网：该渔具是一个方形或矩形网，网衣通常为尼龙 210D/5-12，网目尺寸 18~120 mm，配纲网衣的缩结系数为 0.67，网的每个角落都结附一个沉子（图 3-26）。捕鱼作业方法与双船敷网相同。

3. 定置敷网

这是一种比较大型的敷网，由聚乙烯 380D/9、网目尺寸 4 mm×4 mm 的小鱼网

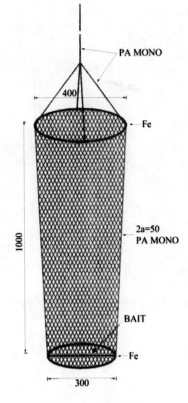

图 3-23　龙虾敷网

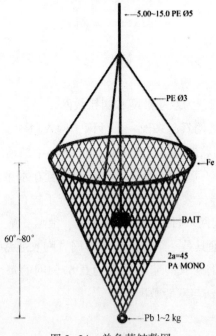

图 3-24　单角革鲀敷网

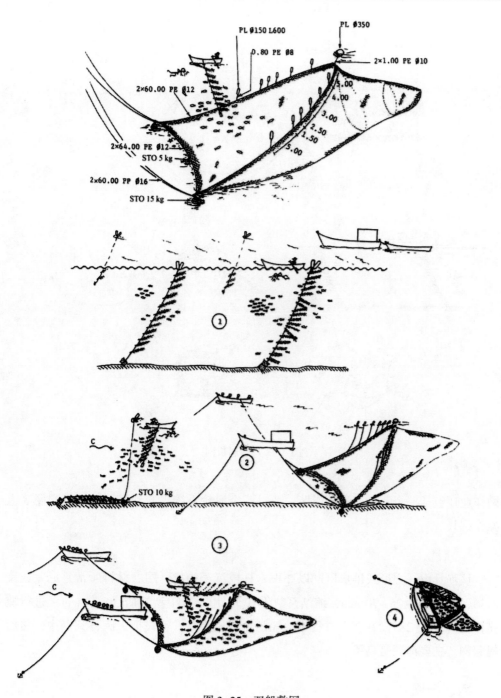

图 3-25 双船敷网

制成，有一幅 30~50 m 长的网墙（垣网）引导鱼进入主网，主网悬吊在一个木框架
上，作业水深 0.5~2 m（图 3-27）。建筑一个 8~10 m 高的观察平台，一支日光灯
挂在平台上，渔民可看见正在通过的鱼群，在一个很有利的位置上操作网具。鳀敷

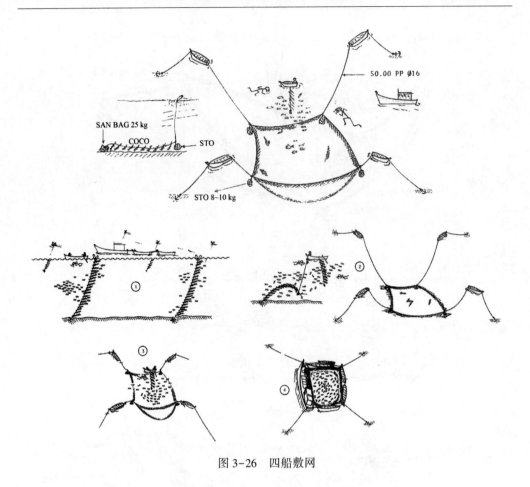

图 3-26　四船敷网

网作业还包括一个蒸煮房和干燥区，通过一个滑轮系统提起和降下网具，需要 3 人操作网具。

4. 捞网

该渔具由一方形或锥形网配以 2 根木杆或沉子构成。网衣材料通常是尼龙或聚乙烯，网目尺寸 25~70 mm，缩结系数为 0.5。由小至中型渔船（8~14 m）进行捕捞作业（图 3-28）。在作业过程中，船随流或风漂移，渔民把鱼礁移到网中，然后提起网。主要渔获是乌鲳。

六、掩网

掩网（渔民习惯叫"罩网"）通常是一种锥形网，自上而下罩捕水生动物，一般在浅水域手工操作，但有些掩网由船操作，例如撑杆罩网。

掩网是马来西亚的一种传统渔具，在小型渔业中十分普遍。该渔具有手提罩网和撑杆罩网之分。

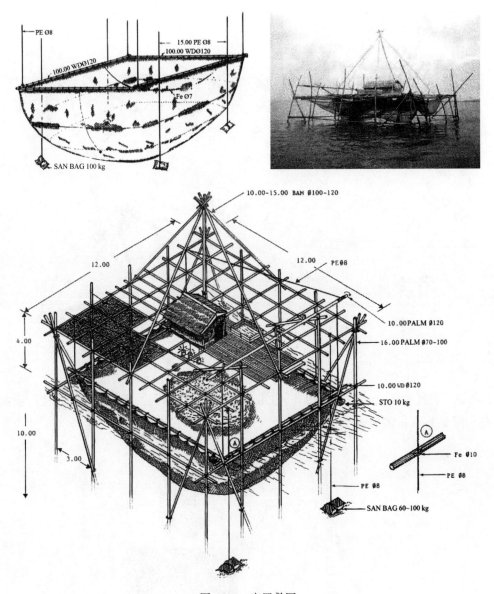

图 3-27　定置敷网

1. 手提罩网

手提罩网按主捕种类可分为虾罩网、鲻罩网和鱿罩网。

（1）虾罩网：这是在泰国和马来西亚海域作业的一种小型渔具，主要捕捞浅水虾。罩网衣为尼龙 210D/4-6，网目尺寸 25 mm，罩网底部（网口）网目数为 700～1 000 目，在近底部里边有 17～20 目下垂，网缘结附一条铁链（链长取决于网口周长），铁链每隔 20～40 cm 系结到网缘上方 15～20 目处，在网底部形成小袋。沉子由直径 14～15 mm 的铅链制成。网囊（顶部）连接一条起网用的聚乙烯手拉绳，绳长

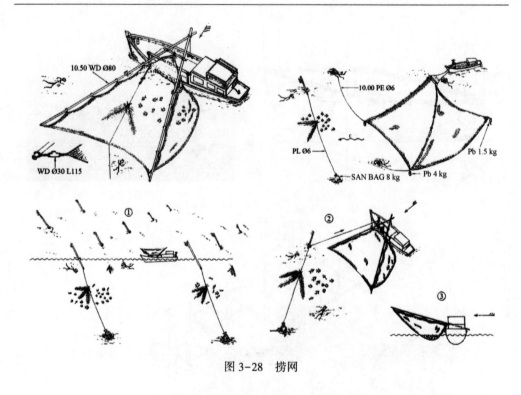

图 3-28　捞网

3~6 m，直径 4~6 mm（图 3-29）。只由一位渔民操作罩网，有时用小船作业。渔场在水深度 1~3 m 的浅水域。

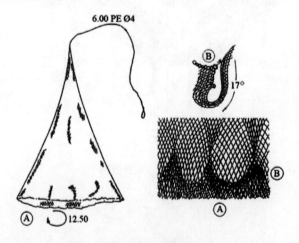

图 3-29　虾罩网

（2）鲻罩网：该网与虾罩网相似，但其规格和网目尺寸较大，需要更大的沉力来迅速沉降和罩捕鲻（图 3-30）。

（3）鱿罩网：鱿罩网的规格比虾罩网和鲻罩网大，有网底封闭和顶部折叠两种类型（图 3-31）。前者深大，网长 4~6 m，网口周长 12~15 m，由尼龙单丝制成，

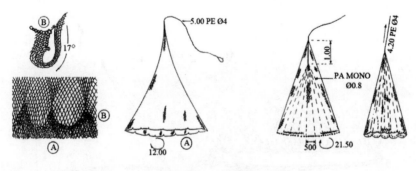

图 3-30　鲻罩网

网目尺寸 32~43 mm，底部连接一条铅链。一条由尼龙单丝网线制成的括纲（直径 1.3 mm，长度 100 m）穿过铅链（间隔 14 节）封闭网底；后者略较小（长度大约 3 m），由尼龙单丝制成，网目尺寸 25 mm，底部装配一条沉子纲，若干条尼龙网线系结于沉子纲上，在网里边通过，与顶部的起网绳连接，起网时，尼龙网线使网合拢，渔获被陷于合拢的网中。这两种网具的作业方式相同，可由一人操作。用灯光诱集鱿，把网罩入水中覆盖鱿，然后拉动括纲或起网绳，将网连同渔获物拉起到船上。

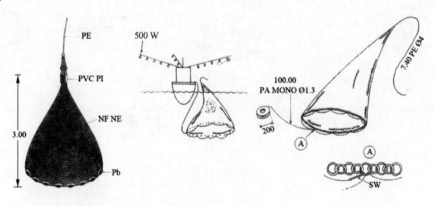

图 3-31　鱿罩网

2. 撑杆罩网

撑杆罩网（也叫棒受罩网）基于通用的鱿罩网改进而成，网深 10~20 m，网口周长 20~50 m，尼龙网衣，网目尺寸 25 mm。锥形底网囊的材料是聚乙烯 380D/6-9，网目尺寸与鱿罩网相同或较大。在网的底部，一条铁链或沉子纲连接不锈钢环形成供括纲穿过（图 3-32）。在夜间使用诱鱼灯进行捕捞作业。网设置在竹竿上，减小灯光强度以诱集鱿到水面，把网吊下以覆盖鱿，拉动括纲直到将网绞起为止。

171

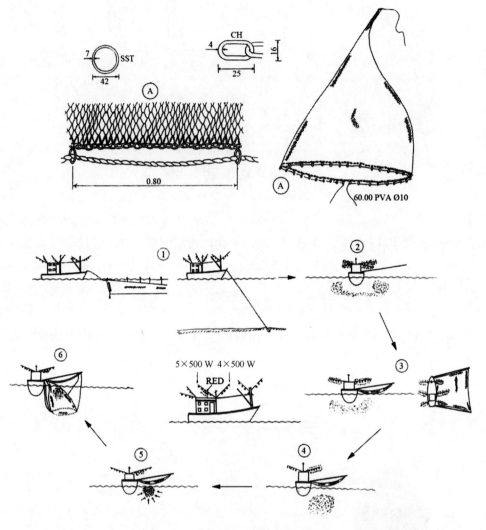

图 3-32　撑杆罩网

七、笼具/陷阱

这是一种迷宫式陷捕水生动物的渔具，其捕捞原理是将渔具定置在水中一段时间，通过迷宫和/或制动装置（如漏斗网等）将鱼封闭在一个或几个收集单元（取鱼部），没有发生主动捕捞。该渔具通常在马来西亚沿海近岸水域作业，但有几种笼具在沿岸水域大规模作业。马来西亚笼具/陷阱有 3 组类型：笼具、长袋网和竹桩陷阱。

1. 笼具

马来西亚笼具按主捕种类又细分为虾笼、蟹笼、龙虾笼、鱿笼和鱼笼。

（1）虾笼：圆筒形，用棕榈叶或竹枝覆盖，笼长为 70 ~ 165 cm，直径 24 ~ 50 cm。入口形似一个漏斗，由竹枝制成，长度 22 ~ 90 cm（图 3-33）。以一些椰子块或马铃薯作为饵料。这是马来西亚的一种传统渔具，在江河或河口附近作业，全年主要捕捞淡水虾。

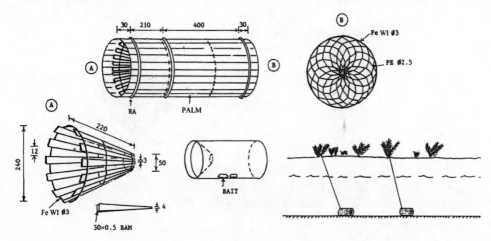

图 3-33　虾笼

（2）蟹笼：有 3 种类型的蟹笼：竖杆定置笼（图 3-34a）、可折叠笼（图 3-34b）和定置框架笼（图 3-34c）。大多数蟹笼为圆筒形，侧边或顶部有 1~3 个漏斗形入口。蟹笼由竹片或聚乙烯网衣制成，通常在笼的中央放置一块鱼作为饵料，一天起笼 1~2 次。

（3）龙虾笼：圆筒形，笼框由竹制成，用铁丝网覆盖，有 1 个竹制双倒须的入口，通常设置在多石海底，不使用饵料，通常一个星期起笼一次（图 3-35）。

（4）鱿笼：该笼有 2 种形状，即箱形（图 3-36a）和半圆筒形（图 3-36b）。笼框由木制成，用聚乙烯网衣覆盖，有一个入口，入口活门由聚乙烯网衣制成。作业期间，笼被椰子叶覆盖并垂直吊离海底，入口朝上。主捕种类是拟乌贼。

（5）鱼笼：鱼笼的形状通常为半圆筒形，入口为漏斗形或楔子形。笼长 70 ~ 250 cm，宽 60 ~ 180 cm，高度或直径 35 ~ 150 cm。藤是传统上制作笼框最广泛使用的材料，这种天然材料不仅易取，而且耐用又柔软，特别适用于制作半圆筒形笼框。木适合制作矩形笼框，竹也被用来制作笼。该笼用六角目或矩形目铁丝网覆盖，笼目脚长 2~3 cm（图 3-37）。

2. 长袋网

长袋网有两种类型：可移动型（图 3-38a）和定置型（图 3-38b）。可移动型长袋网只有在捕捞作业时才锚泊于渔场，而定置型长袋网在其整个使用寿命期间其框架的位置保持不变。长袋网通常在 3~6 m 深的浅水域作业，捕捞虾、浮游动物虾和

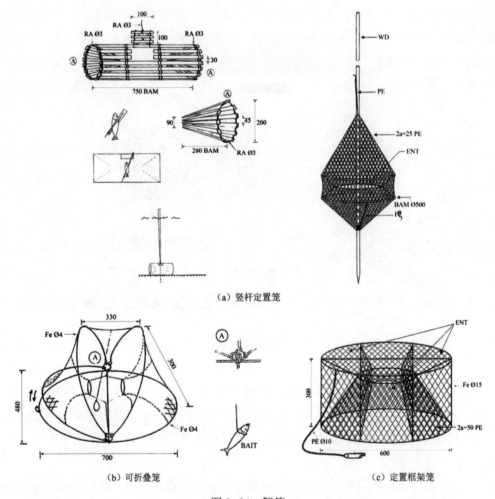

（a）竖杆定置笼

（b）可折叠笼

（c）定置框架笼

图 3-34　蟹笼

混杂鱼类。

　　该网为锥形，网口规格为 3 m×5 m～6 m×10 m，网长 15～30 m，网目尺寸也有变化，经常发生于同一网内。网囊一般由网目尺寸为 10～20 mm 的聚乙烯 380D/6～9 网衣和/或网目尺寸为 2 mm×2 mm 的小鱼网衣制成，而网的其余部分为聚乙烯醇小鱼网衣，网目尺寸为 3.5 mm×3.5 mm。

　　长袋网全年在白天或夜间，通常在高潮后至最低潮时作业，频繁拉起网囊收集渔获。

3. 竹桩陷阱

　　该渔具由网墙、围场和网囊（网袋）3 部分组成（图 3-39）。网墙由竹竿、网衣或树枝制成，其作用在于引导鱼进入陷阱，网墙长度为 10～300 m（取决于陷阱的大小）；围场为一迷宫，"C" 字形或三角形围墙，由竹桩或木桩插入海底、安装

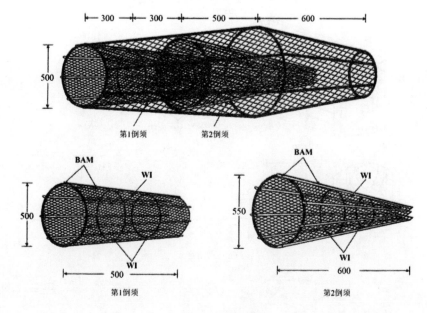

图 3-35　龙虾笼

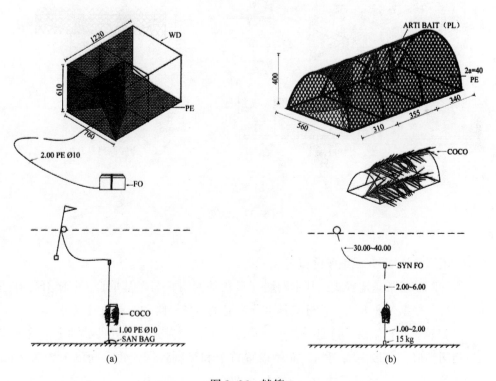

图 3-36　鱿笼

或不安装六角目铁丝网构成，有些大型陷阱有 2 个围场，围场区的出口将鱼引导进入网囊，从网囊中捞取渔获物；网囊（网袋）为半圆形、圆形或矩形，有竹条或木

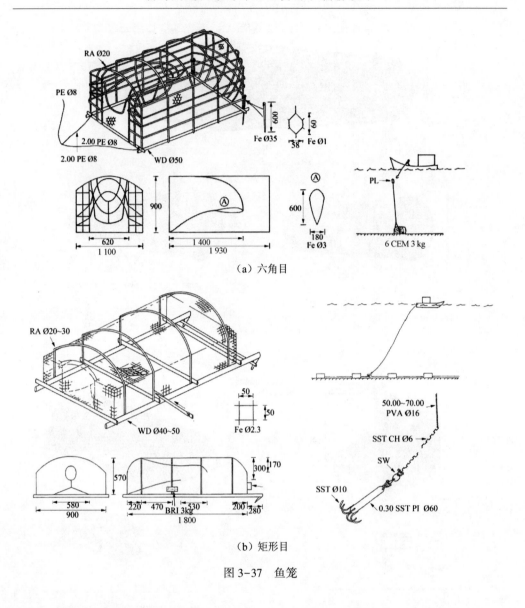

（a）六角目

（b）矩形目

图 3-37　鱼笼

条框，用聚乙烯网和/或铁丝网覆盖。

竹桩陷阱通常是定置式，其主网墙（最长的网墙）与岸基垂直，陷阱开口在退潮时向流。根据作业方法，竹桩陷阱可分为退潮竹桩陷阱和网敷竹桩陷阱。

（1）退潮竹桩陷阱：这是一种小型陷阱，通常设置于河口处的沙洲上。这一渔具与刺网类似，在最高潮期间，渔民设置竹竿和半圆形网，竹竿间隔大约 3.2 m。网为尼龙 210D/5，网目尺寸 16 mm，网长 800 m（图 3-40）。最低潮之后，渔民沿网检查是否刺挂上一些鱼。

（2）网敷竹桩陷阱：这是一种大型陷阱，设置在 5~20 m 深度的沿岸水域，网墙由竹竿制成，口宽 2~3 cm，长 250 m。这种陷阱有 2 个围场（活动场）和大网囊

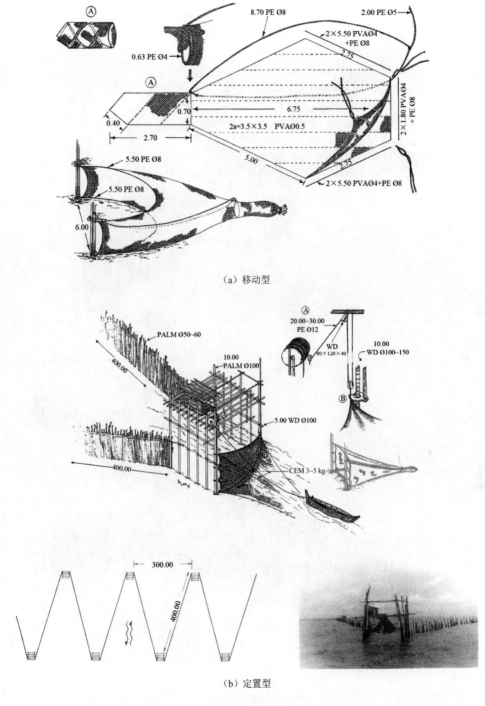

（a）移动型

（b）定置型

图 3-38　长袋网

（网袋），装配鸡笼铁丝网衣，使用矩形围网进行捕捞作业。这种网的网衣为聚乙烯 380D/6，网目尺寸 22 mm。使用一条长杆来推网，使网将鱼围进网囊（网袋）（图

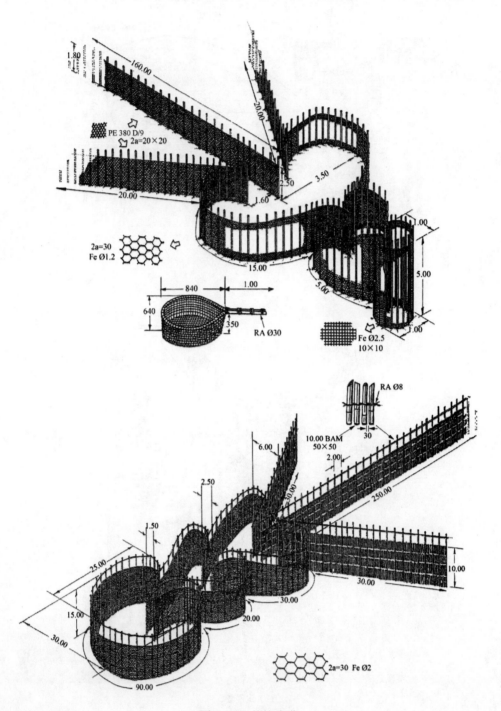

图 3-39　竹桩陷阱

3-41）。该渔具主要分布在吉打州。有些陷阱的网囊（网袋）较小，使用抄网来收集渔获物。

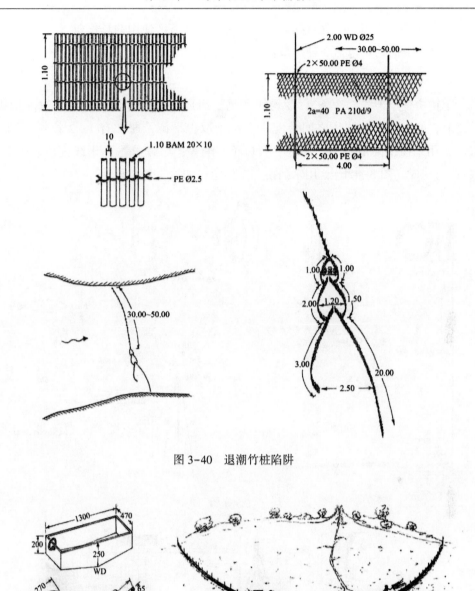

图 3-40　退潮竹桩陷阱

图 3-41　网敷竹桩陷阱

八、钓具

钓具是目前马来西亚第三最大发证数量的渔具，2000 年发证钓具总数量为2 180套。以前该渔具主要由沿海地区的小船作业，而目前已给许多较大的渔船（70 GT

以上）发放捕捞许可证，在沙捞越、沙巴和纳闽近海区使用钓具作业。

马来西亚的钓具包括3种类型：手钓、底层延绳钓和拖钓。

1. 手钓

手钓由一条干线、一条支线/钩线和沉子组成。手钓有真饵钩和无饵（拟饵）钩之分，前者一般在转环之间装配一个沉子取得平衡，通常有1~2枚钩（图3-42a），用来捕捞高值鱼，如马鲛、石斑鱼、鲷等；后者由一条干线配以若干条支线/钩线构成（图3-42b），用来捕捞小个体鱼，如沙丁鱼、鲐等。

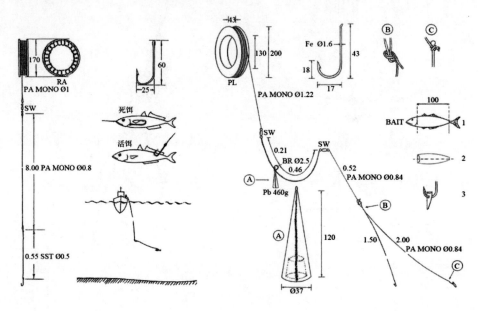

（a）单钩

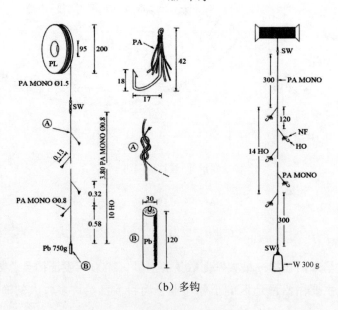

（b）多钩

图3-42　手钓

一般使用尼龙单丝制作干线和支线/钩线。但是，对于捕捞牙齿锋利的鱼，如马鲛，则使用不锈钢丝制作支线/钩线。

手钓捕捞通常于清早和傍晚在鱼礁或岛屿附近的水域进行，广泛使用鱿、沙丁鱼和鲐作为饵料，有时使用活鲐作为饵料捕捞马鲛。

2. 底层延绳钓

底层延绳钓由一条干线、若干条支线/钩线和钓钩组成（图3-43）。马来西亚的底层延绳钓在结构上与泰国的相同，干线和支线的材料为聚乙烯（PE）和聚酰胺（PA）。当使用PE作为干线时，沉子直接结附在干线上，或连接于干线和支线之间的连接处，以增大沉降力。

底层延绳钓的钓钩形状几乎相同，但它们的尺寸不同。钓钩有一支长钩轴，并且有一个浑圆端，有时使用无倒刺钩捕捞鳐或鲨。捕捞作业在清早进行，使用木质或竹质钩夹挂钩，逐钩结附饵料。当钓钩全部脱离钩夹时就算放钓完成。

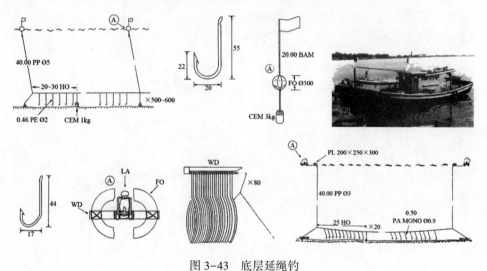

图3-43　底层延绳钓

3. 拖钓

拖钓是马来西亚捕捞马鲛和金枪鱼的一种深受欢迎渔法，由几个人在一艘5~10 m长的动力船上进行捕捞作业，更适宜在日出和日落前、后进行捕捞作业。干线可以有一个或几个拟饵钩（图3-44a），或是一枚鲜饵钩（图3-44b），拖钓速度为3~5 n mile/h。

九、抄网

抄网渔具十分简单，由一个三角形网形成一个袋形结构而成，其两侧固结在剪刀形交叉竹（或木）杆上，用手或由大船在浅水向前推行，在马来西亚沿海水域广

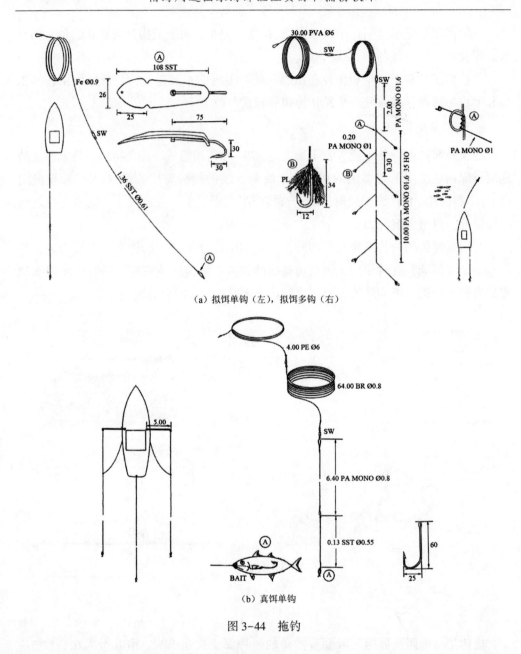

（a）拟饵单钩（左），拟饵多钩（右）

（b）真饵单钩

图3-44　拖钓

泛作业，捕获的主要种类是毛虾和对虾。抄网包括捞网和推网2种，用人力推移的抄网叫捞网，用船推移的抄网叫做推网（由机械化渔船作业的推网在马来西亚被禁用）。

1. 捞网

捞网类似于一个大勺子，由一个网和2根杆（使网保持张开）构成，2根杆的末端都装配一个滑板（由木或椰果壳制成），可由1~2位渔民于全年白天在浅水域进行捕捞作业（图3-45）。该渔具在海岸附近或在多泥区域使用，网连接在推杆上，渔民在水中涉水向前推网，随时将网提起到水面，收集小虾、毛虾或其他渔获物。

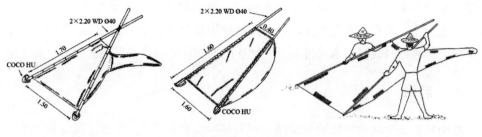

图 3-45 毛虾捞网

2. 推网

该渔具由网和推杆构成，由动力渔船进行推网作业。网包括 3 个不同的部分：上部、下部和网囊。在捕捞作业时，底纲（铁链或沉子加重绳）接触海底，底纲两端紧固于撑住网的推杆上，上纲沿推杆长度安装。推杆由竹或松树干制成，长 9～12 m，杆长取决于渔具的大小和捕捞规模。2 根推杆交叉固结成剪刀形，推杆下端装配木滑板或铁滑板沿海底滑行（图 3-46）。

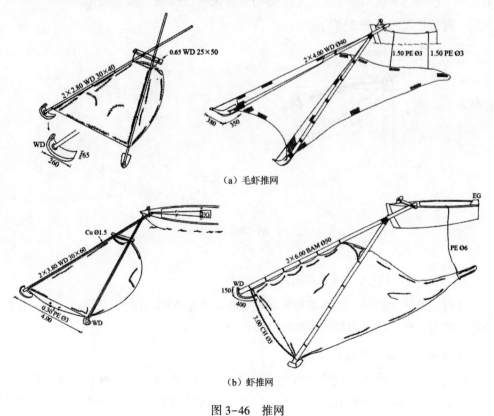

（a）毛虾推网

（b）虾推网

图 3-46 推网

推网捕捞作业由动力船于白天或夜间在水深3~4.5 m的港湾进行。渔船到达渔场后，把网绑在装配底纲的推杆上，并确定上纲的位置，把渔具投入水中直到滑板接触海底为止。捕捞作业花时1~1.5 h，然后用连结于网囊的绳子拉起网囊并倒空在甲板上，再把网囊投入水中准备下一网次的捕捞作业。主要捕捞种类是虾和毛虾。

十、赶网

赶网包括2个网袖、抄网和袋网（带有椰叶栅栏网墙），通常逆流设置在水中，由2~100位渔民使用惊吓绳驱赶鱼类进入袋网和/或抄网中，使用敷网捕捞围绕着网墙的鱼。

由于渔业资源的下降和更有效渔具的引进，目前赶网越来越不受欢迎。又由于对生态系统的不利影响，有些赶网已被禁止使用。但是，还有一些其他类型的赶网仍然在马来西亚水域作业，例如抄网型赶网和刺网型赶网。

1. 小型鲻、鳐赶网

该网具由矩形尼龙网制成，网目尺寸很小（大约15 mm），网固结在2根竹竿上形成一个抄网的形状，置于水流之下看起来就像一个抄网，由2人拉动系结椰子叶的绳索将鱼赶入网（图3-47）。

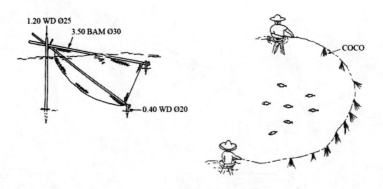

图3-47　小型鲻、鳐赶网

2. 尖嘴鱼、竹筴鱼、乌鲳赶网

该网的设计如刺网一样，两端连接长400 m、直径8 mm的聚乙烯绳，目的是将鱼赶入网内，然后把该网视为一张拉网操作（图3-48）。

3. 黄梅鲷、蓝子鱼赶网

该网具由一个网袋（网囊）配以2个网翼（袖）构成。网囊材料是聚乙烯，网目尺寸25 mm。网翼为矩形，材料也是聚乙烯，网目尺寸90 mm，前网舌（前网翼）网目尺寸50 mm。由数位渔民使用装配沉子的纲索将鱼群赶入预先敷设好的网内（图3-49）。

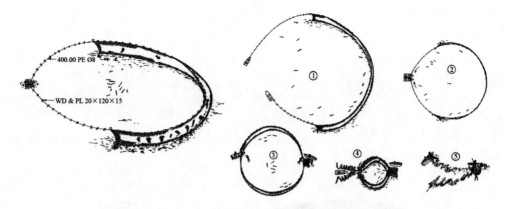

图 3-48 尖嘴鱼、竹筴鱼和乌鲳赶网

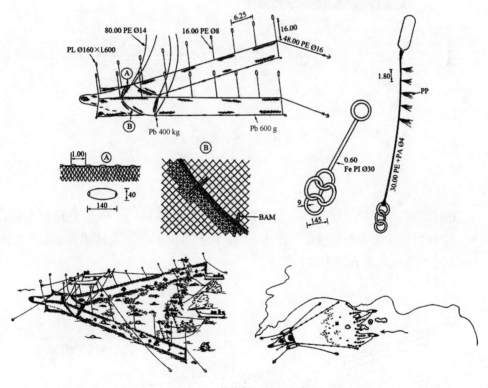

图 3-49 黄梅鲷、篮子鱼赶网

十一、耙具

耙具是捕捞诸如鸟蛤和文蛤之类的双壳类最重要的渔具，在网口处装配矩形硬框架和铁篮或网篮，作业时沿着海底拖曳，通常收集软体动物，如贻贝、牡蛎、扇贝、蛤等。贝类保留在可让水、沙或泥滤出的附袋或筛网中。在马来西亚，海岸线

185

漫长又宽阔，是双壳类尤其是鸟蛤的合适栖息地，是东南亚地区鸟蛤出口国之一，耙具被广泛应用于鸟蛤渔业。马来西亚有许多种类型的耙具，包括从结构和操作简单的耙具到复杂和综合作业的耙具，如鸟蛤苗耙、鸟蛤耙、文蛤耙、波纹蛤蜊耙等。

1. 鸟蛤苗耙

鸟蛤苗耙由铁条制成，半圆筐形状，筐宽 0.5 m，铁条直径 1~1.5 mm，用铁丝连接，筛网网目尺寸为 4 mm，可以由 1 人在浅水进行作业，收集鸟蛤苗（图 3-50）。

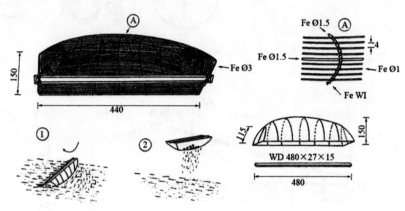

图 3-50　鸟蛤苗耙

2. 鸟蛤耙

鸟蛤耙与鸟蛤苗耙类似，但筛网网目尺寸较大（15 mm），铁条直径为 7 mm，只有一个铁框架装配聚乙烯网袋（图 3-51）。该耙可由 1~2 人在浅水作业，有时由 1 人使用手柄固结耙并在船上进行作业。

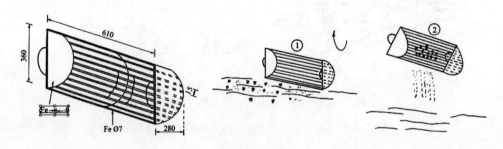

图 3-51　鸟蛤耙

3. 血蛤耙

该渔具由一铁筐（25 cm×57 cm×17 cm）和 6~7 m 长的木柄构成（图 3-52）。白天可在河口附近或在多泥海底的任何区域进行捕捞作业，在马来半岛西海岸使用这种渔具相当普遍。

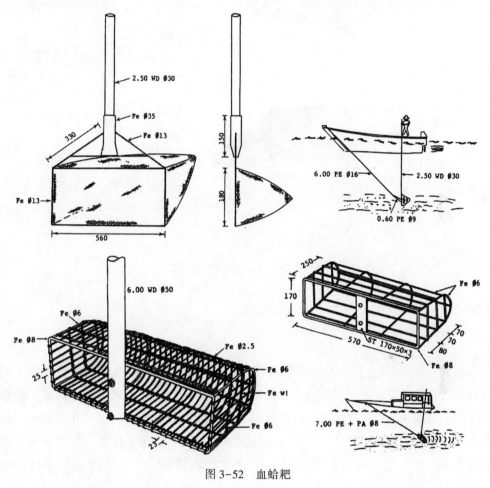

图 3-52 血蛤耙

4. 波纹蛤蜊耙

这是一种大型耙具，在动力船上进行捕捞作业，通常是一艘渔船拖拉一个箱形耙，筛网目尺寸为 10~20 mm，耙尺寸为 120 cm×200 cm×15 cm（图 3-53）。为了方便收集蛤类，在白天进行捕捞作业。

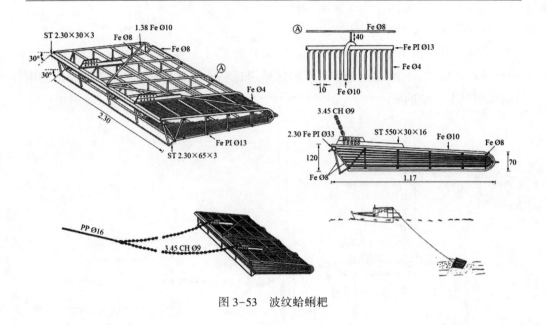

图 3-53　波纹蛤蜊耙

第四节　渔业管理

一、管理体系

20世纪80年代之前，马来西亚海洋渔业管理体制十分混乱，后来在加拿大的帮助下对其管理体制进行了改组，并得以不断完善。目前，马来西亚已形成一套较完善的、与国际渔业管理原则和行动计划基本一致的渔业法律框架，并具备一个包括渔业、国防、海关等多部门在内具有强大威慑力的联合执法体系，保障渔业法规的遵守和实施。这是亚洲国家中最好的渔业管理体系之一，已通过了 ISO 9000 认证。

马来西亚最高的渔业行政机构是位于首都吉隆坡的渔业局，隶属于国家农业部，管辖整个马来西亚的渔业事务。马来西亚划分为 13 个州，每个州又有若干区，中央水产局在各州设置渔业局，在各区设立渔业事务所。马来西亚的渔业管理和组织较好，各级渔业行政机构较完善，渔业行政机构与渔业研究机构明确区分。农业部渔业局是马来西亚管理渔业的主要机构，负责国家渔业发展规划和管理法规的制定和执行，其日常业务为渔船和渔具的登记注册（渔船、渔具登记每年都要进行并作更新），并据以征收渔业税（渔业税按渔具的种类和规格的不同而异）；科技与环境部为渔业管理提供科学依据；渔业发展署负责水产品加工销售和渔民收入的提高；海军和海事警察等部门协助渔业部门加强沿岸和专属经济区管理。

二、管理法规

1963 年马来西亚制订了《渔业法》。该法是以渔业开放为基础，按法缴纳了相应渔法的委托保管金的任何人均可取得许可证。然而，1963 年还是拖网渔法从泰国引进马来西亚之年，由于申请该渔业许可证的人大多数为中国人，当局为了监控起见，在批准许可证的同时附加了不少严格的条件，例如，禁止白天作业，渔船吨位必须在 50 GT 以上，渔场必须安排在离岸 10 n mile 以外的海区，船员当中应有 50%马来人等。

1967 年对渔具作出了新的规定：① 拖网的网囊最小网目尺寸不得小于 25.4 mm；100 GT 以上的拖网渔船不得在离岸 12 n mile 以内水域作业；② 25~100 GT 的拖网渔船不得在离岸 7 n mile 以内水域作业；③ 25 GT 以下的拖网渔船不得在离岸 3 n mile 以内水域作业。此外，还有其他保护措施，包括拖网桁杆的限制以及依据船舶吨位的作业时间限制等，例如，25 GT 以下的渔船仅能在上午 6 时至傍晚 6 时作业，而较大吨位的渔船则白天及晚上均可作业。

1969 年宣布 12 n mile 领海，1984 年宣布 200 n mile 专属经济区。新渔业管理政策的实施，又增加了渔场的分配及许可证颁发的限制，对拖网网囊网目尺寸的限制扩大为 38.1 mm。其他新规定包括禁止对拖网作业以及底置刺网、流刺网的网目尺寸要大于 254 mm 等。

1985 年颁布了《渔业法》，1993 年又进行了修订，新渔业法适用于马来西亚渔业水域，也适用于马来西亚各州管辖范围内的以及在吉隆坡和布拉安联邦区内属联邦管辖的河流水域，同时还包括海龟的保护等规定条款。新渔业法的明确目标是：① 渔业资源的保护与管理；② 以国家利益开发利用资源；③ 渔业统计资料的收集与汇总整理；④ 渔民纠纷的调解等。

海上渔业执法由配备海军退役船艇的海岸警备队负责执行。同时，海军也参与渔业管理。在按海域划分制度的渔业管理实施的同时，渔业局还在各州设置了渔业监察所，配备快艇用于海上巡逻与监察渔业的违规行为。

政府部门对外国渔船的非法捕鱼问题一直很重视，有的甚至通过外交途径提出交涉。然而，马来西亚渔业执法力量很薄弱，既不能有效控制本国渔民，也不能有效控制进入本国海区的外国渔民，没有能力进行全海区和全天候的监视管理。执法能力不足的原因是目前还无力建立强大的渔业执法队伍，而且国内现有力量又缺乏统一有效的协调机制。

三、主要管理制度和措施

1. 捕捞许可制度

这是马来西亚渔业管理的基础。根据相关规定，所有渔船和渔具在马来西亚渔业水域作业之前都必须到相关机构注册，获取捕捞许可证，并按规定作好渔船标识。70 GT 以上深海渔船的审批权由国家负责，在获得国家机构发放的捕捞许可证后，还需得到所在州政府的批准。依据马来西亚《渔业法》的规定，没有有效的许可证，任何人不得在马来西亚的渔业水域从事捕捞活动，捕捞作业中也不得违反许可证中所规定的作业条件。

2. 捕捞分区制度

这一管理制度的主要目的在于保护渔业资源和沿岸小型渔民利益。为了更好实施渔业管理，马来西亚政府将捕捞作业海域划分为 4 个（A、B、C、C2）捕捞区域，即：A 区，离岸 0~5 n mile；B 区，离岸 5~12 n mile；C 区，离岸 12~30 n mile；C2 区，离岸 30~200 n mile 或专属经济区界限以内。5 GT 及其以上的拖网和围网（不包括鳀围网）渔船禁止在 A 区作业；40 GT 及其以上的拖网和围网渔船禁止在 B 区内作业；70 GT 及其以上的拖网和围网渔船禁止在 C 内作业。而且，每艘渔船外面都需要标上相对应的作业海域字母 A、B、C 或 C2。标有 A 字母的船只一般功率较小，从事传统的捕捞作业；标有 B 字母的船只总吨位在 40 GT 以下，可进行拖网和围网作业，而且 B 区船只还可进入 C 区和 C2 区作业；标有 C 字母的船只总吨位在 40 GT 以上，可进行各种类型作业，而且 C 区船只还可进入 C2 区作业，但不能进入 B 区作业；标有 C2 字母的船只总吨位在 70 GT 以上，可进行各种类型作业，但仅允许在 C2 区作业，不能进入 B 区和 C 区作业。

马来西亚海洋捕捞主要集中在 12 n mile 以内的 A 区和 B 区，就整体而言，目前这个海域的渔业资源已被过度开发。因此，政府已开始强调沿岸渔业资源的养护与管理，实行捕捞许可制度，限制沿岸渔区的捕捞量，实施减船减人政策，同时提高沿岸渔民的生活，为失业的渔民提供各种培训，使其转业到水产养殖、食品加工、深海捕捞和种植业工作。

3. 对外国渔船的管理规定

1985 年颁布的马来西亚《渔业法》规定，外国渔船可以通过代理申报捕鱼许可证，但因代理不落实而未能实行。1992 年马来西亚农业部成立了两个渔业公司，分别负责西马东海区和东马对外渔业合作。目前马来西亚政府颁发捕鱼许可证给国内渔业公司，这些持证公司可使用自有船只或租用他国渔船进行捕捞作业，合作渔船的作业范围为离岸 30~200 n mile 专属经济区水域，国内业者在租用外国渔船作业时，须遵守本国政府颁布的租用外籍渔船规定。

马来西亚于 1998 年实施租借外国渔船政策，并制定了一些相关入渔条件和限制。根据马来西亚《渔业法》的规定，外国渔船不得在马来西亚渔业水域进行捕鱼活动或试图进行捕鱼活动，除非外国政府与马来西亚政府签订了协议或协定，或者外国渔船持有马来西亚政府颁发的捕捞许可证。未经马来西亚渔业局长的书面批准，外国渔船也不得在马来西亚渔业水域内装卸任何鱼货、燃料或补给品，或者转运鱼货。外国渔船申领捕捞许可证应通过其在马来西亚的代理向渔业局长提出，马来西亚代理对外国渔船的捕捞活动承担经济责任和法律责任。渔业局长还可以要求外国渔船支付一定金额的保证金，以确保外国渔船遵守马来西亚的渔业法规和许可证所规定的条件。外国人拥有的渔船和不是由马来西亚国民完全拥有的渔船，应当缴纳一定数额的捕捞许可证费。外国渔船在领取马来西亚颁发的捕捞许可证时，渔业局长可在许可证上附加一些限制条件。任何外国渔船违反渔业法规的任何条款，其船主、船长或船员均被认为有罪。船长或船主和船员将被分别处以不同额度的罚款。除罚款外，法院还可下令没收违法的渔船、渔具和渔获物。经许可进入马来西亚渔业水域作业的外国渔船，只能在距岸 30 n mile 以外的水域作业，而且必须以马来西亚港口为作业基地，作业期限为 1 年。自马来西亚实施租借外国渔船政策后，已有中国、泰国、越南等国渔船入渔。近年来，由于发生外国渔船违规闯入近海偷渔事件，所以当地提出要求停止租借外国渔船政策的呼声。

　　总的来说，马来西亚渔业资源丰富，渔业管理法规完善，但国内捕捞能力不强，且受到人力资源不足的限制。在严格遵守马来西亚相关渔业法规的基础上，外国渔业企业会有一个良好的发展空间，马来西亚可成为外国远洋渔业的一个稳定发展点。

参考文献

曹世娟，黄硕琳．马来西亚的渔业管理与执法体制．中国渔业经济．2002（1）：46-48.

陈思行，刘建．马来西亚．中国远洋渔业信息网，2007 年 9 月 11 日．http：//www. cndwf. com/bencandy. php？fid＝138&id＝785.

陈思行．马来西亚的海洋渔业．海洋渔业，1984（4）：190-192，157.

冯广朋．马来西亚水产业发展现状．现代渔业信息，2007，22（3）：11-13，17.

广东省海洋与渔业局科技与合作交流处．马来西亚渔业．海洋与渔业，2011（10）：52-54.

尚合峰．东马来西亚深海渔业现状与发展前景．水产科技，2005（1）：36-39.

杨坚，等．世界各国和地区渔业概况（上册）．北京：海洋出版社，2002.

佚名．马来西亚概况：地理气候．中国人民共和国驻马来西亚大使馆经济商务参赞处，2014 年 7 月 2 日．http：//my. mofcom. gov. cn/article/ddgk/201407/20140700648135. shtml.

佚名．马来西亚海洋渔业概况．首聚能源博览网，2010 年 7 月 29 日．http：//www. eedu. com. cn/News/ma laixiyaliuxue/HTML/malaixiyahaiyangyuyegaikuang. html

佚名．马来西亚水产资源丰富．第一食品网，2011 年 1 月 19 日．http：//malaysia. caexpo. com/scfx_ mlxy/ tzhj_ mlxy/2011/01/19/3520697. html.

佚名．马来西亚渔业．水产科技情报，1975，（11）：26-28.

佚名．西马来西亚和马来西亚．签证之家，2013 年 6 月 6 日．http：//www. visahome. cn/qzbk/qzkt/2013/06/06/9077.

郑焕宇．马来西亚渔业．东南亚研究，1983，（2）：53-60.

Abu Talib，A. And M. Alias. Status of fisheries in Malaysia—an overview，p. 47-61. In G. Silvestre and D. Pauly（eds.）Status and management of trpical coastal fisheries in Asia. ICLARM Conf. Proc，53，208 p.

Abu Talib，A.，G. H. Tan and Y. Abd. Hamid. Overview of the national fisheries situation with emphasis on the demersal fisheries off the West Coast of Peninsular Malaysia，p. 833 – 884. In G. Silvestre，L. Garces，I. Stobutzki，M. Ahmed，R. A. Valmonte-Santos，C. Luna，L. Lachica- Aliño，P. Munro，V. Christensen and D. Pauly（eds.）Assessment，Management and Future Directions for Tropical Coastal Fisheries in Asian Countries. WorldFish Center Conference Proceedings 67，2003. 1120 p.

Ahmad Ali，Ibrahim Johari. Shrimp Fisheries in Malaysia. Paper presented in the Australian and FAO workshop on selective shrimp trawling with selective device. Darwin，Australian. 24 – 26 July 1997. http：//www. seafdec. org. my/v13/images/stories/pdf/DownloadPublication/Shrimp%2520 Fisheries/Shrimp %2520 fisheries %2520 in %2520 Malaysia. pdf.

De Young，C. Review of the state of world marine capture fisheries management：Indian Ocean. FAO Fisheries Technical Paper. No. 488. Rome，FAO. 2006. 458p.

FAO. Fishery and aquaculture country profiles：Malaysia. FID/CP/MYS，FAO，2009. ftp：//ftp. fao. org/FI/DOC UMENT/fcp/en/FI_ CP_ MY. pdf.

Rosidi Ali. Fishing Gear and Methods in Southeast Asia：_ II. Malaysia. Southeast Asia Fisheries Develoment Center，2002. 324p.

Yasuki OGAWA. Marine Fisheries Management and Utilization of Fishing Ground in Malaysia. JARQ，2004，38（3）：209-212.

Department of Fisheries Malaysia. Annual Fisheries Statistic 2010（volume 1），2011. http：//www. dof. gov. my/documents/10157/808a7e37-80a3-4453-ac28-4e8391ee7d5e.

Department of Fisheries Malaysia. Annual Fisheries Statistic 2013，2014. http：//www. dof. gov. my/senarai-pera ngkaan-perikanan-tahunan-2013.

第四章
印度尼西亚海洋渔业生态和资源开发

印度尼西亚（简称印尼）是一个多岛国家，岛屿较为分散，各群岛之间是广阔的海面。海湾曲折，有天然的好渔场。海洋渔业资源非常丰富，是全世界海洋生物最为多样化的国家，拥有大约 8 500 种鱼类、555 种海藻、950 种珊瑚等海洋资源。海洋捕捞是印尼的重要海洋产业之一，不仅为本国政府提供重要的外汇收入，同时也在给国内消费者供应海洋动物蛋白质方面发挥重大作用。

第一节　地理和海洋环境

印尼为东南亚国家之一，疆域横跨亚洲及大洋洲，位于亚洲东南部太平洋和印度洋之间，横跨赤道，南北跨度 1 888 km，东西跨度 5 110 km（图4-1）。印尼国界与巴布亚新几内亚、东帝汶和马来西亚相接，另有新加坡、菲律宾及澳大利亚等其他邻国。印尼素有"千岛之国"的美称，是全世界最大的群岛国家。现有人口 2.38 亿，为世界第四人口大国，约87%的人口信奉伊斯兰教，也是世界上穆斯林人口最多的国家。

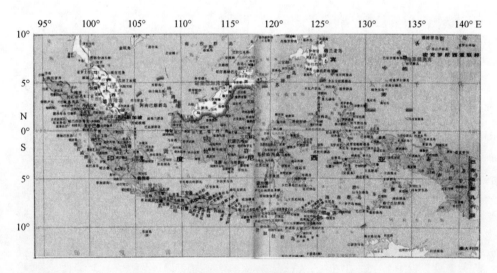

图4-1　印尼地理位置

印尼地理南北跨越地球赤道，属于明显的热带海洋性气候，受西北季风和东南季风的影响较大，降雨量和风向的季节性变化均决定于西北季风和东南季风。具有高温、多雨、风小、潮湿等特点，终年炎热，年平均气温为 25~27℃。全年有旱季和雨季之分，旱季为 4—9 月，雨季在 10 月至翌年 3 月，年降雨量介于 1 780~3 175 mm（平均 2 000 mm），湿度为 70%~90%。最大雨量通过大多数群岛随着西北季风（11 月至翌年 2 月）而降，此时强风通常朝东吹。6—8 月刮东南季风，带来较小的降雨量，并伴有风和中浪，这严重影响整个印度洋沿岸的捕捞作业。在这两个季风之间的过渡期，天气较为平静。

印尼的海洋环境极为复杂，以巨大的物理多样性为特点，群岛西部一半有广泛的大陆架通向东部水域广阔的大洋深度。沿海区域有红树林、海草床、珊瑚礁和河口。这些沿海生态系每一个都蕴藏着生物学和商业上重要的海洋群体。总之，印尼的渔业资源主要密集于近岸水域。

一、海域自然条件

印尼海岸线蜿蜒曲折，长约 108 920 km。印尼领土约 78% 是水域，西部和东部为浅海域，被深水班达海分隔的巽他陆架和萨胡尔陆架与其他深海（如北部的苏拉威西海和马鲁古海和南部的巴厘海和弗洛勒斯海）相通。北部海域和南部海域分别与太平洋和印度洋相通。所以印尼或许拥有世界最富有多样性群聚的海洋生境。海域广阔，表层流属于风海流，表层水温周年基本保持在 24~29℃。

印尼岛屿众多，其实它是由太平洋、印度洋和南海之间的大小岛屿所组成的群岛国家，其中有人口居住的岛屿超过 6 000 个。全境岛屿划分为 4 大部分，即：大巽他群岛、小巽他（努沙登加拉）群岛、马鲁古群岛和西伊里安群岛。岛屿分布较为分散，岛屿之间形成许多海峡和内海，例如，沟通太平洋和印度洋重要通道的巽他海峡、马六甲海峡和龙目海峡等；内海除爪哇海（平均水深 50 m）以及伊里安查亚和澳大利亚之间的阿拉弗拉海（水深在 200 m 以内）为浅海外，其他海域多为深海，其中，苏拉威西岛、马鲁古群岛和西南群岛之间的班达海是世界著名的深海，最深处达 7 000 m 以上。在苏门答腊和爪哇印度洋一侧的海域，也是深水海域，爪哇海沟就是其中之一，海中广泛分布着大量珊瑚礁，巽他堡礁是望加锡海峡中最大的珊瑚礁。

1. 表面流系

印尼水域的表层流系受到太平洋海流和印度洋海流的影响（前者的影响大于后者），也受到盛行季风的巨大影响。每年 11 月至翌年 3 月，在赤道以北，刮东北季风；在赤道上，吹北季风；在赤道以南至南纬 10°，吹西北季风；流向与盛行季风同向。6—9 月，东南季风（或赤道以北西南季风）盛行，在澳大利亚和新几内来亚岛表层流向西北方向流动，其间表层水的流通反向流过班达海、弗洛雷斯海、爪哇海和南海。东南季风比西北季风相对较弱，东南季风期流速为 12~23 cm/s，而西北季风期流速为 25~38 cm/s。

2. 水温和盐度

印尼水域表层水温的季节性变化幅度通常不超过 3℃，从 4—5 月的 30℃ 至 12 月至翌年 1 月的 27℃。表层水温约等于海面的平均气温，并受到季风和降雨类型的影响。西北季风期间降雨量大，导致 12 月至翌年 1 月表层水温度下降。

在印尼群岛范围内，表层水域的盐度平均值在东部为 30.8~34.3，在西部为 30.6~32.6。沿海水域表层盐度随季节变化，变化范围在 31.0~33.0 之内。大量降雨和来自河流的排放影响沿海水域的盐度（尤其在西北季风期间）。河水流入海湾（如雅加达湾），表层水域的盐度明显下降。在东南季风期间，降雨量和河流量减少，来自太平洋的高盐海水进入爪哇海，盐度上升到 32.5~33。

3. 初级生产力

渔业种群的增长和发展取决于食草动物（主要消耗者）利用的初级生产力（浮游植物群落），食草动物本身被海洋生物上一个联级的食物链（二级和三级消耗者）所消耗。在巽他和萨胡尔陆架区，由于高营养含量河水排放的作用，初级生产力一般很高，而且浅水域的水体得到充分混合。在东北和西南季风期，从马六甲海峡的生产力很高。在加里曼丹以南，高生产力只发生于东北季风期。马六甲海峡的初级生产力平均值最高，大于 0.30 g C/m² · d，也有些区域生产力高于 0.70 g C/m² · d。苏门答腊西海岸、爪哇南海岸和其他邻近水域三级生产力是初级生产力的 1% 和二级生产力的 10%。

在印尼某些地方，初级、二级和三级生产力受到上升流的巨大影响。西北澳大利亚的上升流发生于 7—8 月，并与东北季风盛行的风和流相关。最重要的上升流区于 7—8 月出现在爪哇南岸，并与巴厘海峡的季节性沙丁鱼渔业相关。爪哇南岸、巴厘海峡、巴厘岛和龙目岛南岸的上升流区为 400 km 宽，1 200 km 长，其流量高达 240×104 m³/s。

二、海洋生态系统

印尼的海洋环境分为 2 大组成部分：沿岸水域和近海水域。其中近海水域又细分为浅水生境和深水生境。这些组成部分或生态系统中每一个都蕴藏着不同类型的生物多样性群聚。

印尼沿海区域富有热带海洋生态系统，例如：港湾海滩、红树林、珊瑚礁、海藻床、海草床和蕴藏着各种不同生物群落以及种类多样性丰富的小岛生态系统。其他沿岸生境（如多沙多泥海岸、海滩或泥滩）的生物多样性相对较为贫乏。这些生态系统为海洋生物资源提供了休养生息之地。

1. 海滩

作为陆地和海洋之间的边界，海滩显示出群落的紧密分布带和生产力的来源，它们组成一个异构系统。该系统是印尼沿岸区的一个重要组成部分。

在海滩的上区，主要生物体是根植物。暴露的海滩因物理不稳定和温度、盐度及湿度的变化大而出现特别恶劣的环境，但大量动物已适应这些环境。出现在海滩上的大动物一般显示出一个十分发达的分布带，泥蟹端足目甲壳动物一般在海滩的上区，软体动物（斧蛤属）和一些等足目甲壳动物通常移植于海滩的中区，而海滩的下区是一些腹足类物种、蝉蟹和海胆（毛拼海胆属）或海星（飞白枫海星）。在印尼东部，海滩也是海龟和冢雉鸟的重要筑巢生境。

2. 红树林

东南亚红树林极为多种多样，其中印尼的红树林就占了东南亚地区红树林的76%。印尼的红树林林区最大，构成苏门答腊、加里曼丹和伊里安查亚沿岸的主要群落，其中伊里安查亚的红树林林占大约77%，其余地方所占比例相对较小，例如，苏门答腊占印尼总红树林林区的10.5%，加里曼丹占7.2%，马鲁古占2.6%，苏拉威西占1.4%，爪哇和努沙登加拉合计占1.2%。

由于沿岸自然地理学和潮汐动力学的差异，所以印尼各地的红树林生态系统的复杂性也各不相同。比如，在笔直的沿海区，红树林生长地带比较狭窄（25～50 m）；在河流带来某些物料的三角洲，营养比较丰富，红树林生长十分茂盛，并且广泛漫延，遍及沿岸。

在印尼，与红树林相关又最有价值的种类是对虾。印尼沿海水域对虾上岸量与红树林相关区域绝对有关。

3. 海草床

在低潮差掩蔽区的沙礁滩也许是海草生长的最好环境。海草形成茂密的海床，覆盖着印尼沿海的广阔海域，为鱼类、无脊椎动物、海龟和儒艮提供生境、索饵和繁育场所发挥广泛的生物和物理作用。海草最重要的区域是下潮间带和上潮下带，这些地带可能出现复杂的植被，当中有7~8个物种生长在一起。潮间带的特点是移民植被，主要以卵叶盐藻（*Halophila ovalis*）、海神草（*Cymodocea rotundata*）和羽叶二药藻（*Halodule pinifolia*）为主；下潮下带主要是镰叶全楔草（*Thalassodendron ciliatum*）。

但是，与红树林和珊瑚礁相比较，印尼海草床是研究最少的沿岸生态系统，目前仍然没有关于苏门答腊、加里曼丹和伊里安查亚海草生态系统的资料。

海草床对世界鳍鱼群落十分重要。在热带地区，许多近岸和近海渔业（鳍鱼和贝类）与海草和红树林以及珊瑚礁密切相关。海草的自给性捕捞广泛发生于整个印尼。许多鳍鱼种类与海草有关。由永久栖息者、偶尔栖息者和某些栖息者（包括一些商业鱼种）组成的鱼类群落只是幼鱼。

无脊椎动物（如虾类）、海参和软体动物都是直接捕自印尼的海草地。在某些区域，海菖蒲（*Enhalus acoroides*）的种子和海神草属（*Cymodocea* spp.）的根茎作为人类食物来收获。印尼对这些渔业的记录不足，它们对自给性经济的贡献也没有作出量化。所以，对印尼海草生态系统和渔业生产之间的关系缺乏了解。

总的来说，飓风、台风、海啸、火山爆发、病害和人类活动对热带沿海区（包括海草床）构成自然压力。

4. 珊瑚礁

在印尼所有群岛广泛分布着珊瑚礁生态系统，珊瑚礁面积大约为 7.5×10^4 km^2。印尼海洋水域生长着各种类型的珊瑚礁，包括：裙礁、堡礁、环礁和块礁。其中裙礁最为普遍，并出现于大多数小至中型岛屿周围（尤其在印尼东部）；而在苏门答腊、西和南加里曼丹的东部和伊里安查亚珊瑚礁的南部，裙礁分布较少。

在没有来自河口沉积物的沿海浅水区，珊瑚礁围绕着岛屿；面临巽他或萨胡尔大陆架内盆地的海岸（苏门答腊的东海岸、加里曼丹的西和南海岸、爪哇的北海岸和伊里安查亚的南海岸）没有珊瑚礁，但距离河流淤积的小岛屿被生长状况良好的珊瑚礁所围绕，如千岛群岛和其他一些地方所看到的一样。珊瑚礁也生长在面临开阔大洋的恶劣海况区。

目前，印尼珊瑚礁受到很大程度的破坏。影响珊瑚礁生存的因素包括：气候、潮汐、地质事件、食礁者、人类活动等。据报告，现在印尼珊瑚礁有 41.39% 已经消失或者受到严重损害。珊瑚礁生长状况监测结果显示，大约 70% 珊瑚礁受到中等程度损害或者严重损害，只有 6.7% 珊瑚礁处于良好状态。

三、海洋生物多样性

1. 物种多样性

印尼海洋生物的已知数量（表4-1）这可作为栖息于印尼海域现有海洋生物丰度的一个参考。没有关于海绵、软珊瑚虫、被囊类、苔藓虫和 gorgonids 的资料。表4-1 也清楚地表明，印尼海洋生物多样性没有足够的文献记录，关于浮游生物的资料也不多，浮游植物的资料仍然基于爪哇海的浮游生物硅藻研究，浮游动物（尤其甲壳类动物）基于分散的发表物。

表 4-1　印尼水域的已知海洋动植物

主要类群	种群	栖息区域	属数
植物	绿藻	印尼水域	196
	褐藻	印尼水域	134
	红藻	印尼水域	452
	海草	印尼水域	13
	红树林	印尼水域	38
珊瑚	硬珊瑚	印尼水域	590
	软珊瑚	印尼水域	210
	柳珊瑚	印尼水域	350
海绵	普通海绵	印尼水域	830
软体动物	腹足类	印尼水域	1 500
	双壳类	印尼及附近水域	1 000
甲壳类	口足类	印尼水域	112
	短尾下目	印尼水域	1 400
棘皮动物	海百全	印尼及附近水域	91
	海盘车	印尼及附近水域	87
	海蛇尾	印尼及附近水域	142
	海胆	印尼及附近水域	284
	海参	印尼及附近水域	141
鱼类	海洋鱼类	印尼水域	3 215
爬行动物	海龟	印尼水域	6
	鳄	印尼水域	1
	海蛇	印尼水域	31
哺乳动物	鲸和海豚	印尼水域	29
	儒艮	印尼及附近水域	1

印尼沿海区富有河口区、红树林、珊瑚礁、海草（藻）床和小岛生态系统。这些海洋生态系统每一组成部分及其相关的生境蕴藏着尚未被开发和记录的丰富海洋资源。

2. 红树林

据报告，印尼红树林有 37 科 88 种，包括附生植物和相关植被。红树科（Rhizophoracea）有 4 属 10 种，海桑科（Sonneratiaceae）和马鞭草科（Verbenaceae）每科有 3 种。面临南海的红树林动、植物种类有 32 种，隶属于 11 科。

3. 藻类

印尼有大量海洋藻类，其中大部分生长在珊瑚礁生态系统。有学者发现仅仅在印尼东部就有 782 种海藻，其中绿藻 179 种，褐藻 134 种，红藻 452 种。有学者报告了印尼海洋藻类的分布情况，其中，千岛群岛有 101 种，达兰有 50 种，巴厘的 Benoa 有 43 种，南和东南苏拉威西有 64 种，马鲁古有 88 种。千岛群岛的藻类数量较高是采集活动强度较大所致。

4. 海草

印尼沿海水域拥有 13 种海草：海神草（*Cymodocea rotundata*）、锯齿叶水丝草（*Cymodocea serrulata*）、海菖蒲（*Enhalus acoroides*）、杜英二药藻（*Halodule decipiens*）、羽叶二药藻（*Halodule finifolia*）、微型二药藻（*Halodule minor*）、卵叶二药藻（*Halodule ovalis*）、角叶二药藻（*Halodule spinulosa*）、二药藻（*Halodule uninervis*）、针叶藻（*Syringodium isoetifolium*）、泰来藻（*Thalassia hemprichii*）、镰叶全楔草（*Thalassodendron ciliatum*）和川蔓藻（*Ruppia maritifma*）。印尼水域还有第 14 种海草——贝克喜盐草（*Halophila beccarii*），但到目前为止还没有其生长地的资料，所以没有列于表 4-1 中。在 13 种海草当中，除了镰叶全楔草和川蔓藻只在印尼东部叙述有限之外，另 2 种海藻——角叶盐藻（*Halophila spinulosa*）和毛叶盐藻（*Halophila decipiens*）在几个地方有记录

5. 珊瑚

印尼拥有的岛屿部分或全部被珊瑚礁围绕。印尼东部是世界珊瑚礁最丰富的海域，珊瑚、鱼类、海绵、藻类和其他生物群体高度密集，而且礁型也丰富，包括 50 多个环礁。

裙礁和块礁是最常见的礁型，石珊瑚是最重要和最主要的群体。印尼水域是全球珊瑚种类多样性中心，石珊瑚大约 76 属 350 种出现在东印尼海域附近。从印尼水域采集到的 452 种石珊瑚中，有些是作为新种叙述或作为"属"叙述，或者未能确定种类而加以其他说明。最新研究显示，印尼石珊瑚有 82 属 590 种。3 种最重要的造礁珊瑚属是：鹿角珊瑚属（*Acropora*）、表孔珊瑚属（*Montipora*）和滨珊瑚（*Porites*），分别为 104、39 和 24 种。珊瑚属的分布情况是：西苏门答腊 49 种，爪哇海 63 种，苏拉威西南部 75 种，弗洛勒斯岛和松巴哇岛 68 种，北苏拉威西万鸦老北部 63 种。

6. 软体动物

了解海洋软体动物的数量不够准确，据有关专家报告，大约 1 000 种双壳类，1 500 种腹足类。有专家报告，在印尼红树林区有 183 种软体动物，浅水软体动物 329 种来自雅加达湾，392 种来自千岛群岛，247 种来自爪哇海和马都拉海峡，63 种来自达兰，125 种来自东南苏拉威西，913 种来自马鲁古。

7. 甲壳类

印尼海洋甲壳类没有足够的文献记录，表 4-1 只列出 2 个群组：口足类（102~

115 种）和蟹类（1 400 种），这些数量基于未发表的数据。印尼的岩虾至少 170 种。

8. 海洋鱼类

据 2004 年《世界鱼类数据库》记录，印尼海洋鱼类数量为 3 215 种。有报告说，1 133 种鱼来自毛梅雷湾、弗洛勒斯和科莫多岛，多达 254 属 736 种基于未发表的数据。有报告说，印尼的礁鱼总数量为 113 科 2 057 种，其中 97 种属于印尼地方性鱼种。种数量最多的科是：虾虎鱼科（Gobiidae）272 种、隆头鱼科（Labridae）178 种、雀鲷科（Pomacentridae）152 种、天竺鲷科（Apogonidae）114 种、鳚科（Blenniidae）107 种、鮨科（Serranidae）102 种、海鳝科（Muraenidae）61 种、海龙鱼科（Syngnathidae）61 种、蝴蝶鱼科（Chaetodontidae）59 种和笛鲷科（Lutjanidae）43 种，这 10 科合计占礁区鱼类总数量的大约 56%。在世界已知的 321 种小热带鱼中，印尼水域蕴藏大约 138 种，所以，《世界鱼类数据库》提供的数量似乎太小，因为印尼科学家报告的许多鱼种尚未包括在内。

9. 海龟

印尼有 6 种海龟，包括绿海龟（*Chelonia mydas*）、玳瑁（*Eretmochelys imbricata*）、太平洋丽龟（*Lepidochelys olivaceae*）、棱皮龟（*Dermochelys coriceae*）、蠵龟（*Caretta caretta*）、平背龟（*Natator depressa*）。绿海龟是最丰富的种类，而且很有价值，尤其是它的肉和蛋。西印尼每年繁殖 2.5 万多只雌龟。玳瑁资源也丰富，棱皮龟数量很少。

10. 海洋哺乳动物

在海洋哺乳动物当中，印尼仍然是东南亚儒艮的重要避难所。关于儒艮群体数量的资料很少，无论在什么地方，它都是一种难以捉摸和敏感的动物，不仅开发利用它的肉，而且还开发利用它的牙齿。

据报告，有大约 29 种海洋哺乳动物，其中 7 种是须鲸，其余是海豚及其亲缘种，在印尼邻近所有海域都有出现。

除了上述 10 大类群之外，还有许多类群，如海绵、棘皮动物等。

第二节　渔场与渔业资源

一、渔业区域划分

印尼海域辽阔，分属太平洋和印度洋，岛屿间形成众多海峡和内海。为了便于渔业管理和发展，印尼农业部根据地理和海况特征将全国海域划为 9 个渔业区（图 4-2），分别为：①马六甲海峡、②南海、③北爪哇海、④望加锡海峡和弗雷兹海、

⑤班达海、⑥阿拉弗拉海、⑦托米尼湾和马鲁古海、⑧苏拉威西海和太平洋、⑨印度洋。

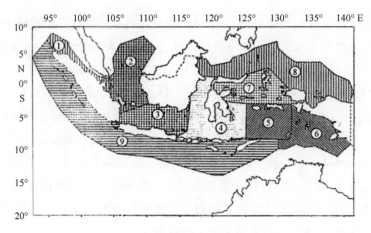

图4-2　印尼海域9个渔业区的分布

在9个渔业区中，①马六甲海峡、②南海和③北爪哇这3个区是一片相连的浅海，水深为40~50 m，底层鱼类和小型中上层鱼类资源丰富，是印尼渔获量最高的海域，也曾经是拖网作业的优良渔场，但目前禁止拖网作业；④望加锡海峡和弗雷兹海、⑤班达海和⑥阿拉弗拉海位于印尼伊瑞安岛（新几内亚岛）与澳大利亚之间的大陆架水域，水深在15~80 m之间，地质条件好，底层和小型中上层鱼类资源丰富，且没有灾害性天气，是底拖网作业的良好渔场，可常年昼夜生产；⑦托米尼湾和马鲁古海以及⑧苏拉威西海和太平洋这4个区位于苏拉威西岛周边，海域较深，盐度较大，渔业资源主要为大型和小型中上层鱼类；⑨印度洋（从苏门答腊岛北端延伸至帝汶岛）这一区域大陆架狭窄，除了巴厘海和帝汶海有大陆架浅海之外，基本上都是深海，盛产大型和小型中上层鱼类。

二、渔场

印尼的领海水域包括3个主要生态系统（巽他陆架、萨胡尔陆架和印度洋）和其他深海海域（表4-2）。中上层和底层渔业存在于该广阔的大陆架，而在印度洋与其他深海海域的开发主要受限于中上层资源，除了爪哇南岸虾资源被拖网船开发之外。

印尼浅水陆架大部分是可拖网作业的，尽管有些区域被珊瑚礁、海绵床和露出水面的岩石所覆盖。捕捞作业比较发达的水域有苏门答腊、爪哇和苏拉威西南部海域。苏门答腊周围海域是印尼渔业最主要的作业海域，约有70%的动力渔船集中于此海域生产，渔获物主要有鲐、马鲛、日本银带鱼、鲣、金枪鱼、虾类等。苏门答腊西海岸的巴东外海是捕捞鲣和金枪鱼的好渔场，东海岸的巴眼亚比和廖内海域都是著名的渔场。

在爪哇海域，以虾拖网的发展为最快。拖网渔船大多数是 20~30 GT 的小型渔船，平均 5 d 为一作业航次，作业水深不深于 30 m，捕捞对象有笛鲷、马鲛、金线鱼、乌鲳、石首鱼科、带鱼、鲳、鲥、海鲇、大口鳒等。爪哇近海渔业以蓝圆鲹、羽鳃鲐、鲔为主要捕捞对象，近岸渔业则以圆腹鲱和小沙丁鱼占优势，生产渔具为刺网和 pagang，光诱敷网渔业以鳀为主要捕捞对象。

表 4-2 印尼领海水域的主要生态系统及其特定水域面积

区域和分区域	水域面积（km²）
巽他陆架	686 000
马六甲海峡	55 000
南海（印度尼西亚部分）	250 000
爪哇海（巽他海海峡）	381 000
萨胡尔陆架	160 000
阿拉弗拉海	143 500
其他水域	16 500
印度洋	132 500
苏门答腊西海岸	70 000
爪哇南海岸	30 000
巴厘海峡	2 500
南小巽他群岛	30 000
其他深水海域	1 694 000
望加锡海峡，苏拉威西周围水域，北小巽他群岛	594 000
弗洛雷斯海	100 000
班达海	100 000
马鲁古（包括北、西伊里安查亚）	900 000

在苏拉威西海西南部的望加锡海域以及巴厘海峡，长头沙丁鱼渔业也比较发达。巴厘海峡中上层鱼年渔获量 4.5×10^4 t，其中约 89%（4×10^4 t）是长头沙丁鱼，主要采用刺网、敷网、手钓、掩网、陷阱等传统渔具捕捞。围网渔业于 1974 年引进，而且发展迅速。

印尼海洋渔业尚属传统型渔业，捕捞方式落后，仍停留在沿岸和近海作业。作业海区大体分为如下 3 个海域：

1. 印度洋海域

该海域包括印尼西部和南部海域，即从苏门答腊岛北端延伸至帝汶岛的印度洋海域。这一海域基本上都是深海，仅巴厘海和帝汶海有大陆架浅海，主要盛产虾类和金枪鱼类。1980 年起，印尼政府禁止使用底拖网作业后，印度洋海域的捕虾业和金枪鱼渔业开始发展起来。苏门答腊西海岸的巴东外海和巽他海峡是鲣和金枪鱼的良好渔场，日本远洋金枪鱼围网渔船也在此进行捕捞生产。主要作业方式为围网、丹麦式围网和旋曳网。

2. 爪哇海海域

该海域包括南海海域及马六甲海峡。这一海域沿苏门答腊、爪哇、加里曼丹来半岛形成了一个连通的浅海，水深 40~50 m，渔业资源十分丰富，是群众小型渔业最易捕捞作业的海域，也是印尼渔获量最高的海域。

爪哇海是印度尼西亚对虾的生产中心，与马六甲海峡、苏门答腊东岸和廖内群岛海域均是著名的渔场，盛产斑节对虾、墨吉对虾、短沟对虾等。

爪哇海也是底层鱼类和中上层鱼类的主要产区，主要作业区集中在爪哇岛北部水域。中上层鱼类资源以鲱科、鲳科、鲹科和鲭科鱼类为主要捕捞对象；底层鱼类以笛鲷、金线鱼、带鱼、石首鱼、黑边鲾、长鲾、海鲇等为主。

3. 东部海域

该海域包括苏拉威西群岛、马鲁古群岛和伊里安查亚岛沿海以及班达海、苏拉威西海和马鲁古海。该海域北部面向太平洋，南部面向印度洋，除了苏拉威西海西南部（特别是伊里安查亚西部）大陆架较开阔外，其他水域大陆架都较狭窄。主要捕捞种类为金枪鱼。在苏拉威西南部和马鲁古群岛南部盛产墨吉对虾；在伊里安查亚海域虾类资源尚未充分开发；在阿拉弗拉海有带鱼、黄鱼、鲳、金线鱼、鱿等资源，每年 5—12 月为捕鱼季节，9—12 月为高产期，12 月至翌年 5 月为捕捞黄鱼和带鱼的季节，5—9 月和 8—9 月分别为捕捞乌鲳和鳓的季节。

三、渔业资源概况

印尼岛屿众多，渔场广阔、富饶，生物资源种类繁多，渔业资源相当丰富，许多鱼类具有生长快、成熟早、生命周期短、产卵季节长等特点。大陆架可供渔民从事底层和中上层鱼类捕捞，岛屿周围的专属经济区（EEZ）水域较深，有丰富的鲣、金枪鱼等洄游性鱼类，同时又有适宜的气候和水文条件，为海洋捕捞业的发展提供了有利的条件。

印尼水域可供捕捞的种类有 200 多种，其中 65 种具有较大的经济价值。近海水域蕴藏着雄厚的中上层鱼类资源有待开发，主要包括金枪鱼、鲣、黄鳍金枪鱼、马鲛、鲉、鲱、沙丁鱼、圆鲹、圆腹鲱、飞鱼、枪乌贼等。底层鱼类除了鲷、鲨、石首鱼科等鱼类之外，还盛产对虾、热带龙虾、扇贝和软体动物。礁岩区有丰富的笛鲷、梅鲷等。大陆坡也有可开发利用的笛鲷。在勿里洞沿海盛产海参，加里曼丹、马鲁古群岛盛产珍珠和珍珠贝（表4-3）。

总体上，印尼的海洋捕捞种类可归纳为4大类：① 大型中上层鱼类，主要包括鲣、金枪鱼、旗鱼、鲨、小型金枪鱼等；② 小型中上层鱼类，主要包括竹筴鱼、马鲛、沙丁鱼、澳洲鲹、鲲等；③ 底层鱼类和珊瑚礁鱼类，主要包括石斑鱼、真鲷、篮子鱼、鲳等；④ 虾类和其他甲壳动物。

表4-3　印尼水域的底层和中上层鱼类、甲壳类、软体动物和其他种类

群组	科/属/种	学名	科/属/种	学名
底层鱼类	鳒科	Psettodidae	尖吻鲈	*Lates calcarifer*
	舌鳎科	Cynoglossidae	金线鱼属	*Nemipterus* spp.
	鲽科	Pleuronectidae	大眼鲷属	*Priacanthus* spp.
	龙头鱼	*Harpodon nehereus*	梅鲷属	*Caesio* spp.
	鲾科	Leiognathidae	石首鱼科	Sciaenidae
	华海鲶属	*Tachysurus* spp.	真鲨科	Carcharhinidae
	蛇鲻属	*Saurida* spp.	双髻鲨科	Sphyrnidae
	绯鲤属	*Upeneus* spp.	须鲨科	Orectolobidae
	石鲈属	*Pomadasys* spp.	魟科	Trigonidae
	笛鲷科	Lutjanidae	银鲳	*Pampus argenteus*
	鮨科	Serranidae	马鲅属	*Polynemus* spp.
	裸颊鲷属	*Lethrinus* spp.	带鱼属	*Trichiurus* spp.
底层甲壳类	梭子蟹属	*Portunus* spp.	短沟对虾	*Penaeus semisulcatus*
	锯缘青蟹	*Scylla serrata*	新对虾属	*Metapenaeus* spp.
	龙虾属	*Panulirus* spp.	除上列外的所有虾类	
	斑节对虾	*Penaeus monodon*	除上列外的所有甲壳类	
底层软体动物	巨蛎属	*Crassostrea* spp.	枪乌贼嘱	*Loligo* spp.
	日月圣属	*Amusium* spp.	乌贼嘱	*Sepia* spp.
	文蛤属	*Meretrix* spp.	章鱼属	*Octopus* spp.
	粗饰蚶属	*Anadara* spp.	除上列外的所有软体动物	

群组	科/属/种	学名	科/属/种	学名
中上层鱼类	乌鲳	*Formio niger*		*Serdinella fimbriata*
	舒属	*Sphyraena* spp.	长头沙丁鱼	*Serdinella longiceps*
	圆鲹属	*Decapterus* spp.	宝刀鱼属	*Chirocentrus* spp.
	凹肩鲹属	*Selar* spp.	鲱属	*Clupea toil*
	细鲹属	*Selaroides* spp.	羽鳃鲐属	*Rastrelliger* spp.
	鲹属	*Caranx* spp.	斑点马鲛	*Scomberomorus guttatus*
	大甲鲹	*Megalaspis cordyla*	康氏马鲛	*Scomberomorus commersoni*
	鲭鲹属	*Chorinemus* spp.	鲔属	*Euthynnus* spp.
	纺锤鰤	*Elagatis bipinnulatus*	金枪鱼属	*Thunnus* spp.
	燕鳐属	*Cypselurus* spp.	短鲔	*Parathunnus obesus*
	鲻属	*Mugil* spp.	旗鱼属	*Xiphias* spp.
	圆颌针鱼属	*Tylosurus* spp.	枪鱼属	*Makaira* spp.
	鱵属	*Hemirhamphus* spp.	东方旗鱼	*Istiophorus orientalis*
	小公鱼属	*Stolephorus* spp.	鲣	*Katsuwonus pelamis*
	圆腹鲱属	*Dussumieria* spp.	除上列外的所有中上层鱼	
其他种类	麒麟菜属	*Eucheuma* spp.	海参	
	江蓠属	*Gracilaria* spp.	海蜇	
	海龟		其他	

四、渔业资源开发潜力评估

关于印尼海域渔业资源的最大可持续产量（MSY）研究曾进行过多次，但不同的机构和研究人员所得出的结论却存在较大的差异，从高达 $770×10^4$ t 到低至 $367×10^4$ t。1997 年估算的 MSY 为 $626×10^4$ t（未包括印尼海域观赏鱼年 MSY 约 $15×10^4$ t）；2005 年印尼捕捞管理机构关于本国渔业管理目标中设定的年 MSY 为 $640×10^4$ t，年总可捕量（TAC）为 $512×10^4$ t，即为 MSY 的 80%。联合国粮农组织（FAO）专家评估印尼海洋可捕资源量为 $720×10^4$ t，其中年 MSY 为 $470×10^4$ t，高度洄游性金枪鱼年 MSY 约 $170×10^4$ t。另据有关材料估计，印尼海洋渔业资源潜在量为 $662.5×10^4$ t，而目前渔获量为 $370×10^4$ t，可见，印尼海洋渔业资源尚有开发潜力。

印尼实际作业海区仅为其所属海区的 1/3。爪哇海大陆架、卡里马塔海峡和马鲁古海峡生产力很高，但中上层鱼类已被充分利用，而底层鱼类尚有开发潜力。印尼东部水域，无论是中上层鱼类还是底层鱼类均未充分利用。东部和南部蕴藏着丰富的金枪鱼资源，尤其在爪哇、巴厘北部、苏门答腊西南部、班达海发现有大眼金枪鱼，目前尚未开发。马六甲海峡、北爪哇、南苏拉威西的渔业资源已过度开发，而专属经济区内大部分水域仍然存在着丰富的渔业资源。

印尼海洋渔业资源开发并不均衡，绝大部分渔民和渔获量都是来自苏门答腊岛和爪哇岛。总渔获量（1980 年大约 $140×10^4$ t）的大约 55%主要来自小型渔业（因为这些渔业是在产量不可能再增加的过度开发的近岸水域作业），这种情况在马六甲海峡和爪哇北海岸尤为突出。近海水域和印尼东部的渔场开发强度很小，看来这些水域可以为增加产量提供机会。

据现有报告综合分析评估，印尼海域的主要渔业资源及其开发状况大致如下：

1. 底层鱼类

印尼海区底层鱼类分布较广。分布于爪哇海的底鱼种类约 230 种，隶属于 75 科，其中常见的渔获对象占 40%，包括鮨科（Serranidae）、笛鲷科（Lutjanidae）、带鱼科（Trichiuridae）、鰏科（Leiognathidae）、金线鱼科（Nemipteridae）、大眼鲷科（Priacanthidae）、歧须鮠科（synodontidae）、鲳科（Stromateidae）、石鲈科（Haemulidae）、海鲇科（Ariidae）、鸡笼鲳科（Drepanidae）、羊鱼科（Mullidae）、鲽科（Psettodidae）、舌鳎科（Cynoglossidae）等主要经济种类。阿拉弗拉海常见的渔获对象包括带鱼科、石首鱼科（Sciaenidae）、鲽科、舌鳎科、宝刀鱼科（Chirocentridae）、龙头鱼科（Harpadontidae）、石鲈科、金线鱼科、大眼鲷科（Priacanthidae）、鲨等。

据报告，包括西苏门答腊、马六甲海峡、东苏门答腊、巽他海峡、北爪哇、巴厘-努沙登加拉-帝汶、加里曼丹周围、苏拉威西海和阿拉弗拉海在内的海区合计面积为 $81.8×10^4$ km^2，年资源量估计为 $206.7×10^4$ t，年可捕量 $103.37×10^4$ t。就单位面积资源量而言，密度较高的海区是：马六甲海峡，海区面积 $5.5×10^4$ km^2，年资源量和年可捕量分别为 $23.58×10^4$ t 和 $11.69×10^4$ t；巴厘-努沙登加拉-帝汶，面积 $4.6×10^4$ km^2，年资源量和可捕量分别为 $26.4×10^4$ t 和 $13.2×10^4$ t；巽他海峡，面积 $3.4×10^4$ km^2，年资源量和可捕量分别为 $18.7×10^4$ t 和 $9.35×10^4$ t。就海区作业面积大小而言，最大的是阿拉弗拉海（$16×10^4$ km^2），底层鱼年资源量和年可捕量分别为 $26.2×10^4$ t 和 $13.1×10^4$ t；其次为东苏门答腊（$11.9×10^4$ km^2），底层鱼年资源量和年可捕量分别为 $23.8×10^4$ t 和 $11.9×10^4$ t。

2. 小型中上层鱼类

印尼海区的小型中上层鱼类主要包括叶鲹属（Atule）、圆鲹属（Decapterus）、凹肩鲹属（Selar）、带鱼属（Trichiurus）、大甲鲹属（Megalaspis）、细鳞属（Selarordes）、圆腹鲱属（Dussumieria）、沙丁鱼属（Sardinella）、宝刀鱼属（Chirocentrus）、圆腹沙丁鱼（Ambligaster）、小公鱼属（Stolephorus）、舵鲣属（Auxis）、羽

鲐鲹属（*Rastrelliger*）、马鲛属（*Scomberomorus*）、金枪鱼属（*Thunnus*）等经济种类。

据资源评估报告，包括西苏门答腊、马六甲海峡、东苏门答腊、巽他海峡、北爪哇、巴厘-努沙登加拉-帝汶、加里曼丹周围、苏拉威西海、马鲁古和西伊里安查亚在内的海区合计面积为 210×10^4 km²，小型中上层鱼类的年资源量估计为 516×10^4 t，年可捕量为 258×10^4 t。其中，单位面积资源量较高的海区有：西苏门答腊海区，年资源量和年可捕量分别为 23×10^4 t 和 11.5×10^4 t；巴厘-努沙登加拉-帝汶海区，年资源量和年可捕量分别为 24.2×10^4 t 和 12.1×10^4 t；东加里曼丹海区，年资源量和年可捕量分别为 31.6×10^4 t 和 15.8×10^4 t；南苏拉威西海区，年资源量和年可捕量分别为 47.2×10^4 t 和 23.6×10^4 t。就海区作业面积大小而言，马鲁古海区最大，面积约 79×10^4 km²，年资源量和年可捕量分别为 136.4×10^4 t 和 78.2×10^4 t。

3. 金枪鱼类

印尼海区分布有 10 多种金枪鱼，其中，个体较大的有：黄鳍金枪鱼（*Thunnus albacare*）、大眼金枪鱼（*Thunnus obesus*）、长鳍金枪鱼（*Thunnus alalunga*）、黑鳍金枪鱼（*Thunnus atlanticus*）和蓝鳍金枪鱼（*Thunnus thynnus*）；个体较小的有：鲣（*Katsuwonus pelamis*）、鲔（*Euthynnus affinis*）、小鲔（*Euthynnus alleteratus*）、黑鲔（*Euthynnus lineatus*）、扁舵鲣（*Auxis thazard*）、圆舵鲣（*Auxis rochei rochei*）、青干金枪鱼（*Thunnus tonggol*）等。

资源评估结果表明，印度洋一侧的印尼 EEZ、南苏拉威西海区、北和西苏拉威西海区、北苏拉威西印尼 EEZ、马鲁古-西伊里安查亚北部海区和西伊里安查亚北部印尼 EEZ 的合计面积为 390.5×10^4 km²，金枪鱼类的年资源量为 35.7×10^4 t，年可捕量 17.8×10^4 t，其中鲣的年资源量为 58.9×10^4 t，年可捕量 29.5×10^4 t。

4. 岩礁鱼类

印尼是群岛之国，岛礁众多且分布广，生活于这一生态环境的岩礁鱼类众多，主要有雀鲷科（Pomacentridae）、梅鲷科（Caesionidae）、鹦咀鱼科（Scaridae）、鳂科（Holocentridae）、刺尾鱼科（Acanthuridae）、篮子鱼科（Siganidae）、裸颊鱼科（Lethrinidae）、隆头鱼科（Labridae）、笛鲷科（Lutjanidae）、大眼鲷科（Priacanthidae）等种类。

根据有关资源评估报告，西苏门答腊、马六甲海峡、东苏门答腊、北爪哇、南爪哇、巴厘-努沙登加拉-帝汶、加厘曼丹周围、南苏拉威西、北苏拉威西、马鲁古和西伊里安查亚海区合计面积 680×10^4 km²，年资源量和年可捕量分别为 10.4×10^4 t 和 5.2×10^4 t。

5. 虾类

分布在印尼水域的虾类有 80 余种，其中对虾科约 40 种，例如，墨吉对虾

（*Penaeus merguiensis*）、印度对虾（*Penaeus indicus*）、东方对虾（*Penaeus orientalis*）、斑节对虾（*Penaeus monodon*）、短沟对虾（*Penaeus semiculcatus*）、宽沟对虾（*Penaeus latisulcatus*）等，还有新对虾（例如，独角新对虾 *Metapenaeus monoceros*、刀额新对虾 *Metapenaeus enzis*、秀丽新对虾 *Metapenaeus elegans*）、仿对虾（例如，曲额仿对虾 *Parapenaenopsis sculptilis*、科曼仿对虾 *Parapenaenopsis coromandelico*、细角仿对虾 *Parapenaenopsis gracillima*）、龙虾等。此外，在印尼渔业产量和食物中占重要地位的还有 2 种小虾：樱虾属（*Sergestea*）和糠虾属（*Mysis*）。

印尼各岛沿海几乎都有对虾的踪迹，栖息于靠近河口沿岸水域，水深 30~40 m；斑节对虾（*Penaeus monodon*）和短沟对虾（*Penaeus semisulcatus*），适宜栖息于水清和沙泥海底，水深达 40~60 m。

龙虾分布于珊瑚海区，底质为沙和碎珊瑚。主要种类为波纹龙虾（*Parudius homarus*）。

在蟹类中，重要的捕捞对象为锯缘青蟹（*Scyllaserrata*）和梭子蟹属（*Portunus* spp.）。锯缘青蟹主要栖息于红树林区。

据研究报告，包括苏门答腊东西两岸、马六甲海峡、爪哇南北两岸、加里曼丹西南海岸和东海岸、南苏拉威西、北苏拉威西、巴厘-努沙登加拉、马鲁古和西伊里安查亚在内的海区合计面积为 $109.7 \times 10^4 \ km^2$，对虾资源量估计为 $20.14 \times 10^4 \ t$，年可捕量 $10.07 \times 10^4 \ t$；在 $67.8 \times 10^4 \ km^2$ 合计面积中，龙虾的年资源量和年可捕捞量分别为 $6.25 \times 10^4 \ t$ 和 $4.13 \times 10^4 \ t$。就对虾而言，单位面积年资源量和年可捕量较高的海区有：马六甲海峡，海区面积 $5.5 \times 10^4 \ km^2$，年资源量和年可捕量分别为 $4.58 \times 10^4 \ t$ 和 $2.29 \times 10^4 \ t$；北爪哇，海区面积 $17.3 \times 10^4 \ km^2$，年资源量为 $2.4 \times 10^4 \ t$，年可捕量 $1.2 \times 10^4 \ t$；西南加里曼丹，海区面积 $18.8 \times 10^4 \ km^2$，年资源量 $2.8 \times 10^4 t$，年可捕量 $1.4 \times 10^4 \ t$。

6. 软体动物

根据有关调查报告，在印尼水域的软体动物中，已知瓣鳃类有 100 种，腹足类 1 500 种，海参类 65 种，以及头足类 2 属。具有商业经济价值的常见种类有：文蛤、泥蛤、日月贝、凤螺、竹蛏、牡蛎、砗磲、马蹄螺、珍珠贝、海参、鲍、枪乌贼、乌贼等。但至今尚缺乏资源评估方面的资料。

7. 藻类

据 20 世纪 80 年代末的调查，印尼海域藻类（包括红藻、褐藻和绿藻）共有 555 种，但能作为食用或药用的仅 55 种。红藻包括江蓠属（*Gracilaria*）、麒麟菜属（*Eucheuma*）、石花菜属（*Gelidium*）、拟石花属（*Gelidiopsis*）、沙菜属（*Hypnea*）和角叉菜属（*Chondrus*）。绿藻主要为蕨藻属（*Caulerpa*）、马尾藻属（*Sargassium*）、石莼属（*Ulva*）和浒苔属（*Entromorpha*）。在已有的藻类资源评估中，具有经济价值种类的麒麟菜、江蓠和石花菜的自然资源量分别为 11.6×10^4 t、2.8×10^4 t 和 0.45×10^4 t。

8. 海蜇

在印尼海域捕捞的海蜇主要有 2 种：一种为耳水母（*Auricula auticata*），伞径一般 50 cm，鲜重 5~6 kg；另一种为较小的钵水母（*Scyphozoan*），伞径 10~20 cm，主要分布于爪哇岛南部沿岸芝拉扎（万隆和梭罗之间）。印尼海蜇渔场在苏门答腊和爪哇岛之间的巽他海峡，最重要产地在中爪哇北部三宝垄、南部芝拉扎和东爪哇的普罗伯林果周围海域，主要渔期在每年 8—10 月东北季风季节，捕捞旺季在 9 月。关于海蜇的资源量和开发潜力还没有相关的参考资料和数据。

第三节 渔业资源开发和捕捞生产

印尼的渔业主要集中在西部，即爪哇北部、巴厘海峡、马六甲海峡及苏拉威西的沿海和近海一带，这一地区的渔业产量约占全国渔业产量的 73%。按 1998 年 361.6×10^4 t 捕捞量计算，印尼渔业资源的平均开发率只达到约 60%。而且，各渔区开发程度也不均衡，马六甲海峡南端开发度已达到 113%，爪哇海已达到 112%，部分种类（比如，珊瑚鱼和虾）渔获量已超过可捕捞量，而远洋渔获量只达到可捕捞量的 25%~45%。

印尼渔业资源的潜力还很大，印尼政府正关注下列海域渔业的进一步开发：① 马鲁古海、塞兰海、托米尼湾、哈马黑拉海；② 弗雷兹海、望加锡海峡；③ 班达海、阿拉弗拉海；④ 印度洋；⑤ 苏拉威西海、太平洋。

印尼海洋环境复杂，渔业资源种类繁多。印尼西海岸有巽他陆架浅海，巽他群岛东面是马六甲海峡和巴厘海峡，还有苏门答腊岛、爪哇岛和加里曼丹岛。这些海域渔业资源相当丰富，海洋捕捞产量占印尼海捕总产量的 2/3，但遭受的捕捞压力也较大，特别是近海区域。在印尼东海岸，除了阿拉弗拉海和萨胡尔陆架外，全都是深海。在阿拉弗拉海，有捕捞对虾的商业渔业；在阿拉弗拉海外海，有专门从事金枪鱼和鲣捕捞的商业渔业。大多数小型渔业的渔民，由于受到作业渔船的限制，只能在珊瑚礁区附近使用手钓、笼、地拉网、敷网等小型渔具进行捕捞作业。一些小型渔业的渔民则使用竿钓、拖钓和小型围网捕捞鲣、金枪鱼和一些小型中上鱼类。

自 2000 年以来，印尼的海洋渔业总量始终保持增长态势，年均增长速度为 7%，渔业占国民经济的比重为 5.2%左右，占农业的比重达 19.2%。

近年来印尼政府为发展渔业（又称海洋蓝色经济）采取了一系列措施，获得显著效果。2012 年，印尼海洋渔业产量达 $1\,526 \times 10^4$ t，超过计划目标（$1\,487 \times 10^4$ t），创历史新高。其中，海洋捕鱼 581×10^4 t，增长 7%；2013 年第二季度印尼海洋渔业产量同比增长 7%，远高于其他产业的平均增长率（5.81%）。印尼海洋与渔业部的发展规划提出，到 2014 年海洋渔业总产量将达到 2 230×10^4 t，比 2010 年翻一番；2015 年将达到 2 239×10^4 t，比 2012 年 1 487×10^4 t 的指标增长 66%，成为世界最主要的海产品大国之一。

一、渔业资源利用现状

印尼海洋捕捞年产量约 400×10^4 t，离估算的 MSY（640×10^4 t）和总可捕量（TAC＝512×10^4 t）还有较大的差距。由于渔业资源分布和各地区海洋捕捞业发展水平的不均衡，不同海区和不同资源类别的开发利用状况也各不相同。印尼 9 个渔业管理区的主要资源开发现状可概括为如下三类：

第一类为资源已被充分或过度开发，无进一步增长潜力。属于这一类的资源有：①马六甲海峡和③北爪哇的中上层鱼类；②南海、⑥阿拉弗拉海和⑨印度洋的底层鱼类；①马六甲海峡、②南海、⑥阿拉弗拉海、⑧苏拉威西海和太平洋和⑨印度洋的虾类。

第二类为警告状态，资源现状不清，可能已被充分开发，正在密切监测中。属于这一类的资源有：②南海、④望加锡海峡和弗雷兹海、⑤班达海、⑥阿拉弗拉海、⑦托米尼湾和马鲁古海、⑧苏拉威西海和太平洋和⑨印度洋海域的大型中上层鱼类；④望加锡海峡和弗雷兹海、⑦托米尼湾和马鲁古海、⑧苏拉威西海、太平洋和⑤班达海的底层鱼类。

第三类为资源尚未充分开发，有进一步增产潜力。属于这一类的资源有：①马六甲海峡、③北爪哇的底层鱼类、③北爪哇的虾类、②南海、④望加锡海峡和弗雷兹海、⑥阿拉弗拉海、⑦托米尼湾和马鲁古海、⑧苏拉威西海和太平洋、⑨印度洋的小型中上层鱼类。

可见，目前印尼 9 个海区的渔业资源已完全或过度开发的并不多，总体而言，印尼海洋渔业资源还有非常大的发展空间，但今后的渔业管理无疑将会趋于严格。

二、渔业生产

印尼渔业可以按照作业规模分为：小型渔业、中型渔业和大型渔业。其中，小型渔业是使用非机动船或者使用船外引擎渔船作业的渔业。小型渔业与大、中型渔业的区别在于：大、中型渔业都使用机动渔船作业。

与大型渔业不同，中型渔业主要为印尼民众个人所经营。中型渔业的经营者主要是一些私人企业家，他们有作业渔船，但没有足够资金投入沿岸的相关设施。中型渔业的渔船作业范围较广。

大型渔业与中型渔业的区别主要在于投资水平和作业海域的不同。私人经营的大型渔业要遵守 1968 年颁布的"国内投资法"的各项规定；合资企业经营的大型渔业则要按照 1967 年颁布的"国外投资法"的规定进行；另外，印尼 6 家国有渔业公司也属于大型渔业。这些渔业公司在船队和沿岸的相关设施上资金投入巨大，而那些大型渔业的渔船只能在无捕捞竞争（特别是来自小型渔业渔船的竞争）的海域作业。

在 20 世纪 60 年代期间，印尼几乎完全是小型渔业，98%~99% 的渔船都非动力作业。70 年代期间，印尼海洋渔业船内机和舷外机动力船的数量不断增加，到 1982 年帆力船仍占捕捞船队总船数的 72%。近年来使用舷外机大增，1978—1980 年增加一倍多，1980—1982 年又翻一番。到 1982 年，舷外机船占所有动力船的 2/3，占全国捕捞船队的 18%。

2002 年印度尼西亚海域的渔船数量达 50×10^4 艘，但无具体分布的资料，只能参考 1995 年的数据。1995 年印尼海洋渔船总数为 404 653 艘，其中非动力渔船为 245 162 艘，占 60.6%；在占 39.4% 的动力渔船（159 492 艘）中，94 024 艘（约 59%）为舷外挂机渔船，舷内主机渔船只有 65 467 艘（41%）（其中 75% 小于 5GT）。总体而言，绝大部分印尼渔船是只能在沿岸作业的小型渔船。

印尼的小型渔民使用的渔具类似于东南亚其他国家使用的渔具，包括拉网、刺网、鱼笼/陷阱、敷网、导栅和手钓。菲律宾使用的渔具在印尼也常见。

由于印尼有着广阔的海域、丰富的渔业资源，海洋捕捞产业在国民经济中起着举足轻重的地位。海洋捕捞不仅为印尼人们提供了大量的蛋白质，而且为广大从业人员提供了大量的就业岗位。但是，印尼渔业主要为小型渔业，作业渔船长度、功率都比较小，渔业装备落后，这些因素严重制约着印尼海洋捕捞产量的发展。

印尼从事捕捞作业的渔民人数正在增加，1996 年捕捞渔民为 250×10^4，占全国渔民总人数的 53%；到 2002 年捕捞渔民人数已增加到 408×10^4，其中全职渔民占 51%，兼职渔民占 49%。这些渔民主要分布在北爪哇（22.8%）、东苏门答腊（12.3%）、东南苏拉威西（9.47%）和北苏拉威西（8.91%）。

近年来，印尼政府加大了对海洋捕捞的投入力度，不断改进作业的渔具、渔法，吸引外资，与外国建立合资渔业企业。通过这一系列的有力措施，印尼海洋捕捞产量稳步发展，捕捞产量不断提高，2008 年则增加到 470.2×10^4 t。目前，印尼海洋捕捞产量在全世界已经是名列前茅（2006 年为第四）。

拖网（包括中层拖网、底拖网和虾拖网）、刺网和围网是印尼 EEZ 海域的主要作业渔具。2006 年拖网捕捞产量为 118.25×10^4 t（占 31%）；刺网产量为 97.49×10^4 t（占 26.7%）；围网产量为 59.31×10^4 t（占 15.6%）。

印尼是世界最大的金枪鱼生产国，金枪鱼渔业产值仅次于虾居第二位，年出口额超 20 亿美元。2002 年印尼金枪鱼渔业产量达 49×10^4 t。主要为鲣、黄鳍金枪鱼、大眼金枪鱼、长鳍金枪鱼和蓝鳍金枪鱼。2002 年印尼金枪鱼延绳钓船达 1 497 艘，主要分布在班达海、印度洋、苏拉威西海和太平洋海区。

三、3 种主要渔业

1. 小型中上层渔业

该渔业主要集中于爪哇海，以鲱科、鲹科、鲭科和鳀科鱼类为主要捕捞对象，这 4 科鱼类在 20 世纪 90 年代初约占爪哇海海洋渔业总产量的 65% 左右。鲱科和鳀科鱼类一般在沿岸和海湾河口一带捕获，其他鱼种随季节而变化。一般而言，小型中上层鱼类喜集于近海一带水域，小鱼和未成熟鱼主要在沿岸一带捕获，成鱼则在距岸较远的水域捕获。

鲹科是小型中上层渔业生产中最重要的鱼种，密集于爪哇海沿岸一带水域，主要鱼种为长体圆鲹（*Decapterus macrosoma*）、蓝圆鲹（*Decapterus maruadsi*）、红鳍圆鲹（*Decapterus russelli*）、脂眼凹肩鲹（*Selar crumenophthalmus*）、牛眼凹肩鲹（*Selar boops*）和金带细鲹（*Selaroides leptolepis*）。它们的渔获量绝大部分来自围网渔船。

鲱科鱼类以小沙丁鱼属占首位，主要鱼种有隆背小沙丁鱼（*Sardinella gibbosa*）、黄泽小沙丁鱼（*Sardinella lemura*）、宣姆小沙丁鱼（*Sardinella sirm*）、黑色小沙丁鱼（*Sardinella funbriata*）、长头小沙丁鱼（*Sardinella longiceps*）。宣姆小沙丁鱼被有囊围网捕获，对于隆背小沙丁鱼、黑色小沙丁鱼，采用敷网和定置网捕捞。

鲭科鱼类中最主要的捕捞对象为羽鳃鲐（*Rastrelliger kanagurta*）和短体羽鳃鲐（*Rastrelliger brachysoma*），其次为康氏马鲛（*Scomberomorus commerson*）、斑点马鲛（*Scomberomorus guttatus*）等。鲭科鱼类的作业区主要在加里曼丹南部沿海一带水域，渔获量以下半年最多，一般以定置网捕捞；对于羽鳃鲐则采用围网捕捞。

鳀科鱼类以小公鱼属（包括异拟叶银鱼 *Stolephorus heterolobus*、印度小公鱼 *Stolephorus indicus*、百塔银鳀 *Stolephorus bataviensis*、岛屿小公鱼 *Stolephorus insularis*）和棱鳀属（*Thryssa*）产量较高。这 2 个属主要分布在沿岸、海湾河口一带，通常使用敷网和小型围网捕捞。

拖网渔具被禁后，围网便成为主要的作业渔具。2/3 围网渔获物是由爪哇渔船在爪哇海、巴厘海峡以及南海岸这 3 个主要渔区捕获。

爪哇海的渔船作业时使用伦巴拉围网（是一种无囊围网），中央为取鱼部，通过简便绞车从两端收绞括纲起网。也有使用浅水诱鱼装置（Rumpons）锚定于渔场，还使用灯光诱集鱼类。

在巴厘海峡使用另一种类型的渔船，酷似北欧船只。巴厘海峡较大的围网渔船无甲板，主要由一坚固的横梁所支撑，很像有环围网船，使用双船系统，不使用绞车收拉括纲，而是由另一艘船代拉。这种围网船及其系统虽然离奇古怪，但作业效率非常高。蒙贾尔港的围网船不使用浅水诱鱼装置而使用诱鱼灯来诱集鱼类。以安

213

装在渔船两侧的 4 台内燃机为动力。许多渔船都设有桅杆了望台，船长在了望台上了观望海上鱼群。

南海岸的围网船通常以金枪鱼近缘种幼鱼为捕捞对象，但也捕捞小型中上层鱼类。在开阔大洋水域，既不能使用浅水诱鱼装置，也不能使用集鱼灯，渔民只好寻找水中鱼群发出的磷光，有经验的渔民可以从磷光的特殊模式区分辨出哪些是鲐、沙丁鱼，哪些是近缘金枪鱼。

除围网外，苏门答腊和加里曼丹以定置网和敷网作业为主，还采用钓具，各群岛的渔具和捕捞产量相差悬殊。

2. 金枪鱼渔业

印尼海域有丰富的金枪鱼类资源。黄鳍金枪鱼、长鳍金枪鱼、大眼金枪鱼以及旗鱼、枪鱼等大型金枪鱼分布于印尼印度洋一侧的亚齐北部至西伊里安查亚以及整个加里曼丹东海岸的深水区。鲣以印尼海域东部资源尤为丰富，舵鲣、印度洋鲔、青干金枪鱼等小型金枪鱼分布于整个印尼海域，渔获量以爪哇北部、苏拉威西南部、马六甲海峡和巴厘-努沙登加拉-帝汶海区为最高。

使用的渔具主要是曳绳钓和竿钓，其次是延绳钓和围网。这 4 种渔具的渔获占金枪鱼类总渔获量的一半以上。金枪鱼钓渔业所用钓饵为鳀，在夜间光诱后用抄网或地曳网捕获。除了 1 月和 7 月之外，常年均可捕获。

印尼金枪鱼渔业分布于印尼东部水域和西部水域，不过向来是以东部水域为中心，在印尼出口金枪鱼中，有 80%～95% 来自该海区。

印尼东部水域辽阔，以黄鳍金枪鱼为主要捕捞对象，该水域可划分为五个主要渔区及渔业基地：① 弗罗勒斯海和班达海，渔业基地为巴厘、苏拉威西的肯达里、波尼、乌戎潘当，弗罗勒斯海的茅梅雷和安汶；② 托米尼湾和马鲁古海，渔业基地为卢武克、戈龙塔洛、比通和德那地；③ 苏拉威西海，渔业基地在肯达里、比通、德那地；④ 伊里安查亚北部和西间水域，渔业基地在比阿克和索龙；⑤ 望加锡海峡，渔业基地在马穆米和乌戎潘当。

印尼在东部水域的金枪鱼延绳钓渔业始于 1972 年，1985 以后，因日本对新鲜金枪鱼需求特别殷切，延绳钓金枪鱼渔业迅速发展起来。延绳钓所用的钓饵为银带鲱，于夜间光诱后用抄网或地曳网捕捞。生产作业中有 12%～20% 消耗于捕捞钓饵上。

印尼在其东部水域的金枪鱼围网捕捞始于 1980 年。1980—1982 年以德那地为基地的一家印尼-日本联营渔业公司使用一艘 600 GT 围网船进行作业。1983 年印尼和法国合资组建一联营渔业公司，以比阿克为基地，使用 600 GT 和 750 GT 围网船在伊里安北部和太平洋西部渔场作业，1990 年印尼一家渔业公司接手了该公司。近些年来在伊里安北部和巴布亚新几内亚作业的围网船常年可生产，捕捞的鱼群有 3

种类型：随伴流木的鱼群；与鲨或鲸混栖的鱼群；与鸟类在一起的鱼群。

竿钓渔船虽以鲣为主要捕捞对象，但也可捕到少量黄鳍金枪鱼。有两种竿钓渔业：小型沿岸竿钓渔业；国有企业和私营渔业公司经营的大型竿钓渔业。竿钓渔船有 4 种规格：5~20 GT 的私营小型渔船；15~30 GT 的国有企业渔船；85~90 GT 的联营渔船；200~550 GT 的联营渔船。前二者每航次作业时间分别为 1 d 和 4~5 d；后二者每航次作业时间为 40 d 以上。

手钓是由托米尼湾和望加锡海峡个体渔民使用一种由藤条作线、石头作锚，柳叶作集鱼器的竹筏制成的传统深水集鱼装置进行捕捞。该渔业以黄鳍金枪鱼为捕捞对象，渔获物中小个体（10~30 kg）黄鳍金枪鱼占一半左右。

曳绳钓以南苏拉威西、马鲁古-伊里安查亚的渔获量较高。大多数在6—10月东北季风期间进行生产，其中以8月渔获量最高。

此外，还使用流刺网捕捞鲔和马鲛。捕捞金枪鱼虽可常年生产，但有旺季与淡季之分，超过平均捕捞量为旺季。

在印尼西部水域（印度洋海域），以小型金枪鱼为捕捞对象。鲣主要由苏门答腊西部的曳绳钓和爪哇南岸的刺网所捕获。如黄鳍金枪鱼、大眼金枪鱼之类的大型金枪鱼主要用延绳钓、手钓和曳绳钓捕捞。

印尼西部水域有4个渔场：苏门答腊北部渔场、苏门答腊西部渔场、爪哇南部渔场和巴厘渔场。苏门答腊北部渔场离岸不到 20 n mile，且靠近卸鱼中心，在布勒韦岛西面 100 m 等深线通常可捕到鲣和黄鳍金枪鱼。围网渔船长 18~20 m，宽 3.5 m，吃水约 1.5 m，排水量 19~26 t，船内装有 33~77 kW 舱内机。围网长 700~120 m，网高 40~60 m。船员最多 20 人。每天凌晨 4 时出海，傍晚 6 时而归，这种作业方式以表层集群性金枪鱼为捕捞对象。

苏门答腊西部渔场在明打威群岛周围，进行季节性开发，7—9月盛行南风，停止生产。11月至翌年4月在明打威群岛周围及远离海岸均有大量漂流物，曳绳钓渔船多集中于此作业，渔获物组成以鲣为主。以巴东为基地的渔船以1—6月产量较高，捕获的鲣和黄鳍金枪鱼个体小，平均每尾 1~1.5 kg。苏门答腊西部渔场作业的渔船以巴东和巴厘阿曼为最大卸渔港。曳绳钓渔船长 15 m，15~20 GT，舱内机 24.26 kW。每航次 4~15 d，视季节和渔获量而定。渔获物用冰保藏，每船带冰 2.5 t。白于作业，夜间停产，抛锚于岛屿附近的掩护海湾。船员 3~5 人，一般在渔获满舱（600~700 kg）后才返航。

爪哇南部渔场最主要的金枪鱼渔业中心在珀拉布汉拉图，其次为普里吉和蒙贾尔。使用的渔具种类繁多，其中以刺网和伦巴拉围网为主。虽常年可捕到黄鳍金枪鱼，但以11月至翌年6月产量较高。珀拉布汉拉图的刺网渔业以鲣和黄鳍金枪鱼为主捕对象，也捕捞旗鱼、枪鱼、鲨和鳐。普里吉的刺网渔业则以小型金枪鱼为主捕对象，主要鱼种为鲔和扁舵鲣。刺网捕获的金枪鱼个体大小较为均匀，大多数鲣叉长 50~55

cm，黄鳍金枪鱼叉长 50~60 cm。刺网渔船长 10~12 m，2.5~4 GT，船外挂机为 29.4 kW，船员 3~4 人。刺网由尼龙编制，每片长 60~65 m，高 18~20 m，网目尺寸 80~100 mm。每船带网 20 片，投网前均系结好，通常每天出航，船上备冰出海捕捞，网具置于水下 4 m，黎明起网。使用的伦巴拉围网网长 300~500 m，渔船长 12~15 m，宽 3 m，3~5 GT，舷外挂机 29.4~36.75 kW，船员 20~25 人。每天出航，在沿岸水域作业。在渔场作业的时间为凌晨 3 时至傍晚 5 时。一旦发现鱼群，30~40 min 即可放网完毕。每航次可起网 10 次。旺汛期为 7—9 月，渔获物为小型金枪鱼，其中大多数是鲔和舵鲣，但也有黄鳍金枪鱼和鲣。鲣以 7—11 月资源较丰富，渔获叉长与刺网相同，叉长 50~55 cm。常年可捕获扁舵鲣，以 7—10 月为高峰。

巴厘渔场周围经常出现黄鳍金枪鱼，扁舵鲣仅在 4—7 月季风期间可捕获。渔场在沿岸水域，渔船很少在离岸几海里外作业。使用配有人工拟饵的曳绳钓作业，渔船为轻型渔艇，艇长 5~6 m，配以 5.15~8.82 kW 舷外挂机。贝诺亚的渔船主要在天气好时作业，12 月至翌年 3 月季风期间产量下降，渔获物多为鲣，平均叉长 52~56 cm，而黄鳍金枪鱼的个体大小变化较大。刺网的渔获组成有鲣、扁舵鲣、黄鳍金枪鱼、鲔、旗鱼和中上层鱼类。

印尼西部水域的渔业中心和卸鱼港，在苏门答腊北部的班达亚齐和西海岸的巴东、南爪哇的珀拉布汉拉图、普里和蒙贾尔，南帝汶的古邦以及巴厘。

3. 虾渔业

印尼的捕虾渔业历史悠久，但自 1966 年引进了现代拖网捕虾技术后才得到迅速发展。由于虾需要量以及价格的增长，促进了本国和外国对虾渔业的投资，特别是日本与印尼的合资企业。印尼捕虾渔业的主捕对象为对虾属，全国沿岸水域均可捕获，尤其是在河口和红树林区附近的浅水区。

虾渔业在印尼海洋渔业中占有重要地位。在虾渔获中，主要有墨吉对虾（*Penaeus merguiensis*）、印度对虾（*Penaeus indicus*）、东方对虾（*Penaeus orientalis*）、斑节对虾（*Penaeus monodon*）、短沟对虾（*Penaeus semiculcatus*）、宽沟对虾（*Penaeus latisulcatus*）、独角新对虾（*Metapenaeus monoceros*）、刀额新对虾（*Metapenaeus enzis*）、秀丽新对虾（*Metapenaeus elegans*）、曲额仿对虾（*Parapenaeopsis sculptilis*）、科曼仿对虾（*Parapenaeopsis coromandelico*）、细角仿对虾（*Parapenaeopsis gracillima*）和中华管鞭虾（*Solenocera crassicomis*）等，以墨吉对虾、斑节对虾、刀额新对虾、独角新对虾和仿对虾占优势。此外，在印尼渔业产量和食物中占重要地位的还有 2 种小虾：樱虾属（*Sergestea*）和糠虾属（*Mysis*）。

目前有 4 个主要的虾渔场：苏门答腊东西两岸、马六甲海峡、爪哇北岸、加里曼丹和阿拉弗拉海。

苏门答腊东西两岸均可捕到对虾，东海岸的渔获量比西海岸高。捕虾船大多是木质舯舨，不过近些年来，40~100 GT 双支架拖网渔船也投入生产。

马六甲海峡虾拖网渔船队是由 15~40 GT、25.73~88.2 kW 木质尾拖网渔船组成，对虾渔获量约占全国虾类产量的 56%。采用一种介于扁平形和半球形的聚乙烯虾拖网，网囊网目尺寸平均为 220 mm（一般为 15~25 mm），上纲长 12~22 m（大多数为 18 m）。其他渔具有底刺网、地曳网、敷网、推网、潮汐陷阱等传统渔具，主要在水深 12 m 以内作业。

爪哇南北两岸是捕虾的好渔场，北岸渔场产量高于南岸渔场。在爪哇北岸虾渔场中，以爪哇中北岸和马鲁古海峡最重要。爪哇北岸捕虾采用的传统渔具有刺网、旋曳网、地曳网和推网，其中以刺网最盛行。爪哇北岸的捕虾船与马六甲海峡的拖网船相同。

加里曼丹海域的虾渔场以东海岸和西南沿岸产量较高，虾渔场面积约 2.05×10^4 km²，其中捕捞强度最大的约 1.6×10^4 km²。作业水深一般在 20 m 以内。加里曼丹虾渔业包括个体渔业和生产性渔业。个体渔业使用小型拖网、刺网、潮陷阱和敷网。小型拖网渔船为 3~10 GT、4.4~24.3 kW，当天往返，每月捕虾约 20 d。主要在 4 m 以内浅水区和近岸生产，主要渔获物为墨吉对虾、仿对虾和短角新对虾。近海海区以墨吉对虾居多。生产性虾渔业使用 10~377 GT 大型拖网船，大多数为 10~20 GT 木质拖网渔船；99~377 GT 拖网渔船为日本联合企业拥有。

阿拉弗拉海虽远离印尼，但确实是最好的虾渔场，面积约 7.35×10^4 km²，其中捕捞强度较大的有 4.21×10^4 km²。拖网是该海区唯一的生产渔具。虾拖网渔船是 90~594 GT、191~882 kW 的双支架钢质拖网船。拖网渔船大多数远离岸边生产 35~60 d，专捕对虾属和新对虾属，其中以墨吉对虾、短沟对虾和刀额新对虾占优势。

第四节　渔具渔法

印尼海洋渔具渔法种类繁多，从简单的敷网到复杂的围网、拖网等多种多样，具体地说，主要包括拖网（双撑杆拖网、板拖网、其他拖网）、拉网（Payang、丹麦式围网、地拉网、围网）、刺网（漂流刺网、包围刺网、虾刺网、定置刺网）、敷网（船敷网、定置敷网、其他敷网、捞网）、钓具（金枪鱼延绳钓、其他漂流延绳钓、定置延绳钓、鲣竿钓、钩钓、拖钓）、笼具/陷阱（导栅、张网、携便笼、其他笼具/陷阱）和其他渔具渔法（贝类采集、海藻收集、掩网、鱼叉等）。

印尼捕虾用的渔具分为 2 类：一类为传统性渔具，如陷阱、敷网、刺网、丹麦式围网、地拉网和推网，主要分布于苏门答腊、加里曼丹、爪哇等地；另一类为拖网、围网、钓具等。自 1981 年 1 月起，拖网捕虾限于加里曼丹和印尼东部水域。

印尼渔民使用的渔具渔法大部分结构简单，技术单纯。使用围网、拖网、钓具、刺网和陷阱捕捞各种中上层鱼类和底层鱼类。拖钓是沿岸渔民捕捞小型金枪鱼常用的渔具渔法。刺网主要捕捞沙丁鱼，光诱敷网以鳀为主捕对象。在苏门答腊和廖内群岛沿岸作业的渔民使用刺网和光诱敷网捕捞鲅、梅鲷和鲱。依靠潮水涨落捕鱼的陷阱用于捕捞各种鱼、虾。中上层渔业主要使用改进型、适应本地作业的各种有囊围网，以爪哇海区最为发达。苏门答腊、加里曼丹和廖内群岛的渔民在马六甲海峡和南海进行捕捞生产所使用的渔具大多数是本地设计的围网或环网（小围网），但也使用刺网和鱼篓。

据报告，2004 年印尼注册的海洋渔具数量为 1 354 516 件，年间增加的渔具类型包括便携笼、导栅、地拉网、船敷网、定置刺网、围刺网、拖钓和鲣竿钓。在西苏门答腊区作业的主要渔具是拖钓、定置刺网和漂流刺网；在南爪哇区使用较多的是漂流延绳钓、定置网（Muro-ami）和掩网；在马六甲海峡区的主要渔具是掩网、漂流延绳钓和三重刺网；在东苏门答腊区的主要渔具是贝类采集具和手钓；在北爪哇区的主要渔具是底层丹麦式围网和捞网；在巴喱-巽他群岛区的主要渔具是围网、其他敷网和导栅。定置敷网、张网和包围刺网大多数中南-西加里曼丹作业；其他笼具/陷阱、导栅和定置延绳钓大多数在东加里曼丹作业；其他钓具、船敷网或筏敷网和掩网大多数在南苏拉威西作业；手钓和鱼叉大多数在北苏拉威西使用；便携笼、地拉网和漂流延绳钓主要在马鲁古-巴布亚使用。

一、拖网

20 世纪 70 年代开始，拖网渔业在印尼的马六甲海峡和爪哇海北部得到快速发展。拖网渔船主要在近岸水域从事捕虾作业（图 4-3）。1980 年，印尼全国有 2 500 艘小型拖网渔船，其捕捞产量占印尼海洋捕捞总产量的 12.5%。超过 50% 小型拖网渔船在马六甲海峡和爪哇海北部近岸作业，也有大量小型渔业的渔民在这 2 个海域作业。拖网渔业不但对渔业资源造成过大的捕捞压力，而且与小型渔业存在利益冲突，破坏小型渔业渔具的事件时有发生，有时拖网渔业和小型渔业之间的冲突还会

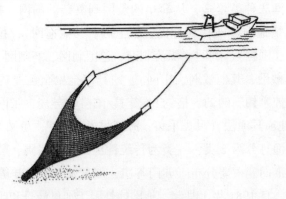

图 4-3 捕虾板拖网

导致暴力事件的发生。

印尼政府相关管理部门认识到拖网作业既破坏渔业资源又影响小型渔业渔民的生存后，于 1980 年 10 月出台了关于拖网的管理措施，规定在爪哇海和苏门答腊海禁止拖网作业，后来延伸到除了阿拉弗拉海之外的印尼其他任何海域也禁止拖网作业。此后，大部分拖网渔船改为延绳钓、围网和刺网作业。尽管如此，仍然还有拖网渔船在印尼水域进行捕捞生产，特别是一些外国渔船。据印尼渔业局报告，2002年有将近 4 000 艘泰国拖网渔船在印尼海域从事非法捕捞活动。

在 20 世纪 50 年代，印尼渔业总局在马都拉海峡和爪哇海进行了试验性拖网捕鱼获得成功，但由于当时印尼处于经济历史混乱期难以获得机器和备件以及其他原因，当地渔民没有对此做出反应。到了 60 年代后期至 70 年代初期，在印尼的整体经济中许多结构性困难逐步得到克服，运输设施和随后的市场机遇开始改善，通货膨胀逐步得以控制，卢比的价值稳定。实际上，推动拖网捕捞迅速发展的是强大的国际虾需求。

这些条件为渔船的动力化提供了必需的基础，而且，马来西亚拖网船队的可营利作业也为排除鳍鱼、海龟和其他不想要副渔获而设计的装置提供了技术灵感。后来把这一改进型渔具改名为"虾网"。

二、围网

自从禁止拖网船以后，围网（图 4-4）已支配了中型渔业。这一渔具于 1968 年由印尼海洋渔业研究所（MFRI）引进到爪哇北海岸北加浪岸地区。1975—1982 年，印尼围网船的数量增加 4 倍，围网船的上岸量增加 3 倍。1982 年在爪哇北海岸和马六甲海峡作业的围网船占船队总数量的 56%，占围网渔获量的 60%。从事围网活动的其他主要省份是北苏拉威西省、马鲁古省和南苏拉威西省，但这些围网船绝大多数都是小船，沿舷安装改装型长尾传动轴汽油或柴油发动机（图4-5），因为它们比标准的舷外机更便宜更普遍，不过产生的功率小，只有 1.74 kW。

围网是在拖网受到严格的限制之后才迅速发展起来的。目前在印尼西海岸已普遍使用围网捕捞各种中上层鱼类。在爪哇采用的围网归纳起来主要有 3 种：伦巴拉网、有囊围网和丹麦式围网。

伦巴拉网是一种无囊围网，很早以来就在印尼沿海一带水域使用，它具有操作简易的特点。该网由取鱼部和网翼 2 个部分组成，网长 40～80 m，网目尺寸 10～400 mm。使用该网的渔船长 9～12 m，功率 29.4～44.1 kW，1～2 d 为一航次。通常夜间作业，船上配 250～500 W 诱鱼灯，诱鱼灯距离水面 60～100 cm，捕捞作业限于离岸 15 n mile。根据网具大小的不同，配备船员 6～16 人。主要捕捞对象是小沙丁鱼、羽鳃鲐和鳀。

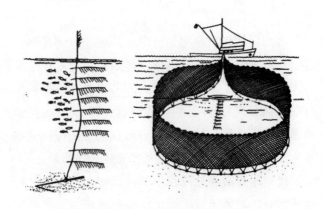

图 4-4　围网捕捞

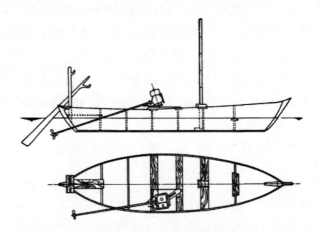

图 4-5　装船内机和长传动轴的典型小型船

　　有囊围网由囊网、网身和网翼 3 个部分组成，长 70~100 m，配有浮子。渔船长 5~6 m，配有船员 20 人。主要捕捞鳐、鳒、虾等底层鱼虾类。

　　丹麦式围网（图 4-6）由网囊、网身和网翼 3 个部分组成。网衣采用棉线编织，选用竹材料作为网具的浮力，装配 10 只铅沉子，适用于沙质或泥沙质沿岸一带作业。由 8~9 m 长的渔船使用，主要捕捞小沙丁鱼。

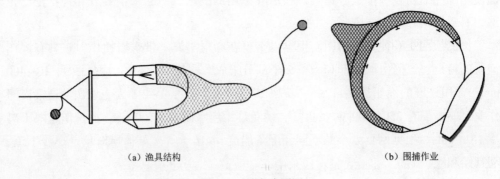

（a）渔具结构　　　　　　　　　　　　　　　（b）围捕作业

图 4-6　丹麦式围网

近些年来，传统围网长 300 m 左右，有的甚至长达 800 m，网深（高度）为 50~80 m。由大型木质围网船使用，船长 15~36 m，10~150 GT，安装 59~258 kW 舷内机，一航次 8~40 d，船员 30~40 人。船上有 10~12 个鱼舱（每个容量 2.5~3 t）。新型围网船有 16~18 个鱼舱（容量 40~50 t），并安装辅机、无线电设备、集鱼灯等。捕捞作业时，小型渔船航程短，捕获鲜鱼后立即返航回港，而装有可贮藏大量鱼货的大型渔船航程较远且航次较长。

三、刺网

印尼有 4 种刺网（定置刺网、漂流刺网、包围刺网和三重刺网），在印尼沿海一带水域广泛使用。

定置刺网由 4~5 片尼龙网片连接而成，每网片长 50 m，装配后的网片长 48 m，网目尺寸 38 mm，每间隔 30 cm 装配 100 g 沉子。作业水深 15~20 m。主捕对象是海鲇、带鱼、竹筴鱼、墨吉对虾等。

漂流刺网（图 4-7）装配后的网长有 385 m 和 485 m 两种，主要捕捞鲹科、鲨、马鲛、鲔等。

包围刺网网长 100~200 m，网目尺寸 35 mm，一般作业延续时间为 15~20 h，每天投网 3~4 网次。有些渔船使用集鱼灯进行诱围刺作业。主要捕捞小沙丁鱼和羽鳃鲐。

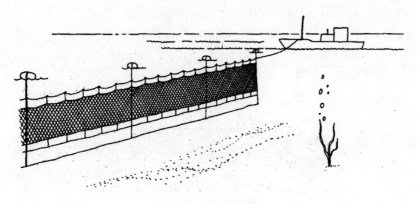

图 4-7　漂流刺网

三重刺网（图 4-8）由 5~10 m 网片组成，网长 150~300 m，装配后的网长分别为 147.5~297.5 m。以捕虾类为主，兼捕海鲇、乌鲳和石首鱼。

四、敷网

印尼敷网有 4 种类型：定置敷网、移动敷网、捞网和其他敷网。

定置敷网的主要型式是在浅水中非金属柱上建造的定置平台，在夜间用来捕捞

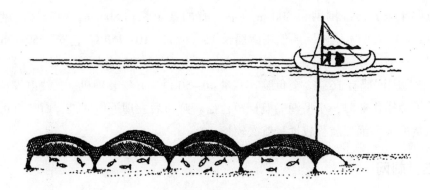

图 4-8　三重刺网

鳀或其他小群中上层鱼种，利用强大的煤油压力灯光把这些鱼种诱集到网的上方。有一种叫做奎笼的敷网是依靠导栅（而不是灯光）来聚集鱼类。定置敷网广泛分布于几乎整个印尼水域，但在马鲁古、伊里安查亚、小巽他群岛、爪哇和苏门答腊的印度洋海岸，因这里的季节性恶劣海况而使这一渔具无法作业。

移动敷网有 2 种：一种安装在类似于游艇的双体船上；另一种安装在由竹或其他材料捆绑在一起的筏上（图 4-9）。后者更接近类似于定置敷网。20 世纪 70 年代由于舷外机的使用较为普遍，船敷网变得流行起来。对于不容易操作的筏敷网，通常在受到保护的近岸水域作业，在这些敷网筏上，舷外机不常用。据报告，印尼移动敷网总数量的 40% 以上是在南苏拉威西沿岸区域作业。

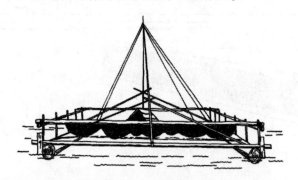

图 4-9　移动敷网

印尼的捞网属于中上层渔具（在中国类归为抄网渔具），广泛分布于整个印尼。印尼捞网有 2 种完全不同的作业形式。第一种是由风帆船作业时安装在竹竿上的简单捞网，它与在船旁边成圆圈设置的小网目刺网一起使用，然后用该捞网捞起在包围水面附近游泳的成群鱼；第二种是一种较为积极型的动力捞网（图 4-10），在功能上类似于中层拖网，由动力渔船作业，在开发小型中上层鱼种时尤其有效。

在印尼渔业部当做"其他"渔具的敷网包括小型定置敷网和由渔民在浅水域涉

图 4-10　动力捞网

水作业的推网（在中国渔具分类上归为推移抄网）。后者被用来捕捞遮目鱼鱼苗或幼虾出售给咸淡水池塘水产养殖户。

五、钓具

印尼钓具包括延绳钓、鲣竿钓、拖钓和其他竿钓。延绳钓包括金枪鱼延绳钓、漂流延绳钓和定置延绳钓。

拖钓是沿岸渔民捕捞小型金枪鱼及其近缘种常用的渔具。延绳钓和竿钓主要用于捕捞黄鳍金枪鱼和大眼金枪鱼。

从事钓捕作业的中等功率渔船一航次时间约为一个星期，可捕获金枪鱼 5~10 t，而大型钓船一航次时间则为 20~30 d，产量可高达 30~50 t。

六、陷阱

导栅（图 4-11）是典型的陷阱渔具之一，主要用来捕捞底层鳍鱼和虾，并要求在受保护的浅水域作业，用捞网或小拉网捞取渔获物。导栅广泛分布于整个印尼（苏门答腊西海岸和爪哇南海岸除外）。

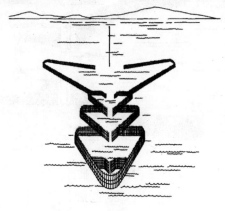

图 4-11　陷阱——导栅

223

七、张网

固定于海底的张网是利用潮流或潮汐的涨落来达到捕鱼的目的。利用流向的转换，张网可倒转向使用。樱花虾是这一渔具的主捕种类。虾张网需要有足够强大的沿岸流把虾带入网内。有些张网配置导栅将虾导入网内（图4-12），有些张网没有导栅，而有一连串类同的网固定于海底捕鱼。印尼89%的张网集中于马六甲海峡和苏门答腊和加里曼登的东部沿海地区。

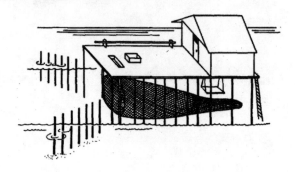

图4-12 配置导栅的虾张网

八、其他渔具

除了上述渔具之外，印尼还有许多在沿岸浅水域作业的渔具渔法，如掩网、笼具、定置网（Muro-ami）渔法（图4-13）、采贝、采藻等。

据报告，印尼大约70%采贝渔具分布于马六甲海峡；采集海藻的渔具主要集中于小巽他群岛、东爪哇省南海岸和马鲁古。

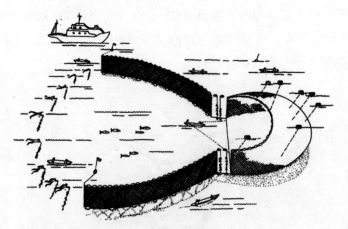

图4-13 Muro-ami 捕捞作业

参考文献

陈思行. 印度尼西亚的海洋渔业. 海洋渔业, 1984, (2)：92-94.

陈思行. 印度尼西亚渔业. 世界农业, 1987, (1)：46-48.

陈思行. 印度尼西亚海洋渔业概况. 海洋渔业, 2002, (2)：192-197.

陈思行. 印度尼西亚的渔业管理与渔业合作, 2003：48.

陈思行, 刘建. 印度尼西亚. 中国远洋信息网. 2007. http：//www. cndwf. com/bencandy. php? fid = 137&id=276.

广东省海洋与渔业局科技与合作交流处. 印度尼西亚渔业. 海洋与渔业, 2011, (6)：52-54.

纪炜炜, 阮雯, 方海, 王茜, 陆亚男. 印度尼西亚渔业发展概况. 渔业信息与战略, 2013, 28 (4)：317-323.

林香红, 周通, 高健. 印度尼西亚海洋经济研究. 海洋经济, 2014, 4 (5)：46-54.

吴宝铃. 印度尼西亚的海蜇渔业. 海洋渔业, 1985, (3)：14.

吴宝铃, 李永祺. 近年来珊瑚礁研究述评兼介绍第五届国际珊瑚礁大会概况. 海洋科学, 1986, (3)：58-62.

佚名. 印尼资源基本情况. 2005. http：//www. bofcom. gov. cn/bofcom/441927851013308416/ 20051110/4536. html.

Bailey C, Dwiponggo A, Marahudin F. Indonesian marine capture fisheries. 1987. http：// pubs. iclarm. net/ libinfo/Pdf/Pub%20SR76%2010. pdf.

CSIRO Marine Research. Report of the status of tuna research in eastern part of Indonesian waters. 16th Meeting of the Standing Committee on Tuna and Billfish, 9-16 July 2003, Mooloolaba, Queensland, Australia. 2003. http：//www. spc. int/DigitalLibrary/Doc/FAME/Meetings/SCTB/16/RPT_ SCTB16. pdf.

FAO. Fishery Country Profile for Indonesia. 2006. http：//www. fao. org/fi/oldsite/FCP/en/idn/pro-file. htm.

Davies R W D, Cripps S J, Nickson A, et al. Defining and estimating global marine fishery by-catch. Marine Policy, 2009, 33：661-672.

Dwiponggo A. Recovery of over-exploited demersal resource and growth of its fishery on the North Coast of Java. Indonesian Agricultural Research and Development Journal, 1988, 10 (3)：65-72.

Emery K O, Sunderland E U J, Uktolseja H and Young E M. Geological structure and some water charac-teristics of the Java Sea and adjacent continental shelf. United Nations ECAFE, CCOP Technical Bulle-tin, 1972, 6：197-223.

Heazle M, Butcher J G. Fisheries depletion and the state in Indonesia：Towards a regional regulatory re-gime. Marine Policy, 2007, 31：276-286.

Hutomo M, Moosa M K. Indonesian marine and coastal biodiversity：Present status. Indian J. Mar. Sci. , 2005, 34 (1)：88-97. http：//nopr. niscair. res. in/bitstream/123456789/1546/1/IJMS% 2034% 281%29%2088-97. pdf.

Mous P J, Pet J S. Policy needs to improve marine capture fisheries management and to define a role for marine protected areas in Indonesia. Fisheries Management and Ecology, 2005, 12: 259-268.

Nurhakim S, Sadhotomo B, Potier M. Composite model on small pelagic resources. 1994. http: //horizon. docu mentation. ird. fr/exl-doc/pleins_ textes/divers09-06/42770. pdf.

Priyono, B E. Socioeconomic and bioeconomic analysis of coastal resources in Central and Northern Java, Indonesia. p. 479-516. In G. Silvestre, L. Garces, I. Stobutzki, M. Ahmed, R. A. Valmonte-Santos, C. Luna, L. Lachica - Alirio, P. Munro, V. Christensen and D. Pauly (eds.) Assessment, Management and Future Directions for Coastal Fisheries in Asian Countries. WorldFish Center Conference Proceedings 67, 2003. 1120 p.

Proctor C H, Merta I G S, Sondita M F A, et al. A Review of Indonesia's Indian Ocean Tuna Fisheries. 2003. http: //aciar. gov. au/files/node/11121/Tuna%20part%201. pdf.

Purwanto, 2003. Status and management of the Java Sea fisheries. http: //pubs. iclarm. net/resource_ centre/ AMF_ Chapter-30-FA. pdf.

SEAFDEC. Report of the National Workshop for Human Resource Development in Supporting the Implementation of the Code of Conduct for Responsible Fisheries. Jakarta, 28-29 September 2005. p. 66.

Uktolseja J C B. The status of Indonesian tuna fisheries in the Indian Ocean. 1995. http: //iotc. org/sites/ default/files/documents/proceedings/1995/ec/IOTC-1995-EC601-03. pdf.

第五章
新加坡海洋渔业概况

新加坡是东盟成员国之一，经济发达，2007 年全国 GDP 占东盟 10 国总量的 12.3%，名列第四位。2010 年人均 GDP 达到 43 867 美元，远远高于东南亚其他国家，位居东盟 10 国之首。经济以商业为主，主要依靠转口贸易、加工出口、金融和航运业。自然资源匮乏，用于农业生产的土地仅占国土总面积 1% 左右，产值不到全国 GDP 的 0.1%。渔业是大农业的一部分，在新加坡国民经济中所占比例极小。因其地处于马来西亚、印度尼西亚之间，领海狭窄，可进行捕捞生产的海区非常有限，渔业发展十分受限，是东盟 10 国中渔业经济较弱的一个国家。

新加坡位于马来西亚岛南端，素有"东方的直布罗陀"之称，地理位置十分重要，紧扼太平洋与印度洋，又是东、西方及亚、非、欧、大洋洲之间的交通十字路口。拥有裕廊和榜鹅两大渔港，其中裕廊渔港是新加坡最大的渔业基地，也是最具现代化的渔业中心，其处理的鲜鱼约占新加坡鲜鱼总供应量的 80%。

第一节　地理和气候

新加坡是一个热带城市国家，也是东南亚最小的岛屿城市国，位于赤道以北 137 km，即马来半岛南端、马六甲海峡出入口，北隔着宽仅 1 km 多的柔佛海峡与马来西亚相邻，南临新加坡海峡与印度尼西亚相望，东有南海连通太平洋，西有马六甲海峡通往印度洋（图 5-1），是东南亚之间以及东、西方和亚澳之间的海空交通枢纽。

新加坡领土由主岛（新加坡岛，占全国面积的 88.5%）及附近 63 个小岛（54 个岛屿和 9 个礁滩）组成，总面积 716.1 km² （2013 年）。主岛新加坡大致为菱形，东西最长（约 42 km），南北最宽（约 23 km）。四周被海洋环抱，海岸线总长为 268 km。地势起伏和缓，中西部是翠绿的山丘，东部沿海是平原。地势低平，平均海拔 15 m，最高海拔 163 m。

新加坡拥有总人口 540 万（2013 年），其中本地居民约 384.5 万（包括公民和永久居民），非本地居民 155.5 万。居民中，华族占 74.2%，马来族占 13.3%，印度族占 9.1%，其他种族占 3.3%。人口密度之高堪称世界之最，然而经济发达，国

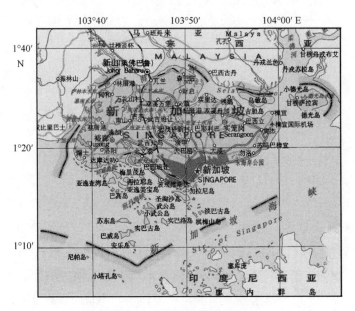

图 5-1　新加坡的地理位置

际往来频繁，市政建设日新月异。

新加坡属热带海洋性气候，常年高温潮湿多雨。气温虽高而不炎热，年平均气温 24~32℃，日平均气温 26.8℃，年平均降水量 2 345 mm，年平均湿度 84.3%。

第二节　沿岸海洋生态

新加坡陆地面积的大约 23% 是森林和自然保护区。新加坡拥有从本国丘陵、海床和邻国获得的开垦地，潮间带和湿地的不断填充使新加坡的陆地面积在过去半个世纪增加大约 20%，到 2035 年国土面积可能再增加 10%。

新加坡沿岸海洋生态系统十分有限，并且受到开发和港口产业的改造。港口产业是本国最大的创收业务之一，港口范围扩展到几乎整个领海水域，开垦已遍及几乎整个主岛的南部和东北部沿海。

东南沿海的陡峭海滩前面曾经是由沙滩和泥滩组成，原始的岩石海岸主要出现于近海群岛的南部，小部分出现在北海岸。在新加坡被保留下来的红树林有 31 种，大约 22 km² （不足原始红树林的 1%），但没有任何红树林受到保护（双溪布洛湿地保护区的 87 hm² 除外）。这些红树林受限于乌敏岛和德光岛的北海岸和北面近海群岛的孤立小地以及南部的实马高岛东岸。为了设立新加坡近海垃圾填埋场，实马高岛的红树林最初曾被清除。为了保持生态系统，开展一个大量移植项目，把红树林移植到该岛的西岸。海草地在不同的区域都可看到，但最显著的是实马高岛和乌敏岛以西普兰尼礁的大片礁坪。

当前新加坡没有特定的法律保护红树林和海草地。现在尚未有真正意义上的海洋保护区，尽管在某种程度上有 3 个区域受到保护：第一个区域是一个沿岸红树林栖息地，位于大陆北海岸的双溪布洛湿地保护区，面积 87 hm²；第二个是拉柏多自然保护区，位于大陆南海岸，是一个面积 16 hm² 的天然岩石海岸和沿海山丘森林，2002 年官方指定为自然保护区；第三个区域构成姐妹岛屿，位于大陆南部，被认为是一个海洋保护区。

新加坡海草地在支持近岸海洋生物群落和维持各种动植物群系方面起关键作用。它们是沿海渔业生产力的重要组成部分，在保持沿海水质和水的透明度方面发挥重要的作用。

新加坡海草也是海洋绿海龟和儒艮的重要食物。新加坡现有 11 种海草，它们是：海神草（*Cymodocea rotundata*）、锯齿叶水丝草（*Cymodocea serrulata*）、海菖蒲（*Enhalus acoroides*）、羽叶二药藻（*Halodule pinifolia*）、二药藻（*Halodule uninervis*）、贝克喜盐草（*Halophila beccarii*）、小喜盐草（*Halophila minor*）、喜盐草（*Halophila ovalis*）、棘目喜盐草（*Halophila spinulosa*）、针叶藻（*Syringodium isoetifolium*）和泰来藻（*Thalassia hemprichii*）。最近又发现了一新物种并加入到海草队列之中，这是 2007 年在实马高岛水域大约 8 m 深度发现一小片毛叶盐藻（*Halophila decipiens*），已把收集的样本送到国家生物多样性中心，与新加坡植物标本一起进行验证和寄存。从此，在南新加坡水域的其他地点都能看到它。

此外，新加坡还有 66 个石珊瑚属。

第三节　渔业资源概况

新加坡国土面积狭小，沿海附近渔业资源不甚丰富，加之国民经济发达，发展普通渔业不具比较优势，渔民数量明显低于东南亚其他国家。但是，新加坡气候条件优良，渔业养殖风险较低，在苗种系列和水产养殖上具有优势，加上新加坡具有良好的基础设施和发达的物流运输条件，在东盟国家中扮演着渔业转口贸易商的角色，这使得新加坡成为世界最大的观赏鱼出口国和东南亚渔业转运中心。

新加坡捕捞的种类繁多，但产量都不高，除了梅鲷的产量有 1 000 t 之外，其他种类的产量只有 100 t 左右，如海鲶、沙丁鱼、狗母鱼、金线鱼、石首鱼、鲉、绯鲤、叶鲹、金枪鱼、鲨、鳐、鲆、乌贼、枪乌贼、对虾等。

新加坡水域的渔业资源没有进行过全面的调查研究，据估计，包括西马来西亚在内的新加坡水域的渔业资源为 41×10^4 t，其中，底层鱼资源 29×10^4 t，中上层鱼类（包括金枪鱼在内）13×10^4 t。

第四节 渔业生产

新加坡四面环海，渔业是当地古老的行业，由于渔业资源并不丰富，渔业也不发达，所以在国民生产总值中所占的比重并不大，但鱼类及其产品是当地人民动物蛋白的重要来源，占动物蛋白消费量的30%。

新加坡渔业以海洋捕捞为主，淡水渔业微不足道。海洋渔获量的2/3来自近海水域，1/3来自沿岸水域。沿岸捕捞船队使用的是小型渔船和传统渔具。由于新加坡陆地面积小，经济又比较发达，开发利用海岸带的要求十分迫切，那些经济价值较低的农业土地已经被具有较高经济效益的项目所占用，通过开垦把鱼塘转变成住宅和商业用地，海洋捕捞及其相关渔业活动的海洋空间越来越小，直接导致近年来沿岸渔业走向没落，其中南部有些海区已被指定专用于航运，禁止从事捕捞作业。小型渔船的传统渔场仅限于新加坡海峡马六甲海峡的国际水域以及印尼群岛和马来半岛沿岸的南海南部海域。

新加坡海洋渔业有1/3渔民从事沿岸渔业，广泛使用小型渔船和传统渔具，主要渔具有张网、陷阱、鱼笼等。2/3渔民从事近海渔业，以榜鹅和裕廊为基地，使用的渔具种类繁多，有桩张网、流网、敷网、拉网、底曳网、手操网等，产量比重较大。近年来近海渔业不断向外拓展，东至南海的非领海水域，西至印度洋，使用的渔具主要有拖网、延绳钓等，主捕对象有笛鲷、马鲛、石斑鱼、羽鳃鲐、带鱼、金线鱼、鲳等。从实际情况和发展趋势来看，新加坡捕捞业发展的重点是在近海，而且近海作业又是以单船拖网为主，目前单船拖网的产量约占全国总渔获量的1/3以上。

新加坡海洋渔业在沿岸和近海使用多种传统渔具，近年来近海渔业日趋重要，主要渔场集中于南海，有些与发达国家联营，使用拖网、延绳钓和曳绳钓，其中以拖网所占的比重最大。另外，近海渔业还打算到印度洋捕捞。

由于当地持有捕捞许可证的渔民人数日趋减少，所以新加坡政府允许外国人在新加坡渔船上工作。在渔民人数减少的同时，渔船数量也在不断减少之中，而且无动力渔船和舷外挂机渔船有所减少。目前国内渔船已广泛采用机器，其中尤以外海作业的渔船为大多数。传统渔具逐渐减少，但单船拖网自1965年从国外引进以来，因其产量和产值都很高，已成为最主要的渔具。其次为曳绳钓和延绳钓。

新加坡作为东南亚地区经济发达的国家，经济发展重点决定了其捕捞业发展并不发达。从总产量来看，新加坡渔业的发展规模一直呈现出不断缩小的趋势。20世纪50、60年代渔业总产量在1×10^4 t左右；80年代中期渔业产量曾达到最高峰（2.6×10^4 t），之后呈现逐渐缩减趋势。2001—2005年一直维持在7 000~8 000 t之间。2006 年渔业总产量出现了一个较大的反弹，达到 11 676 t，但 2007 年又回落到 8 025 t。捕捞产量也有相似的发展趋势，从历史最高的 1984 年超过 2×10^4 t 降至 2005 年约 2 000 t，2007 年虽然有所提升，但也仅为 3 522 t，处于东南亚国家的渔业落后行列。

第五节 渔业基地

新加坡的领海基本上被商港、渔港占用，海洋渔业只有 2 大渔港：裕廊渔港和榜鹅渔港。

裕廊渔港是新加坡最主要的现代化渔港，最大的渔业基地，内设有中央鱼市场、鱼品加工厂、制冰厂和冷藏库，总冷藏能力为 9 000 t。经过几年的建设，裕廊早已成为最现代化的渔业中心（拥有码头长 400 m），也是外国渔船非常重要的转运港，不仅负责国内鱼品冷藏、拍卖、调运等业务，还负责国际上鱼品贸易，以及提供国内外渔船入坞、用煤、粮食、维修、补给燃料等业务。该渔港的渔获物从马来西亚和泰国用货车以及从邻国由水路和飞机运来，处理的鲜鱼占新加坡鲜鱼总供应量的80%。卸鱼渔船中大部分是外国船，每天处理鲜鱼 150 t。

新加坡重视渔港和鱼品综合市场的建设。1983 年建设榜鹅渔港，取代设备不够完善的康卡渔业中心。该渔港是由批发市场、码头和设备完善的岸上设备所组成，能有效地进行卸鱼、装鱼、销售和调运，并有助于农兽局妥善地控制和监督本地渔船的鲜鱼处理、销售和调运。渔港内设有鱼商办公室、补给站、渔具商店、公共娱乐场所、小卖部、停车场等设施，面向渔民、鱼商及从事渔业的工作人员。最近在波斯松还兴建了一个新渔港，供当地渔船队使用。

参考文献

陈思行. 新加坡渔业概况. 海洋渔业, 1987, (3): 143-144.

陈思行. 独具活力的新加坡渔业. 中国渔业报, 2005年1月3日, 第7版.

程思行. 新加坡的海洋渔业. 海洋渔业, 1984, (5): 236-237.

广东省海洋与渔业局科技与合作交流处. 新加坡渔业. 海洋与渔业, 2010, (6): 47-49.

佚名. 新加坡渔业. 水产科技情报, 1978, (1): 26-28.

中华人民共和国商务部驻新加坡经商参处. 新加坡概况. 中华人民共和国商务部网站, 2014, http://sg. mofcom. gov. cn/article/jmxw/201406/20140600629323. shtml.

中华人民共和国外交部. 新加坡国家概况. 中华人民共和国外交部网站, 2015, http://www. fmprc. gov. cn/mfa_ chn/gjhdq_ 603914/gj_ 603916/yz_ 603918/1206_ 604786/.

Anon. Singapore. 2013. http://seagrasswatch. org/Singapore. html.

Hogan C M. Singapore. 2013. http://www. eoearth. org/view/article/156040.

Sinoda M, Lim P Y, and Tan S M. Preliminary Study of Trash Fish Landed at Kangkar Fish Market in Singapore. Bulletin of the Japanese Society of Scientific Fisheries, 1978, 44 (6): 595-600.

第六章
泰国海洋渔业资源开发和渔具渔法

泰国捕捞历史悠久，海洋捕捞对泰国沿海省份的人民来说尤其重要，因为鱼是泰国人民的主要动物蛋白质来源，国内鱼消费量（2/3 直接消费，1/3 间接消费）占总渔获量的 70%~80%，2001 年人均鱼消费量为 32.4 kg，提供 40.5%动物蛋白质来源，占总蛋白质的 17.6%。实际上鱼消费量更高，因为许多被捕获的鱼直接在家庭消费而没有进入到市场。2005 年泰国国内生产总值（GDP）为 1 766 亿美元，农业和渔业是泰国人民的主要行业（占 35%），渔业占总 GDP 的 2.5%。泰国是世界最大捕捞国之一，渔业总产量的 90%来自海洋鱼类，1970—1987 年间，海洋渔业捕捞产量从 130×10^4 t 迅速增长到 260×10^4 t，2012 年超过 160×10^4 t，名列世界第 14 位。

泰国是东南亚重要的农业大国，并且是 5 个"养活世界"的国家之一。渔业是泰国农业的重要组成部分，捕捞产量名列世界前茅。同时，泰国也是世界水产品出口大国（特别是金枪鱼罐头出口）。

泰国湾是泰国重要的海洋渔业基地，本国领海内渔获量的 60%来自该湾，其余的来自印度洋。为了促进海洋渔业的发展，泰国设立了 5 个渔业研究与发展中心，对不同地区的渔业资源、捕鱼工具、渔业生产等进行研究和指导，其中 4 个负责泰国湾的渔业研究与发展，另外 1 个负责印度洋渔业研究。

由于海洋捕捞业没有得到适当的控制而迅速扩展和开发，因此，自 1982 年起泰国面临着海洋渔业发展的一些问题。海洋鱼类资源过度开发，渔获量增加，单位努力渔获量（CPUE）下降。同时，捕捞成本随着油料价格的上涨而增加。沿海渔场开发正在增加，远海水域的自由捕鱼因邻国专属经济区（EEZ）的公布而消失，渔民之间产生纷争，本国渔船与邻国渔船发生捕捞冲突。

第一节　地理自然环境

一、地理位置

泰国坐落于中国和印度之间的中南半岛之心脏地带（图6-1），是东南亚大陆中部的一个半岛国家，西北与缅甸为邻，东连老挝和柬埔寨，南接马来西亚。平面形状像一只大象的头，东西界的最大距离为 780 km，而最窄处仅 10.6 km，从北到南最长为 1 648 km。国土总面积约 54.1×10⁴ km²，有 76 个省份，其中 23 个属于沿海省份，包括 2 个主要渔区，即泰国湾（17 个省，海岸线长约 2 700 km）和安达曼海（6 个省，海岸线长约 865 km）。泰国的 EEZ 面积为 420 280 km²，其中泰国湾 30.4×10⁴ km²，安达曼海 116 280 km²。海上边界与东南部的柬埔寨和越南、西部的缅甸和南部的马来西亚分享。泰国湾内的泰国 EEZ 包括 3 个重叠区：泰国与柬埔寨（3.4×10⁴ km²）、泰国与柬埔寨和越南（1.4×10⁴ km²）和泰国与马来西亚（4 000 km²）。

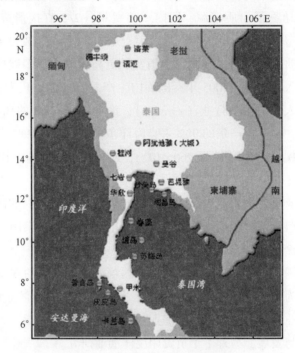

图 6-1　泰国及其邻国和海域

　　泰国人将国家的疆域比作大象的头，北部代表"象冠"，东北地方代表"象耳"，泰国湾代表"象口"，而南方的长条带代表"象鼻"。按地域划分为 4 个主要区域：北部、东北部、中部、南部。北部是山区丛林地带，林中日常工作仍靠大象操作；东北部属湄公河流域，沿岸有无数大小不一的优美海滩，成为发展夏日旅游业的据点；中部即为著名的湄南河冲积平原，是泰国主要的稻米产区；南部为马来半岛的北部，景色迷人，半岛东边沿海有多个良港，并有许多环境优美的海滨沙滩，海产品丰富。

二、自然环境

　　泰国属于热带季风气候，平均气温最高 32℃、最低 23℃，全年分为三个季节：

雨季（7—10月）、凉季（11月至翌年2月）和热季（2月中旬至6月）。凉季和热季很少下雨，也叫旱季。

泰国的海洋捕捞作业主要发生在泰国湾和安达曼海的泰国领海水域。但是，近年来，在联营项目下，大型泰国拖网船和围网船的渔场已扩展到邻国沿海。

泰国湾（旧称暹罗湾）是泰国海洋渔业的主要渔场。沿岸水域很浅，大部分是40~60 m水深的大陆架，平均水深45 m，最大深度为85 m，水温和盐度较高，底质为泥砂，是拖网的好渔场。湾口和中部的底质为泥，外部底质为泥或者泥沙。水温范围是28.4~30℃；湾外部的表层盐度为31.4~32.7，溶解氧为4.5~4.6 mg/L。来自西部、西北山脉和东部高原的水通过4条河系（湄南河、他钦河、湄公河和邦巴功河）将大陆的有机物质带入湾内，产生丰富的营养盐，使该湾成为鱼类栖息和繁殖的优良场所。湾内浅水海底多泥或多沙，适合刺网、推网和小船作业的类同渔具捕捞，尤其适合于拖网捕捞。而且该湾受南海和印度洋季风影响不大，常年可以作业。

泰国湾与南海相连，但由于海底山脊的阻隔，水体不能完全交换，因此有人将泰国湾作当做一个独立的海洋生态系统。河口低盐淡水流入泰国湾，而低温高盐海水则从南海进入泰国湾。在季风和潮流的作用下，泰国湾的海水循环方式较为复杂，有区域上升流和下降流。东北季风时，湾内的海水循环方向为顺时针；西南季风时，海水循环则为反时针方向。

安达曼海的泰国水域与泰国湾有很大的不同，大陆架相当窄，3 km内的近岸区平均水深大约3 m。近海水深较大，陡峭的大陆坡，海底相当粗糙，有分散的珊瑚和岩石。湄南河是泰国最主要的河流，纵贯泰国南北，全长超过1 200 km。西部沿海有6个省份，即拉廊省、攀牙省、普吉省、甲米省、董里省和沙敦省。北部区域稍宽，南部区域狭窄，并生长着红树林和海草。大部分海底为沙、泥和珊瑚残骸。潮流和沿岸流主宰沿岸水流循环。海水的流动随季风期变化，近岸表层水一般在东北季风期间向北流动，在西南季风期间向南流动。北部（拉廊省至普吉省）水域由于深海上升流的作用而盐度较高（32.9~33.4），而南部（普吉省至沙敦省）水域由于地表径流的影响而盐度较低（32.0~32.8）。水温为27.6~29.3℃。

由于生物组成、群落结构、地形和海洋条件等的不同，泰国沿海海洋生物多样性十分丰富。热带雨林季风、潮流和表层径流等造就了复杂的海水循环模式（包括上升流和下降流），这些因素影响生物多样性和沿海热带环境的变化。沿海各区域的生物组成、群落结构和地形条件各不相同，即使是距离很近的两个区域差异也较大。沿海的生态系统却都是由3种不同而相对独立的生境（以沙或泥为底质的红树林、珊瑚礁和海藻床）组成，这些生境在生态和经济上都极为重要。

珊瑚和珊瑚礁是热带海洋环境的重要特征。珊瑚礁是石珊瑚目的动物形成的一种结构，有岸礁、堡礁和环礁 3 种类型，主要分布于远离大上升流和淡水冲积区的浅水海域。大型珊瑚群落由成千上万的珊瑚虫组成，一些珊瑚礁有着上万年的历史。正是这些浅海有机物组成了大型珊瑚礁的骨架，而珊瑚礁则为相关动植物提供了栖息场所。珊瑚礁的重要作用在于为鱼类和其他重要生物提供了复杂的生境，阻挡风暴，发展沿海旅游业。泰国湾和安达曼海有超过 300 个大型珊瑚礁，覆盖面积大约 1.2×10^4 km^2。近年来，由于泰国沿海地区经济的无节制发展，污水的排放造成沉积物和污染，导致珊瑚礁不断衰退。2004 年海啸后 174 个选址调查发现，22%的珊瑚礁受到影响，31%的珊瑚礁被损坏。

红树林生长在陆地与海洋交界带的滩涂浅滩，是陆地向海洋过度的特殊生态系。红树林是沿海生态系统的重要组成部分，它对沿海生态和经济都有着至关重要的作用。红树林中有大量多种不同的重要海洋植物，为无脊椎动物和海鸟提供了庇护场所，同时也为多种重要经济鱼类提供育幼场。红树林碎屑是重要经济鱼类和无脊椎动物的食物网基础，并且促进了附近海藻床和珊瑚礁的发展。像珊瑚礁一样，红树林能够阻挡风暴的袭击，在 2004 年的海啸中，安达曼海附近的红树林拯救了很多人的生命。尽管泰国政府已经采取了措施控制对红树林的破坏，并尝试修复被海啸等破坏的红树林，但是采伐红树林的行为还时有发生。

海藻、泥底质、珊瑚礁等是生态系统的重要组成部分，对沿海生态群落有着直接或间接的经济价值。在泰国湾附近已经发现了 9 种海藻，而安达曼海的海藻覆盖面积达到 $7\,900 \times 10^4$ m^2。海藻附着于沙和泥上面，形成了很多底栖生物的栖息地，海藻的叶子和根为一些小型海洋生物提供了庇护场所，很多种类每日或在某一生命周期也会向海藻迁移。沿海工业、城市建设和养虾池所排出的污水流入藻床时会导致海藻衰退。另外，拖网和推网等渔具的捕捞作业也对海藻床造成一定的破坏作用。2004 年海啸之后，由于堵塞和泥沙沉积，安达曼海 3.5%海藻受到影响，1.5%海藻彻底消失。

泰国沿海栖息着很多种类的海洋生物，特别是在安达曼沿海，有 16 个国家海洋公园，其中 4 个被列为世界自然遗产。安达曼海有很多受到威胁的种类，包括海牛（*Dugong dugon*）、大量海豚和 4 种海龟。据报告，安达曼海（从拉廊到沙顿）有 150 多种海牛。作业网具的意外捕捞和海藻床的衰退是威胁海牛的两个主要因素。

第二节　渔业资源与开发

一、渔业资源概况

泰国位于太平洋和印度洋之间，南为泰国湾，西南濒临安达曼海，渔业海域辽阔，海岸线漫长。海域分为东侧和西侧2个部分：东侧为泰国湾，海岸线曲折；西侧为安达曼海，海岸线比较平直。

泰国湾是泰国最重要的渔场，由于有湄公河等4大江河在此入海，并且沿岸及沿海沼泽地又都是红树林，入海淡水富含有机物质，饵料生物丰富，因此该渔场的鱼类资源相当丰富；安达曼海沿岸狭窄，山脉延伸入海，形成众多岛屿，该海的渔场面积为 19.42×10^4 km²，大陆架总面积 39.5×10^4 km²，在东南亚国家中名居第三位。

泰国海洋鱼类种类繁多，主要经济鱼类计有850种，其中，重要经济中上层鱼类有羽鳃鲐、鲐、康氏马鲛、扁舵鲣、印度洋鲔、青干金枪鱼、蓝圆鲹、长体圆鲹、小沙丁鱼、脂眼凹肩鲹、金带细鲹、叶鲹、大甲鲹、宝刀鱼、乌鲳、鲔、红鳍圆鲹等；经济底层鱼类有大眼鲷、金线鱼，蛇鲻，带鱼，笛鲷、石首鱼、舌鳎、鳝等。还有经济价值较高的海洋生物包括对虾、新对虾、梭子蟹、蛤、乌贼、枪乌贼等。

泰国渔业局曾对2个主要海区进行过渔业资源评估，评估结果是：安达曼海的最大可持续产量（MSY）为 29×10^4 t，其中，底层鱼类 20×10^4 t，中上层鱼类 9×10^4 t；泰国湾的MSY为 91×10^4 t，其中，底层鱼类 77×10^4 t，中上层鱼类 14×10^4 t。

二、渔业生产状况

在泰国，渔业资源属于公有资源，这就意味着只要是以捕捞为目的任何渔业活动都是不受限制，也就是说所有公民都有权利进行捕捞。但是，渔场、捕捞对象、作业方式却是渔业生产中的主要相关因素。

1. 主要渔场生产

泰国EEZ内有泰国湾和安达曼海两大渔场，其中66%在泰国湾海岸，34%在安达曼海域。根据泰国渔业厅报告，2009年泰国海洋渔业捕获量为 167×10^4 t，其中51.54%为活鱼，28.18%为枪乌贼，6.64%为虾类，3.29%为蟹类、贝壳类等。泰国大部分海产品用来满足国内消费者，有少部分主要出口到美国、日本、欧洲等国家和地区。

（1）安达曼海渔业：安达曼海渔业分为商业渔业和小型渔业。商业渔业主要使用大于10 GT的机动渔船进行捕捞作业；小型渔业包括没有渔船、非机动渔船、舷外机渔船或者小于10 GT机动渔船的捕捞作业。

① 商业渔业。在商业渔业中，渔船的总吨位大于10 GT，使用渔具的捕捞效率很高，并且能够到远海连续数天进行捕捞生产。一般有专用的码头，在船上使用冰块冷冻和保存渔获物。常用的渔具包括中型拖网、大型拖网、围网、围刺网和大型漂流刺网，其中拖网和围网最为重要。捕捞技术发展迅速，渔用设备新颖独特，例如使用集鱼灯、集鱼装置（FAD）、先进探鱼仪等。

一般而言，从事商业渔业的人都拥有好几艘渔船，而有些人还拥有专用的私人渔业码头，同时还扮演着渔业中介人和投资者的角色。在拉廊、攀牙、普吉、董里和沙顿省，船主一般雇用本国人当船长，而水手主要来自缅甸；在甲米省，船长和水手都是本国人。拉廊省的渔船既在泰国水域作业，也在泰缅边界水域作业，一些渔船还持有在缅甸水域作业的捕捞许可证。沙顿省有一些渔船注册了2个船旗国（泰国和缅甸），因此他们可以在这2个国家的水域进行捕捞作业。

商业渔船的船员数量根据渔船的大小和作业类型有所不同，拖网船一般为8~17人，围网船18~40人。船员的收入由工资和利润提成2部分构成。围网船的利润提成每月发放1次，拖网船是每6个月或者1年甚至更长时间才发放1次。大多数船员不清楚渔船的具体利润数额，也不明白利润的计算方法，利润提成的多少完全取决于船主。换言之，如果船员过早辞职，那么他们将拿不到利润提成。

渔船捕捞所得的渔获物，一般在私营或半私营的码头卖给码头老板、商业投资者或中间经销商。由于燃油价格的上涨，捕捞成本增加，而捕捞产量却不稳定，渔民的收入有很大的波动。对于一些小规模的渔业从业者，季风时节没有产量时，他们只能靠借款来维持产业，需要支付的项目包括船员工资、网具购置、渔船维修等。对于大规模的从业者，由于拥有多艘渔船或者其他相关产业（如鱼粉厂、制冰厂等），他们有足够的资金用于周转。当多种作业方式（单船拖网、围网和推网）的渔业经营亏损时，可以通过借款或从其他相关产业调动资金进行补充。

② 小型渔业。小型渔业使用的渔具通常是捕捞效率极低的传统渔具，并且在海上作业的时间不长，一般不超过12 h。大多数小型渔业的渔民一般在沿海离岸3 km范围的海域内捕捞作业，使用的渔具有小型拖网、刺网、推网、敷网、袋形定置网、钓具以及在河口区、攀牙湾、甲米和近海作业的其他定置式渔具。这些小型渔业很多渔具并不需要向渔业局注册和登记。

大多数渔船带有几种渔具，在不同的渔场和季节交替进行捕捞作业。船员一般由1~3个家庭成员或者雇佣人员组成。小型渔业成本主要为燃油（超过总成本的50%）。由于小型渔业主要分布于沿海的农村地区，燃油的价格比城市的高，产量又极为不稳定，所以渔民的收入也不稳定，特别是在季风时节，渔民很长一段时间不能进行捕捞生产。一些渔民不得不向中间经销商借款来维持生计和用于投资或者维修渔船、网具等。这些渔民的渔获物只能卖给中间经销商以偿还债务，而中间经销商则会拼命压低价格。因此，超过70%的渔民入不敷出，只能负债。

1972年部长通告（2515号），将海岸线3 km范围的海域规定为幼鱼和其他脊椎动物的保护区。在保护区内，小型渔业的渔民可以进行作业，但商业渔业和机动船都不能进入捕捞作业。然而，时常有商业渔业的渔船违反规定，到保护区进行捕捞作业。小型渔业的渔具经常被商业渔业的网具破坏，所以作业渔民之间经常发生冲突。

小型渔业的捕捞产量很重要，虽然其产量只占泰国海洋捕捞总产量的 16.5%，但产值占 26.6%，因为小型渔业的主捕对象是经济种类。但是，小型渔业所使用网具的网目尺寸比较小，对幼体鱼虾造成损害。比如，在拉廊省水域捕捞的对虾规格远远小于成熟虾的规格。

（2）泰国湾渔业：在过去几十年中，由于在泰国湾作业的渔船连年增加，捕捞能力不断增大，捕捞产量也持续增加。在渔获物组成中，杂鱼（主要包括底层和中上层鱼的幼鱼）的比例也不断增加，其中大部分杂鱼被加工为鱼粉、鸭饲料或者直接倾倒。单船拖网（简称单拖网）渔获物中幼鱼杂鱼占 30%~40%，其中 1/3 为经济种类的幼鱼和小鱼；双船拖网（简称双拖网）渔获组成中杂鱼幼鱼比例最高（高达 70%），主要鱼种包括斑点马鲛、金线鱼、蛇鲻、大眼鲷、竹筴鱼、沙丁鱼等。

捕捞底层鱼的主要渔具是单拖网、双拖网和推网。单拖网和双拖网数量不断增加，而推网数量有所下降。在所有渔具中，拖网造成的捕捞死亡率最高。

拖网渔船的过度捕捞导致了底层资源衰退，资源量不断下降，拖网渔船的CPUE（kg/h）也不断下降，但各种规格和种类的拖网渔船数量却在不断增加，为了增加产量，渔民在拖网作业中使用较小的网囊网目尺寸。随着周边国家相继划定200 海里 EEZ，一些以前在其他国家渔场作业的渔船纷纷回到泰国湾捕捞作业。

除拖网和推网外，泰国湾捕捞其他种类的渔具（如围网和刺网）也兼捕杂鱼，只不过捕捞强度比拖网和推网渔具相对较小。

泰国湾大部分中上层资源已经处于充分开发状态，这些种类主要包括斑点马鲛、鳀、蓝圆鲹、沙丁鱼等。几乎所有底层资源已经处于过度捕捞状态。

2. 主要捕捞生产

过去泰国的海洋捕捞并不发达，以小型沿岸渔业为主，大多数渔船为小型无动力渔船，只有少数小型中国式围网（简称中式围网）动力渔船在生产，捕捞生产长期处于原始状态。20 世纪 50 年代初，渔获量只有 $15×10^4$ t，到了 1960 年产量也不过 $22×10^4$ t。

20 世纪 50 年代泰国虽 2 次试图引进欧洲的底拖网，但由于船员缺乏技术和经验，没有取得成功。1961 年泰国政府与西德签订了两国经济协定，泰国聘请了西德渔业专家，在泰国湾内开展单船拖网试验取得成功，很快就在全国推广。

这一成功的底拖网技术，在泰国渔业发展史上是一个转折。它不仅使泰国湾丰富的渔业资源得到了开发，而且加快了泰国海洋捕捞的发展速度，为远洋渔业的发展奠定了基础。与此同时，刺网、围网渔业也得到了发展，并采取了一系列发展渔业的措施，例如派渔业人员去日本学习渔业技术，将毕业回国的留学生和水产学校毕业生安插在领导岗位上。为了加强本国渔船动力化的建设，政府对购置渔船发动机者提供贷款。为了发展捕捞生产，改进渔具渔法，开拓新渔场，采用合成材料，改善水产品供应设施和调运机构等，促进了渔业迅速发展。海洋捕捞产量有了大幅度的上升，于 1977 年突破 $200×10^4$ t 大关，1994—1996 年间高达 $280×10^4$ t，创下了历史最高纪录。从此，泰国的渔船不仅在泰国湾捕鱼，而且到印度尼西亚的爪哇海、安达曼海、孟加拉湾，甚至远达印度东海岸进行捕捞生产，成为一支拥有规模不小的远洋捕鱼船队。

自 1977 年之后，泰国海洋渔获量开始逐年下降，1981 年跌至 $150×10^4$ t。渔获量下降的主要原因在于：泰国湾的渔业资源明显下降，低值鱼比重增多，产值下降，渔民收入减少，渔民不愿出渔；燃油价格上涨，渔业成本增加，渔业生产深受影响；邻国实施 200 海里 EEZ，本国远洋渔业的作业渔场缩减（失去作业渔场面积 $30×10^4$ km^2，年渔获量减少 30%~35%）。

泰国海洋渔业的产量有 90% 以上来自泰国湾、南海和东印度洋，使用的渔具种类有拖网、围网、刺网、定置网等。拖网捕捞是泰国的主要作业方式（产量占海洋渔业总产量的大约 70%），其次是围网捕捞。

（1）拖网捕捞：泰国的海洋渔业以拖网为主，首当是单船拖网，其次是双船拖网和桁拖网。20 世纪 70 年代中期单拖网渔船大多数船长不足 18 m，但到了 80 年代大型单拖渔船长达 30 m 以上。船长不满 14 m 的拖网渔船只在泰国湾内作业，当天往返，或作业 2~3 d 返航；船长 14~18 m 的拖网渔船作业天数为 4 d；18~25 m 的渔船作业天数为 10 d，28 m 以上的渔船作业天数长达半个月。双拖网渔船一般在泰国湾生产，而单拖网渔船除了在泰国湾内作业外，还到爪哇海、南海、安达曼海、孟加拉湾作业。以沿海 22 个县为渔业基地，在新加坡也设一个渔业基地。

拖网的主要捕捞对象除了底层鱼类外，还有虾类、枪乌贼等。虾拖网渔获量占虾类总渔获量的 50%，其次是刺网（占 23%）。

泰国十分重视枪乌贼和乌贼的开发。主要捕捞种类有杜氏枪乌贼、台湾枪乌贼、莱氏拟乌贼和田乡枪乌贼。大部分渔获物来自泰国湾内的单船拖网和双船拖网。单船拖网最丰产的渔区在宋卡和北大年一带，而双船拖网在没巴干和罗勇之间的海区。除了季风期间之外，常年均可生产。光诱捕捞枪乌贼的渔区在泰国湾的东、西两岸，每月可作业 20 d，即从满月后第 4 d 至下个新月的第 8 d。捕捞枪乌贼的渔具有单船拖网、双船拖网、桁拖网、掩网、定置袋网、钓具、推网等。大型枪乌贼渔业主要采用单船拖网和双船拖网渔具，小型枪乌贼渔业则采用掩网和钓具。

由于盲目发展，过度开发，泰国湾底鱼资源出现了衰退，单位产量大幅度下降。为了保护渔业资源，泰国政府于 1973 年就宣布离岸 3 km 以内海域为禁渔区，并采取诸如限制网目尺寸、停止建造拖网船、拖网船减少 1/3 等规定和措施，但因没有严格执行而收效不大。

目前泰国湾的生产船只在数量上已超过其最大可持续产量（MSY），有时虽然渔获量没有减少，但渔获组成却发生了很大变化，有经济价值的种类减少，小杂鱼、低值鱼的比增大（高达70%），这使泰国的渔业总产值受到影响，例如，泰国总渔获量高居东南亚国家的首位，但产值却落后于菲律宾和印度尼西亚。

（2）围网渔业：泰国围网渔业的历史比拖网渔业悠久。早在20世纪50年代就有泰国式（简称泰式）和中式围网共200盘在作业，自60年代引进拖网后，围网渔船组逐年减少，1965年减至约60盘。泰式围网是由中式围网经改进而成的有囊围网，现在泰国已广泛使用，主要捕捞鲐、沙丁鱼等中上层鱼类。

围网的主要捕捞对象有羽鳃鲐、鲐、鲣、小沙丁鱼、鳀等，其中以鲐渔获量最高，占中上层鱼渔获量的58%，高居海捕鱼类之首。鲐渔场在泰国湾和安达曼海两沿岸水域。泰国湾的鲐渔业集中在西北沿岸和湾内，全年可生产，旺季为2月和9月，安达曼海的渔汛旺季为4—6月。

为了保护泰国湾鲐产卵群体，规定每年4月15日至6月14日为禁渔期，并对鲐刺网的网目尺寸作了规定。近年来，围网渔业生产稳定，中上层鱼渔获量约占海洋总渔获量的30%~40%。

3. 主要渔业资源开发

泰国海洋捕捞产量的70%来自泰国湾，其余来自安达曼海。泰国海洋渔业的主要渔获种群包括中上层鱼类（33%）、下杂鱼（30%）、底层鱼类（18%）、头足类（7.5%）、甲壳类（4.5%）和混杂种类（7%）。

（1）中上层鱼类：中上层种类又可分为小型、中型和大型3种，主要由围网、漂流刺网、围刺网和敷网捕捞。短体羽鳃鲐（*Rastrelliger brachysoma*）曾经是泰国消费者最喜欢的种类。由于中上层鱼渔具渔法的改进，特别是使用灯光诱鱼，小型中上层鱼和鱿的产量不断增加。2004年，中上层鱼种主要包括鳀（鳀科）（19%）、短体羽鳃鲐（18%）、鲱科（14%）、黑鳍大眼鲷（11%）、青干金枪鱼（9%）、鲐（6%）、鲹科（6%）等，还有一些其他种类（2%）分别为鲻、鲳、马鲅等。另外，头足类占海洋捕捞总产量的7.5%。

目前泰国大部分中上层鱼类已被过度开发。泰国湾的短体羽鳃鲐从1984年开始就已经被充分开发。一项基于围网捕捞努力量的研究显示，短体羽鳃鲐最大可持续产量（MSY）为$10.5×10^4$ t，最佳捕捞努力量为14.5万个捕捞日。1990—1991年期间，短体羽鳃鲐的产量有所下降。1988年后，沙丁鱼（*Sardinellars* spp.）就已经被过度捕捞（MSY为$10.4×10^4$ t，最佳捕捞努力量为19万个围网捕捞日）。鳀资源从1990年开始就已被充分开发。小型金枪鱼和蓝圆鲹分别于1988年和1977年被充分开发，其MSY分别为$8.6×10^4$ t和$10×10^4$ t。其他种类，如康氏马鲛（*Scomberomorus commersoni*）、鲹科（*Carangids*）和大甲鲹属（*Meggalaspis* spp.）还有待进一步开发。1991年泰国发展研究发展部（TDRT）的研究结果表明：泰国湾中上层渔业资源可持续产量为$40×10^4$ t，而实际产量则为559 502 t，过度捕捞率为

139.90%（表6-1）。

安达曼海中上层资源的开发力度一直低于泰国湾，而一些从事中上层资源作业的渔民逐渐由泰国湾向安达曼海转移。从1985年开始，安达曼海的中上层资源产量不断增加；1987年后，产量就超过了$10×10^4$ t，1994年达到$31×10^4$ t；1998年之后，安达曼海中上层种类产量有所下降。安达曼海中上层资源的可持续产量为$5×10^4$ t，而实际捕捞产量则为166 628 t，过度捕捞率已经达到333.30%（表6-1）。

表6-1　1991年泰国海洋渔业可持续产量和实际捕捞产量

区　域	捕捞种类	可持续产量（t）	实际捕捞产量（t）	过度捕捞率（%）
泰国湾	中上层种类	400 000	559 502	139.90
	底层种类	750 000	1 261 185	168.20
安达曼海	中上层种类	50 000	166 628	333.30
	底层种类	200 000	491 292	245.60

（2）底层鱼类：底层鱼类主要栖息于海底层或近底层，其主要开发渔具有单拖网、双拖网、桁拖网和推网。泰国的底层鱼类多达300多种，其中30%为杂鱼（主要包括不可食用种类、低值种类和重要经济种类的幼体）。资源评估结果表明，泰国沿海的底层资源已经严重衰退，并且渔获物不断小型化和低值化，一些过去曾被认为是低值或杂鱼的种类经济价值不断提高。

泰国湾底层资源的过度捕捞率达到168.20%（表6-1）。按照1991年的捕捞努力量，拖网的5种主要捕捞对象（长尾大眼鲷、六齿金线鱼、花斑蛇鲻、长蛇鲻和近缘新对虾）已被过度开发。根据泰国海洋渔业局的报告，安达曼海底层资源的MSY为17 700 t，最佳捕捞努力量为357 646个拖网捕捞日。在拖网主捕对象中，金线鱼属（*Nemipterus* spp.）的估计MSY为3 500 t，最佳捕捞努力量为323 946个拖网捕捞日。安达曼海的MSY为$20×10^4$ t，而实际捕捞产量为491 292 t，过度捕捞率为245.60%（表6-1）。这表明安达曼海的底层资源持续处于过度捕捞的状态。

（3）头足类：泰国海洋渔业的头足类主要有2种：一种为鱿和乌贼；另一种为软体动物。鱿和乌贼隶属于10科、17属、30种。1977—1978年期间，捕捞头足类的小型拖网逐渐被鱿灯光围网所取代。其他渔具还有掩网、扳缯网和抄网，诱鱼灯的功率增加到20~30 kW。同时，使用笼具来捕捞大型有鳍鱿和乌贼。

（4）甲壳类：甲壳类的主要种类是墨吉对虾、斑节对虾、宽沟对虾、新对虾、琵琶虾、鬼虾蛄、三疣梭子蟹和锯缘青蟹。1982年后，泰国湾对虾属（*Penaeus* spp.）就已被过度捕捞（MSY为$2.2×10^4$ t，最佳捕捞努力量为2 500个捕捞小时）。

小型虾类（鹰爪虾属 *Trachypenaeus* spp. 和赤虾属 *Metapenaeopsis* spp.）也已被过度捕捞，其 MSY 为 $1.1×10^4$ t，最佳捕捞努力量为 4 400 万个作业小时。

安达曼海虾渔具主要有刺网、双拖网和桁拖网。蟹类的主要渔具为笼具和网具。

第三节　渔具渔法

据泰国海洋渔具渔法调查报告，泰国海洋渔具主要包括围网、拉网、拖网、敷网、掩网、刺网、笼具/陷阱、钓具、抄网、赶网、耙具和杂渔具，共计 12 类 56 种（表 6-2），广泛分布于 22 个省份（表 6-3）。数量较多和分布较广的渔具分别是刺网、拖网、围网、笼具（包括陷阱）和钓具。

表 6-2　泰国海洋渔具分类及名称

渔具类别	渔具名称	渔具类别	渔具名称
围网	有括纲围网	拖网	中层拖网
	单船围网		中层板拖网
	光诱围网		中层对拖网
	鱼礁围网		底层拖网
	普通围网		板拖网
	鳀围网		普通板拖网
	金枪鱼围网		撑杆板拖网
	双船围网		对拖网
	中国围网		桁拖网
	无括纲围网		双撑杆桁拖网
敷网	船（或筏）敷网	拉网	地拉网
	有棒敷网		船拉网
	棒受捞网		单船拉网
	棒受敷网		丹麦式拉网
	无棒敷网		双船拉网
	双船敷网	抄网	推网
	四船敷网		便携式推网
	定置敷网		船推网
	插杆敷网		捞网
	平台敷网		
	便携式敷网		

渔具类别	渔具名称	渔具类别	渔具名称
刺网	表层刺网 漂流刺网 底层刺网 三重刺网 包围刺网	掩网	便携式掩网 　有囊掩网 　无囊掩网 棒受网 　棒受罩网 　棒受箱网
陷阱	定置陷阱 　长袋网 　插杆陷阱 　定置网 半定置陷阱 　张网 　栅网 便携式陷阱（笼） 　鱼笼 　鱿笼 　蟹笼	钩钓	竿钓 手钓 延绳钓 　有饵延绳钓 　漂流延绳钓 　水平底层延绳钓 　垂直底层延绳钓 　无饵延绳钓 拖钓
耙网	船耙网 手耙网	杂渔具	牡蛎锤 鱼叉、标枪 取鱼钩 泥撬
赶网	定置网（Muro ami）		

表 6-3　泰国海洋渔具调查报告中所列出的渔具种类数量及其分布

省份	刺网	拖网	围网	拉网	掩网	敷网	耙具	钓具	赶网	抄网	笼具（陷阱）	杂渔具	合计
北柳	2												2
尖竹汶	1										2		3
春武里	3	4						1			(1)	1	10
春蓬	4	4	1		1	3				2			15
甲米	1		1								(1)		3
洛坤	5	8				2	1			1	2		19
那拉提瓦	1	1		1									3
北大年	2		2				1						5
攀牙	4				2	1	2			1	(1)		11

续表

省份	刺网	拖网	围网	拉网	掩网	敷网	耙具	钓具	赶网	抄网	笼具（陷阱）	杂渔具	合计
佛丕	2										2	1	5
普吉	1	2	1					2	1				7
巴蜀	4	1	1		3								9
拉廊	2	2	1							1	2		8
罗勇	3	2	5	1	2	2	1	9			3		28
北榄	1	6	2					1		1	1	3	15
沙没沙空	2	5						1			(1)		9
沙没颂堪		3			1					1	(2)		7
沙敦	2	1	1					1		1	1		7
宋卡	3	2			1						(1)		9
素叻他尼	3	2					2	2		1			10
董里		1											1
达叻		4			1								5
合计	46	48	15	2	10	10	7	18	1	9	20	5	191

一、围网

泰国渔民在沿海水域使用围网历史悠久。起初，它们属于小型渔具，被用来捕捞浮游生物虾、鳀和出现在近岸浅水域的其他鱼种，渔民使用（或不使用）划艇操作小型棉线网。后来，在接近网底部增加2根木杆，可以在白天或夜间作业，捕捞短体羽鳃鲐、鲱、石首鱼、马鲅、虹等鱼种。

1926年，一些中国渔民引进中式围网（双船围网），使用1艘大帆船和2只划艇进行作业。该网由经红树林树皮榨出的液体处理过的棉纱制成，主要渔获是短体羽鳃鲐。1954年尼龙网衣材料在泰国出现后，原来装配木杆的本土旧围网经历了巨大的改进，不再使用木杆了，网衣由黑色尼龙改为绿色尼龙制成。1956年开发了泰式围网，主要渔获还是短体羽鳃鲐。但是，在泰国某些地方仍然能找到原始型的泰式围网，例如在罗勇省和春蓬省的鳀围网和礁鱼围网。

目前，泰式围网船超过100 GT，船上装配了现代设备，如雷达、声呐、回声探测仪、探鱼仪、无线电通讯和动力吊车。另一方面，所有中式围网几乎不见使用，1991年还有24盘中式围网在安达曼海作业，但1992年就没有中式围网的纪录了。

泰国围网的主要渔获物包括沙丁鱼、鳀、蓝圆鲹、东方小头鲔、长尾鲔、短体羽鳃鲐、鲹科、羽鳃鲐、凹肩鲹属、大甲鲹等。

泰国围网分为两大组：有括纲围网和无括纲围网。无括纲围网是结构简单的小型渔具，包括鱼鳀围网和礁鱼围网；有括纲围网属于大型渔具，包括中式围网、泰式围网、鲹围网、鲣围网和金枪鱼围网。它们各自的特点如表6-4所述。

表6-4　泰国围网的特点

围网类型	渔船	网具			探测/引诱方法	船上设备	辅助渔具
		材料	结构	括纲			
中式围网	一艘母船（12~20 m）	25 mm,黑色尼龙210D/6~12	网囊在中部（30 m×60 m）	2条括纲（PE交叉绳）	诱鱼灯视力	无线电探测仪	绞盘汽油灯
鲹围网	单船（10~24 m）	2 mm×2 mm,蓝色PE小鱼网，绿色rachel尼龙网110~210D/d	网囊在中部（400 m×50 m）	1条括纲（PE交叉绳）	视力诱鱼灯	无线电探测仪	绞盘横杆吊车
泰式围网	单船（10~24 m）	25~43.7 mm，黑色&绿色尼龙210D/4~12	网囊在中部（600 m×110 m）	1条括纲（PE交叉绳）	视力声纳	无线电探测仪声纳	绞盘横杆吊车
引诱围网	单船（18~24 m）和小船	20~25 mm,黑色尼龙210D/4~12	网囊在中部（800 m×100 m）	1条括纲（PE交叉绳）	鱼礁诱鱼灯	无线电回声探测仪雷达	绞盘横杆吊车电诱鱼灯汽油灯
鲣围网	单船（22~32 m）	50~98 mm黑色&绿色尼龙210D/12~36 210D/18-SN	网囊在中部（1 800 m×120 m）	1条括纲（PE交叉绳）	视力声纳	无线电探测仪声纳雷达卫星	绞盘横杆吊车电诱鱼灯汽油灯
金枪鱼围网（超级围网船）	单船（60~80 m）小船（8 m）和2艘工作艇（6 m）	90~120 mm黑色尼龙210D/60~300	网囊在一端（1 200 m~2 000 m×250~300 m）	1条括纲（铁丝）	视力鱼礁（FAD或Payao）诱鱼灯声纳	无线电探测仪声纳雷达卫星	绞盘、绞车横杆吊车电诱鱼灯括纲绞车动力滑轮

1. 无括纲围网

无括纲围网主要有鲹围网和礁鱼围网，在网具结构和作业方法上它们是最为简单的围网，传统上在沿岸水域小规模使用，主要捕捞鲹、礁鱼和其他近岸鱼种。

（1）鳀围网：鳀围网为矩形，长 200~400 m，深 10~15 m，主网衣由 6.4 mm×6.4 mm~7.4 mm×7.4 mm 尼龙小网目网衣或 6.3~8.3 mm Rachel 网衣制成，下网缘使用 250D/12 聚乙烯网衣，浮子纲比沉子纲长，浮力大约是沉力的 2 倍（图 6-2）。使用"C"形钢钩封闭网的底部。

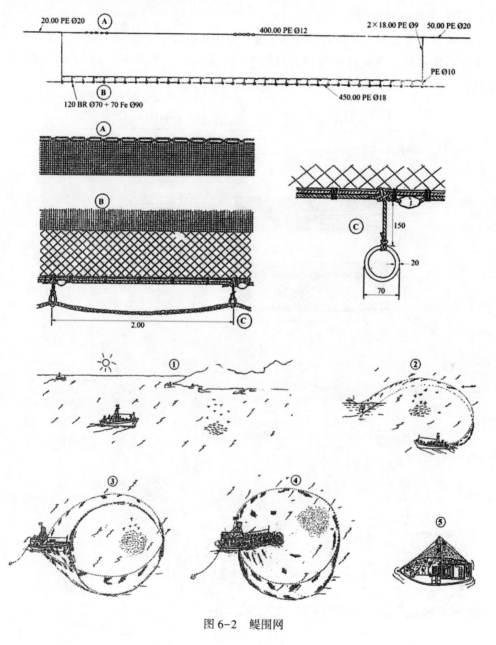

图 6-2　鳀围网

该网通常由 6~10 位渔民使用长 8~14 m、功率 4.41~8.82 kW 的小船，于清早和傍晚在近岸 2~10 m 水深进行捕捞作业，以简单的目视寻搜方法确定鱼群。除了网之外，船上唯一的设备是空气压缩机，在必要封闭网底时给潜水渔民供气。

作业渔场主要在罗勇、庄他武里和达叻省的沿岸水域，底质为沙或泥沙。

（2）礁鱼围网：礁鱼围网是由鳀围网发展而成，渔法相同。但是，网材料和渔场有些不同。主网衣使用 210D/6 尼龙，网目尺寸 25 mm；缘网衣是 380D/12 聚乙烯，网目尺寸 30 mm（图6-3）。

该渔具主要分布于泰国湾东部，罗勇省的 Makhampom。渔场在底质为岩石或周围为礁石的海域。主要目标鱼种是黄尾梅鲷、篮子鱼、裸胸鲹、舒和其他珊瑚礁鱼类。

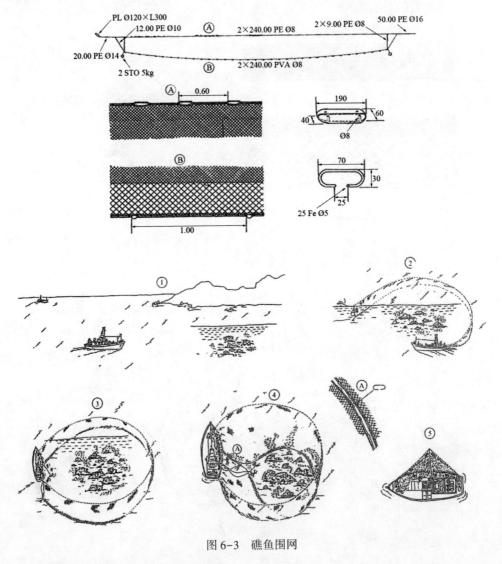

图6-3 礁鱼围网

2. 有括纲围网

有括纲围网包括双船中式围网、鳀围网、泰式围网、鲣围网和金枪鱼围网。围

248

网船大多数为 10~100 GT，并使用诱鱼装置。有些渔船装配了现代设备，如无线电通讯、回声探测仪、声呐和雷达。有些渔船甚至有卫星导航装置。船上使用许多辅助渔具，如绞盘（液压机械）、吊柱滑轮、吊杆起重机、发电机、诱鱼灯和动力吊车。船上没有冷冻机，只使用湿冰或干冰。这一渔法的特点是需要很大人力，就时间而言也许是一个缺点。

（1）双船中式围网：泰国渔民使用双船中式围网已有 60 年之久。当时该网变化并不很大，除了使用尼龙取代棉线网衣之外。现在这一老式渔具在安达曼海沿海仍然保留使用，因为它具有特殊的优点，如作业成本低、适用不良渔场和渔获商业价值高。

该网为矩形，规格为 350 m×60 m，由 210D/9~12 黑色尼龙制成，网目尺寸 25 mm；网缘衣为 380D/15 聚乙烯，网目尺寸 25 mm；2 条括纲系结于网的中部（图 6-4）。需要几艘渔船进行作业，母船是 16~20 m 长的木船，主机 73.5~183.75 kW。在群岛或底质为岩石或沙丘的浅滩周围水域，由 2 只划艇（8 m×2 m×0.8 m）将网展开。主要渔获包括竹筴鱼、鲕、裸胸鲹、澳洲鲹、康氏马鲛、鲐和鲣。

（2）鳀围网：这一渔具除了把括纲连结于沉子纲和用括纲封闭网底之外，其他类同于无括纲鳀围网。该网为矩形，长 250~400 m，深 15~50 m。浮子纲比沉子纲短。主网为蓝色聚乙烯小目网（2 mm×2 mm）和（或）绿色尼龙 Rachel 网（6.5~8.3 mm，110~210D/5）。沉子纲处的缘网衣为 380D/12~15 聚乙烯，网目尺寸 25 mm。铁质底环与沉子纲连接，底环间隔为 1.5~2 m，括纲为直径 26~32 mm 聚乙烯交织绳。浮力大约为沉力的 2 倍（图 6-5）。

鳀围网渔船为 10~20 m 长的木质船，主机功率为 14.7~110.25 kW，通常需要 10~30 位渔民在清早和傍晚进行捕捞作业。用视力寻找鱼群，但有时在夜间使用诱鱼灯作业。

该网主要分布于泰国湾的东海岸（罗勇、庄他武里和达叻）和东南海岸（素叻他尼）以及泰国西海岸南部（普吉、甲米和沙敦）。

（3）泰式围网：1960 年以前，泰国大多数围网都属于这一类型，它和其他任何围网之间的差别主要在于结构上不那么复杂。如今，大船有声呐设备探测鱼群，但小船（过去乃至今天）必须在黎明时分用眼力认定鱼群。然而，有时泰式围网配以诱鱼灯和鱼礁进行捕捞作业，这在渔业统计记录中造成某些混乱。

泰式围网为矩形，网长 400~600 m，网深 70~110 m，网囊在网的中部，主网衣为 210D/6~12 尼龙，网目尺寸为 25~43.8 mm。浮子纲短于沉子纲，浮力比沉力高 1.3~2 倍。网的颜色为黑色或绿色（图 6-6）。

渔船长 14~24 m，主机功率为 14.7~1 147 kW，船上配员 10~30 位渔民。捕捞作业由单船进行，在船的两舷由手工起网，而括纲由主机驱动的绞盘起拉。

渔场在泰国湾东部和西部、内湾和安达曼海南部。主要渔港是沙没沙空、春武

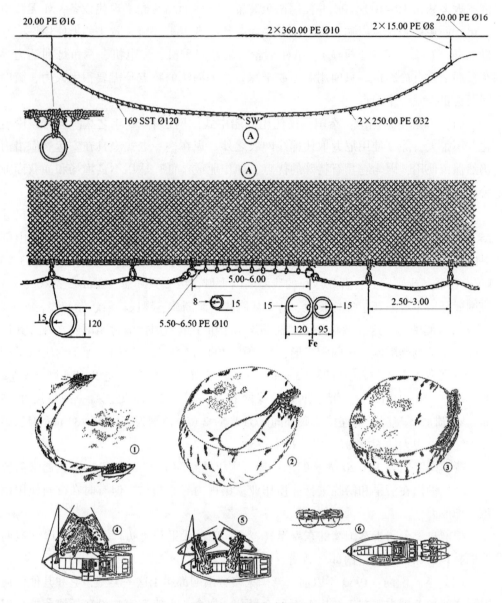

图 6-4　双船中式围网

里、Langsuan（春蓬省）和 Kantant（董里省）。主要渔获是短体羽鳃鲐和竹筴鱼。

（4）引诱围网：泰国大多数围网与鱼礁或者诱鱼灯联合使用。鱼礁由竹竿、铁丝和椰子叶组成，紧固于混凝土块上，在白天捕捞时使用；诱鱼灯是电灯或汽油机，在夜间捕捞时使用。

引诱围网包括鱼礁围网（图 6-7）和光诱围网（图 6-8）。网长 400~800 m，深 80~100 m。

主网衣材料为 210D/4~12 黑色尼龙，网目尺寸 20~25 mm。网囊材料为 380D/

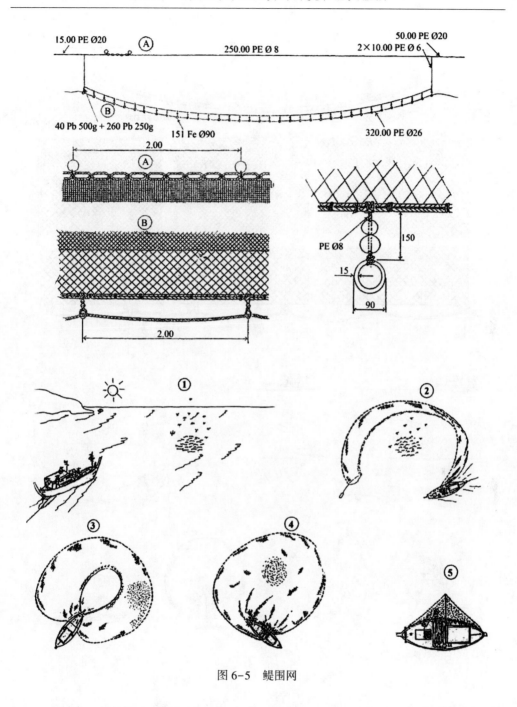

图 6-5　鲲围网

12~15 聚乙烯。网的深度和长度之比为 1：5~1：7。浮子纲比沉子纲短。渔船长 18~24 m，总吨位为 20~80 GT，主机功率 73.5~294 kW。需要 30~40 位渔民进行作业，用声呐探测鱼群，捕捞作业在夜间（通常在泰国湾中部，有时在南海）进行。

　　鱼礁围网渔场在泰国湾中部（40~60 m 深度），主要渔港是北大年和沙没巴干。光诱围网渔场在泰国湾和安达曼海（20~40 m 深度），主要渔港是春蓬、巴蜀、普

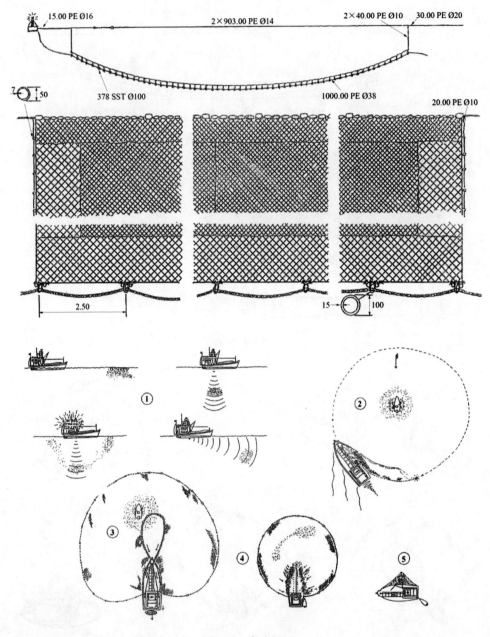

图 6-6　泰式围网

吉、董里和沙敦。主要渔获包括长尾鲔、东方小头鲔、鲹、澳洲鲹、裸胸鲹、沙丁鱼、蓝圆鲹、凹肩鲹和羽鳃鲐。

（5）金枪鱼围网：在 1982—1997 年，泰国最先进的渔具渔法是超级围网船使用的金枪鱼围网。1987 年，泰国渔业部使用一艘大型渔业研究船（名叫 R. V. Chulaporn），其基本结构是拖网船，然后根据艉拖网船、延绳钓船、刺网船和

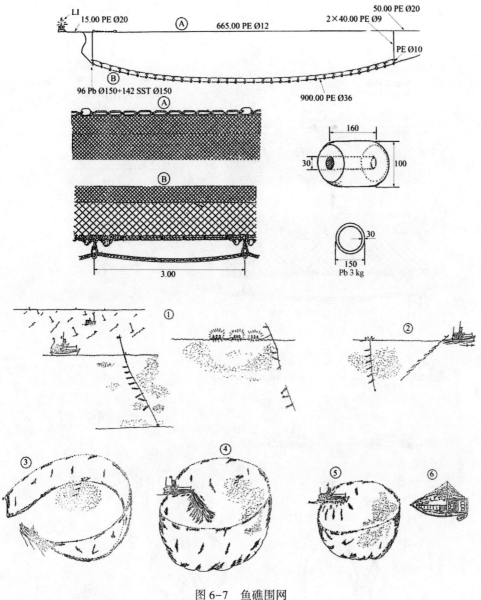

图 6-7　鱼礁围网

围网船综合设计为多用途捕捞船。1994 年，东南亚渔业开发中心培训部使用一艘多用途渔业研究与培训船（名叫 M. V. SEAFDEC）（图 6-9），其基本结构是金枪鱼围网船（超级围网船），然后设计了延绳钓船、刺网船和笼捕船来继续一些巡航，并使用了一段时间。1995 年，泰国渔业部使用一艘新的金枪鱼渔业研究船（名叫 R. V. Mahidol）（图 6-10），这是一船 1270GT 的超级围网船（一种典型的金枪鱼围网船）。1998 年，泰国沿岸渔业协会使用一船旧的金枪鱼围网船（1 800 GT），也是一艘典型的金枪鱼围网船，主要在印度洋和安达曼海进行捕捞作业。

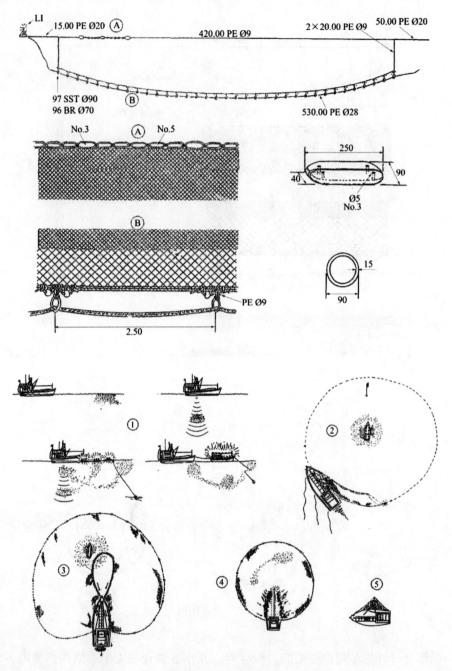

图 6-8　光诱围网

金枪鱼围网的长度为 1 000~2 000 m，深度为 250~300 m，取鱼部网目尺寸为 90 mm，网身和网翼的网目尺寸为 210 mm，它们都是使用集鱼装置（FAD 或 Payao）作业。目标渔获是鲣、黄鳍金枪鱼和大眼金枪鱼，副渔获是纺锤鲱、竹䇲鱼、马面鲀和鲯鳅。

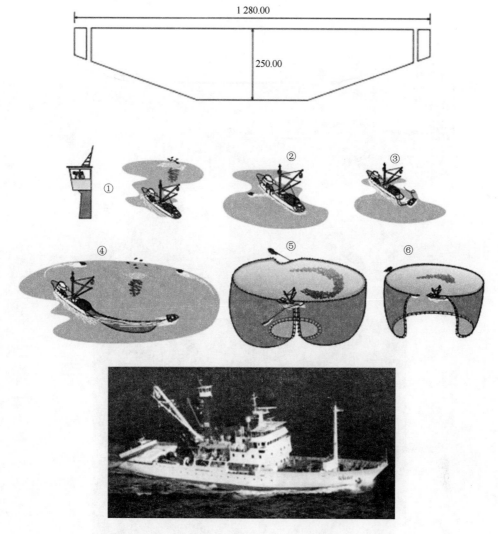

图 6-9 M. V. SEAFDEC 金枪鱼围网

二、拉网

拉网是泰国使用已久又十分简单的一种渔具渔法，在小型渔民当中是众所周知的。主捕种类是生活在沿岸或近岸的渔业资源，如毛虾、虾、鳀、鲾、混杂鱼类等。

最有名的拉网是地拉网。地拉网由 2 个长网袖和 1 个网袋组成，或者是一个无网袋的矩形网，网袖通常由尼龙制成，在某些情况下，上网缘是聚乙烯小目网衣，以保留小鱼和浮游生物虾。有网袋地拉网（图 6-11）通常由聚乙烯小目网衣制成，网目尺寸为 2 mm×2 mm，网袖的缩结系数大约为 0.7~0.9。简单的无网袋地拉网网

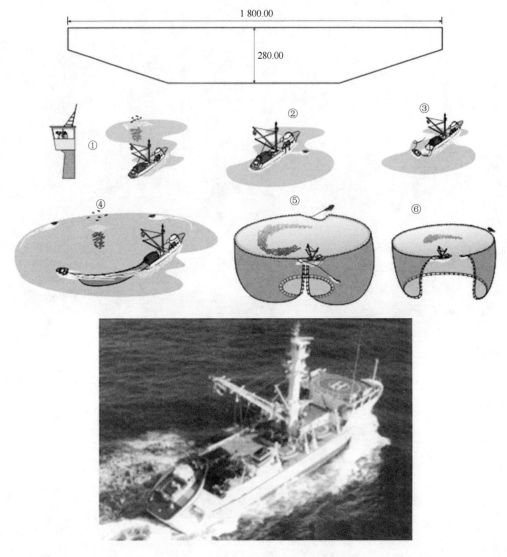

图 6-10　R. V. Mahidol 金枪鱼围网

目尺寸为 25 mm，只主捕鱼类。

根据网的大小，地拉网由 4~20 人在白天进行捕捞作业。

三、拖网

在渔船数量和捕捞产量方面，拖网是泰国目前最广泛最重要的渔具。在 20 世纪 50 年代初，由一些私人捕捞公司首次试验对拖网和板拖网捕捞不成功。但是，1996 年泰国渔业部借助德国联邦共和国的技术援助推出一个为促进拖网捕捞而设计的项目，成功获得了高度有效的板拖网。此后，板拖网渔船的数量迅速增加，捕捞产量

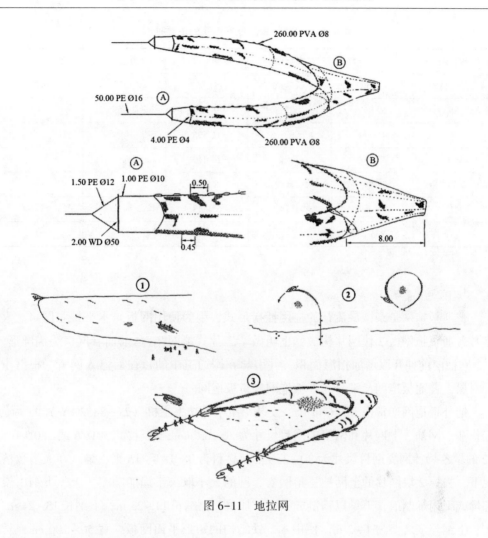

图 6-11　地拉网

也相应地大幅度上升。

　　泰国拖网分为板拖网（包括普通板拖网和撑杆板拖网）、对拖网和桁拖网。在这些拖网当中，板拖网是泰国使用最广泛的渔具，拖网总渔获量的大约 85% 来自板拖网，但低值鱼比例相当高（约 55%）；桁拖网的渔获量占拖网总渔获的比例很小，低值鱼比例约 34%；桁拖网有利的一个重要因素是渔获中的低值鱼比例比较低（甚至为 0）（表 6-5）。

　　板拖网捕获的主要种类是虾、鱿、乌贼和六齿金线鱼；对拖网的渔获种类主要是鱿、乌贼和六齿金线鱼；桁拖网捕获的主要种类是虾（表 6-5）。

表6-5　1997年泰国拖网捕获的主要种类

板拖网	渔获量（t）	对拖网	渔获量（t）	桁拖网	渔获量（t）
低值鱼	453 327	低值鱼	131 027	虾	980
虾	69 012	虾	9 319	低值鱼	0
鱿	44 774	鱿	11 595	其他	236
乌贼	50 338	乌贼	11 419		
六齿金线鱼	78 992	六齿金线鱼	8 205		
其他	638 841	其他	67 343		
合计	1 335 284		238 908		1 216

1. 普通板拖网

普通板拖网是泰国最流行的拖网捕捞形式，因为使用网板来水平扩张网口。大多数普通板拖网由2块网片构成，也叫做"二片式拖网"。从前面看网口为椭圆形。2个网袖向前伸开以增加扫海面积，并引导在网通道中的鱼往后落入网囊。根据主捕对象，普通板拖网又细分为虾板拖网和鱼板拖网。

捕虾板拖网通常由8~16 m长、安装小至中等功率主机（22~88.2 kW）的小渔船作业。网袖、上网片和网身的网目尺寸为30~60 mm，材料为250D/6或380D/6~12的聚乙烯；网囊网目尺寸为20~25 mm，材料为380D/9~15聚乙烯。在大多数情况下，去掉2块网片的上网袖三角网衣，网的大小取决于渔船功率。上、下纲由聚乙烯或聚丙烯制成，下纲以铁链或铅沉子加重，上纲长11~23 m，下纲长13~24 m，上、下纲长度之差为1~2 m。使用木、铁结构的矩形平面网板，宽50~100 cm，长100~200 cm，装配叉链和叉纲。扫纲（手纲）长10~36m，直径14~26 mm，由聚乙烯、聚丙烯或混合纲制成（图6-12）。曳纲也是由聚乙烯或聚丙烯制成，直径14~28 mm。使用绞盘起绞曳纲，并把网囊中的渔获吊起到渔船前甲板上。在船舷用手拉网，4~8位渔民参与捕捞作业。捕虾板拖网的渔场主要在那空是贪玛叻省至宋卡省水域，渔获组成是虾和低值鱼。

捕鱼板拖网是泰国最大的一种单船拖网，因此使用的渔船一般比较大，船长15~30 m或以上，安装73.5~367.5 kW的主机。使用二片式网，网袖、网盖、上网片和网身的网目尺寸为120~180 mm，700D/12~21聚乙烯网衣；网囊网目尺寸为20~30 mm，380D/9~15聚乙烯网衣。这种网与捕虾板拖网不同，因为其2块网片的上网袖处有三角网衣。上、下纲由钢丝和混合纲制成，上纲长28~40 m，下纲长30~46 m，上、下纲长度差为2~6 m。木质和橡胶滚轮（有时用球形塑料罩覆盖）与下纲连接。使用木铁结构的矩形平面网板，宽1~2 m，长1.2~2.4 m，有固定的

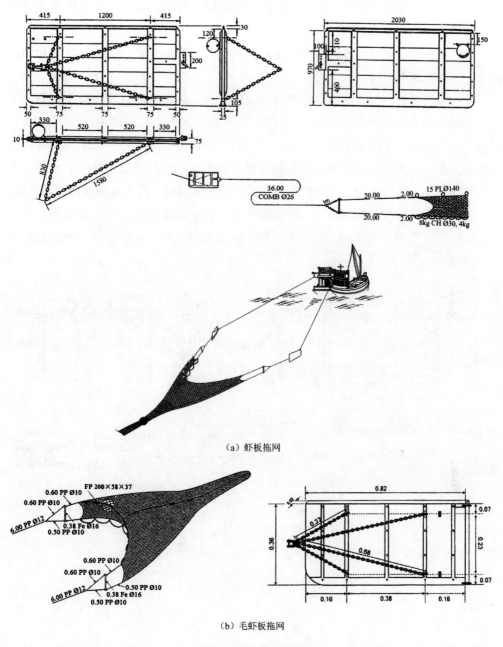

（a）虾板拖网

（b）毛虾板拖网

图6-12　捕虾板拖网

支架和叉链或固定的铁托，有时把1~5个塑料浮子结附在网板的前上部，以防网板陷入多泥海底。网板架（是这型拖网必需的）固定在船的尾部。扫纲（手纲）是225~32 mm 粗的混合纲，长35~80 m（图6-13）。曳纲是直径 14~18 mm 的钢丝，卷绕在渔船两舷或在尾拖网船中部的曳纲鼓轮绞车上。用曳纲鼓轮绞车起绞曳纲，用绞盘拉网，并通过前甲板（或尾拖网船的艉甲板）起重吊杆上的滑轮绞起。该网需要 2~10 位渔民进行捕捞作业。主要渔获是底层鱼和低值鱼。主要渔港是沙没巴干、沙没沙空、宋卡和普吉。

普通板拖网，无论是虾板拖网还是鱼板拖网，它们都是底层拖网，放、起网的操作方法基本相同。

放网：准备放网时，渔船沿着理想的线路行驶，最好顺风行驶。抛出网囊，工作纲重新系结在上纲和网袖的合适位置上，网被流漂离船尾，放出扫纲（手纲）。网板与曳纲连接，从绞盘上取下，做好放网的一切准备。同时松开绞车闸让网板落入水中并张开，在放出曳纲时，首先慢慢地松放曳纲，直到网板正好处于水面之下并张开满意时才释放曳纲。一切都准备好，开始投放网板，放出曳纲直到所需长度。

起网：把网板绞起到网板架，并拉紧曳纲，若要防止撞击，就夹住曳纲。用绞车卷绕扫纲（手纲）至下纲，然后把下纲、网袖和网身也绞起到船尾，把网囊拉到前甲板倒空。

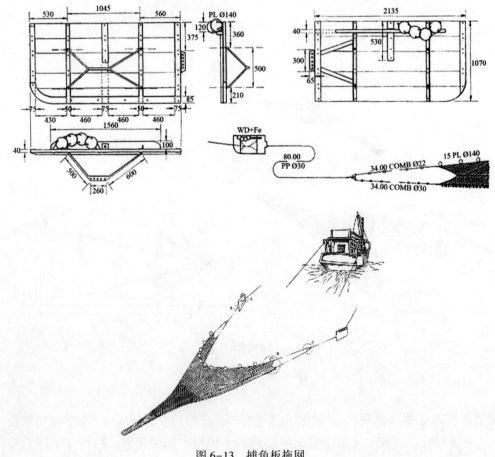

图 6-13　捕鱼板拖网

2. 撑杆板拖网

底层撑杆板拖网类同于底层普通板拖网，不同之处在于给渔船增加一对横杆（撑杆）。横杆安排在渔船中部向外伸展，为拖纲提供舷外拖曳点，以增加网板的水平扩张。

该渔具主要分布于泰国湾的内湾，从达叻省到春蓬省。作业与普通板拖网相同，但横杆能够增加网板的水平扩张。所以，拖曳时曳纲两端通过圆环连接于横杆尖端。在放、起网时，用细纲把拖纲带到船尾，以正常方法完成放网和起网（图6-14）。渔获物大多数是虾类。

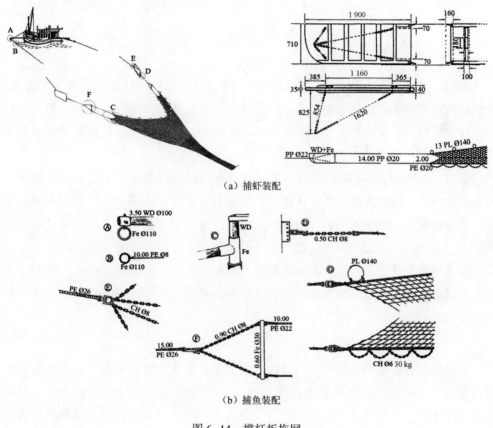

（a）捕虾装配

（b）捕鱼装配

图6-14　撑杆板拖网

3. 对拖网

对拖网捕捞就是由2艘渔船拖曳网具的作业方式。小型对拖网由2艘长度小于18 m、主机功率为110 kW的小渔船使用。中型对拖网由长度大于18 m、主机大于110 kW的渔船和小渔船联合拖曳。如果2艘都是大型渔船，就拖曳大型对拖网。

在对拖网捕捞中，不需要网板，通过2艘渔船向外拖曳来保持网口张开，2艘船在作业过程中总是设法使它们之间的距离保持相同。渔具的安排简单化，曳纲直接与扫纲连接，扫纲接结于每个网袖端部的三角铁架上。放网、曳网、起网作业全过程如图 6-15 所示。

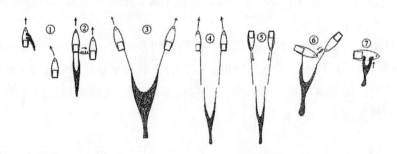

图 6-15　对拖网作业示意图

放网：把网囊投入海或由一艘船拉开，同时网船保持低速前进，放下网拖曳，直到网被拉直为止。另一艘船接近，把导拉绳抛向该船以转送一个网袖。然后把扫纲连接于每船的三角铁架上，2 艘船一起向前行驶，均匀地放出扫纲和曳纲直到所需长度为止，开始捕捞作业。

起网：2 艘船停下并转向网的位置，起绞曳纲并通过船首绞架，直到三角铁架到达绞架为止。然后 2 艘船会合直到它们接近到一个安全距离为止，解开扫纲，把导拉绳抛给网船，以收回网袖。然后由人力或绞盘通过起重吊杆上的滑轮把网绞起到船上，直到网囊吊起并倒空为止。

对拖网通常在白天作业。渔场在泰国湾和安达曼海，作业水深 40 m。渔获主要包括低值鱼、鱿、乌贼和六齿金线鱼。主要渔港是沙没沙空、沙没颂堪、宋卡、拉廊和普吉。

4. 桁拖网

桁拖网是目前泰国所有拖网渔具设计的先驱，其主要特征是有一根用来扩展网口的桁杆。大多数桁杆由铁制成，长 2~4 m。有时重型桁杆的两端各装配一只钢"鞋"（滑撬），支撑其在海底上曳行。下纲和上纲与起滚轴作用的水泥撬连接在一起。水泥撬的重量取决于渔具的大小，小型桁拖网为 10~15 kg，大型桁拖网为 40~45 kg，使用一条铁链把撬与桁杆连接起来。这些构件集合在一起并直接与拖纲束扣（图 6-16）。桁拖网的主要渔获种类是虾，所以网目尺寸较小。网目尺寸也取决于渔获种类。

放网：渔船一到达渔场，首先将桁拖网挂结在桁杆上，将桁杆连网摆开，然后使用同一方法将桁杆连网收回。在渔船直线航行时进行捕捞作业。

起网：起网时，把网收回，直到网处于桁杆尖处为止。用连结于网囊上的吊纲提起网囊，直接倒出渔获物。

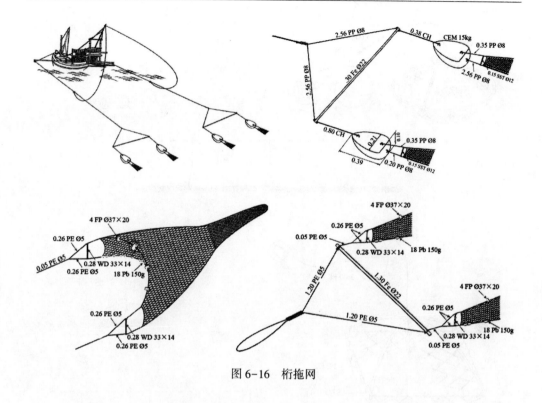

图 6-16 桁拖网

这种捕捞方法在泰国南部的那空是贪玛叻、素叻他尼、春蓬等地十分常见，渔场在泥底质的浅水域，可全年捕捞作业。

四、敷网

敷网是一种传统性小型渔具，在所有沿海区用来捕捞蟹、浮游生物虾和浅水鱼类。20 世纪 70 年代后期至 80 年代初期，一种改进型敷网（叫做棒受捞网）配以诱鱼灯捕捞鱿和鳀，使用十分流行。敷网捕捞没有独立的统计记录，其数据作为普通小型渔业的一部分或者与鱿抛网渔业的记录统计在一起。

泰国敷网可分为 4 种：蟹敷网、鱼敷网、定置敷网和棒受捞网。

1. 蟹敷网

这是泰国以及世界其他地区最古老的渔具之一。虽然制作蟹敷网的材料已发生了很大的变化，但网的形状和操作技术依然不变。

蟹敷网由撑网用的竹框或金属框和竹竿或浮标绳构成（图 6-17）。网框通常是圆形（图 6-17a），直径 40~50 cm，或者是方形（图 6-17b），边长 45 cm，框架高 15 cm。如今网材料是聚乙烯或尼龙，网目尺寸 70~140 mm。渔民通常用划艇在很浅的水中使用这种渔具捕捞锯缘青蟹和远海梭子蟹。捕捞作业可以在白天或者在夜间进行，全年作业。

263

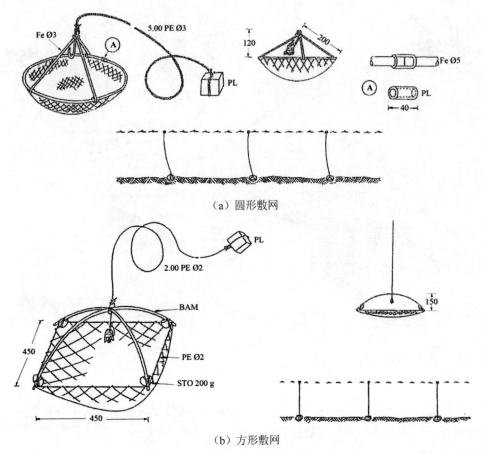

（a）圆形敷网

（b）方形敷网

图 6-17　蟹敷网

2. 鱼敷网

鱼敷网是蟹敷网的一种改进，金属框为圆形，直径 50~80 cm，装配一个 1 m 深的尼龙网，看起来像一个捞网，网目尺寸 25 mm，一根绳子与金属框连结，用以把渔具提升到水面（图 6-18）。在网放到海底之前，用一小块鱼或蟹作为饵料悬吊在金属框中央，频繁提起网来检查是否有渔获物。渔获物一般是篮子鱼、海鲶，有时是幼石斑鱼。经常在渔港看见儿童或偶尔看见渔民使用这一渔具。

有一种鱼敷网也用来捕捞浮游生物虾，这种网或者是棉线、尼龙，或者是聚乙烯小目网或 rachel 网，网目尺寸 2 mm×2 mm 或 6~8 mm（图 6-19）。作业时把网放置于浅水海底，渔民等到看见浮游生物虾群通过时就把网提起，不需要饵料。

3. 定置敷网

这是一种比较大型的敷网，在泰国很少使用。出现在宋卡省的这型定置敷网有一个导网（墙网）引导鱼类进入主网，主网悬浮在木框架上，处于 0.5~2 m 深度的水中。建筑一个 8~10 m 高的观察平台，以便渔民可以看到正在通过的鱼群，站在

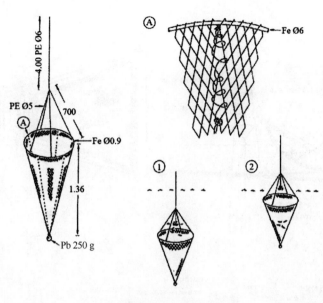

图 6-18　鱼敷网

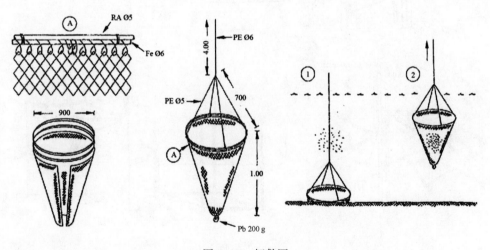

图 6-19　虾敷网

一个有利位置上操作网具。该网由 210D/6 尼龙制成，网目尺寸 25 mm（图 6-20a）。捕捞可以由单人在白天高潮和低潮时进行，渔获物主要是鲻。

鲻敷网（也出现于那空是贪玛叻）相当大，规格为 10.7 m×15.3 m，悬挂在 4 根支柱上。每个角落有一个平台，从平台上通过一个滑轮系统将网提起或放下。网墙设置在山榉木和敷网之间的木桩上，该网需要 5 人操作（图 6-20b）。

虾敷网由两堵竹墙（形成漏斗状）和一个装配在 2 根杆上的网组成，2 根杆系结在一起，把一个跷跷板放在一个立式木架上，就可以容易地将网提离水面。该网

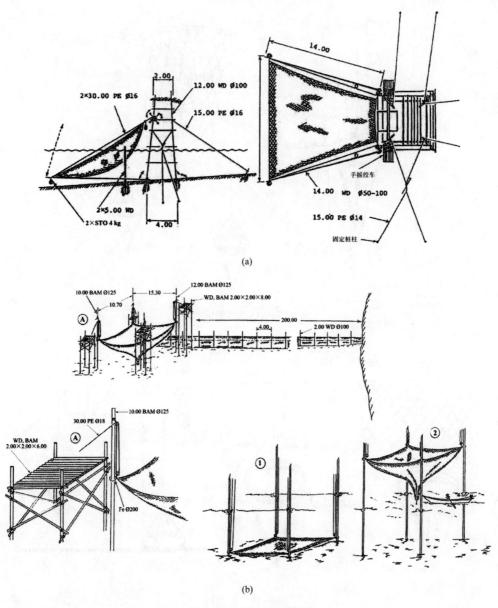

图 6-20　定置式鲻敷网

由 250D/6 聚乙烯制成，网目尺寸 15 mm，网的规格为 4 m×7 m，迎流设置（图 6-21）。

4. 棒受捞网

棒受捞网由定置敷网改进而成，网的规格较小，作业较为简单，在安装电力诱鱼灯的小至中型（8~14 m）渔船上进行捕捞作业。该渔具由 1 个方形网或矩形网、2 根竹竿、沉子和绳索组成，网衣通常为 210d/3~6 黑色尼龙，网目尺寸 20~

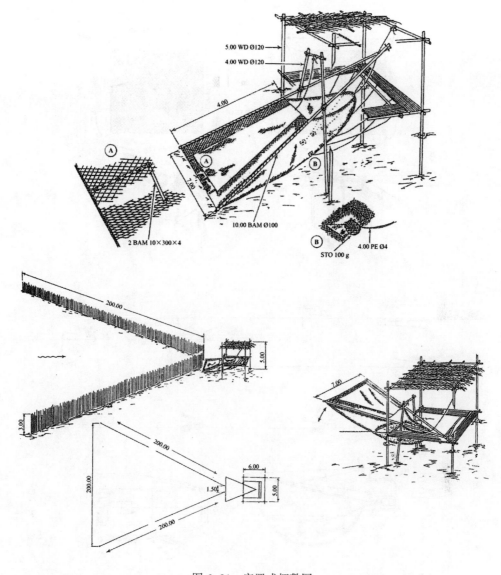

图 6-21　定置式虾敷网

30 mm，缩结系数为 0.4~0.5（图 6-22a），渔具的大小取决于渔船的大小。

捕捞作业在无月光的夜间进行，作业时，使用一列流刺网作为海锚，让渔船随流漂移。通过"拉"（图 6-22b）或"推"（图 6-22c）方式操作敷网，这取决于它开始作业时如何悬挂在竹竿上，主要渔获是鱿和乌贼。该网也用来捕捞鳀，但主网衣必须有较小的网目尺寸，并习惯操作"推式"网（图 6-23）。

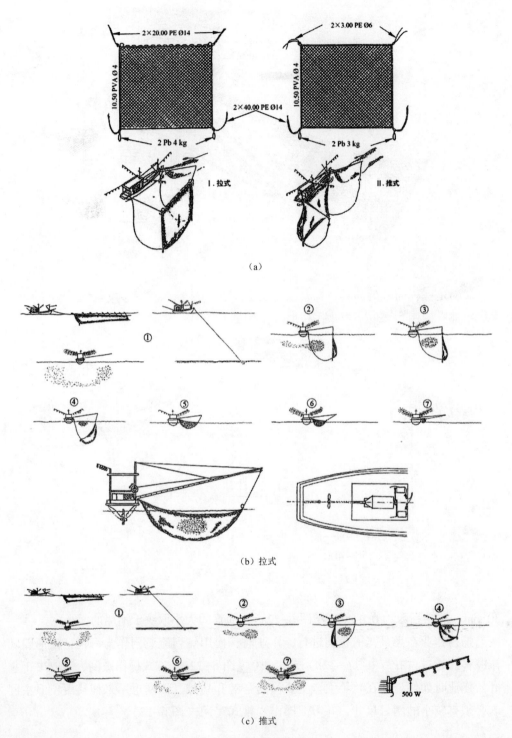

（a）

（b）拉式

（c）推式

图6-22　鱿/乌贼棒受捞网

图 6-23　鲲棒受捞网渔船

五、掩网

掩网是一种简单的渔具，在泰国小型渔民当中十分流行，在内陆水域和沿海浅水域中都有使用，可由一位渔民用船或不用船进行捕捞作业。当由一人作业时，使用的网大多数是小掩网。比较大的掩网（在过去用来捕捞短体羽鳃鲐）在 20 世纪 70 年代被安装诱鱼灯的捕鱿船广泛使用。经过改进的这种掩网（叫做棒受掩网，在底网缘增加一条括纲）是泰国最广泛使用的渔具之一。

泰国的掩网有抛网和棒受掩网之分。

1. 抛网

根据主捕对象的不同，抛网又分为：小抛网（包括虾抛网和鱼抛网）和鱿抛网。

（1）小抛网：在泰国大多数渔村都能看到小抛网，但其基本结构却有很大的不同。网口周长 8~12 m，网深 2.5~5 m，由 210D/3~6 尼龙网衣经手工制成，在网缘上方 10~15 目处每隔 250~400 mm 系一条铁链，从而能在网的底部形成小袋（图 6-24）。网线的粗细取决于主捕种类，也取决于网目尺寸。虾抛网（图 6-24a）的网目尺寸（20~25 mm）一般小于鱼抛网（图 6-24b）的网目尺寸（>25 mm）。

（2）鱿抛网：这是一种大型传统抛网，适用于捕鱿。现代鱿抛网网口周长 15~20 m，网深 6~8 m，由 210D/4~6 尼龙网衣经手工制作而成，网目尺寸 25~30 mm。在网的最下部网目上结附着铅粒或铁链，使用一个重型铅环（铅厚 30~40 mm，环径 150~200 mm）来阻塞渔获逃逸（图 6-25）。

作业需要技巧，但可以由一人在小船上作业，通常在黑夜使用煤油灯或电灯进行诱鱿捕捞作业。渔获物除了鱿外，还有乌贼和一些鱼类，在巴蜀和春武里省可以看到许多鱿抛网渔船。

269

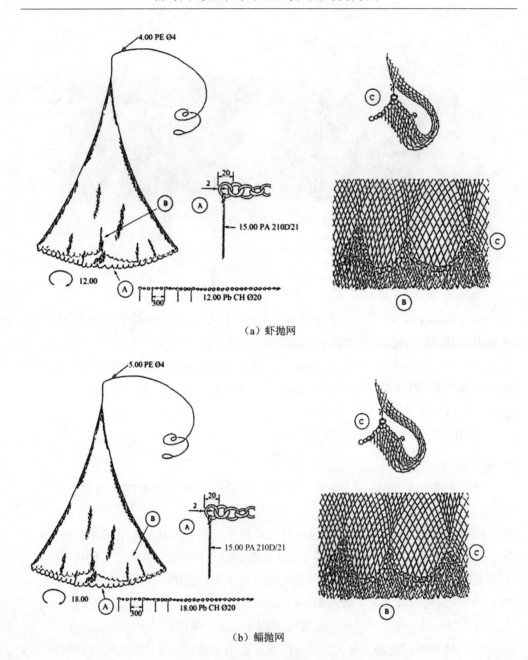

（a）虾抛网

（b）鲻抛网

图 6-24　小抛网

2. 棒受掩网

棒受掩网又包括棒受罩网和棒受箱网。

（1）棒受罩网：这是鱿抛网的一种改进型，综合了棒受捞网的要素，是泰国水域最广泛的捕鱿方式。该网深 10～20 m，网口周长 20～50 m，主网衣材料是 210D/4～6 尼龙，网目尺寸 25～30 mm；网囊和底网缘是 380D/9～12 聚乙烯，网目尺寸相

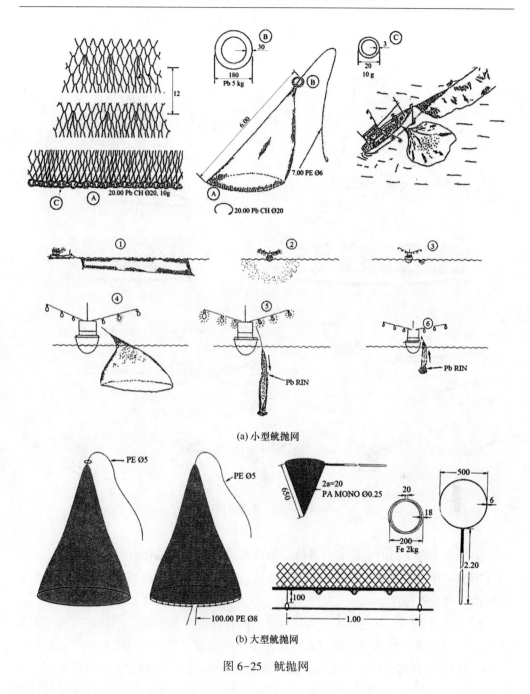

(a) 小型鱿抛网

(b) 大型鱿抛网

图 6-25 鱿抛网

同（图 6-26）。有 2 种网型结构：一种是以 1N2B（1 个边傍 2 个单脚）的剪裁方式连接 6~8 片三角网片（图 6-26a）；另一种是连接不同长度的矩形网片，最短的网片处于成品的顶部，最长的网片处于底部（图 6-26b）。在网的底部每隔 1 m 装配一条铁链沉子和塑料环、铁环或不锈钢环。这些环供括纲使用，纲括是直径为 12~14 mm 的聚乙烯绳或聚丙烯绳。

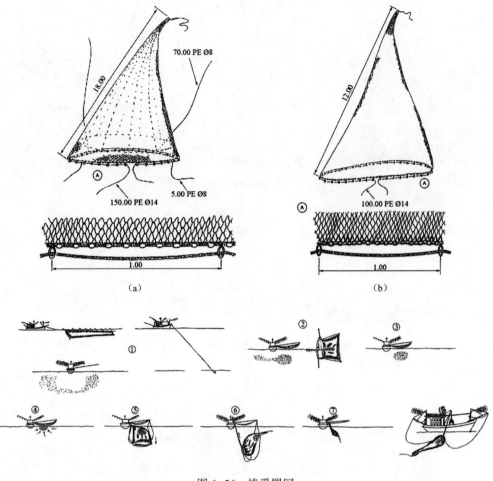

图 6-26　棒受罩网

　　捕捞作业在夜间由安装电力诱鱼灯的渔船进行，网安装在竹撑杆上，像棒受捞网使用的一样。主要渔获物是鱿，也有乌贼、羽鳃鲐和其他鱼类。作业渔场主要在泰国湾，可全年作业。

　　（2）棒受箱网：有些渔民认为，棒受掩网有两个严重的缺点：①放网时水阻力太大；②上部吓走鱼和鱿。所以对该网作了一些改进，把它改制成立方网或箱形网（图6-27）。上网缘装配一条纲索，缩结系数为0.6~0.7，底网缘与上网缘相同。两个外垂网缘（有时4个网缘都外垂）结附一些环和装配纲索，以便在放网时可以将网提起好像一个网帘，目的在于减少网表面积，从而减少网衣水阻力。该渔具在其他方面完全类同于普通棒受罩网。

六、刺网

　　泰国刺网有多种类型，包括表层刺网、底层刺网、漂流刺网和包围刺网，在泰

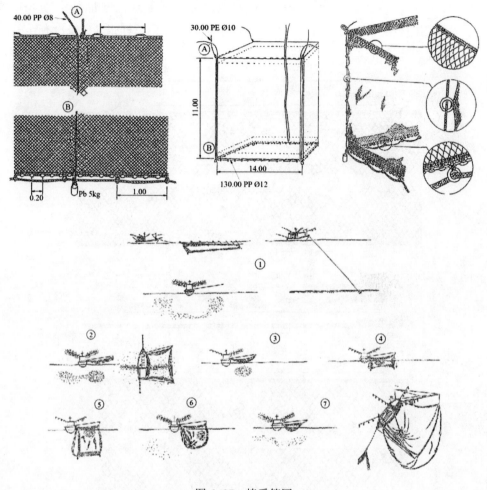

图 6-27　棒受箱网

国沿海近海水域作业，当中有些是大型刺网，例如马鲛刺网和鲐围刺网，有些是小型刺网，例如捕捞鲳、虾、梭子蟹和鲻的刺网。

鲐围刺网捕获的主要鱼种是短体羽鳃鲐（在泰国十分畅销的鱼类），年度渔获量很高。鲳是一种价值很高的鱼类，但鲳刺网年度渔获量比较低。虾刺网尽管捕捞产量低，但它发挥重大作用，因为捕获的虾具有较高的出口价值。其他刺网的渔获比例相当高，在这些渔具当中最引人注目的是梭子蟹刺网（通常由小船作业），其捕捞产量比较高。马鲛刺网的主要渔获是长尾鲔、东方小头鲔和大耳马鲛。

泰国刺网渔具可分为 5 种类型：表层刺网、漂流刺网、底层刺网、三重刺网和包围刺网。

1. 表层刺网

该网属小规模作业，大多数在很浅的水域和湾口水域作业，用锚或竹杆将网固

273

定于水域中（图6-28a）。网衣由尼龙单丝或尼龙复丝制成，网目尺寸为40~85 mm，捕鲻用的表层刺网网高为1~4 m，悬浮于水面，并用竹杆张开，既没有浮子也没有沉子（图6-28b）。

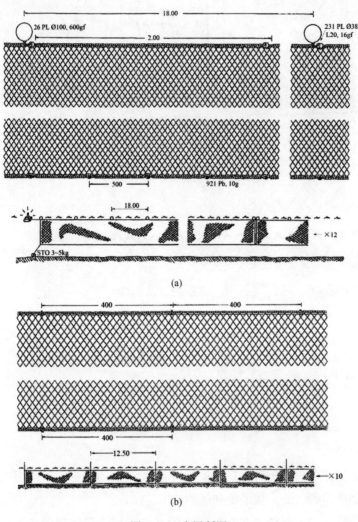

图6-28　表层刺网

2. 漂流刺网

漂流刺网（通常简称流网）有许多种类型，一般使用绿色网衣，最常用的网衣材料是210D/4~210D/18尼龙复丝。有些流网，尤其是马鲛流网（图6-29）和鲳流网（图6-30），在下网缘结附一片莎纶（Saran）尼龙网衣，其作用就像沉子，因为莎纶尼龙网线的比重比尼龙复丝大。马鲛流网作业规模大，网高4.5~12 m，网线规格为210D/9~210D/18，网目尺寸60~100 mm（图6-29）。

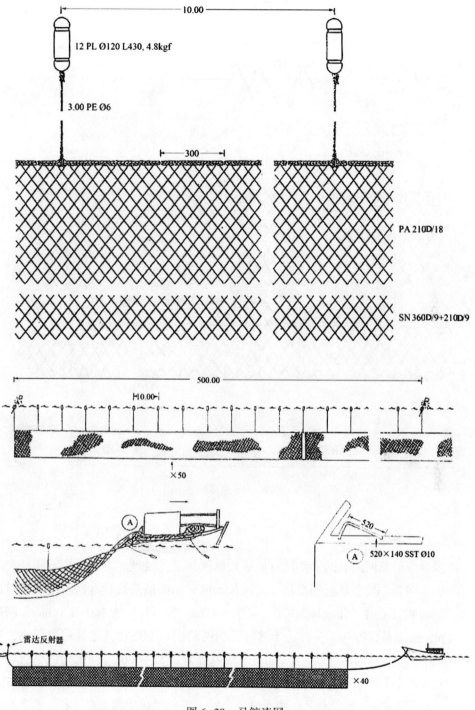

图 6-29 马鲛流网

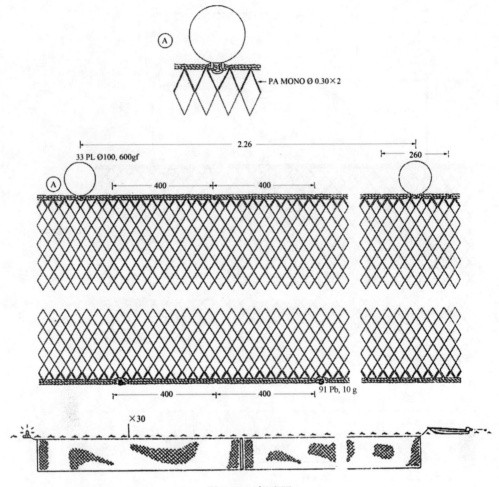

图 6-30　鲲流网

3. 底层刺网

大多数底层刺网网衣的主要材料是尼龙单丝和尼龙复丝。对于捕捞不同种类的海洋动物，网具主要参数（网目尺寸、网长、网高和缩结系数）有所不同。捕捞远海梭子蟹的底层刺网（作业最为广泛）（图6-31a）网目尺寸为 100~120 mm，网高约 1.2 m，缩结系数为 0.5 左右。牙鳕底层刺网的主要参数比其他底层刺网小，网目尺寸 25~30 mm，网高 0.65~1.2 m，缩结系数为 0.52~0.68。而捕捞巨皇后石首鱼、竹筴鱼和黄尾鲹的底层刺网（图6-31b），主要参数很大，网目尺寸为 90~95 mm，网高约 8 m，所以有时在浅水域作业时，它能拦截游泳于海底和海面之间的任何动物。底层刺网在 3~40 m 深度范围的沿海浅水域作业。

4. 三重刺网

三重刺网通常被用来捕捞虾类。一般来说，三重刺网的网衣由尼龙复丝内、外

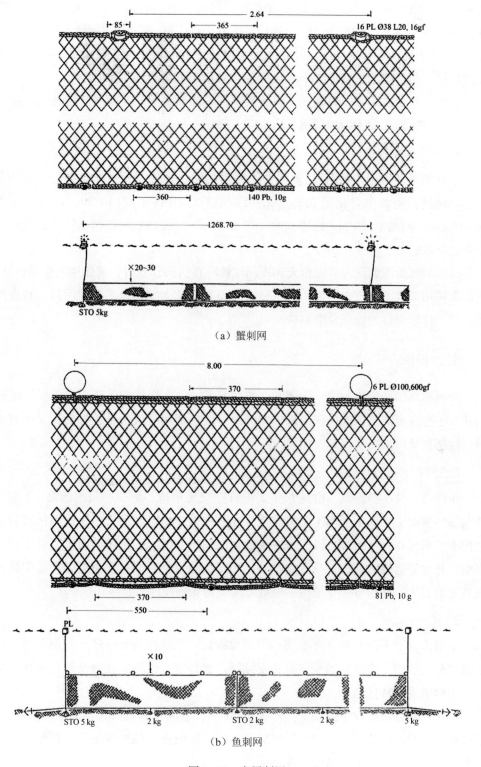

（a）蟹刺网

（b）鱼刺网

图 6-31 底层刺网

网衣构成。内网衣的网线规格为 210D/2，网目尺寸通常为 40 mm，缩结系数（E）变化不大（上纲 $E=0.46\sim0.48$，下纲 $E=0.55\sim0.57$）；外网衣的网线规格为 210D/4，网目尺寸为 140~260 mm，但外网衣的缩结系数差异很大，以大缩结系数（如 0.79）横向网目配纲，其他以小缩结系数（只 0.37）装配（图 6-32a）。

捕捞作业在白天或夜间进行，横流放网，并随流漂移 1 h 起网，但乌贼三重刺网（图 6-32b）在白天沿岸浸网长达 12 h。渔场水深 5~20 m。

5. 包围刺网

包围刺网（简称围刺网），短体羽鳃鲹围刺网（图 6-33a）在泰国是一种作业广泛的渔具，网衣主要是尼龙复丝，网线规格为 210D/9 ~ 210D/12，网目尺寸为 40~45 mm，网高 7~19 m。鲻围刺网（图 6-33b）比短体羽鳃鲹围刺网小，网材料是尼龙单丝。

短体羽鳃鲹围刺网可以在白天和夜间作业。在白天作业时，首先用网包围鱼群，然后渔民用某些工具打击水面，产生骚动和噪音，从而惊吓鱼类刺挂网目；在夜间作业时，使用电灯光惊吓鱼类刺挂网目。

七、抄网

抄网渔具结构简单，由一个网和 2 根竹杆构成。2 根竹杆的作用在于使网保持张开。小抄网由渔民手工操作，也叫做捞网；大抄网用一艘机动船推行，又叫做推网。抄网在泰国沿海水域广泛使用。

1. 捞网

捞网是一种小型渔具，由网衣和 2 根竹杆交叉构成，形似一只大汤匙，2 根竹杆端部各装配 1 个由木或椰子壳制成的滑撬（图 6-34）。在白天由 1 位渔民进行捕捞作业，水深 0.1~1.5 m。渔民把设备带到渔场的划艇上，把网结附于竹杆上放入水中，开始涉水推网前进，身后拉着一只小艇，随时提起网拾取小虾、浮游生物虾或其他渔获物。捕捞可全年进行，但最好渔期是 6—8 月。

2. 推网

推网由 3 个不同的部分（上部、下部和网囊）组成（图 6-35）。一条下纲（铁链或装配沉子的加重绳）两端固紧在支撑网的推杆上，使得它在捕捞作业时接触海底。上纲沿着推杆挂装。

推杆是竹杆或松树干或铁管，杆长 6~40 m，取决于渔具的大小和捕捞规模。2 根推杆系起来形成反向的"V"字形，杆的末端装配木撬或铁撬或不锈钢撬沿着海底滑行。在滑撬附近还结附一些浮子以防止滑撬陷入泥中。在大型推网上，可借助一根绳子调节浮子，并做一个绳环固定到推杆上。很长的推杆往往不相互系结，

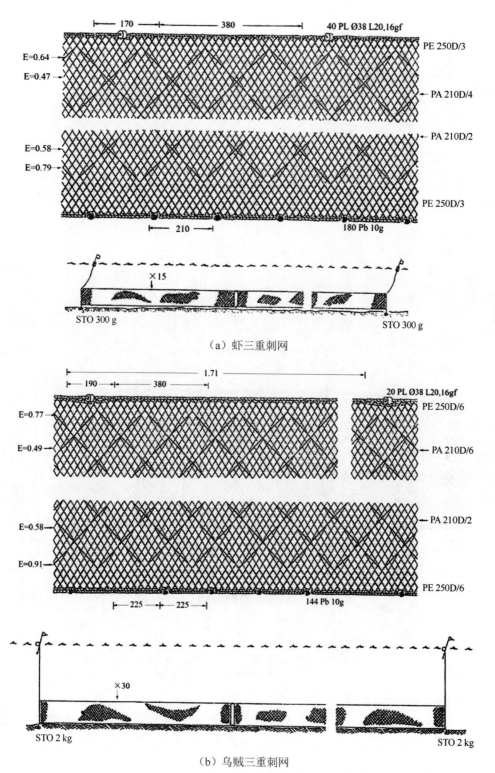

（a）虾三重刺网

（b）乌贼三重刺网

图 6-32　三重刺网

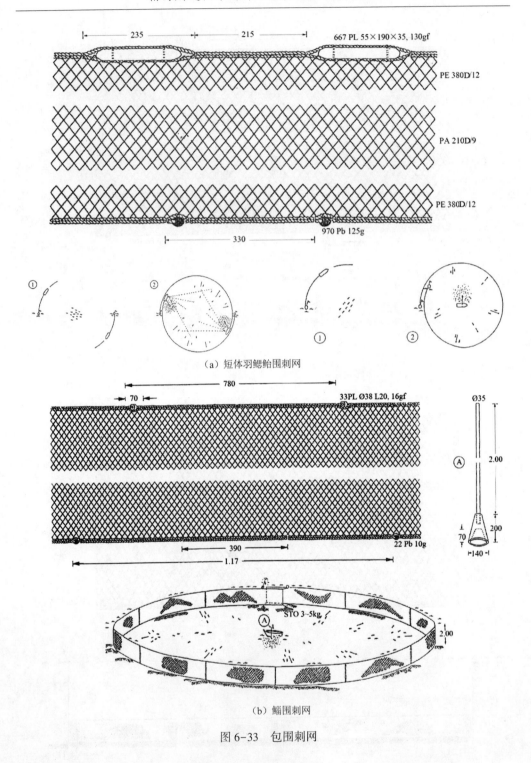

（a）短体羽鳃鲐围刺网

（b）鲻围刺网

图 6-33　包围刺网

而是直接固紧于舷外支架上或渔船前甲板的横杆上。

　　推网捕捞作业由一艘动力渔船在白天或在夜间进行。渔船到达渔场后，把网系

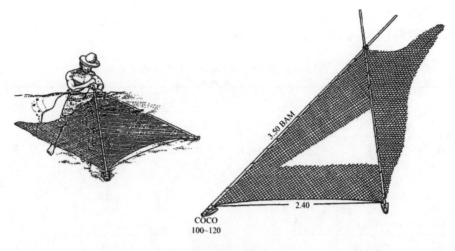

图 6-34 捞网

结于推杆上，下纲和上纲安装于适当的位置。把推网放入水中，调节浮子直到滑橇接触海底为止。捕捞作业结束时，用与网囊连结的绳子把网囊拉起，倒空渔获物后放下，准备下一网次的捕捞作业。该渔具在泰国沿海地区广泛使用，大多数分布在素叻他尼、沙敦、那空是贪玛叻和沙没巴干省。

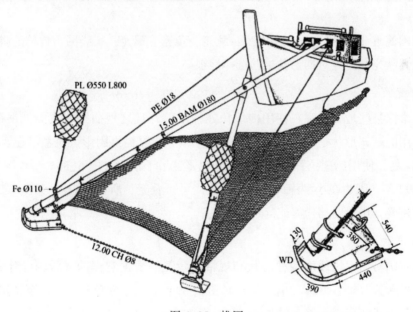

图 6-35 推网

八、笼具/陷阱

泰国有各种类型的笼具和陷阱，如鱿笼、鱼笼、蟹笼、长袋网和竹桩陷阱，习

281

惯于小规模作业。主要捕捞种类包括石斑鱼、鲶、红笛鲷、青梭子蟹、锯缘青蟹、虾（不含对虾）、低值鱼、短体羽鳃鲐等（表6-6）。

表6-6　1997年各种笼和陷阱捕获的主要种类及其渔获量

笼具			陷阱		
	渔获种类	渔获量（t）		渔获种类	渔获量（t）
鱼笼：	鲶	138	长袋网：	虾（不含对虾）	3 388
	石斑鱼	429		低值鱼	1 027
	红笛鲷	94		对虾	12
	其他	552		其他	1 482
蟹笼：	青梭子蟹	2 465	竹桩陷阱：	低值鱼	1 147
	锯缘青蟹	3 550		鳀	304
	其他蟹	57		短体羽鳃鲐	326
	其他	2		印度鲐	1
				鲹、裸胸鲹、澳洲鲹	95
虾笼：	乌贼	7 673		其他	489

泰国笼具/陷阱可分为6种类型：鱿笼、鱼笼、蟹笼、长袋网、竹桩陷阱和定置网。尤其鱿笼和蟹笼对捕捞种类的选择性很高。

1. 鱿笼

在泰国某些地方，现在使用传统鱼笼捕鱿，并且这种捕捞方式似乎正在扩展。现在使用的鱿笼形状是半圆柱形，笼顶覆盖椰子叶以提供阴影。笼悬吊在水面以下1/3水深处，使用标记位置的竹竿和浮子把笼悬吊于水中（图6-36）。

1997年，因为在小型渔民当中广泛使用可折叠笼，所以把矩形网笼改进得更加简单海蛇笼，用饵料捕捞海蛇（图6-37）。

2. 鱼笼

在泰国沿海水域使用各种形状和规格的鱼笼。根据它们的形状，可分成3种：半圆柱形鱼笼（图6-38）、矩形鱼笼（图6-39）和圆柱形鱼笼。入口至脱扣装置通常是漏斗形或楔形。小笼大约长55 cm，宽27 cm，高（或直径）22 cm；大笼大约长200 cm，宽100 cm，高85 cm。

藤条传统上是广泛用来制作笼框的材料，这种天然材料不仅容易取得，而且坚韧和易曲折，它的这一耐用性特别适合于制作圆柱形或半圆柱形笼框。木用来制作矩形笼框，竹是制作笼的另一种通用材料。现在聚乙烯网衣是小笼的主要材料，而

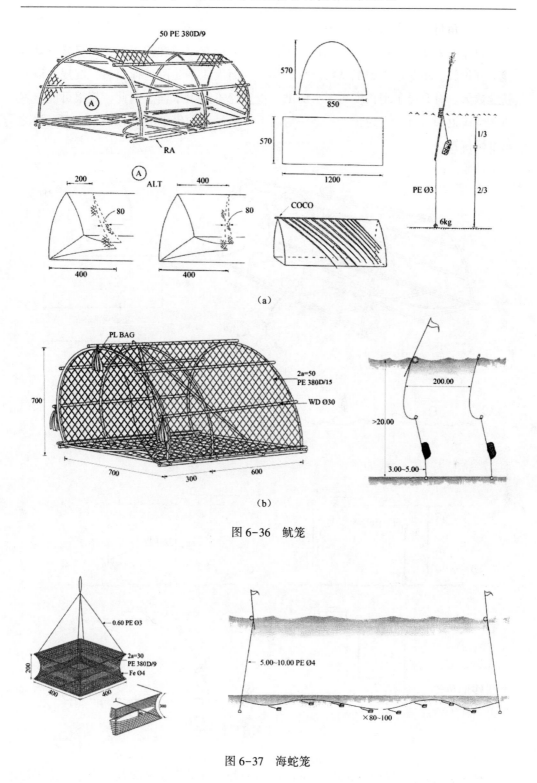

图 6-36　鱿笼

图 6-37　海蛇笼

大笼的网目是用钢丝制成。聚乙烯菱目网衣的网目尺寸为 45~120.1 mm。钢丝网衣通常是六角目，一个目脚长度为 20~25 mm。

每作业笼次可以投放多达 120 只笼，每只笼配有浮子和浮子纲，每只笼与其他笼分开投放。小笼通常装配饵料，每天起笼，而大笼不装配任何饵料，沉浸在海底持续数天。有时浮子纲长度短于水深度，以致笼不露出水面。因此，笼很可能定置直到渔民返回来查看它为止。在这一情况下，渔民必须借助陆标方位来确定沉浸笼的准确位置。

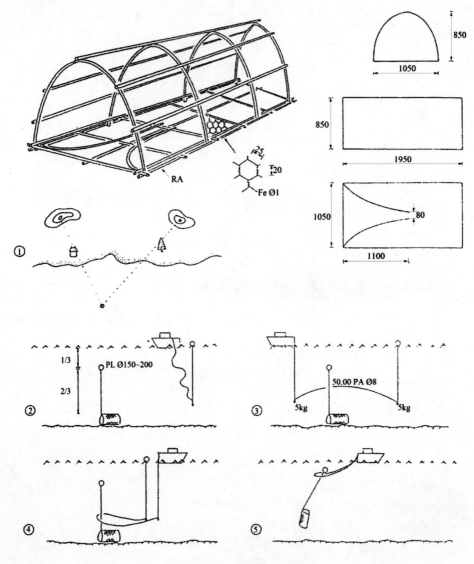

图 6-38　半圆柱形鱼笼

对浮子纲短并淹没浮子的笼，渔民使用一种特殊的方法来起收。当浮子位于浸笼位置附近时，将一条适当长度的长纲（大约 50 m，并且两端结附沉子）投放于笼

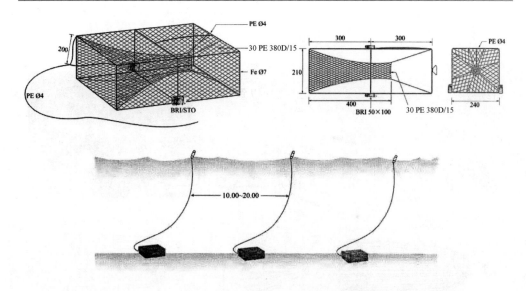

图 6-39 矩形鱼笼

浮子纲周围，笼浮子大到足以被周围长纲所钩住，使用这一长纲把笼拉到水面（图 6-38）。

3. 蟹笼

泰国广泛使用的蟹笼有一个圆柱形笼体（图 6-40a），一端收窄成圆锥体，另一端设有入口，可以设 1 个入口，也可以设 2 个入口（其中一个入口位于笼的中部），入口的形状总是漏斗状。蟹笼由竹片制成，笼长 75~100 cm，圆柱部的最大直径为 260~280 mm，最窄入口直径是 80~90 mm 宽的缝隙。使用鱼块或一些碎肉鱼作为饵料，结附饵料的竹签通过 2 个小绳圈放置在笼中央。一条干线系结 20 个笼，笼距 5 m。一天起笼 1~2 次。

1997 年起在河流和红树林区仍然还在使用传统蟹笼，但在海中广泛使用可折叠式蟹笼（图 6-40b），主捕远海梭子蟹。这种可折叠式蟹笼是箱形笼，由铁框或铝框制成，并覆盖深色网衣，笼体规格为 300 mm×450 mm×20 mm，两端设有 2 个水平入口。使用鱼作为饵料，饵料固定在笼中央。有些大船一笼次可操作多达 5 000 个笼。

4. 长袋网

有 2 种类型的长袋网：移动式长袋网和定置式长袋网。移动式长袋网锚定在渔场延续一网次的捕捞作业，而定置式长袋网的框架在其整个有用寿命期一直保持在固定位置。

长袋网为锥形网，其结构类同于没有沉子的掩网，网口张开尺寸为 3 m×5 m~6 m×10 m，长度 15~30 m。即使在同一网的不同部位，网目尺寸也有所不同。一般

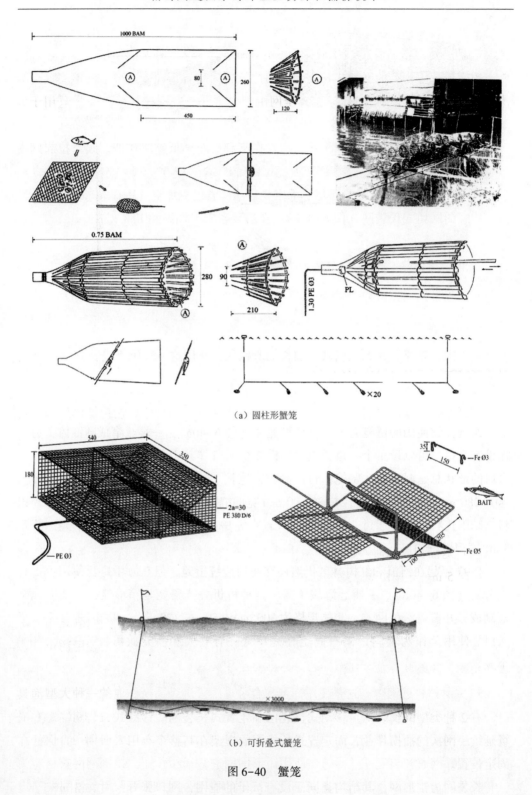

（a）圆柱形蟹笼

（b）可折叠式蟹笼

图 6-40　蟹笼

来说,网囊由网目尺寸为 2 mm×2 mm 的聚乙烯小网目网衣制成,其余部分网目尺寸较大。通常在 3~6 m 深的浅水域作业,捕捞虾、浮游生物虾和混杂鱼类。

捕捞浮游生物虾的网袖式长袋网与其他长袋网略有不同。这种小型移动渔具有 2 个网袖 (其他长袋网没有网袖),全网由小网目网衣制成 (该网衣通常只用于大型长袋网的网囊),用 2 根竹竿或木杆将网设置在很浅的水域 (水深 1~3 m)。

长袋网全年在白天或夜间作业,通常在高潮后至最低潮时作业。频繁拉起网囊收集渔获物。该渔具出现于泰国的许多省份,例如,在沙没巴干省北榄的可移动式长袋网 (图 6-41a);在沙没颂堪和那空是贪玛叻省巴克那空 (Pak Nakhon) 捕捞浮游生物虾的网袖式长袋网 (图 6-41b);在攀牙省宋卡潟湖和 Ban Khokkai 的定置长袋网 (图 6-41c)。

5. 竹桩陷阱

竹桩陷阱包括在沿海 20 m 深度水域使用的各种相当大且复杂的定置渔具。不管尺寸如何,所有这些渔具的一个共同特点是:它们由 3 部分 (导网、活动场和网囊) 组成。导网由竹桩、网衣或树枝组成,一处陷阱有 2~5 个导网,导网的作用是引导鱼类进入活动场 (围场),其长度根据陷阱的大小为 10~800 m;围场为 C 形或三角形围栏,由竹桩或木桩插入海床围成,装配或不装配聚乙烯网套,围场的出口将鱼带到网囊,从这里捞取或去除鱼;网囊为半圆形,用竹或棕榈树桩框架和聚乙烯或鸡笼铁丝网衣围成,一个漏斗形防退入口防止鱼类逃逸,有些网囊有一个部段可以拉起来收集渔获物。

竹桩陷阱的主导网 (最长导网) 通常与海岸垂直设置,陷阱的开口在退潮时面向潮流。根据作业方式,竹桩陷阱可分为退潮竹桩陷阱、网捕竹桩陷阱和可拆袋网竹桩陷阱。

(1) 退潮竹桩陷阱:这是一种小型渔具 (图 6-42),通常设置于河口的沙洲上,水深 5 m。导网由聚乙烯网衣制成,长度 10~400 m;围场大小为 2.5 m×4 m~8 m×10 m;网囊大小为 1.5 m×2.5 m~2 m×3 m。围场和网囊覆盖着聚乙烯网衣。陷阱的高度为 3~5 m。在大潮时每天一次使用抄网捞取渔获物,小潮时每隔几天一次捞取渔获物。渔获物主要包括虾、乌贼、鲥和低值鱼,有时在网囊处使用诱鱼灯诱捕虾和鱿。该渔具分布于沙没沙空、沙没颂和甲米省。

(2) 网捕竹桩陷阱:这是使用围网配合竹桩陷阱进行捕捞作业的一种大型渔具 (图 6-43),在沿岸 5~20 m 深度水域作业。它有 4~5 个竹桩导网,长 100~300 m,有一个小围场 (有时取消) 和一个大网囊 (尺寸为 16 m×25 m~25 m×40 m),底部装配聚乙烯网衣和鸡笼铁丝网衣。使用矩形围网进行捕捞作业,该围网网衣材料为 210D/5 rachel 尼龙,网目尺寸 8 mm。用一根长杆来推网,以便它把鱼包围在网囊中。每天 2 次 (高潮和低潮时) 操作网具。渔获物主要包括短体羽鳃鲐、鲥、鲾、

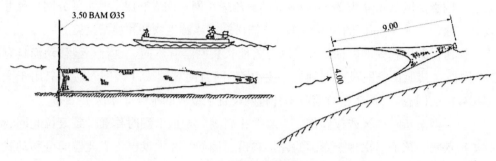

（a）可移动式长袋网

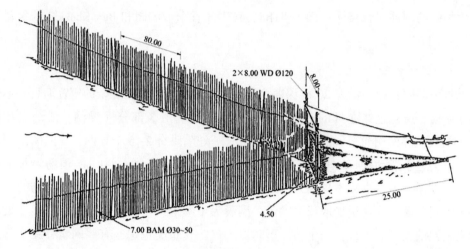

（b）网袖式长袋网

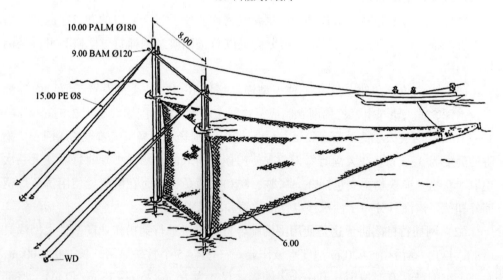

（c）定置长袋网

图 6-41　长袋网

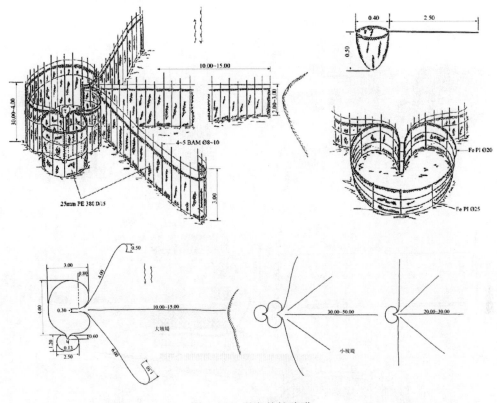

图 6-42 退潮竹桩陷阱

石首鱼和低值鱼。该渔具在过去使用十分普遍，现在春武里省的 Leam Than 仍有使用。

（3）可拆袋网竹桩陷阱：这是最大型的定置陷阱，其结构与网捕竹桩陷阱的不同之处只在于网囊（图6-44）。网囊是由椰子树干围成的 C 形围栏，在网囊中设置一个可拆袋网（rachel 网衣，网目尺寸 10 mm），网囊大小为 30 m×50 m；4 个竹桩导网（长 700~750 m）延伸于海岸和网围场之间；围场覆盖区域为 30 m×40 m，通向网囊的漏斗形入口宽 2.5 m。该陷阱设置于 10~20 m 水深处，袋网安装在网囊围栏里面，其上网缘固结于插杆的顶部，下网缘用绳子固定在每根插杆的底部。在网囊入口处，用 10~15 个铁环将网拉紧在 6 根竹竿上，并用混凝土沉子压住，必要时把有了渔获物的袋网提起。在沙没沙空和沙没颂堪沿岸水域，捕捞季节为 4 月至翌年 1 月。渔获物是鲲、短体羽鳃鲌、鱿等。

（4）定置网：定置网是一种定置渔具（图6-45 和图6-46），其功能和捕捞机制与竹桩陷阱相同，但结构不同。该渔具起源于日本，是日本的传统渔具之一，目前在日本仍然普遍使用。它已经先后 2 次引进到泰国，1950 年第一次在拉廊省试验了名叫 Otoshi-ami，Kangkaku-ami 或 Maru-ami 的定置网，1983 年第二次又在沙梅

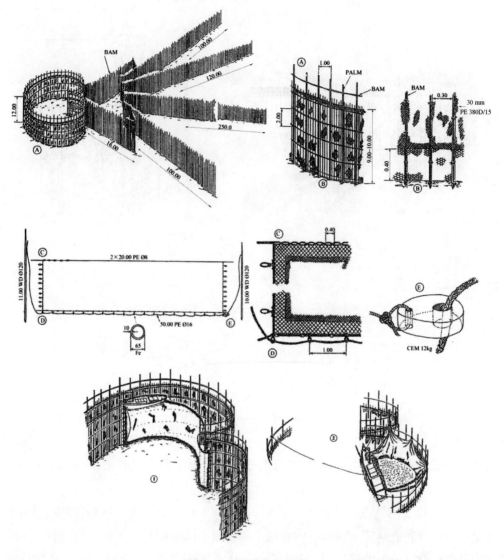

图 6-43　网捕竹桩陷阱

岛试验了名叫 Choko-ami 的浅水定置网。但是当地渔民并不满意这 2 次试验的结果，因为当时渔场有风险，使用其他积极性渔具赚钱更多。

　　2003 年，泰国渔民又一次引进 Otoshi-ami。当时在泰国湾和安达曼海到处出现沿海渔业资源衰退，引进定置网捕捞的目的是发展沿海渔业管理，使沿海渔业资源及其渔场得以恢复。Otoshi-ami 式定置网宽 45 m，长 130 m，其导网长 250 m，在 13 m 水深的 Hard Mae Rumpheung 渔场由小型渔民白天作业。捕捞作业由 9~11 位渔民使用 3~4 只小型渔船（6 m 长）进行。渔获物是鲐、沙丁鱼、黄尾鲹、鱿和混杂鱼类。

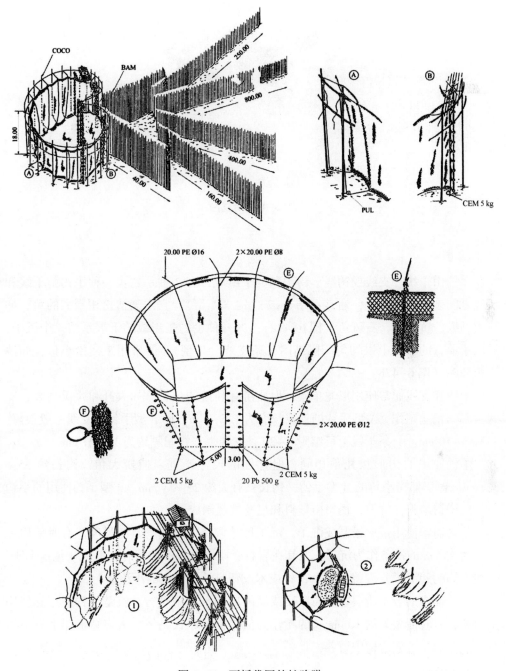

图 6-44　可拆袋网竹桩陷阱

九、钓具

泰国的钓渔具分为 4 种类型：手钓、杆钓、拖钓和延绳钓。

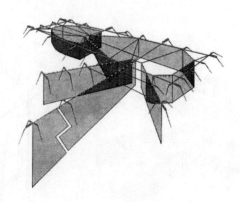

图 6-45　定置网

1. 手钓

手钓由干线、支线或钓线、钓钩和沉子组成，有 2 种手钓：一种手钓是干线和支线之间装配一个沉子，通常系结 1~2 个钩（A 型），它用来捕捞相当大的鱼，如康氏马鲛、黄尾鲹、石斑鱼（图 6-47a）；另一种手钓是干线的下端系结一个沉子，在沉子上方的干线上以均匀间隔结附几条支线（B 型），通常用来捕捞小鱼，如沙丁鱼和鲐（图 6-47b）。

干线和支线通常使用尼龙单丝，但捕捞有利齿的鱼类，如大鲟和康氏马鲛，支线由不锈钢丝制作。A 型手钓的支线长度为 1.5~3 m，而 B 型手钓的支线一般很短，只有 3~10 cm。一条干线上可结附 8~20 条支线，支线间隔约为 16~27 cm。

手钓使用的钩形状几乎相同，但它们的尺寸不同。捕捞大鱼，钩长约 35~55 mm。对于捕捞小鱼的 B 型手钓，钩长只有大约 22~24 mm。B 型手钓使用的小钩有一些诱饵结附在钩上，诱饵由塑料和尼龙复丝制成。

手钓通常使用锥形铅制成沉子，沉子尺寸取决于整套渔具的尺度。有时使用一条长为 15 cm 的铁条作为沉子，尤其在岩石底质水域。不使用时，手钓（包括干线、支线、钓钩和沉子）卷绕在一个由竹或木或塑料浮子制成的小滚筒上。

手钓捕捞一般于清晨在岩石底质或岛屿周围水域中进行。鱿是手钓最广泛使用的饵料，有时使用大约 10 cm 长的鲐作为活饵捕捞康氏马鲛。大多数渔船上有活饵桶，捕获的鱼可放入桶中暂养。

2. 竿钓

竿钓是一种比较简单的渔具，由钓杆、钓线、钓钩、沉子和浮标（有时）组成。尽管其操作简单，但在泰国海洋渔民中并不十分流行。然而，在泰国湾渔场，尤其在罗勇和庄他武里省仍可发现它。竿钓主要用来捕捞底鱼（例如牙鳕、鲈），尤其是鱿。捕鱿竿钓在小型渔民当中十分流行，钓竿是一根 2~3 m 长的竹竿，一端系结一条长 2 m、直径 0.8~1 mm 的尼龙单丝线。把 3~4 个钩扎系在一起形成复钩，

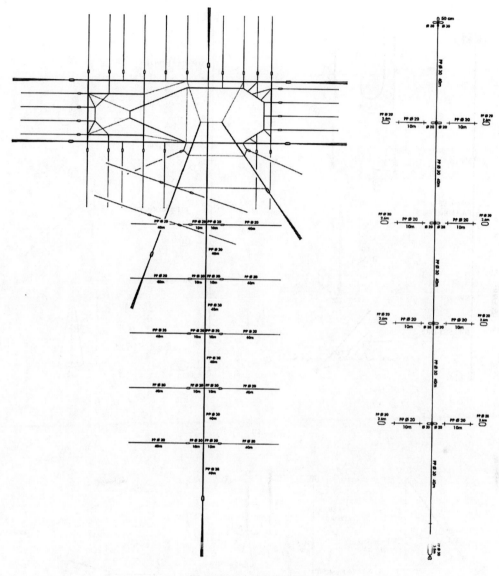

图 6-46　定置网结构图

这些钩与钓线连同锥形铅沉子连结在一起。把另一条结附死的或者活的饵料鱼（和装配或不装配沉子）的钓线放入到海中来诱鱿（图 6-48）。当鱿咬饵时，把它拉至水面，使用装配复钩的竿钓将渔获拉起到船上。捕捞作业在白天进行。

3. 拖钓

拖钓鱼是一种古老的捕捞技术，原来在泰国湾和安达曼海相当流行，现在主要在安达曼海继续作业，公海仍然是良好渔场。拖钓捕捞作业由 5～10 m 长舷内动力渔船进行，将 2 根 5～6 m 长的竹竿或木杆或铁管固定在船的两舷，3～4 条钓线固结

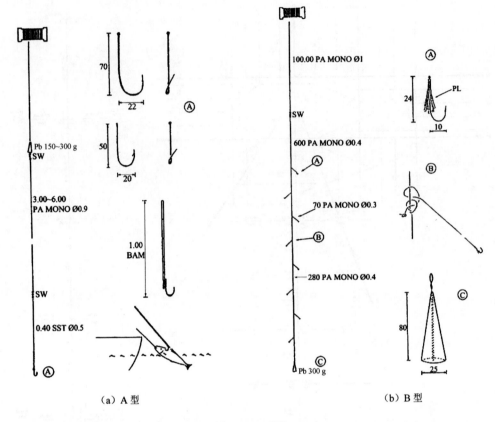

（a）A 型   （b）B 型

图 6-47　手钓

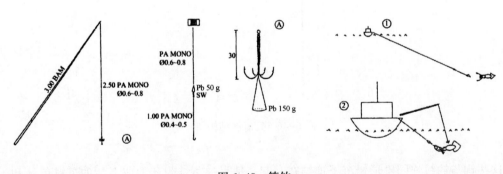

图 6-48　竿钓

在杆的顶部和中部，渔民（在船尾控制船）手握另一条钓线，同时操作总共 4~5 钓线。一条钓线包括 30~100 m 长钢丝（直径 0.8~1 mm）通过一个转环与 3~6 m 长尼龙单丝（直径 1.1~1.2 mm）连接，加上 0.8~1 m 长不锈钢丝，末端结附一个普通钓钩，然后是一个转环钩（图 6-49）。使用鲜鲐作为饵料。捕捞作业最好在日出和日落时分进行，钓的拖速 3~5 n mile/h。最好渔场是群岛、水下小山岩石、浅滩和鱼礁周围。最常见的渔获物是康氏马鲛，但也捕获巨皇鱼、鲯鳅、鲣和大鲟。鱿拖钓在主捕大鳍礁鱿（*Sepiotheutis lessoniana*）的小型渔民中更流行。

该渔具主要分布于南泰国西海岸、拉廊省的 Khuraburi、沙敦省的 Ban Pakbara 和海湾的东海岸、庄他武里和达叻省。有时拖网船的船员也使用拖钓捕鱼。

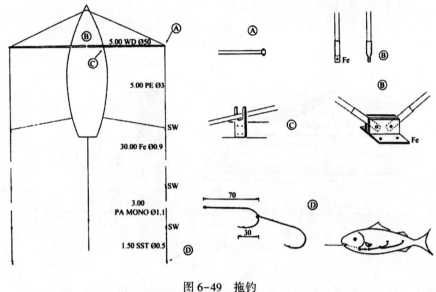

图 6-49　拖钓

4. 延绳钓

底层延绳钓是泰国最常见的钓具。它由干线、支线（钩线）和钓钩组成。泰国使用的底层延绳钓是最常见最普通的延绳钓渔具。干线通常由维尼龙（用从红树林树皮中获得的汁浸染）制成。当使用聚乙烯作干线时，把沉子直接结附在干线上或结附于干线和支线之间的连接处，以增加沉降力。

聚乙烯是支线的主要材料，但也常常使用尼龙单丝制作支线。当目标种类是大鱼时，如红笛鲷、石斑鱼和康氏马鲛，2 条邻近支线的间距为 2~2.5 m，支线长度为 40~60 cm（图 6-50 和图 6-51）。当目标种类是中等尺寸的鱼时，如马鲅和海鲶，支线间距较小，大约为 1.4~2 m，支线长度约 50 cm（图 6-52 和图 6-53）。

捕鳐的底层延绳钓（图 6-54）与上述普通底层延绳钓略有不同，支线间距较小（27~33 cm），支线长度比支线间距略短，只有 25~30 cm。这种钓的捕捞机制与普通延绳钓不同，普通延绳钓用饵料引诱主捕鱼种，但捕鳐延绳钓不用饵料而是钓钩缠刺鱼类。

普通底层延绳钓的钓钩形状几乎完全相同，只是尺寸不同而已，钓钩的钩轴较长（20~55 mm），并且弯曲成圆形，都有倒刺；捕鳐底层延绳钓的钓钩形状与普通底层延绳钓的钓钩形状不同，它们长且有角，钩尖很锋利，但没有倒刺。在作业结束之后，钓钩浸于大豆油中以保护它们免于生锈。

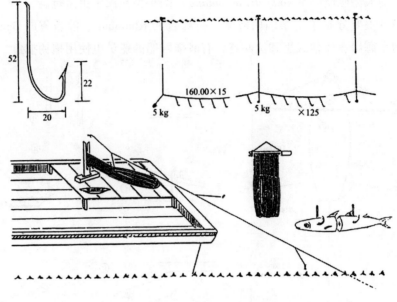

图 6-50 红笛鲷/石斑鱼延绳钓

钓钩安排在木架或竹架上。普通底层延绳钓的钩架长度为 50~80 cm，这一长度足以容纳 120~200 钩；捕鳐延绳钓的钩架长度为 120~135 cm，可容纳大约 300 钩。

普通底层延绳钓通常在清早作业，从钩架上取出钓钩，逐钩结附饵料，同时进行放钓，一次作业使用的钩数取决于船的大小和渔具结构，通常装配 600~1 500 钩；捕鳐底层延绳钓不使用饵料，所以从钩架上一取出钓钩就进行放钓，因为 2 条邻近支线的间距很短，所以作业中使用 3 000~5 000 钩。

普通底层延绳钓的饵料是沙丁鱼或鲐，鱼体尺寸大约 10 cm，把鱼切成二等分（即头部和尾部），用来诱捕鲷、石斑鱼、马鲛和其他鱼类。鱿也是延绳钓的良好饵料，但它的使用并不广泛，因为鱿的价格有时相当高。在某些情况下，例如捕捞四指马鲅时，使用活饵（通常是小鲻），饵料长大约 70~80 mm。

对于普通底层延绳钓，完成放钓后立即开始起钓。而捕鳐底层延绳钓沉浸在海底延续 2 h 以上才起钓，船上没有起钓设备，整个起钓过程全部由人力完成。

十、耙具

泰国使用各种形状和尺寸的耙具来采集可食用蛤类。大多数耙具（如竹篮耙和铁丝篮耙）都是小型渔具，在近岸小规模作业。但是，有些采集血蚶（赤贝）或杂色蛤（浪蛤）的铁框耙具由较大型的渔船作业。渔场在多泥海床区和河口附近。全年白天作业，旺渔期为 9—11 月。大多数耙具渔船注册于达叻、沙没巴干和素叻他尼省。

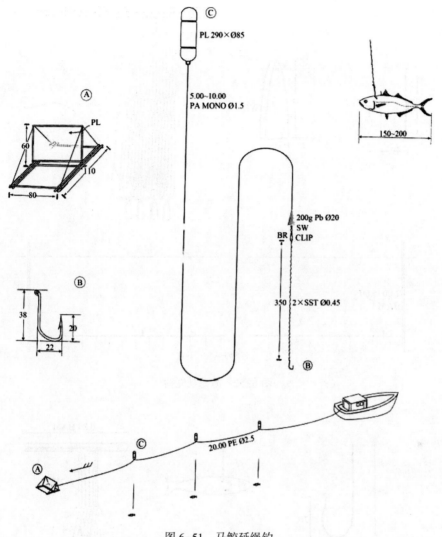

图 6-51　马鲛延绳钓

泰国最常见的耙具是最简单的蛤耙具/网（图 6-55）。捕捞家庭用在海滩沙泥中挖洞的任何工具都是一种捕捞工具，一块木，一枚钉子，一条铁棒，一根竹杆，一条铁丝或一把草耙，都成为在潮间带沙洲上和浅水中的耙具。这种贝类采集方法不需要船只，大多数常见的渔获种类是维纳斯蛤和方蛤。

大型耙具由一艘 4.4~88.3 kW 舷内动力渔船作业，通常拖拉 1~2 个耙具，采集生活在 5 m 水深处的蛤类，如血蚶（赤贝）。这种耙具是一个铁丝篮（60 cm×80 cm×40 cm）配以一根竹柄（长 6~7 m）构成（图 6-56），白天在河口或多泥海底的任何水域进行捕捞作业，在那空是贪玛叻和北大年省相当流行。这些耙具像一个箱子，网目尺寸 10~20 mm。血蚶耙具的尺寸为 40 cm×60 cm×50 cm，杂色蛤耙具的尺寸为 130 cm×200 cm×20 cm。

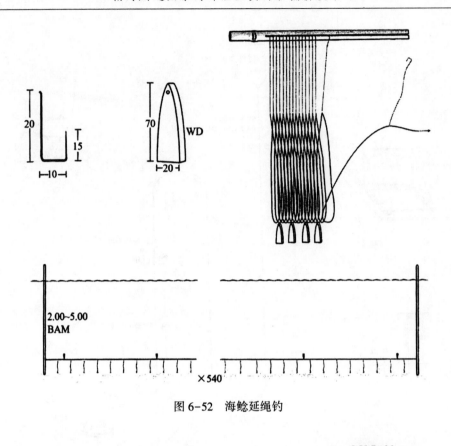

图 6-52　海鲶延绳钓

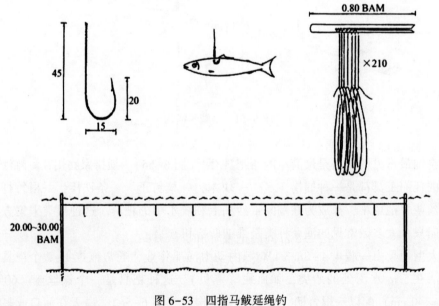

图 6-53　四指马鲅延绳钓

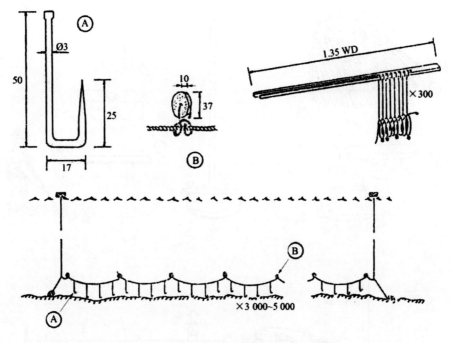

图 6-54　捕鳐延绳钓

十一、赶网

赶网原本是日本冲绳岛的一种传统渔具（当地叫做 Muro-ami），1951 年一些泰国渔民从在东南亚水域作业的日本渔民那里学会这种技术，在沙没巴干、春武里和普吉省开始使用这一渔具。但是，捕捞结果令人失望（尤其在泰国湾），最终只剩下一套赶网在普吉省的 Ravai 渔村作业。这种渔具仍然叫做"日本网"（Uan Yee Poon），用来捕捞黄梅鲷，黄梅鲷在泰国叫"日本鱼"。

该赶网由 1 个网袋和 2 个网袖构成（图 6-57）。网袋长 26.5 m，袋口为 18.2 m×6.8 m，材料为尼龙，网囊和前网舌为聚乙烯。网袖是矩形聚乙烯网，长 140 m，网目尺寸 50 mm。

赶网捕捞作业由 20~25 人使用一艘母船和 4 艘长尾船进行，网设置在海底，网袋的开口面向潮流，按 1.5 m 间隔把铁环和棕榈叶结附在纲索上，由 8~10 位渔民在周围游泳并摇动纲索，另外 6 人潜入海底把铁环撞击岩石，将鱼赶入网内。潜水人员通过与渔船上的压缩机连通的软管进行呼吸。

这种捕捞方法适用于群岛周围水深 5~20 m 的岩石海底区。捕捞作业可以在非季风期海面平静时进行。在安达曼海，捕捞作业发生于 11 月至翌年 4 月，每月最好的捕捞时间是在小潮期。

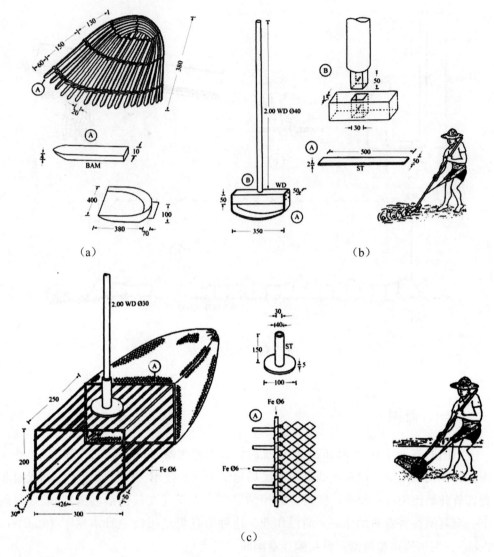

（a） （b）

（c）

图 6-55 小型耙具/网

十二、杂渔具

泰国渔民使用的杂渔具有很多种类型，虽然它们的存在没有被记录下来，但是其中大多数当做捕捞特定种类的主要附属渔具。它包括具有混合作业方法和操作技术的各种各样的渔具，但在作业时是由人手操作。还有一些是在海岸附近或在潮间带中挖泥以形成洞穴捕鱼。

泰国杂渔具主要有牡蛎锤、贻贝铲、蟹钩、鱼钩、鱼叉和泥撬。

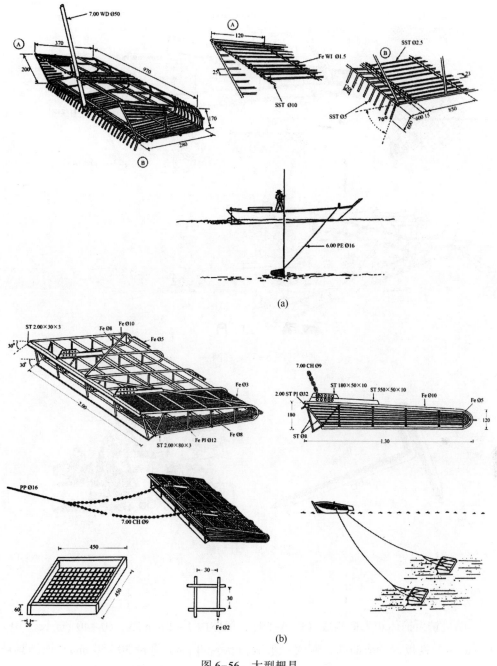

图 6-56 大型耙具

1. 牡蛎锤

牡蛎锤是一种手持工具,用来挖取附着于岩石上的牡蛎(图 6-58)。该锤由直径为 10~15 mm 的铁条弯曲而成,有尖头,形似"T"字利刃,长 25~30 cm。锤的端部扁平,用来挖取牡蛎肉。这一渔具主要在岩石海岸作业。

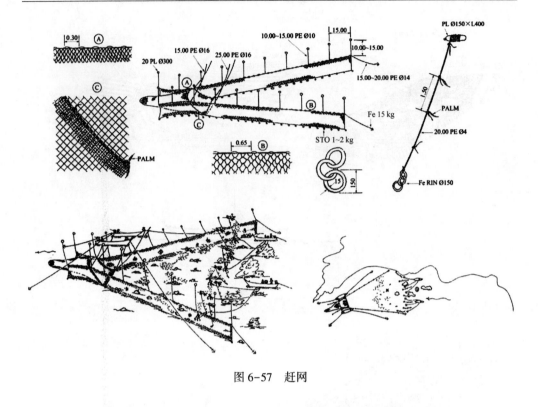

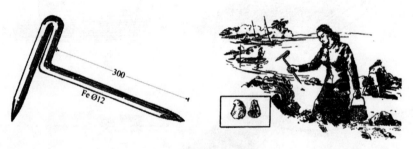

图 6-57　赶网

图 6-58　牡蛎锤

2. 贻贝铲

贻贝铲由铲体和木柄构成（图 6-59），铲体由 1~2 mm 厚、30~40 cm 长、10~15 cm 宽的铁板（弯成曲面）制成；木柄长 60~80 cm，直径 30~50 mm。该渔具被用来挖取生长在竖杆陷阱、定置袋网或网袖式定置袋网的插桩上的绿贻贝。

3. 蟹钩

蟹钩由铁钩和扁平的木手柄构成（图 6-60），铁钩由铁丝或铁条制作，手柄宽 40~50 mm、厚 15 mm、长 60~90 cm。在红树林中作业时，将铁钩插入洞中捕捉泥蟹。

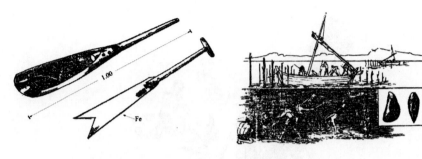

图 6-59 贻贝铲

图 6-60 蟹钩

4. 鱼钩和鱼叉

鱼钩类同于泥蟹钩，但它比泥蟹钩更加锋利，木手柄末端加入完整木条，手柄与木条成垂直方向（图 6-61a）。鱼叉由 4~5 肋铁叉和如鱼钩一样的完整木柄制成，主要用来捕鳗（图 6-61b）。

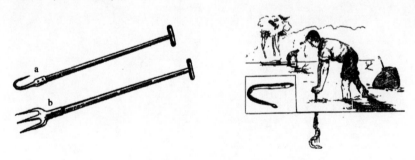

图 6-61 鱼钩和鱼叉

5. 泥撬

泥撬是一块木板，渔民坐在板上，用一只腿在泥上踩推，使木板移动（图 6-62）。该撬用来帮助渔民捕捞海扇、泥蟹、鲶等，也配以抄网或其他渔具作业，捕捞和采集泥表生物体。

图 6-62　泥撬

参考文献

陈思行. 泰国的海洋渔业. 海洋渔业, 1984, (1): 42-43.

李励. 泰国鼓励发展本国远洋渔业. 现代渔业信息, 2004, 19 (5): 32-33.

孙广勇, 韩硕. 泰国海洋渔业比较发达 渔业资源和劳动力面临困境. 2013 年 8 月 3 日, 人民网-
  人民日报. http://politics. people. com. cn/n/2013/0803/c366035-22433489. html

王宇. 泰国的渔业. 世界农业, 1987, (12): 43-45.

吴天青, 潘平. 200 海里专属经济区损害了泰国渔业. 东南亚研究, 1987, (7): 52-55.

佚名. 泰国渔业. 水产科技情报, 1975, (8): 28-29.

佚名. 泰国渔业. 海洋与渔业, 2010, (11): 52-54.

中国赴泰渔业业考察组. 泰国渔业考察报告 (一). 现代渔业信息, 1987, (6): 1-7.

Ahmed M, Boonchuwongse P, Dechboon W, *et al*. Overfishing in the Gulf of Thailand: policy challenges
  and bioeconomic analysis. Environ mileent and Development Economics, 2007, 12: 145-172.

Chanrachkij I. Fishing Gear and Methods in Southeast Asia_ 1. Thailand. Southeast Asia Fisheries Develop-
  ment Center, TD/RES/9, 2004, P416.

Eiamsa-Ard M, Amornchairojkul S. The marine fisheries of Thailand, with emphasis on the Gulf of Thai-
  land trawl fishery. pp. 85~95. In: Silvestre G, Pauly D (eds.), Status and Management of tropical
  coastal fisheries in Asia. ICLARM Conference Proceedings, 1997. http://www. worldfishcenter. org/
  libinfo/Pdf/Pub%20 CP6%2053. pdf.

FAO. The State of World Fisheries and Aquaculture 2014. Rome. 223 pp.

Flewwelling P, Hosch G. Country Review: Thailand (Andaman Sea), 175~186 pp. Review of the State of
  the world marine capture fisheries management: Indian Ocean. De Young C (ed.) FAO *Fisheries Techni-
  cal Paper*. No. 488. Rome, FAO. 2006. 458 p.

Khemakorn P. Marine Capture Fisheries in Thailand: Review and Synthesis. 2009. http://www. un. org/
  Depts/los/nippon/unnff_ programme_ home/alumni/tokyo_ alumni_ presents_ files/alum_ tokyo_
  khemakorn. pdf.

Kungwan J. Summary Report Management of the Andaman Sea Large Marine Ecosystem. Thailand National
  Report Summary New, 1997, 1-16.

Lachina-Aliňo L, Muňro P, Christensen V and Pauly D (eds.) . Assessment, Management and Future
  Direction for Coastal Fisheries in Asian Countries. World Fish Center Conference Proceedings, 2003,
  67, 1120 p. http://www. seaaroundus. org/researcher/dpauly/PDF/2003/Books&Chapters/Assess-
  mentMngtFutureDirectionsCoastalFisheriesAsianCountries. pdf.

Lymer D, Funge-smith S, Khemakorn P, *et al*. A review and synthesis of capture fisheries data in Thai-
  land: Large versus small-scale fisheries. FAO Regional Office for Asia and the Pacific, Bangkok,
  Thailand. RAP Publication 2008/17, 51 pp. http://pubs. iclarm. net/resource_ centre/RAP_ 2008
  -17. pdf.

Panjarat S. Sustainable fisheries in the Andaman Sea coast of Thailand. Division for ocean affairs and the

law of the sea office of legal affairs, the United Nations New York, 2008: 1 – 107. http: //
www. un. org/depts/los/nippon/unnff_ programme_ home/fellows_ pages/fellows_ papers/panjarat_
0708_ thailand. pdf.

Stobutzki I C, Silvestre G T, Abu Talib A, *et al*. Decline of demersal coastal fisheries resources in three
developing Asian countries. Fisheries Research, 2006, 78: 130–142.

第七章
柬埔寨海洋环境和渔具渔法

柬埔寨属于传统的农业国家，工业基础薄弱，是东南亚较为落后的国家，也是世界上最不发达国家之一。2010 年，全国 GDP 约 114.4 亿美元，人均 GDP 仅 792 美元。2007 年，柬埔寨 GDP 仅占东盟 10 国总量的 0.7%，略高于老挝，名列倒数第二位。

渔业在柬埔寨国民经济中一直占有较为重要位置，但从整体上说，渔业发展水平较低，在东盟 10 国中排位靠后。2007 年，全国捕捞产量仅高于老挝、新加坡和文莱，排名倒数第四位。

柬埔寨渔业包括海洋渔业和淡水渔业，在全国只有 4 个临海省市，海岸线曲折、多岬角，具有发展海洋捕捞和海水养殖业的良好自然条件。但是，柬埔寨的海洋渔业比重较小，2010 年海洋捕捞产量只有 8.5×10^4 t。

第一节　地理气候

柬埔寨位于东南亚中南半岛南部，北与老挝分界，西北部与泰国毗邻，东和东南部与越南接壤，西南濒临泰国湾与南海相通（图 7-1）。全国总面积为 181 035 km^2，其中陆地面积 176 515 km^2，水域面积 4 520 km^2。柬埔寨领土为碟状盆地，三面被丘陵和山脉环绕，中部和南部是广阔而富庶的平原，东部、北部和西部被山地、高原环绕，大部分地区被森林覆盖。河湖密布，境内有湄公河和东南亚最大的淡水湖——洞里萨湖（又称金边湖）。湄公河是境内最长的河流（长度约 500 km），流贯东部，控制着全国的水文状况，源于中国流经老挝、泰国、柬埔寨和越南注入南海。沿海岛屿众多，海岸线曲折，港湾较多，拥有广泛的红树林沼泽地，渔业资源丰富，具有发展海洋捕捞和海水养殖的较好条件，渔业经济开发潜力巨大。

柬埔寨属热带季风气候，季节差异极为显著，对捕捞作业影响较大。年平均气温为 29~30℃，年平均降雨量约 2 000 mm。有雨季和旱季之分，5—10 月为雨季，11 月至翌年 4 月为旱季。夏季，西南季风（潮湿空气）从印度洋吹向陆地。冬季，季风气流方向相反，东北季风送回干气。从 5 月中旬至 9 月中旬或至 10 月初，西南季风带来多雨季节；较干较冷的东北季风气流从 11 月初延续至翌年 3 月。南方 1/3

图 7-1　柬埔寨地理位置

地方有 2 个月的干季；北方 2/3 地方有 4 个月的干季。短的过渡期介于季节交替之间，过渡期的特点是湿度有所不同，而温度变化小。在整个洞里萨湖盆区，温度相当均匀，只有小小的变化，年平均温度大约 25℃，最大平均值大约 28℃，最小平均值大约 22.98℃。但是，高于 32℃ 的最大温度常见，正好在多雨季节开始之前可能升到高于 38℃。最小温度很少降至 10℃。1 月是最冷的月份，4 月最暖。经常毁坏越南沿海的热带气旋很少在柬埔寨造成损害。

受地形和季风的影响，各地降雨量差异较大，象山南端可达 5 400 mm，金边以东约 1 000 mm。在洞里萨湖盆地至湄公河低洼地，4—9 月的降雨量平均为 1 300~1 500 mm，但年间降雨量变化很大。盆地周围的降雨量随海拔增大。在西南部沿海山脉降雨量最大，每年西南季风到达该沿海时降雨量为 2 500~5 000 mm。但是，最大降雨量大部分直接排入大海；只有少量排到江河流入到盆地。全年夜间相对湿度高，通常超过 90%。在干季白天，湿度平均为 50% 或略低于此值，但在多雨季节仍然达到 60%。

第二节　海洋环境

一、概况

柬埔寨共有 24 个省市，但涉海只有西南部的 4 个省市：戈公省、贡布省、白马市、西哈努克市。柬埔寨面临泰国湾，关于海岸线的总长度已争议多年。1973 年石油管理局测定海岸线长 450 km，1997 年 DANIDA 组织调查确定长度为 435 km，但普遍接受的长度是 440 km。也有报告说，柬埔寨沿海岸线与其周边的越南和泰国比较相对较短，总长只有 452 km，其中戈公省 237 km，贡布省 69 km，白马市 26 km，西哈努克市 120 km。海岸线虽短，但曲折延伸，形成 7 个大海湾，跨越戈公省、贡布省、白马市和西哈努克市。

柬埔寨沿海有许多红树林沼泽地、半岛、多沙海难和岬湾。红树林被认为是柬埔寨的一种"渔业"资源，大陆架的沉积物是柬埔寨沿海拥有广阔红树林沼泽地的基础，1997 年还有 34 个种类的红树林，面积 85 100 hm²，大约 3/4 分布在戈公省。但是，红树林面积呈现减少趋势，到 2011 年红树林面积减至 56 188 hm²，减少 28 912 hm²（约 34%）。大多数岛屿远离外岛群，相对较接近海岸。领海水域有 69 个离岸岛屿，最大的是戈公岛和瓜隆岛。

柬埔寨海洋专属经济区（EEZ）面积约 55 600 km²，渔场水深较浅，平均深度 50 m，底质为泥和沙泥，非常合适拖网作业。

柬埔寨海位于泰国湾的东北部，是气候性亚赤道区中十分多样化的沿海生态系之一，受湿季风（夏季）和干季风（冬季）的控制，在沿岸和近海区域中拥有不同数量的生境。源于大象链和豆蔻山脉的许多淡水河流流入沿岸河口，雨季水量增大。由于自然交互作用，河口系和主要的湿季风将洋流拉向该海岸线，在沿海水域营造许多生物栖息地。

近岸水域有 3 个主要河口湾，其中西哈努克湾最大，占总海岸线的 2/5，在湿季风和干季风早期产生上升流。受大淡水河左右的戈公湾形成一个大河口，被沿海水域中红树林和海草床覆盖。由贡布湾形成的海岸线东南边缘是沿海水域的重要海草生境之一。40 m 深度海底结构的近海是许多海洋物种（如鳍鱼）的巨大庇护所和栖息地。

鲐、鲹、鲲、鲷等 30 个鱼种是商业重要种类，这些种类的丰度发生于 9 月至翌年 1 月。对虾和新对虾的旺汛期在 5—8 月。远海梭子蟹、鱿和乌贼全年相当丰富。软体动物种类多样化，其中最有商业价值的种类（如翡翠贻贝和牡蛎）主要出现在戈公河口。在西哈努克湾和贡布湾血蛤资源相当丰富。儒艮、海龟和海豚之类的海洋动物也季节性栖息于柬埔寨。儒艮通常于 11—12 月出现在贡布湾的海草床，而不同的海豚种类在整个区域几乎全年出现。海龟（尤其是玳瑁和较稀少的蠵龟）主要分布在近岸水域，在海滩上作巢。

近年来，海岸线的开发和居民区的建设已引起环保部门和生物多样性科学家的极大关注。关注集中于以下几个方面：① 砍伐流域森林和红树林的环境影响；② 近海猖狂偷猎和破坏性捕捞；③ 近岸渔业压力和原始红树林中的虾类养殖和管理不力而导致急剧的海洋生境退化。沿岸流域筑坝和无意识的固体废料（如塑料袋和塑料瓶）倾倒、海上被毁网具也是未来的环境威胁。

二、局部海洋环境

包括 EEZ 在内的柬埔寨海位于泰国湾 8°~12°N 和 101°~104°E 之间，在物理、化学和生物特征的可变性方面十分多样化，在近岸和近海水域中交互作用。

受到来源于豆蔻山脉数条淡水河流的影响，戈公湾北河口季节性影响柬埔寨海的生物化学特征。淡水和海水的混合区为微生物、植物、脊椎动物、无脊椎动物和其他海洋动物（如海龟、海豚等）的繁殖提供了一个巨大的栖息地。在雨季，各支流的淡水惊人地增加其流量，河口的盐度下降至零。旱季盐度变化很小，平均盐度约为 29.5。这一区域的一部分覆盖着最重要的红树林 23 750 hm²，已确定为 Peam Krasob 野生动物保护区。该区更南部的一个原始生态系确定为 Boman Sakor 国家公园，常绿森林流域面积 171 250 hm²，数条长白沙和自然岩石海滩。

西哈努克湾是柬埔寨海岸线最长的海湾，看起来像是泰国湾的一个小型半封闭海，南海的大海流被南风和西南风吹向柬埔寨海岸，与来自湿季风（6—10 月）和干季风（12 月至翌年 1 月）发生的数条支流的大量淡水混合。这一现象在该湾的北部产生大型混合区，并在湾口产生几个湍流区，富有微生物、脊椎动物和无脊椎动物，几种小型鲸类动物和海龟经常出现于此，在这一期间曾经出现单个须鲸。该湾的全部海岸线主要被泥和白沙滩覆盖。

在 Ream 海军基地的海岸线东南部有一个小湾与越南接界，通过其多泥多石海滩的贡布湾非常适合于海草床，该湾的小部分是由生长着红树林的陆地低洼常绿森林和小岛屿（21 000 hm²，名叫 Preah Sihanouk 国家公园）组成，与戈公相似，来自南海的巨大水流受到湿季风期南风、东南风和西南风的影响造成该湾丰富而混乱的环境。

从 20 m 深度延伸到 EEZ 国际边界的近海是有活力的地域，在物理、化学和生物学特性方面受洋流、风、海底结构和淡水支流季节性变化的影响。气旋湍流造成上升流，发生于 2 月和 7 月生物量大量发生的 30~60 m 深度近海中部。在海绵生长良好的皱纹多泥海底为许多鱼种形成一个合适的产卵场。在近海岛屿，全年存在湍流水，珊瑚礁十分发达。

三、自然环境的季节性变化

柬埔寨海的自然环境与泰国湾的其他区域相比是独一无二的，因为其沿岸和近海水域的特殊相互作用受到季节性洋流和季风的影响。

1. 气象

柬埔寨的 EEZ 位于气候性亚赤道区，受季风的影响很大，在气团、海、陆之间的温度不同时造成能量交换。夏季亚洲大陆比海洋热，而冬季则相反。夏季亚洲上空气团的温度产生低压区和季风，冬季这些条件相反。2—4 月，在柬埔寨 EEZ 水域上方，主要吹东南风和南风。5 月季风改变方向时，风况极不稳定，西风和南风很少，占优势的西南风十分显著。6 月和 10 月的前半月，西风和南风占优势。10 月的后半月至 12 月，季风改变方向，东风和北风频繁占居优势。有时台风发生于 10—11 月，在该区中部形成巨大的上升流，此时海洋生物体蜂拥而入。风平浪静期分别发生于 5 月和 9—10 月。

2. 水流和上升流

柬埔寨 EEZ 及整个泰国湾的水流基本上由风的相互作用、淡水流入、海底地形、盐度和密度形成。2 月水文特点是上升流大，主要在离岸 17 n mile 到 EEZ 中部 70 n mile 区域造成复杂的表层流；在该区域外围，来自南海的高盐度水占优势。4 月和 2 月 EEZ 的水流动是气旋性的，流速比 2 月低大约 1.5~2 倍，但西北流仍然很大。在 Polowaii 岛及 Tang 岛附近和戈公湾分别出现 0.15 n mile/h 和 0.35 n mile/h 的流速，这只发生在水表层，并不影响近底层水。5 月，该区中部受南流和东南流的影响，转向西南方向，流速大约 0.3~0.5 n mile/h，高速流发生在沿岸区的南部。6 月，由于西南夏季风的定期风影响，流的变化很大，风速 2~15 m/s 的风伴随来自南海的北向流控制着柬埔寨海的南部和东部，在 EEZ 的西南部发生曲折的西向流。

7 月，与整个湿季一样，表层水流循环仍然与 6 月相同，来自南部的北向流和向岸流支配着沿岸水，但在 Koh Tang 岛北部的向北流流速高达 0.6 n mile/h。上升流发生在大面积的沿岸岛屿周围。在 Koh Tang 岛更南部，来自该北区的西南流最大流速不大于 0.3 n mile/h。在深水区，50~60 m 深度的强大海底流从定义区的北部流到南部，某些气旋湍流发生于西部边界。这些海底流是季节性的，并且 12 月至翌年 2 月不存在。

3. 物理化学状况

一般来说，柬埔寨海（尤其在离岸区）的表层水和气温受影响的程度并不显著，表层水温全年只介于 27~30.5℃，即使气温降到 23.5℃（表 7-1）。

雨季盐度变化很大。在近岸雨季，表层水盐度可低至 27.4，但在柬埔寨海的南边界可高达 32.6~33，因为它受控于南海水的流来。

表层水的氧含量全年几乎稳定。在干季早期，表层水的饱和度在 102%~104% 之间变化，溶解氧（DO）为（4.2~4.8）×10^{-12}。在戈公湾最大饱和度大约 105%，DO 大约增加 5×10^{-12}。从近岸到该区的北部、西北部和东南部，饱和度稳步下降。氧含量保持相同，直到 20 m 深度。在 50 m 深度处由于光合作用较少，饱和度下降至 50%~60%。

在湿季，最大氧含量〔（4.5~4.6）×10^{-12}〕出现在 0~30 m 深度的近岸（尤其在戈公湾），在该区北部逐步下降到（2.3~3）×10⁻¹²（饱和度 50%~70%）。但最小氧含量（3.8 mL/L）有时 6 月发生在近岸（尤其在戈公湾），这可能是氧的高强度生物化学同化所致。

表 7-1　柬埔寨海表水层的物理化学状况

月份	表层水温（℃）		盐度		硅（×10⁻⁹）		磷（×10⁻⁹）		氧（×10⁻¹²）		气温（℃）	
	最小	最大	最小	最大	最小	最大	最小	最大	最小	最大	最小	最大
12	27.0	30.5	29.5	30.5	–	–	–	–	–	–	24.0	32.0
2	27.1	28.4	30.7	32.4	10	30	0	0.3	4.2	4.8	25.0	34.6
4	29.9	30.1	31.8	33.8	10	20	0	0.3	4.5	4.9	27.1	37.3
5	30.0	30.9	31.3	33.0	6	9	0	2.0	4.2	4.9	25.1	328
6	28.5	29.0	31.5	335	0	10	0.1	2.2	4.3	4.7	25.4	32.8
7	28.5	29.7	27.4	326	0	24	0.1	3.8	4.8	4.8	23.5	33.0
9	28.0	29.5	29.0	32.0							24.5	32.5
10											26.0	33.5

4. 生物限制要素

水表层的磷（P）分布性质是合并的。在干季为（0~2）×10⁻⁹（表 7-1），在底层仍然保持此值。在该区的北部和西南部出现最大拥有量。表层水的硅（Si）从西部的 30×10⁻⁹变化到该区其余部分为（6~20）×10⁻⁹。在近底层，硅含量也不显著，在（20~35）×10⁻⁹之间变化。

在湿季，表层水的磷含量为（0.1~3.8）×10⁻⁹（表 7-1），在底层有所增加。但表层水的硅含量在南部为 0，直到北海岸附近为（18~24）×10⁻⁹（表 7-1），在底层在（10~26）×10⁻⁹之间范围内增加。

5. 初级生产力

一般来说，高生物量出现于河口水域附近，因为戈公湾、西哈努克湾和贡布湾的淡水河流和溪流流入有机物质。生物量有季节性变化，其密度在 2—4 月为 4 500 mg/m³，5—6 月上升到大约 4 600 mg/m³，7—8 月惊人增加到大约 21 800 mg/m³，然后从 9 月至翌年 1 月逐月下降。浮游植物和碎石主要出现在沿海区。硅藻主要出现在 20~40 m 深度区域。幼虾的丰度发生于沿海区的北部和东部。离岸更远处浮游植物的密度下降到 3%~5%，但碎石增加。在大多数沿海区，浮游动物占总生物量的大约 30%，但整个区域的平均率不超过 5%~10%。浮游动物种群主要是十足目、端足目和毛颚动物。

四、栖息地

1. 沿岸栖息地

柬埔寨沿海水域有 4 个相互作用的生态系：戈公湾生态系；波顿沙库（Botum Sakor）国家公园；西哈努克半封闭海湾生态系；贡布湾生态系。

（1）戈公湾栖息地：这是柬埔寨海岸线最大河口生态系，在湿季风期，受到大陆溪流淡水巨大流入的影响很大。两大淡水溪流是 Dong Tong 溪流和 Trapeang Roung 溪流，在这里河口水形成一个大的水道三角洲，红树林植被扩展到整个潮间带，湿地面积大约 $6×10^4 hm^2$，原始红树林多种多样，包括植物在内有 74 个种类，出现在受盐度影响的限制区。红茄冬（*Rhizophora mucronata*）和成对红树木（*Rhizophora conjugata*）极为重要，它们的根是干季大陆溪流淡水减少时翡翠贻贝和牡蛎的主要基质。海草（尤其是海菖蒲属）出现在 Trapeang Roung 溪流的三角洲和戈公湾东部的多沙海滩。干季期间在海岸线和戈公岛之间区域，二药藻属生长茂盛。红树林和海草床形成一个巨大的泥蟹、乌贼、对虾、新对虾、河口和广盐性鱼种（尤其是幼鱼）的栖息地。浅水动物（如短吻海豚）几乎全年也在这一栖息地结群。

（2）波顿沙库国家公园：这是处于良好状态下的唯一广泛低地常绿林区，是柬埔寨沿海唯一的泪杉属/罗汉松沼泽林区。低地常绿林区是居民和候鸟的巨大栖息地，也是濒危半咸水鳄（*Crocodilus porosus*）的一个安全栖息地。国家公园的沿海边（多岩石和白沙海滩）是十分有利于珊瑚礁生长的海洋生境，因为来自中国内地淡水的影响较小。珊瑚屏障从岩石海岸线和许多沿岸岛屿周围延伸出来，珊瑚礁鱼种非常多样化，已经鉴定有至少约 50 个种类，密集期发生于 11 月至翌年 1 月，对虾（尤其是白虾）成群涌入该区躲避风暴和强劲北风。

（3）西哈努克半封闭海湾栖息地：该湾位于柬埔寨海岸线的中部，最深处不超过 20 m，把东北沿海栖息地定义为 Dong Peng 多用途保护区，该保护区位于两大河口和红树林/乔木沼泽林带，在湿季低盐期间，Andong Tuk 和 Sre ambel 溪流流入这两个河口。在该湾的东部和南部有一些相同的其他淡水溪流也注入淡水，但淡水量少得多。一个大型混合区出现在该湾的狭窄处（大约 20 km），使得该区渔业（尤其是鱼和虾）更有生产力。在这一混合期间，海豚和章鱼季节性地涌到该湾口，其他海洋动物（如玳瑁和蠵龟）经常进入该湾东海滩下蛋。在湿季风期出现丰富的海蜇。软体动物，如血蛤和许多鸡心螺也出现在混合区周围的浅水域。

（4）贡布湾栖息地：贡布湾的特点是沼泽、岩石生境，淡水影响小，因为流入该湾的大多数大陆溪流小。该湾最大的溪流是贡布溪流，它形成一个小三角洲，长满灌木林地红树林。近岸水的盐度在湿季为 30.5~32，干季增大到 32.5~33.4，这为国民消费带来了盐业生产的发展。最深区域出现在富国岛附近，水深不超过

20 m。上升流有时发生于湿季和干季之初（11—12 月），因为来自富国岛东、西侧的季风风暴和来自南海的洋流产生湍流。在湿季小于 10 m 的浅水，混浊度很高，而 Trapeang Ropov 和 Stung Kampot 河口之间区域几乎全年保持很高的透明度。该湾独一无二的特点是海草群落延伸，尤为突出的是 Trapeang Ropov 和 Stung Kampot 河口的海菖蒲属和二药藻属海草生长在多沙海底，它们在 11 月至翌年 1 月群集濒危的儒艮。这一独一无二的海湾生境群集着许多软体物种，如血蛤、蛤和鸡心螺，而且为许多居民和候鸟、鱿、章鱼和甲壳类提供聚食和索饵场所。

2. 近海栖息地

近海边界从 20 m 深度延伸到柬埔寨所辖专属经济区（EEZ）的国际边界。作为与邻国重叠的 EEZ 主张，近海栖息地未能完全确定。海水流、风、基质、海底结构、珊瑚生境和沿岸水影响的相互作用所形成的近海生态系季节性地影响海洋生物的生物学分布和生长。不同深度的海底特性如表 7-2 所示。

表 7-2　柬埔寨海底结构

深度（m）	海底特性
20~30	海底完全平坦，并由沙和一些破贝壳（小块）组成
40~60	海底波浪状，不规则泥幕 2~4 m，在某些地点高达 10 m。这一区域的海底由粘泥组成，大多数为软泥和破贝壳（小块）
60~70	海底相当平坦，由很软的泥和塑料泥或黏土组成。在该区的西北部，海底被尖又高的岩石覆盖，可毁坏底拖网作业

出现于 Koh Rong、Koh Rong Sanlem、Koh Tang 和 Koh Pring 礁滩的巨大珊瑚屏障居住着石斑鱼、珊瑚鳕、隆头鱼、石头鱼和其他大群鱼种，尤其在干季。软体物种如双壳类、鸡心螺、腹足类等在这些原始生境中十分丰富。鲨和乌贼在这一区域（尤其深水区）也相当丰富。在 9 月，鲐和鲹（最有生产的鱼种）在该区浅水域大量出现，在 1—2 月产卵高峰期出现较少，这时鱼游到 40~60 m 深水产卵。相反，鲨和甲壳类在湿季成群，尤其在 Koh Rung, Koh Rong Sanlem, Koh Tang, Koh Pring 和 Phu Quoc 岛内区域。

在近海区，已从 105 个科中鉴定出 472 个鱼种。渔获组成种类主要是游鳍叶鲹（鲹科）、大眼鲹、竹筴鱼和其他鱼种，如鳎科、鲭科、笛鲷科，其余包括鳐、鲨和无脊椎动物（头足类和甲壳类）、大鳍鱼，如笛鲷科、乌鲳科、圆鳍燕鱼、军曹鱼等。后面这些鱼种在浅水区（20~30 m）很丰富。鲐和鲱科主要集中在该区的东北部，东南部的主要组成种类是 Leignathidae。魔鬼鱼、章鱼几乎出现于该湾的每个地方。

生物学重要的近海区位于该区的东南部和中部，在湿季季风期和干季之初出现上升流，台风发生于9—11月，这使该区的渔业生产力甚高。其他动物如海龟、海豚和须鲸几乎全年经常出现。

第三节 渔业资源

柬埔寨的海洋渔业主要集中在泰国湾。泰国湾具有浅海的特征，平均水深20 m，最大水深87 m，底质为泥和沙泥，适合各种鱼类生活。湾内散布着珊瑚礁和红树林，沿岸有湄南河、夜功河、邦巴功河等河流注入，营养盐丰富，有利于海洋浮游生物繁殖，渔业资源丰富，是一个高生产力的海洋渔场。

柬埔寨海洋渔业资源资料不完全，渔获物中鱼类种类组成尚未详细记录。20世纪80年代初前苏联对柬埔寨海域的渔业资源进行过初步调研，估算其专属经济区内商业性渔业资源量为$5×10^4$ t，最佳的年可捕量为$2×10^4$ t。除此之外，有关柬埔寨海域渔业资源量评估的数据几乎没有，只能根据泰国湾及其邻国的一些研究数据对柬埔寨海洋渔业资源情况作一些初步的了解，可从泰国海洋渔业的有效记载中反映出来。

泰国湾渔业资源分为两部分：中上层鱼类和底层鱼类。中上层鱼类主要为沙丁鱼、鲐、鲹、鳀、鲳、马鲛、小型金枪鱼等经济种类，其中沙丁鱼资源最丰富，产量也最高，但价格低，只能供给鱼粉厂。底层鱼类主要包括金线鱼科、石首鱼科、大眼鲷科、狗母鱼科、带鱼科、鲽形目、笛鲷科、蛇鲭科、鲳科、板鳃亚纲、康吉鳗科等。20世纪60年代拖网船对底鱼捕捞压力过大，资源开发过度，自1973年起泰国湾的底层鱼类已过度捕捞，导致产量下降。1984年起短体羽鳃鲐已充分开发，随后资源逐步恢复。1988年起沙丁鱼已过度捕捞，小型金枪鱼已充分开发。

泰国湾生产力虽高，但与相邻的越南和泰国相比，柬埔寨海域的单位面积渔获量仍然较低，这主要在于柬埔寨渔船的捕捞能力较低及渔业统计不完善所致。近年来，杂鱼在总渔获物中有所增加，而高值鱼不断减少，这意味着所捕捞的都是处于食物链底层的种类，海洋渔业资源正在衰退。

1988—1990年泰国海洋总渔获量略有上升，大多数鱼类和无脊椎种类的资源状态稳定，包括以下的经济鱼类和种群：羽鳃鲐、沙丁鱼、青甘金枪鱼、鲹科、红鳍圆鲹、大甲鲹、六齿金线鱼、扁舵鲣、鲔、大眼鲷科、狗母鱼科和石首鱼科，无脊椎动物以虾为主，其次是菲律宾蛤仔、乌贼、鱿、翡翠贻贝、章鱼、虾、沙蟹、海蜇和锯缘青蟹。

柬埔寨沿海水域蕴藏着大量海洋鱼类和无脊椎物种，据2003年的记录，鳍鱼476种，蟹类20种，腹足类42种，双壳类24种。主要的商业种类包括鲐、鲹、鳀、鲷、对虾、新对虾、远海梭子蟹、乌贼、鱿、翡翠贻贝、牡蛎和血蛤。

在常见的 33 种鳍鱼渔获中，上岸量很大的只有 5 种，分别为大甲鲹（*Megalaspis cordyla*）、康氏马鲛（*Scomberomorus commersoni*）、短体羽鳃鲐（*Rastrelliger brachysoma*）、羽鳃鲐（*Rastrelliger kanagurta*）和游鳍叶鲹（*Atule mate*）。主要渔获还有 *Sela crumenophthalmus*、蓝圆鲹（*Decapterus maruadsi*）、鲾科、鲭科、笛鲷科等。泰国湾的主要鳍鱼按丰度排序是：羽鳃鲐、沙丁鱼、长尾金枪鱼、鲹科、印度竹笑鱼、金线鱼、扁舵鲣、圆舵鲣、鲔、大眼鲷科、狗母鱼科、石首鱼科。

关于柬埔寨海洋渔业的主要渔具和相关目标种类和副渔获种类，详见表 7-3。

表 7-3　柬埔寨各种渔具捕获的目标种类和副渔获种类

渔具	目标种类或群组	副渔获种类
鲐围网	鲭科（短体 *Rastrelliger brachysoma*；羽鳃鲐 *R. kanagurta*）	大甲鲹（*Megalaspis cordyla*）；青甘金枪鱼（*Thunnus tonggol*）
鳀围网	印度小公鱼（*Stolephorus indicus*）	鲭科，金枪鱼，狐鲣
虾拖网	对虾（对虾短沟对虾 *Penaeus semisulcatus*，沟甲对虾 *P. canaliculatus*，宽沟对虾 *P. latisulcatus*，墨吉对虾 *P. merguiensis*）	斑节对虾（*Penaeus monodon*）；北白对虾（*P. silasi*），梭子蟹科（Portunidae），下杂鱼
蟹刺网	梭子蟹科（Portunidae）；锯缘青蟹（*Scylla serrata*）	海鲈和石斑鱼（脂科 Serranidae）；鲉（鲉科 Scorpaenidae）；虾蛄（虾蛄科 Squillidae）；扇贝科（Pectinidae）
虾蛄刺网	虾蛄（虾蛄科 Squillidae）	梭子蟹科（Portunidae）；鲉（鲉科 Scorpaenidae）；*merguiensis*
虾刺网	墨吉对虾（*Penaeus merguiensis*）	下杂鱼；鱿（枪乌贼科 Loliginidae）；*merguiensis*
鱼刺网	斑点马鲛（*Scomberomorus guttatus*）；蓝鳍金枪鱼（*Thunnus thynnus*）；鲨；鲶（海鲶科 Ariidae）；鲹科（Carangidae）；鲴（银鲅，圆吻凡鲴）；鲷（笛鲷科 Lutjanidae）；鲭科（短体 *Rastrelliger brachysoma*；羽鳃鲐 *R. kanagurta*）；大甲鲔鲹（*Megalaspis cordyla*）；银鲳（*Pampus argenteus*）；乌鲳（*Formio niger*）；缸科（Dasyatidae）；尖吻鲈（*Lates calcarifer*）；魣科（Sphyraenidae）；鯻科（Terapontidae）	海鲈和石斑鱼（脂科 Serranidae）；乌鲂科（Memipteridae）；石首鱼科（Sciaenidae）；帘鲷科（Drepaneidae）；篮子鱼科（Sigandae）；带鱼（带鱼科 Trichiuridae），鲳（鲳科 Stromateidae）；宝刀鱼（宝刀鱼科 Chirocentridae）；蛇鲻（狗母鱼科 Synodontidae）
蟹笼	梭子蟹科（Portunidae）；锯缘青蟹（*Scylla serrata*）	
鱿笼	鱿（枪乌贼科 Loliginidae）	

渔具	目标种类或群组	副渔获种类
渔箔	混合鱼种	
钓具	护士鲨（须鲨科 Orectolobidae）；真鲨科（Carcharhinidae）；魟科（Dasyatidae）；海鲈和石斑鱼（脂科 Serranidae）；鲷（笛鲷科 Lutjanidae）	
推网	混合鱼种；新对虾（新对虾属 Metapenaeus sp.）；耳乌贼（耳乌贼科 Sepiolidae）；章鱼（章鱼属 Octopus sp.）；甚小虾类	多种类幼鱼、虾
张网	混合鱼种；耳乌贼（耳乌贼科 Sepiolidae）；鱿（枪乌贼科 Loliginidae）；对虾和新对虾	
活珊瑚礁鱼和贝类采集	石斑鱼（脂科 Serranidae）；混合珊瑚礁鱼	巨砗磲（砗磲属 Tridacna sp.）；蜘蛛螺属（Lambis sp.）
船耙网和手工贝类采集	巨砗磲（砗磲属 Tridacna sp.）；蜘蛛螺属（Lambis sp.）；岩蚝（牡蛎科 Ostreidae）；鲍（鲍属 Haliotis sp.）；帽贝（Collicela sp.）；凤螺（凤螺属 Strombus sp.）；玛瑙贝（宝贝科 Cypraeidae）；泥螺（Anadara granosa）；浪蛤	
地拉网	混合鱼种；耳乌贼（耳乌贼科 Sepiolidae）；鱿（枪乌贼科 Loliginidae）	

第四节　捕捞业概况

柬埔寨专属经济区（EEZ）内的捕捞活动分为两部分：沿海渔业和商业渔业。

沿海渔业是小型/家庭式捕捞活动，在海岸线至 20 m 深度线的第 1 渔区作业。渔民使用无主机和主机功率小于 36.75 kW 的小渔船。没有主机和渔船主机功率小于 24.26 kW 的渔船，渔民自由捕鱼，全年没有许可证。使用所有不同种类的渔具，拖网、灯光捕捞和其他非法渔具除外。

商业渔业是大型捕捞活动，在 20 m 深度线至 EEZ 界线的第 2 渔区作业。渔民使用主机功率 36.75 kW 以上的渔船。所有渔船必须持有捕捞许可证，并且 1 年租赁期每千瓦付款 36 720 瑞尔。使用所有不同种类的渔具，包括单船拖网，但双船拖网、灯光捕捞和其他非法渔具除外。

柬埔寨人对海洋渔业的兴趣远小于湄公河内陆渔业及其过去的沼泽地生态系

（90%人民依靠农副业和淡水渔业）。海洋商业渔业始于1957年，当时在西哈努克市使用渔箔和苎麻纤维袋网。1958年通过与泰国渔民联营的方式，在柬埔寨沿海水域进行拖网船和刺网作业。

柬埔寨沿海各种渔具类型的使用存在巨大的地理和年度变化。大约90%拖网船的基地在西哈努克市和戈公省。目前，几乎所有鳀围网捕捞都是西哈努克市进行，许多地拉网捕捞在白马市和贡布省进行。围网船的渔汛期在7—8月（西南季风期），而延绳钓船和刺网全年作业。

值得特别指出的是拖网捕捞。拖网捕捞在20世纪60年代引进到柬埔寨，90年代中期，许多小型拖网船的数量大幅度增加，官方统计数字显示，2001年有拖网船1 310艘。为减少拖网船与小型渔民之间的冲突，渔业法律禁止在沿岸和20 m等深线之间的区域进行拖网捕捞。由于大多数拖网船较小，不适宜在近海区域使用，产生巨大的困难。这导致许多拖网船在有大量小型捕捞活动的区域非法进行捕捞的情况，这是柬埔寨海洋渔民群体之间冲突的主要来源。尽管沿岸拖网捕捞这一事实无疑是非法的，但渔业部勉强实施禁令。另一方面，缺少政府行动来阻止非法活动，使遭受拖网捕捞的情况受挫。

也存在外国渔船在柬埔寨水域作业的问题。柬埔寨宣布的水域管辖是复杂的，作业船数非常难以估算，因为几个政府机构共享发放捕捞许可证权力。邻国大型船队耗尽渔业资源，加上柬埔寨的近海监督能力十分有限，这足以证明非法的外国船数可能是很大的。据泰国外交部的数据来源，估计20世纪90年代中期有2 810艘泰国渔船在邻国水域非法作业。

柬埔寨的海洋捕捞业属于小型和个体渔业性质，主要是在泰国湾20 m水深范围内进行，以多鱼种为捕捞对象，基本工具是家庭规模的小渔船，这些渔船的功率在36.75 kW以下，有些是没有动力的人工划桨船。根据柬埔寨渔业局统计，2001年全国共有5 943艘海洋渔船，其中60%以上为7.35 kW以下或无动力渔船，大于36.75 kW的渔船只占8.4%。这些海洋渔船的特点是船小、靠近岸边作业和每天返港。

虽然柬埔寨近些年来渔业得到了快速发展，但国内渔业生产资料短缺和基础设施落后的状况尚未得到根本性的转变。在海洋捕捞和养殖方面，湄公河水系和近海虽然拥有丰富的水产资源，但内陆部分洞里萨湖附近森林开发可能会影响环境，而且缺少可供渔船停泊和补给的渔港及应该配备的冷冻设备等基础设施，渔业产量增长受到较大限制。

近年来，海洋渔业的渔船（国内和国外）数量显著增加，导致沿海资源的压力增大。在柬埔寨水域的持证泰国船年渔获量为26 500~37 500 t，但没有捕捞许可证的外国渔船非法捕捞的量也可能很大。在越来越大的压力下，沿海地区正在增加的捕捞努力正超越自然资源，破坏性捕捞实践（在浅水繁育区进行炸渔、毒渔、非法拖网)、摧毁红树林(伐木、养虾)、淤积和城市/工业污染和越来越大的旅游业导致大量生境退化,不同作业类别的渔民之间冲突越来越大。

第五节 渔具渔法

柬埔寨的捕捞设备较差,技术水平较低,渔民使用各种各样、不同规格的工具进行捕鱼,但效益不高。这些渔具渔法一般都是针对当地特殊条件而逐步形成的,目前有调查记录的渔具超过 150 种。

由于海洋捕捞主要在沿岸和近海作业,渔船绝大部分是无动力船和独木舟,所以不用领取捕捞许可证。作业方式主要是拖网、围网和流网 3 类,此外还有延绳钓、推网、敷网和陷阱。近年来,最重要的中上层捕捞对象是羽鳃鲐,其产量占全国中上层鱼类产量的大约一半,主要渔具是小围网,流刺网以捕捞马鲛为主,拖网以底层鱼类、虾类和三疣梭子蟹为主。

一、渔具概况

柬埔寨使用的渔具有小型(个体)渔具、中型渔具和大型(商业)渔具之分。小型渔具和中型渔具的区别在于渔船主机功率和渔具的大小。商业渔业这一术语只用于内陆渔业,在海洋渔业中极少使用。

柬埔寨海洋捕捞分为中型渔业和小型(个体)渔业。中型渔业指具有高效渔具并能使用所有渔具在沿岸和近海捕鱼的捕捞活动(在沿岸水域拖网捕捞除外)(表7-4)。

表7-4 柬埔寨不同类型的海洋渔具

编号	沿海区域商业渔具	编号	小型或个体渔具
1	拖网	1	蟹刺网
2	围网/小围网	2	虾刺网
3	鳀围网	3	鱼刺网
4	地拉网	4	海鲈刺网
5	围网	5	鱿笼
6	刺网	6	鱼笼
7	马鲛刺网	7	蟹笼
8	鲐刺网	8	蟹竹笼
9	虾刺网/三重刺网	9	小袖定置袋网

编号	沿海区域商业渔具	编号	小型或个体渔具
10	蟹刺网	10	蟹圆形网笼
11	水平延绳钓	11	推网
12	鲱刺网	12	钓具
		13	流刺网

据柬埔寨海洋渔具渔法调查报告，柬埔寨海洋渔具分为 10 大类，即：围网、拖网、敷网、刺网、抄网、掩网、笼具/陷阱、钓具、耙具和杂渔具，包括 26 个不同类型共 77 种典型渔具（表 7-5）。

表 7-5　柬埔寨海洋渔具调查收集的 77 种典型渔具

渔具分组	调查数量	渔具分组	调查数量
围网（有括纲） 　- 鳀围网 　- 鲐鲹围网	1 2	掩网（便携式） 　- 鱼掩网	1
拖网 　- 底层桁杆板拖网	5	耙具 　- 船耙具	1
刺网 　- 表层刺网 　- 漂流刺网 　- 底层刺网 　- 三重刺网 　- 包围刺网	9 17 2 4	笼具/陷阱 　- 便携式笼：章鱼笼 鱿笼 鱼笼 可折叠蟹笼 　- 定置陷阱：竖杆陷阱 长袋网	1 2 3 4 1 1
抄网 　- 推网：便携式人力推网 船推网 　- 捞网	2 4 3	钓具 　- 拖　钓：乌贼拖钓 马鲛拖钓 　- 延绳钓：漂流延绳钓 底层延绳钓	2 1 2 4
敷网（便携式） 　- 鱼敷网	1	杂渔具 　- 叉刺具 　- 采贝筐	3 1

柬埔寨海洋水域最常用的渔具是：鲐围网、鳀围网、蟹刺网、虾蛄刺网、虾刺网、鱼刺网、蟹笼、鱿笼、钓具、推网、张网和地拉网。活珊瑚鱼和贝类采集由潜

水员手工进行。许多渔船根据季节、特定种类的资源量和市场需求改变渔具。表 7-6 列出了 1992—2001 年柬埔寨常用的所有渔具类型及其数量。

表 7-6　1992—2001 年柬埔寨沿海省、市的渔具数量

渔具名称	单位	1992 年	1993 年	1994 年	1995 年	1996 年	1997 年	1998 年	1999 年	2000 年	2001 年
拖网	张	422	442	549	634	560	460	545	654	1 516	1 310
围网	盘	13	14	15	16	16	15	15	8	10	10
鲲围网	盘	13	13	9	8	10	2	–	4	5	3
地拉网	盘	18	19	6	6	1	26	7	20	26	21
围网	盘	15	–	–	6	1	26	7	7	7	2
刺网	m	64 180	8 940	36 050	29 991	31 491	13 779	6 200	190 730	231 835	325 500
鲐刺网	m	3 700	9 800	36 050	12 050	15 550	131 220	140 500	198 200	178 300	64 700
马鲛刺网	m	31 403	31 202	59 597	7 000	51 300	66 800	85 000	140 100	148 000	184 000
虾刺网	m	114 705	13 450	110 950	161 486	694 563	469 100	469 050	996 055	653 890	323 200
蟹刺网	m	43 852	32 100	37 450	95 728	580 439	393 200	426 000	538 545	961 370	635 200
鲱刺网	m	500	1 200	3 000	8 850	10 250	23 900	23 900	33 600	38 000	27 500
笼具	笼	60	637	2 277	1 600	26 761	23 200	23 242	33 960	51 249	66 255
水平延绳钓	钩	16 000	760	920	1 950	14 620	4 750	4 750	8 600	15 360	15 600

二、渔具渔法概述

1. 拖网

在柬埔寨水域作业的拖网渔具有 2 种类型：单拖网和双拖网。由 1 艘渔船作业的拖网叫做单拖网，由 2 艘渔船作业的拖网叫做双拖网。柬埔寨于 1960 年引进拖网，当时的主捕种类是中上层和底层种类，非商业种类被丢弃。但是，依据柬埔寨渔业法，双拖网捕捞是不合法的作业类型。1993 年开办鱼肥厂之后，拖网船将其原主捕种类改为捕捞杂鱼制作肥料。杂鱼包括没有市场价值的小鱼、不可食用种类和市场不能接受的重要经济种类的幼鱼。在 20 世纪 80 年代期间，拖网捕获的杂鱼产量约占总渔获量的 30%~40%。

柬埔寨的拖网渔业还不够发达，约 95% 的拖网船属于单拖网船，每捕捞航次在沿岸或近海作业只延续 1~2 d，目标渔获物用冰保藏，一些商业种类保持鲜活。拖网渔业主要集中在西哈努克港，因为这里有通往柬埔寨首都金边的优良道路，有旅游设施、电力以及许多鱼类加工厂和冷冻厂。双拖网船由外国渔民在柬埔寨水域作

业，进行非法捕鱼。

柬埔寨的拖网主要为底层单船撑杆板拖网（图7-2），主捕底层鱼类、虾类、鱿等。

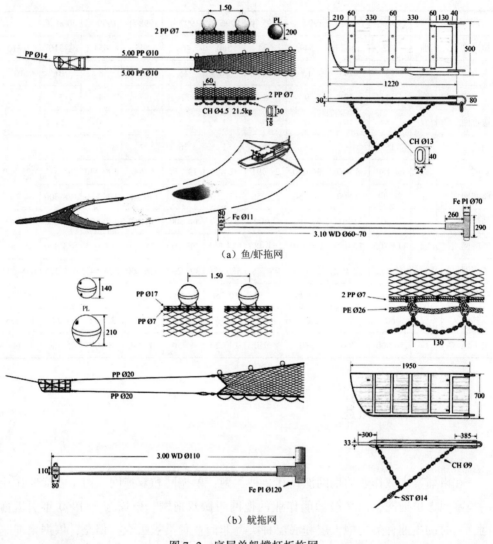

（a）鱼/虾拖网

（b）鱿拖网

图7-2　底层单船撑杆板拖网

2. 围网

柬埔寨水域使用的普通围网（图7-3）有2种类型。第一种是不用灯光作业的围网，这是一种合法渔具，长期以来已被柬埔寨沿海渔民使用，只在沿岸浅水域或近海作业。第二种是与灯光结合使用以吸引鱼群的围网，叫做光诱围网，这种渔具在柬埔寨水域已被禁止，柬埔寨渔民极少使用，但有邻国渔船在柬埔寨近海水域使用。光诱围网很难管控，因为使用该网的渔船功率大，当看到柬埔寨渔业检查船时就逃回自己的水域，而且这种渔具在泰国和越南都是合法的。

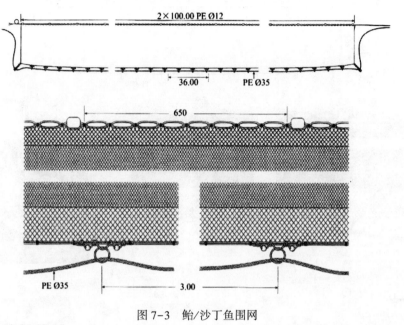

图 7-3　鲐/沙丁鱼围网

普通围网的网目尺寸较小，只有 10 mm，只有西哈努克市的渔民使用，捕获的主要种类是中上层鱼，如鲐、沙丁鱼和其他小鱼，但鲐占总渔获量的大约 80%～90%。由于自然资源衰退，加上柬埔寨近海水域的双拖网船和光诱围网的干扰，这种渔具的数量已下降。现在使用围网渔具的渔民已改变其捕捞方法，在夜间结合其他渔具（如拖网或刺网）作业。

20 世纪 60 年代引进了鳀围网（图 7-4），当然最重要的目标种类是鳀（占总渔获量的大约 70%～90%）。这一渔具几乎专门被西哈努克市和戈公省的渔民所使用，不仅捕获鳀，而且捕获其他种类。鳀围网作业方式与普通围网相同，但网目尺寸比普通围网更小（<10 mm），就像蚊帐网目一样大小。由于受到如普通围网一样的干扰，到目前为止，这一渔具几乎从柬埔寨水域消失。使用这一种渔具的渔民已改用其他渔具，或者与其他渔具（如虾、蟹或鱼刺网）结合使用。

3. 地拉网

柬埔寨地拉网在浅水或沿滩被广泛使用。沿海区域所有地拉网设计都是相同的。它们由人力或非动力船沿着沙滩拉网作业，不使用任何起网装置，主要用来捕捞沿滩浅水小鱼，如鳀、沙丁鱼和虾。到目前为止，这一渔具较多被贡布省和白马市的渔民使用。

4. 刺网

刺网渔具在很久以前就已经引进到柬埔寨了，现在柬埔寨水域有多种类型和不

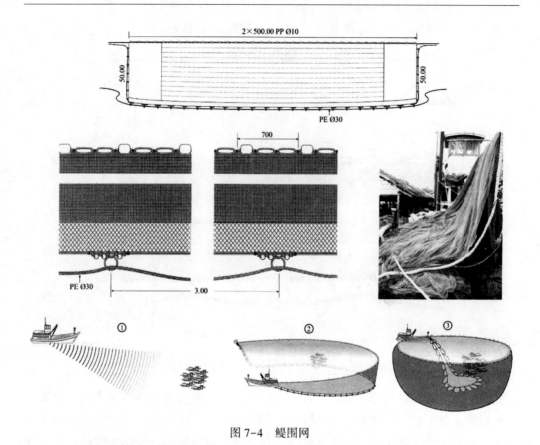

图 7-4　鳀围网

同网目尺寸的刺网，在浅水或近岸水域作业，捕捞不同水层的鱼类。例如，装配浮子的漂流刺网正好处于水面以下，捕捞各种中上层鱼种，如鲐、鲕、鲨、鲹等；大多数定置刺网用锚或重锤固定于海底，捕捞各种底栖鱼种。这些渔具可在夜间和白天使用，这取决于渔民和捕鱼的地点或区域。

　　（1）鲐刺网：这是特定设计的渔具（图 7-5），用来捕捞中上层鱼，尤其是鲐（占总渔获量的 80%~90% 以上）。按照 1987 年 3 月 9 日签发实施的《柬埔寨渔业法》第 27 条规定，每年 1 月 15 日至 3 月 31 日禁止捕鲐，因为这是鲐的产卵期。在柬埔寨，一位渔民至少有 2 种类型的渔具，所以，他们在禁渔期可以改用另一种渔具作业。这一渔具只有生活在西哈努克市和戈公省的渔民使用。

　　（2）马鲛刺网：这种刺网广泛分布于西哈努克市和戈公省。根据渔船的大小，一艘渔船配网 1~10 km。主机功率为 7.35~66.15 kW 的渔船，使用网高（深）9 m 的刺网，而主机功率大于 66.15 kW 的渔船使用网高（深）18 m 的刺网。用锚或重锤把刺网固定于海底上，捕捞各种中上层鱼种，主要渔获种类是马鲛、竹笺鱼和鲨（图 7-6）。

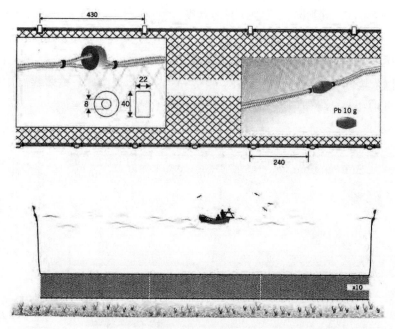

图 7-5　鲐刺网

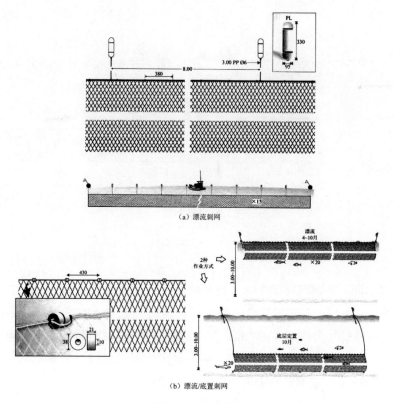

（a）漂流刺网

（b）漂流/底置刺网

图 7-6　马鲛刺网

（3）虾刺网/三重刺网：三重刺网渔具设计特殊（图7-7），由3片不同网目尺寸的网衣（2片大网目外网衣和1片小网目内网衣）重合组成，第1和第3片外网衣（位于内网衣的两侧）的网目尺寸为80~100 mm，第2片内网衣（被夹在第1和第3片外网衣之间）的网目尺寸为38~42 mm。这一渔具在整个柬埔寨海广泛使用，在西哈努克市和戈公省使用更多。主捕种类是虾、鲶、银鲳和黑鲳。

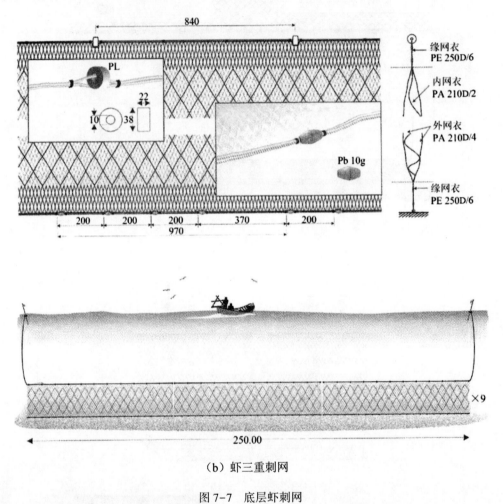

（b）虾三重刺网

图7-7 底层虾刺网

（4）蟹刺网：蟹刺网（图7-8）有各种网目尺寸，像其他刺网一样在浅水或沿岸水域作业，用沉锤将其定置于海底捕捞混合种类，最主要的是蟹。根据捕鱼的深度或区域，网目尺寸大约40~100 mm。在浅水使用的蟹刺网网目尺寸为40~80 mm（其中80%为60 mm），渔获物中80%~90%是蟹；在深水域（近岸），使用的网目尺寸为80~100 mm，在渔获物中蟹也占80%~90%。

（5）鲱刺网：鲱刺网（图7-9）像其他刺网一样，在浅水域或沿岸水域作业，网目尺寸为35 mm，捕捞底鱼，尤其是鲱。一艘渔船使用鲱刺网150~200 m，并且

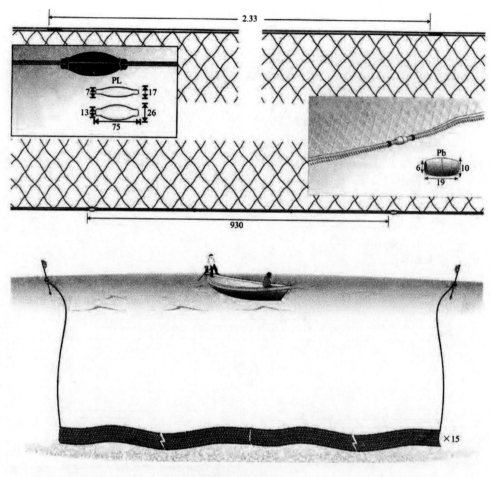

图 7-8　蟹刺网

全年作业。西哈努克渔民使用更多鲱刺网。

（6）围刺网：围刺网（图 7-10）由 PA 单丝（直径 0.16）或 PA 210D/6 网衣制成，网目尺寸为 35~200 mm。该渔具主要分布于贡布省和戈公省，在浅水域或沿岸水域作业，捕鱼方法类同于泰国围刺网，主捕鲻、海鲈、笛鲷、石斑鱼等。

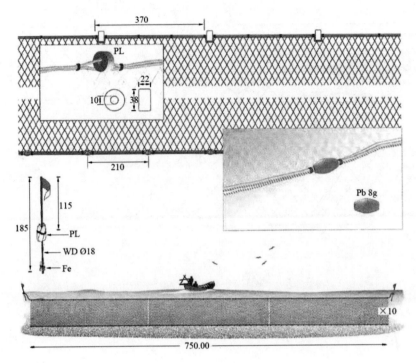

图 7-9　鲱刺网

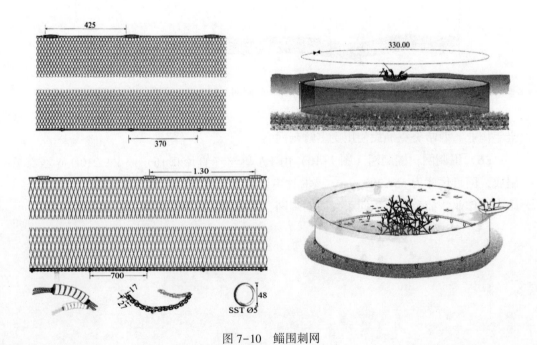

图 7-10　鲻围刺网

　　5. 抄网

　　抄网是一种结构简单、操作容易的小型渔具，主要分布于戈公省、白马市和西哈努克市，主要捕捞种类有小虾、浮游生物虾、鱿、梭子蟹、寄居蟹等。柬埔寨抄网有 3 种类型：人力推网（图 7-11）、船推网（图 7-12）和捞网（图 7-13）。

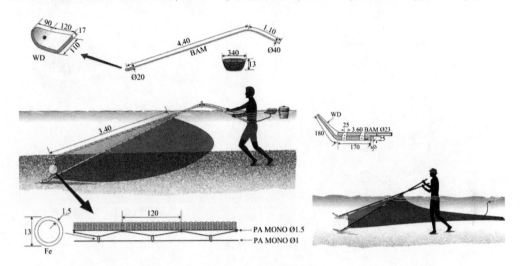

图 7-11　人力推网

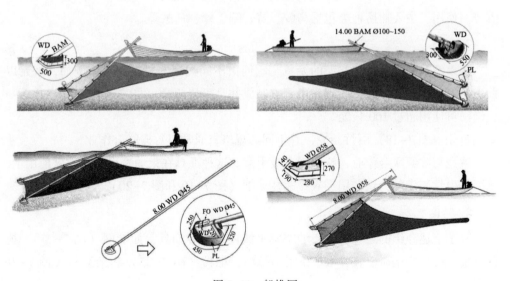

图 7-12　船推网

　　6. 钓具

　　这是最简单的渔具，并且只需要钓线和饵钩。钓线装配钓钩（单钩或复钩），钩的大小取决于想要捕的鱼种。柬埔寨钓具主要是延绳钓（包括漂流延绳钓和底层

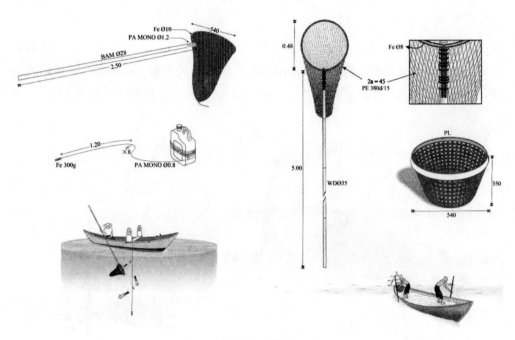

图 7-13　捞网

延绳钓)（图7-14和图7-15）和拖钓（图7-16）。这些渔具在西哈努克市和戈公省普遍使用。主要捕捞种类包括马鲛、鲨、鳐、鲶、乌贼等。

　　7. 笼具

　　在柬埔寨水域有许多类型的笼具，它们由不同类型的材料制成，例如，蟹笼以前由竹制成，笼体很大，而现在由网衣制成并且可以折叠（图7-17），这意味着一位渔民可使用超过100只笼。

　　鱼笼（图7-18）由竹制成，有不同的规格，通常与竹栅联合作业。

　　鱿笼与鱿卵联合作业，鱿卵用来吸引鱿。这种渔具在柬埔寨很早以前就使用了，笼框是由竹制成的，现在用网衣覆盖住笼框（图7-19和图7-20）。

　　8. 其他

　　除了上述介绍的之外，在柬埔寨寨水域还有多种渔具，如敷网（图7-21）、掩网（图7-22）、陷阱（图7-23和图7-24）、耙具（图7-25）和杂渔具（图7-26至图7-28）等。

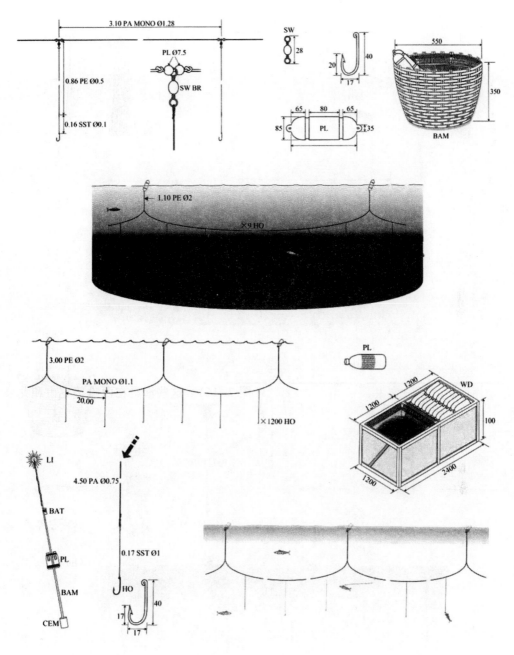

图 7-14　漂流延绳钓

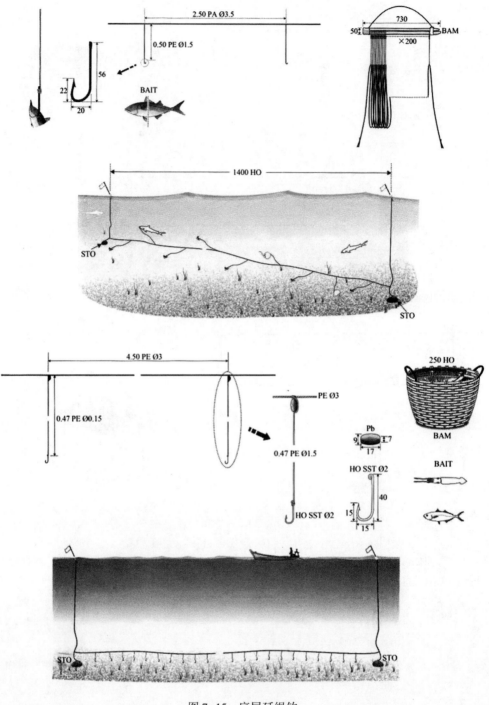

图 7-15　底层延绳钓

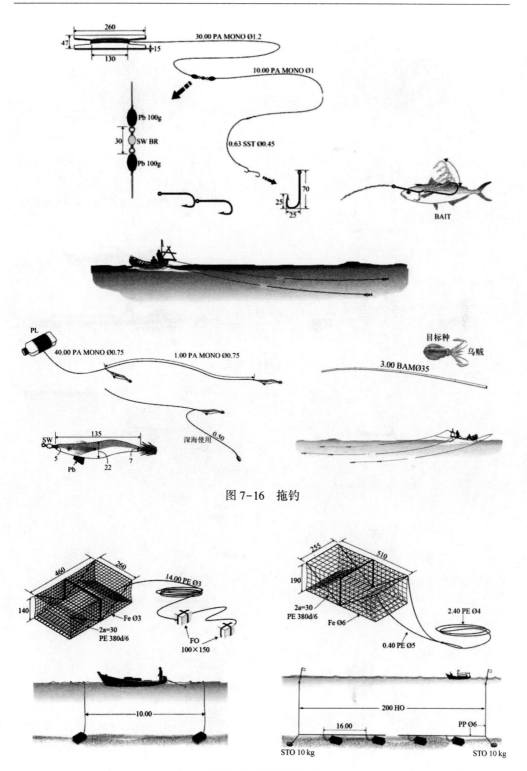

图 7-16 拖钓

图 7-17 可折叠蟹笼

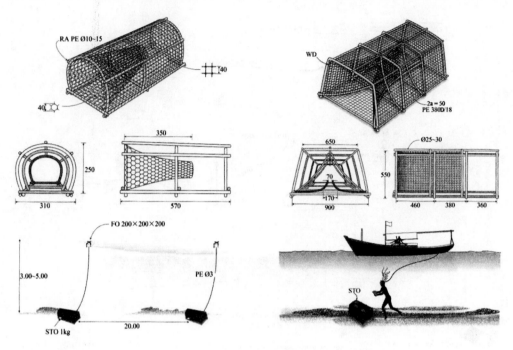

图 7-18　鱼笼

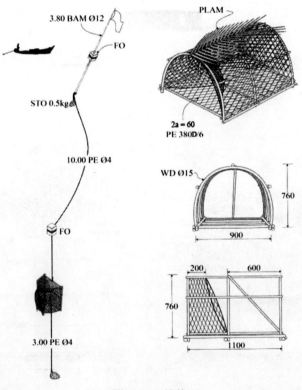

图 7-19　鱿笼

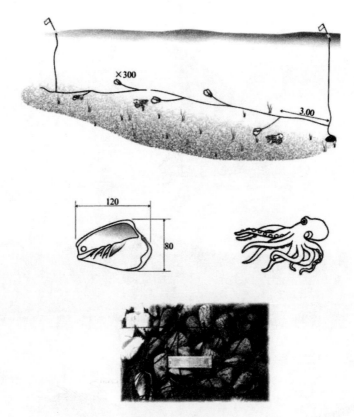

图 7-20 章鱼笼

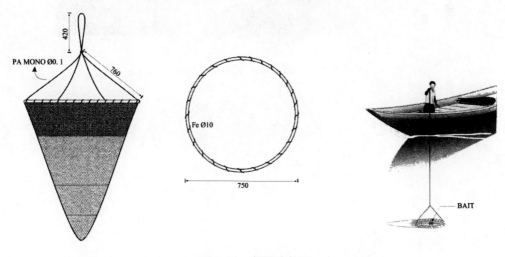

图 7-21 便携式敷网

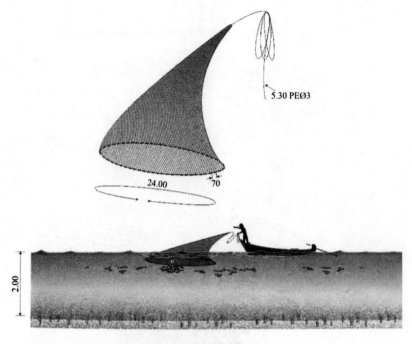

图 7-22　便携式掩网

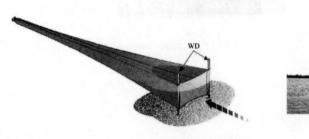

图 7-23　长袋网

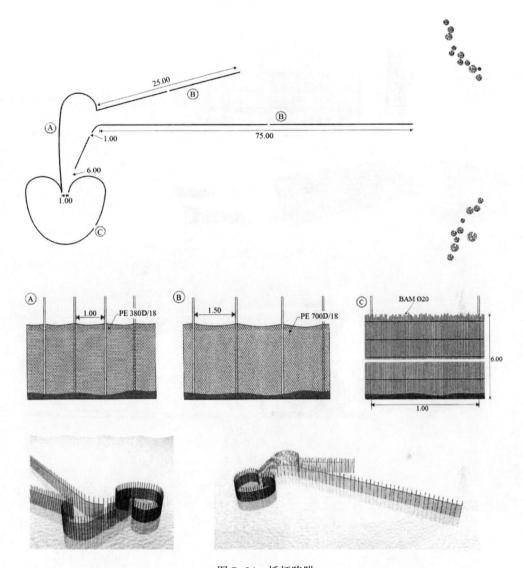

图 7-24　插杆陷阱

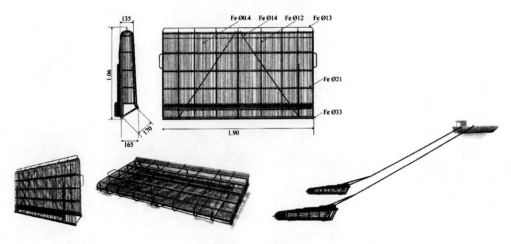

图 7-25　巴非蛤耙

图 7-26　贝类采集

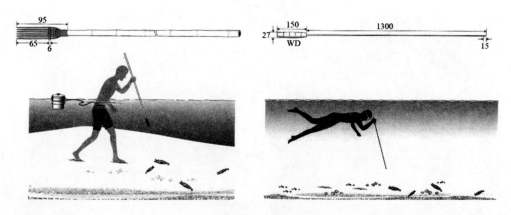

图 7-27　虾标

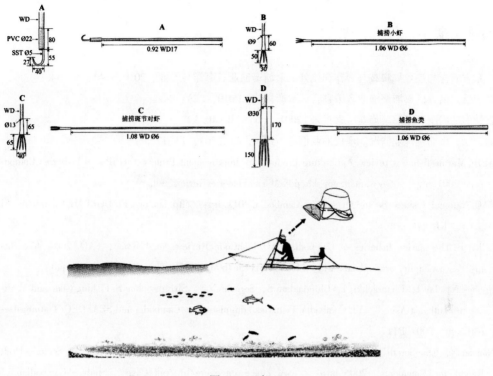

图 7-28 标叉

参考文献

广东省海洋与渔业局科技与合作交流处. 柬埔寨渔业. 海洋与渔业，2010，(4)：52-54.

林庆芸，洪森. 柬埔寨渔业政策宣言. 水产科技，2010，(2)：44.

盛建明，周刚. 柬埔寨渔业考察报告. 2001，(5)：38-40.

谢营梁. 柬埔寨渔业概况. 现代渔业信息，1996，11 (10)：14-17.

APIP. Marine fisheries review. Agriculture Productivity Improvement Project（APIP）—Fisheries Component. 2001. http：//www. maff. gov. kh/pdf/MarineFisheriesReview. pdf.

FAO. National Fishery Sector Overview：Cambodia. 2011. ftp：//ftp. fao. org/FI/DOCUMENT/fcp/en/FI _ CP_ KH. pdf.

Gillett R. The marine fisheries of Cambodia. FAO/FishCode Review. No. 4. Rome，FAO. 2004. 57p. http：//www. apfic. org/uploads/wfd_ 117279384145e769c1147f5--fao_ fishcode_ rev4. pdf.

Ruangs N，Try I，Chanrachkij I，Chindakhan S，Sornvaree N，Siriraksophon S. Fishing Gear and Methods in Southeast Asia：_ VI. Cambodia. Fisheries administration/Cambodia and SEAFDEC/Training Department，2007. P117.

Samsen N，Chanboreth E. Trade and Poverty Link：The Case of the Cambodian Fisheries Sector—Draft Report for Comments，2006. http：//www. cuts - citee. org/tdp/pdf/Case _ Study - Cambodian _ Fisheries_ Sector. pdf.

Siriraksophon S. Introduction to Fisheries Resources Survey in the Cambodian Water. 2004. http：// www. seafdec. or. th/index. php/downloads/doc_ download/69 - introduction - to - fisheries - resources - survey-in-the-cambodian-water.

第八章
越南海洋捕捞和渔具渔法

第一节　地理环境

一、地理位置

越南地形狭长，呈"S"形，形状像鸟的翅膀，从最北端到最南端 1 650 km，最宽端从西至东延伸 600 km，最窄端只有 50 km（图 8-1）。越南地处巨大的亚洲大陆，位于东南亚的中南半岛东部，东面和南面濒临北部湾和辽阔的南海，通往浩瀚的太平洋，西部和西南部与老挝、柬埔寨毗邻，北部与我国的云南省、广西壮族自治区接壤，又与我国海南省和广西壮族自治区共享北部湾（旧称东京湾）。

二、海洋环境

越南拥有海岸线 3 260 km，呈南北走向，跨越 13 个纬度。随地区的不同，气候、水文、渔业季节变化明显。众多的岛屿、海峡、海湾为一些水生生物创造了良好的繁殖和栖息条件，同时也为渔船躲避台风提供了良好的场所。这些优越的条件有利于建立靠近渔场的后勤基地、渔港和防波堤，由此可减少渔船在海上作业的航行时间和燃料消耗。

1. 海域面积和水深

越南的大陆架面积比其陆地面积大 3 倍。拥有 58×10^4 hm^2 的海湾、30×10^4 hm^2 受潮水影响的海域以及超过 3×10^4 hm^2 的咸水湖。沿海有红树林 40×10^4 hm^2。

越南海域划分为 4 大海区：北部湾、东部海区、东南海区和西南海区。总体上，北部湾和西南海区的水深度在分布上很相似，50% 以上的水域深度不超过 50 m，与海岸平行的海沟数量向湾口方向逐渐增多。湾口水深最大，但不超过 100 m。

在东南海区，30~60 m 水深区占该海区的 3/4，最大水深 300 m。该海区由于受到湄公河水系的直接影响，所以其等深线之间相隔很远，从而形成相当平坦的海底。

中部海区的水深度特征明显，30 m、50 m、100 m 等深线与海岸平行，并且离

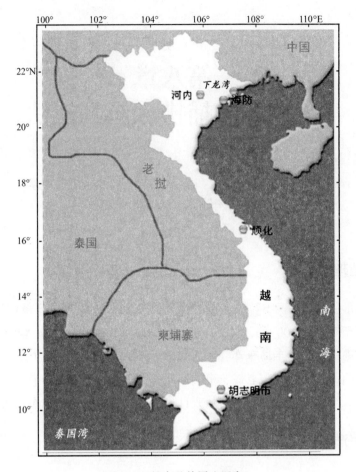

图 8-1　越南及其周边国家

岸仅 3~10 n mile；200~500 m 等深线离岸也只有 20~40 n mile；EEZ 最大水深为 4 000~5 000 m。

2. 裂谷和岛礁

越南的广宁、海防、广平、广治、承天顺化、富安、庆和、平定、宁顺和平顺省海域都发现有大的裂谷。这些裂谷是许多高值鱼类（如鲔科、笛鲷科、鲷科、龙虾科、乌贼等）的聚集场所。

越南拥有 4 000 多个岛屿，是海洋捕捞和水产养殖的服务性基地。东南部岛屿环绕，浅滩淹没，泰国湾大多数岛屿环绕。北部和南部大陆架广阔，但中部沿海大陆架狭窄且坡度大。许多石灰岩岛屿分散于南部和北部沿海（尤其北部湾）。

珊瑚礁在生物多样性方面长期以来被视为海洋热带雨林，对渔业、海岸线保护和海上旅游业来说是很有用的。越南的珊瑚礁分布广宽，覆盖面积和结构越来越大，北部至南部珊瑚礁种类多样性。在北越，所有珊瑚礁为边礁（裙礁）型，大多数短又窄或呈补丁形。在南越，自然条件更为有利，从岘港到平顺省沿海都可找到珊瑚礁。最近的调查研究表明，越南珊瑚礁鱼类动物区系有 346 个种类。

3. 红树林

在越南的大多数河口和海岸潮汐泥滩中都发现红树林生态系，这些区域的生物资源多样性且丰富，许多水生种类有很高的价值。红树林是许多候鸟和其他鸟类临时索饵、越冬和/或繁殖的场所和几种哺乳动物的永久栖息地。

红树林对越南许多渔业的可持续性极为重要。但是，越南的红树林已经明显恶化，红树林区正在减少，荒地面积正在增大，咸水离内陆越来越远。据越南农业和农村发展部 2004 年报告，自 1943 年起，国家红树林的面积从 40.9×10^4 hm^2 下降到大约 15.5×10^4 hm^2。这导致了许多虾、蟹和鱼的繁育场损失，这些种类的群体随后下降。由于受到有利可图又强大的虾类养殖业的驱使，长期以来没有有效的措施来对抗红树林开伐，直到最近红树林空地才得到了较严格的控制。

4. 河流和河口

越南境内河流密布交错，有多达 2 860 条大小河流（其中长度超过 10 km 的河流有 2 360 条），集水面积超过 10 000 km^2。许多河流的源头在外国，大约 2/3 的水资源来自国外。因河流水急造成侵蚀，海岸弯曲，伸入大海时形成小型半岛，转入大陆时形成海湾或大港口。主要河流有北部的红河和南部的湄公河。每年有数以 10×10^8 m^3 的水量从大大小小的河流进入海洋，水量主要来自红河和湄公河水系。这两大河流的水量在雨季比旱季高 3~4 倍，而且水中含砂量也不同，雨季为 3.5 kg/m^3，旱季为 0.5 kg/m^3。这些因子均会影响鱼群的分布和密度。

越南海岸线漫长，北部至中部海岸线以多沙为主，在顺化区延伸形成复杂的潟湖系统，在最南部海岸线曲折崎岖。大约每 20 km 海岸线就有一个河口，受控于高度复杂的潮汐系统。据报告，越南共有河口 112 个，其中 65 个河口水深为 0.2~1.4 m，6 个河口水深为 1.6~2.0 m，41 个河口水深为 2.1~3.0 m。全国共有 47 个河口在任何时候都可以通过 99~103 kW 的渔船，其余海湾则需要等待涨潮后渔船才能通过。

5. 气候与水文

越南地势西高东低，境内 3/4 为山地和高原。北部和西北部为高山和高原，中部山脉纵贯南北。越南地处北回归线以南，高温多雨，属热带季风气候。年均气温 24℃左右，年均降雨量为 1 500~2 000 mm，湿度通常为 85% 左右。北方分春、夏、秋、冬四季，南方雨、旱两季分明，大部分地区 5—10 月为雨季，11 月至翌年 4 月为旱季。

越南海洋环境的特点是广泛的气候和水文条件以及由这些基本因素形成的特征（生物学、经济学等）。气候以东北季风（10 月至翌年 3 月）和西南季风（4—9 月）

为主。通常，每年5—11月出现9~10次台风，尤其7—10月是台风频发的季节。中部沿海地区，特别是清化省至广义省的中北部沿海，是西南季风期间西太平洋的台风起源地。其他地区也经受台风，但很少。

基于水文状况，可分成3个区域：北部湾、中越和南越。北部湾区域一年四季分明，盐度和混浊度严重受到红河流入量的影响。在中越和南越，只有两个季节：夏季（西南季风）和冬季（东北季风）。

越南位于热带区，渔业受到亚洲季风（主要是东北季风和西南季风）的强烈影响，因为季风与水文、鱼群分布（位置和密度）、渔船海上作业天数等有很大关系。虽然东北季风主要影响越南北方各省，但由它所引起的大潮却波及越南中部和东部各省。在北部和中部海区，由于受到东北季风的影响，风力7~9级的天数在冬季比夏季要多。对于近岸渔业，渔船年均海上可作业（风力0~6级）天数在北部湾中部水域为220~240 d，在东、西部水域为260~280 d。

东南海域（即南海）表层海流是由季风引起，因此全年流向转变。在各个区域出现季节性上升流，尤其在中部地区，主要在1—9月（图8-2）。

海面水温通常为21~26℃，一般南部高，北部低，尤其在1—2月，这时北部气温下降到15~16℃。8月气温最高，海面水温高达28~29℃。

越南水域的潮流十分复杂，可划分成4种类型，即：日周期潮、半日周期潮、不规则日周期潮、不规则半日周期潮。太平洋季风海流和黑潮暖流影响着西部海区的水文状况，黑潮暖流水温高（26~29℃），盐度为34.4~35，通过海峡进入到东部海区，其方向与季风相同，在地形复杂的地方形成漩涡。在越南EEZ内，每年10月至翌年4月，流向自北向南，7—8月流向相反，流速也较慢。

越南沿海水域初级生产力高，这支持着大量的浮游生物以及底栖动物，图8-3为东南季风和东北季风期间相关海域的浮游动物分布，图8-4为东南季风和东北季风期间相关海域的底栖动物生物量。越南大陆架生态系统模式表明，20世纪80年代后期，85%鱼产量被鱼本身消耗，40%被无脊椎动物消耗，而渔业只捕获大约11%，与马来西亚和泰国沿海的类同区域相比较是一个下限值。

得天独厚的地理位置和自然优越的海洋环境为越南发展海洋渔业提供了极为有利的条件。

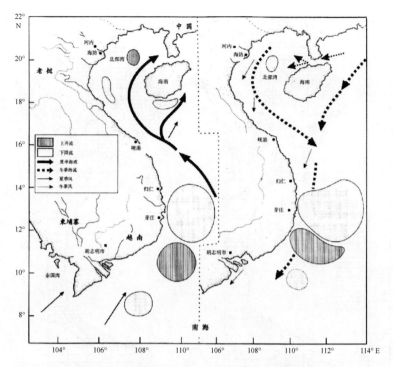

图 8-2 夏季（西南季风，左）和冬季（东北季风，右）海面流区、上升流区和下降流区

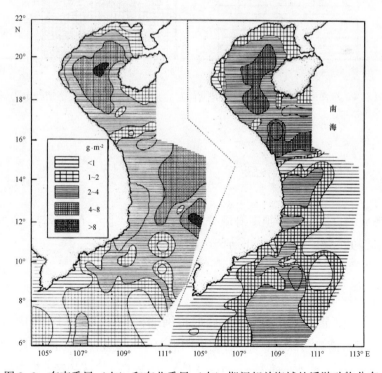

图 8-3 东南季风（左）和东北季风（右）期间相关海域的浮游动物分布

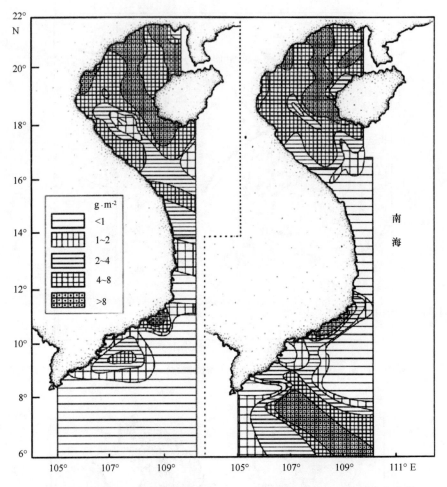

图 8-4　东南季风（左）和东北季风（右）期间相关海域的底栖动物生物量

第二节　海区和渔场

按照海域的自然特征，越南海域分为 4 大区域：北区（北部湾）、中区、南区（包括东南区和西南区）和东部近海区（图 8-5）。

一、北区（北部湾）

海底平滑，底质为泥和沙，很适合底拖网捕捞。大部分水深小于 50 m，最深 70~100 m，只有湾口水深 100 m。红河周围沿海区的盐度降低，海水温度低时（1~2 月）为 14~16℃，海水温度高时（6—9 月）为 26℃。该区的渔业活动主要是进行中层和底层捕捞作业。动力渔船船均功率为 14 kW，小于 66 kW 的动力船数占该区

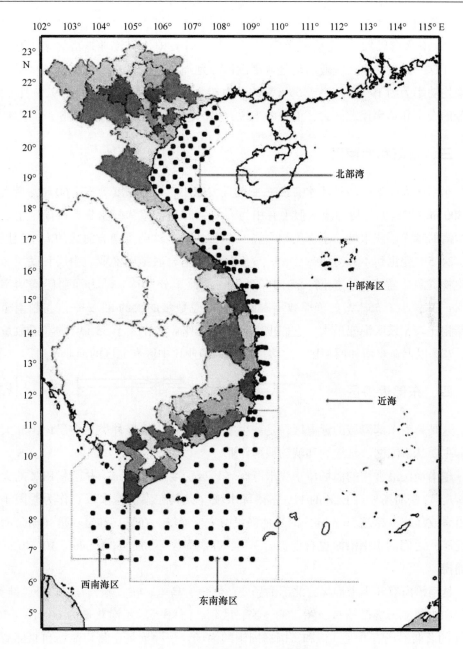

图 8-5 越南沿海 4 大海区的划分

渔船总数的 97.85%。所以，北区渔业主要是在沿岸区域进行短航次捕捞作业的小型渔业。

二、中区

大陆架非常狭窄，坡度极大，从离岸 30 ~ 50 km 迅速下降到 4 000 ~ 5 000 m 深度，可拖网区域十分狭窄，并靠近海岸。该区域受台风影响严重（每年5—12月间发生9~10次台风），东北季风（10月至翌年3月）对海洋渔业造成许多困难。因此，在这一区域的主要渔业活动是从事围网、延绳钓和刺网中层捕捞。该区动力渔船船均功率为约19 kW，小于55 kW的动力船数占该区渔船总数的96.92%。可见，渔船的大小和功率比北区大，但一般来说，中区渔业仍然属于小型渔业。

三、东南和西南区

东南区大陆架广阔且浅水，海底平坦且坡度小，75%深度为30~60 m，最大深度300 m。来自湄公河的淡水似乎有相当高的生产力，鱼和虾密集。西南区主要是泰国湾的越南一侧水域，水深度相当浅，小于50 m。这两个南方海区的海水温度从2月24.5℃变化到4月为29℃。海底十分平坦，适合底拖网渔业。中层和底层鱼类的生物资源非常丰富，拖网、围网和延绳钓渔业十分发达。动力渔船船均功率为41.84 kW，小于55 kW的渔船数量占该区渔船总数量的大约83.23%。与越南全国渔船相比较，该区渔船最大，它们也在近海渔场作业。在大于55 kW的渔船数量当中，78%以上在东南和西南区。这表明南区的渔业比中区和北区的渔业发达。

四、东部近海区

这是越南东部海域的近海区，是一个很深的区域，主捕种类是中层鱼类和大洋鱿，主要从事围网、延绳钓和鱿钓捕捞作业。

越南渔民最常用的渔场位于浅水海区（该区深度0~100 m，占越南EEZ的大约60%），这些渔场只占EEZ的11%，南部水域（尤其在泰国湾水域）作为受限于在距沿岸或岛屿不超过10 n mile的当地渔民的主要渔场。在富岛和金瓯角（湄公河河口近海）之间的东南沿海也有重要的渔场，在离海岸不超过50 n mile、10~40 m深度捕捞。

越南沿海有几十个渔场，北部渔场盛产红鱼、乌龟、鲻、鲍、海参、虾、蚌等，南部和中部渔场盛产鳍鱼、鲐、鲻、鳖、玳瑁、海虾等。年渔获量为$60×10^4 ~ 70×10^4$ t的著名渔场有九龙江口和富国岛周围的渔场、平顺渔场、藩切渔场和北部湾西部的一些渔场。各渔场的位置、水深和主要渔获种类详见表8-1。

表8-1 越南海域主要渔场、位置、水深和主要渔获种类

渔场	位置	水深（m）	主要种类
Bach Long Vi	19°30′~20°30′N, 107°~108°30′E	50	笛鲷，蓝圆鲹，蛇鲻，六齿金线鱼
南长洲		25~30	金带小沙丁鱼
North Hon Me		22~28	鳀，金带小沙丁鱼

续表

渔场	位置	水深（m）	主要种类
北部湾口	18°35′~19°35′N，106°30′~107°30′E	30~47	蓝圆鲹，沙丁鱼，彩虹沙丁鱼
提问吉奥	16°30′~17°30′N，107°~108°E		马鲅，六齿金线鱼，无齿鲹，灰鲷，蛇鲻
东北岘港	16°~16°50′N，108°~110°E	100~300	蛇鲻，大眼鲷，马鲅，乌鲂，黄鲷
东南归仁	13°10′~13°30′N，109°10′~109°40′E	50~200	大目金枪鱼，蛇鲻，六齿金线鱼，石首鱼
东藩切	10°30′~11°30′N，109°~109°50′E	<50	蛇鲻，大眼鲷，竹筴鱼
南富归仁		50~200	蛇鲻，大眼鲷，马鲅
东昆山	8°30′~9°30′N，106°~107°E	25~40	蓝圆鲹，笛鲷科，黄带鲹，六齿金线鱼，马鲅，蛇鲻
湄公河口	9°~9°30′N	10~22	马鲅，沙丁鱼，无齿鲹，石首鱼，笛鲷科
湄公河	9°~9°50′N	10~15	黄带鲹，笛鲷科，鲗，眼镜鱼，六齿金线鱼
西南富国	9°20′~10°N，103°40′~104°20′E	10~30	眼镜鱼，黄带鲹，笛鲷科，鲗，六齿金线鱼

第三节 渔业资源及其利用

一、渔业种类

越南海域广阔，海洋渔业资源十分丰富，渔业种类多样性。除了数量最大的鱼类外，还有各种甲壳类、头足类、贝壳类、海藻类和海龟、棘皮动物、腔肠动物、海洋哺乳动物，如海豚、懦艮等。最重要的商业种群是虾、金枪鱼、鱿、鲷科、笛鲷科、鲉科和小型中上层鱼种（表8-2）。

表8-2　越南各海区的主要捕捞种类

区域	主捕种类
北部湾	鳀、沙丁鱼、二长棘鲷、蓝圆鲹、带鱼、马鲛、笛鲷、蛇鲻、六齿金线鱼、鱿和乌贼
中部海区	鲣、扁舵鲣、黄鳍金枪鱼、大眼金枪鱼、飞鲔、鲯鳅、鲕、鳗、飞鱼、带鱼、旗鱼、鲨和鱿

区域	主捕种类
东南海区	革鲹、短尾大眼鲷、绯鲤、蛇鲻、马鲛、蓝圆鲹、石斑鱼、六齿金线鱼、乌贼、鱿和章鱼
西南海区	扁舵鲣、鲣、羽鳃鲐、绯鲤、鳀、鲾、金带细鲹、鱿、乌贼和其他一些鲹科鱼种

1. 鱼类

据越南海洋渔业研究所（RIMF）报告，越南海域有2 038种鱼类，隶属于700多个属，约200个科。其中常见的经济种类130多种，70%为底层、近底层鱼种，30%属于中上层鱼种。

鱼类的生活周期相对较短，一般为3~4年，有些鱼种（如脂科和笛鲷科等）为7~8年，也有许多经济鱼种仅为1~2年；远岸种类4~5年，在第1年生长率相对较高。

越南鱼类具有明显的热带特点：几乎全年为产卵期，季节性高峰期，个体产卵力高。许多种类产卵期在4—6月，产卵场在沿岸浅水区、海峡和海湾。一些中层鱼种（如金枪鱼、飞鱼）在海南岛与越南中部海岸之间的海区产卵，稚鱼在近岸生活，长大后逐渐向深水区迁移。大多数鱼种在1龄期产卵，产卵量很大，并随产卵鱼年龄的增大而增多。

鱼类的饵料类型多样化，索饵强度没有强烈的季节性波动。季节性洄游导致鱼类生物量增加，北部湾在东北季风期就是一个明显的例子。

鱼群数量随季节的变化而不同，在东北季风期鱼群集中成大的群体，而在西南季风期则分散在近岸产卵。各时期都以小型鱼群为主，中型鱼群占15%，大型鱼群占0.8%。

浅水域底层和中上层鱼类趋向小型化，一般长度范围为10~30 cm。大多数鱼种是成群产卵鱼，生命周期短（1~5年）。

鱼群主要出现在水深21~50 m（54.6%）、51~100 m（25.7%）、101~200 m（2.8%）和大于200 m的深度（0.6%），在水深小于20 m的沿岸区，鱼群量占总量的16.5%。

就生物学和生态学特性而言，鱼类可分为4组：中上层鱼、小型中上层鱼、底层鱼和大型中上层鱼。

大型中上层鱼是越南近海渔业的主要目标鱼种，经济价值很高，它们包括金枪鱼、箭鱼、旗鱼、鲯鳅、斑点马鲛、鲔、康氏马鲛等。小型中上层鱼在越南3个海区（北区、中区和南区）资源丰富，3—4月在近岸产卵。小型和大型中上层鱼有260种。

底层鱼也有很高的经济价值，它们当中大多数分布于沿海区域，个体尺寸小。

底层鱼是越南海洋底拖网的目标鱼种，也是主要的出口鱼种。底层鱼占越南水域鱼种总数量的大约69%，有1432种，如斑头舌鳎、带鱼、长棘鲷、乌鲳、银鲳、白姑鱼、银石鲈、红鳍笛鲷、长体金线鱼、花斑蛇鲻、短尾大眼鲷、黄带绯鲤、马六甲绯鲤、尖嘴魟等（表8-3）。

中上层鱼群趋向小型化且分散，主要鱼种是裴氏小沙丁鱼、黄小沙丁鱼、银鲳、蓝圆鲹、勒氏圆鲹、鲭和金枪鱼。

表8-3 越南各海区底拖网渔获中主要鱼种的百分比

主要种类	西南区 (1979—1983 年)	东南区 (1979—1983 年)	中越区 (1979—1983 年)	北部湾	
				1974 年	1975 年
白姑鱼 Pennahia argentata	1.2	–		–	6.0
大头多齿海鲇 Netuma thalassina	3.4	0.9		–	–
无斑圆鲹 Decapterus kurroides	–	9.5	0.4		
蓝圆鲹 Decapterus maruadsi	–	9.6	0.8	12.4	11.7
短棘鲾 Leiognathus equulus	18.2	–	–	–	–
黑边鲾 Leiognathus splendens	7.7	1.6	–		
剑尖枪乌贼 Loligo edulis				4.1	1.4
胁谷软鱼 Malakichthys wakiyae			29.3	–	–
二长棘鲷 Parargyrops edita	–	–	–	35.0	9.1
短尾大眼鲷 Priacanthus macracanthus	–	3.4	4.4	0.4	3.1
纺锤蛇鲭 Promethichthys prometheus			8.5		
羽鳃鲐 Rastrelliger kanagurta	3.8	–	–		
多齿蛇鲻 Saurida tumbil	1.2	4.0	7.2	3.1	2.6
花斑蛇鲻 Saurida undosquamis	–	29.4	2.1	1.0	1.6
金带细鲹 Selaroides leptolepis	10.7	2.5	–	0.2	2.3
带鱼 Trichiurus lepturus	–	–	22.2		
马六甲绯鲤 Upeneus mollucensis	–	1.3	–	3.8	3.5
其他	56.2	44.1	28.4	41.6	67.1

中上层鱼群趋向小型化且分散，主要鱼种是裴氏小沙丁鱼、黄小沙丁鱼、银鲳、蓝圆鲹、勒氏圆鲹、鲭和金枪鱼。

珊瑚礁鱼类是栖息于珊瑚礁中彩色多样化的成群鱼种，占越南水域种类总数量的大约16%（340种）。

越南渔业部门主要依靠中上层和底层鱼，这些鱼产量占捕捞总产量的80%～

90%。其余为有价值的无脊椎动物，如对虾、龙虾、蟹、鱿和乌贼。

2. 甲壳类

在越南海域已知的甲壳类共 1 647 种，其中虾类（100 多种）占主要地位，最常见的共 5 科（对虾科、龙虾科、长臂虾科、鳌龙虾科和蝉虾科）70 种，其中生物量和经济价值较高的是对虾科。虾类集中于浅水域（<30 m），尤其在河口湾和河口。主要捕虾场在北部湾沿海和湄公河三角洲。虾类产量高的区域主要在南越的东部海区和西部海区。

龙虾主要在中部海区捕获，北部湾龙虾渔获量占甲壳类总产量的 5% ~ 6%。还有许多蟹类也具有很高的经济价值。

3. 软体动物

越南已鉴定的软体动物有 2 300 ~ 2 500 种，其中许多种具有经济价值，如枪乌贼（鱿）、乌贼、扇贝、牡蛎、鲍、鸟蛤、珍珠贝、贻贝等，这些种类的重要性仅次于鱼、虾类，但是目前对它们的研究还不够。重要的头足类是虎斑乌贼、剑尖枪乌贼和章鱼。

4. 海藻

目前越南已鉴定的藻类有 600 多种，其中江篱属越来越受到重视，最受欢迎的是亚洲江篱。但是，越南海区的海藻资源调查和评估还处于初级水平。

二、渔业资源评估

越南开展海洋资源的调查评估和研究已有多年，自芽庄海洋研究所成立以来，这项工作就已开始了。自 1939 年起，该研究所已组织了多次调查，调查范围从北部湾到泰国湾，主要集中于芽庄的东部水域。

自 1954 年起，北方海洋生物资源（特别是渔业资源）的全面调查在国内外多个科学研究机构的参与下一直在开展工作，北部湾的自然条件和底栖渔业资源分别由越南和中国（1959—1963 年）、越南和苏联（1961—1962 年）进行了两次调查。

在南方，1959—1951 年西贡水产研究所与美国加州 Seripa 海洋研究所及泰国的专家共同参与进行了调查活动。1969—1972 年联合国粮农组织近岸渔业调查委员会帮助西贡水产研究所对南越东部和西部海区的渔业资源进行了监测。

1979—1989 年，对越南大陆架和几个海区的渔业资源，特别是对一些近岸和岛礁资源进行了调查和监测，对于一些经济价值高的资源（如对虾、头足类、中层鱼类等）进行了研究。

越南海域属于热带高温的海洋气候地带，生物资源丰度高，种类多样性，海洋渔业属于混合种类渔业。在越南海域渔业资源评估方面有许多研究项目，但结果差别很大（表8-4）。

表 8-4　越南海洋水域的底鱼资源和总许可渔获量（TAC）

区域	资源量（t）	TAC（t）	研究者，年份
北部湾	440 000	280 000	Gulland, 1970
	290 000	145 000	Shindl, 1973
	446 000	223 000	Ayoama, 1973
	800 000	40 000	Le Minh Vien, 1973
中区	160 000	89 000	Shindo, 1969—1970
	52 000	26 000	FAO, 1969—1971
	193 000	96 000	Van Huu Kim, 1971
东南区	643 000	481 000	Shindo, 1971
	371 000	185 000	FAO, 1971—1972
	874 000	437 000	Ayoama, 1973
西南区	900 000	450 000	Isarankura, 1971
	528 000	264 000	FAO, 1969—1971
	1 223 000	611 000	Ayoama, 1973

由于混合渔获量问题，要估算出准确的资源量和制定 TAC 十分困难，所以最近对越南海域的渔业资源进行了重新评估。最新评估结果是，越南整个海域的鱼类资源约 $420×10^4$ t，总许可渔获量（TAC）或最大可持续产量（MSY）（越南使用的 TAC 与其他国家的 MSY 相同）每年约 $167×10^4$ t（表 8-5）。其中小型中上层资源量 $174×10^4$ t，TAC 为 $69×10^4$ t，占 41%；深海中上层资源量为 $30×10^4$ t，TAC 为 $12×10^4$ t，占 7%；底层资源量为 $214×10^4$ t，TAC 约 $86×10^4$ t，其中包括小于 50 m 和大于 50 m 深度水域的资源量分别约 $60×10^4$ t 和 $154×10^4$ t，TAC 分别为 $24×10^4$ t 和 $62×10^4$ t，分别占 14% 和 37%）（表 8-6）。

表 8-5　生物量和估算 MSY

区域	鱼类资源量（$×10^4$ t）	TAC（$×10^4$ t）
北部湾	68.12	27.25
中区	60.64	24.26
东南区	207.59	83.05
西南区	50.67	20.23
海山区	1.00	0.25
全海区	30.00	12.00
小 计	418.02	167.04

续表

区域	鱼类资源量（×10⁴ t）	TAC（×10⁴ t）
小型中上层	173.00	69.41
底层 <50 m	59.76	23.92
底层 >50 m	154.26	61.71
深海中上层	30.00	12.00
合计	418.02	167.04

表 8-6　估算鱼类资源量和 TAC

区域	渔业类型	水域（m）	鱼类资源量 t	鱼类资源量 %	TAC t	TAC %
北部湾	小型中上层		390 000	57	156 000	57
	底层	<50	39 200	6	15 700	6
	底层	>50	252 000	37	100 800	37
中区	小型中上层		500 000	82	200 000	82
	底层	<50	18 500	3	7 400	3
	底层	>50	87 900	14	35 200	15
东南区	小型中上层		524 000	25	209 600	25
	底层	<50	349 200	17	139 800	17
	底层	>50	1 202 700	58	481 100	58
西南区	小型中上层		316 000	62	126 000	62
	底层	<50	190 700	38	76 300	38
海山区	小型中上层		10 000	100	2 500	100
全海域	深海中上层		300 000		120 000	
合计	小型中上层		1 740 000	41	694 100	41
	底层	<50	597 600	14	239 200	14
	底层	>50	1 542 600	37	617 100	37
	深海中上层		300 000	7	120 000	7
总计			4 180 200	100	1 670 400	100

　　除了海洋鱼类外，还有许多天然资源：甲壳类 1 600 多种，年可捕量 $5×10^4 \sim 6×10^4$ t，其中虾类、龙虾、拟蝉虾、蟹和锯缘青蟹是高价值种类；软体动物约 2 500 种，其中鱿和章鱼具有巨大的经济价值，年可捕量为 $6×10^4 \sim 7×10^4$ t；每年可开发 $4.5×10^4 \sim 5×10^4$ t 高值海藻，如真江蓠、马尾藻；许多贵重物种，如鲍、海龟、海鸟。还可以开发鱼鳍、鱼鳔、珠母贝。

三、渔业资源开发和利用

1. 资源开发

越南海洋渔业种类资源以热带海区特色为优势，包括各种小个体和高繁殖力的种类。季风气候的变化导致鱼类在海洋中分布的变化。鱼类以小鱼群分散生活，小鱼群比率占鱼群总数量的 82%，中等鱼群占 15%，大鱼群只占 0.7%，甚大鱼群占鱼群总数量的 0.1%。具有沿海区生态学特性的鱼群占 68%，具有海洋特性的鱼群占 32%。

在越南 4 大海区中，捕捞活动按每个海区的水深度分为近岸和近海，中区和其他区分别在 50 m 和 30 m 深度水域捕捞。有 2 个主要渔期——南部渔期（北部 5—10 月，南部 7—12 月）和北部渔期（北部 11 月至翌年 4 月，南部 1—5 月），分别相应于西南季风和东北季风。

鱼类种群的分布和开发底鱼的能力主要集中于 50 m 以浅深度海区（56.2%），其次是 51~100 m 深度海区（23.4%）。据统计，开发近岸区中层和底层鱼的许可能力可维持在 $60×10^4$ t 左右。如果包括其他海洋种类在内，稳定的年度许可开发能力是 $70×10^4$ t，低于这一区域的年度渔获量。近海水域的资源巨大，正处于开发之中。

大多数捕捞努力集中于相对较小的渔船：越南所有捕鱼的小船 98% 没有主机或主机功率小于 44 kW。大多数渔民从事小型近岸捕捞作业。政府鼓励渔民投资建造能在近海作业的大船，但一些省份不允许建造主机功率小于 24 kW 的渔船。

主要渔具包括拖网（鱼和虾拖网）、刺网、敷网、延绳钓和手钓。刺网在北部省份被渔民广泛使用，而延绳钓和手钓在中部地区占优势，捕捞产量占越南中部省份鱼产量的大约 50%。

捕捞努力的配置仍不平衡，大部分努力用在已过度开发的近岸资源上，而近海资源仍然利用不足。

鱼类资源也因区域和深度的不同而异，东南海区远水域开发能力最大（占 49.7%），其次是北部湾（16.3%）、中部海区（14.5%）、西南海区（12.1%）、海山区（0.2%）、全海区深海中层鱼（7.2%）。主要捕捞种类的资源量及其开发能力详见表 8-7 至表 8-10。

表 8-7　越南海洋鱼类种群和捕捞能力的评估结果

海区	鱼的种类	深度 (m)	鱼类种群		捕捞能力		占全海区 (%)
			t	%	t	%	
北部湾	小型中层鱼	–	390 000	57.3	156 000	57.3	16.3
	底层鱼	<50	39 200	5.7	15 700	5.7	
		>50	252 000	37.0	100 800	37.0	
	合计	–	681 200	–	272 500	–	
中部区	小型中层鱼	–	500 000	82.5	200 000	82.5	14.5
	底层鱼	<50	18 500	3.0	7 400	3.0	
		>50	87 900	14.5	35 200	14.5	
	合计	–	606 400	–	242 600	–	
东南区	小型中层鱼	–	524 000	25.2	209 600	25.2	49.7
	底层鱼	<50	349 200	16.8	139 800	16.8	
		>50	1 202 700	58.0	481 100	58.0	
	合计	–	2 075 900	–	830 400	–	
西南区	小型中层鱼	–	316 000	62.0	126 000	62.0	12.1
	底层鱼	< 50	190 700	38.0	76 300	38.0	
	合计	–	506 700	–	202 300	–	
海山区	小型中层鱼	–	10 000	100	2 500	100	0.2
全海区	深海中层鱼	–	300 000	–	120 000	–	7.2
合计	小型中层鱼	–	1 740 000	–	694 100	–	–
	底层鱼	–	2 140 000	–	855 900	–	–
	深海中层鱼	–	300 000	–	120 000	–	–
	合计	–	4 180 000	–	1 700 000	–	100

表 8-8　越南海区不同深度虾类的储藏量和开发能力

海区	<50 m		50~100 m		100~200 m		>200 m		共享水域	
	鱼类种群 (t)	捕捞能力 (t)	鱼类种群 (t)	捕捞能力 (t)	鱼类种群 (t)	捕捞能力 (t)	鱼类种群 (t)	捕捞能力 (t)	鱼类种群 (t)	捕捞能力 (t)
北部湾	318	116	114	42	–	–	–	–	430	158
中部区	7	3	2 462	899	13 482	4 488	34	12	15 985	5 402
东南区	8 160	2 475	2539	927	6 092	2 224	1 852	676	18 641	6 300
西南区	9 180	3 351	166	61	–	–	–	–	9 346	3 412
合计	17 664	5 945	5 281	1 929	19 574	6 712	1 886	688	44 402	15 272

表 8-9　越南海区不同深度乌贼的储藏量和开发能力

区域	储藏量和捕捞能力	<50 m	50~100 m	100~200 m	>200 m	合计
北部湾	储藏量（t）	1 500	400	–	–	1 900
	捕捞能力（t）	600	160			760
中部区	储藏量（t）	3 900	3 840	4 500	1 300	13 540
	捕捞能力（t）	1 560	1 530	1 800	520	5 410
东南区	储藏量（t）	24 900	10 800	7 400	5 600	48 700
	捕捞能力（t）	9 970	4 300	2 960	2 250	19 480
合计	储藏量（t）	30 300	14 990	11 900	6 910	64 100
	捕捞能力（t）	12 130	5 990	4 760	2 770	25 650
	百分比（%）	47.3	23.3	18.6	10.8	100

表 8-10　越南海区不同深度鱿的储藏量和开发能力

区域	储藏量和捕捞能力	< 50 m	50~100 m	100~200 m	>200 m	合计
北部湾	储藏量（t）	9 240	2 520	–	–	11 760
	捕捞能力（t）	3 700	1 000	–	–	4 700
	百分比（%）	78.6	21.4			10.0
中部区	储藏量（t）	320	140	2 000	3 000	5 760
	捕捞能力（t）	130	180	810	1 190	2 310
	百分比（%）	5.5	7.5	35.3	51.7	10.0
东南区	储藏量（t）	21 300	12 800	2 600	4 900	41 500
	捕捞能力（t）	8 500	5 100	1 000	2 000	16 600
	百分比（%）	51.3	30.9	6.1	11.7	10.0
合计	储藏量（t）	30 900	15 700	1 600	7 900	59 100
	捕捞能力（t）	12 400	6 300	1 800	3 100	23 600
	百分比（%）	52.2	26.7	7.8	13.3	10.0

2. 鱼类利用

越南人民对鱼和鱼产品的需求量高，国内海产食品消费量和人均消费量不断增长，年人均消费量超过动物蛋白质吸入量的一半。虾是最受欢迎的产品（占60.9%），其次是鱿（36.6%）和鲐（32%）。但是，消费者偏爱新鲜海产品而不喜欢冷冻产品。因为越南人经常离家外出聚餐，所以餐馆需求量很大。

高值产品适当贮藏，中间人把它们出售给出口加工厂或把它们直接出口到中国和其他国家。为国内市场而分类的产品通常用冷藏车运输到大城市作为新鲜食物，或运输到加工厂主要供作干制产品。

用作鱼糜原料的鱼种有：蛇鲻、大头狗母鱼、狗母鱼、金线鱼、皮氏金线鱼、黄肚金线鱼、红棘金线鱼、苏门答腊金线鱼、五带金线鱼、日本金线鱼、缘金线鱼、白姑鱼、截尾白姑鱼、大头白姑鱼、斑鳍白姑鱼、皮氏叫姑鱼、条尾绯鲤、马六甲绯鲤、黑斑绯鲤、黄带绯鲤、短尾大眼鲷和长尾大眼鲷。

据越南渔业部报告，海洋鳍鱼渔获的利用百分比（不完全统计）为：20%出口，20%新鲜供人类消费，25%制作动物饲料和鱼粉（用于家畜和水产养殖）和25%生产鱼露。

越南拖网渔业（几乎都是杂鱼和低值鱼）总上岸量的大约 40%～50%用于加工鱼露，鱼露年总产量为 $8\ 000×10^4$ t，2010 年这一产品翻一番。

全国共有 405 家鱼品加工厂，增值产品占加工产品总量的百分比为 23%～35%。20 世纪 80 年代之前，渔业产品加工是一种简单又传统的经济活动，加工产品包括鱼露、鱼干和盐腌鱼，这些产品主要在国内市场上出售。1981 年后，出口冷冻鱼产品产量快速增长，企业数量、冷冻能力和出口额值增加。1996—2005 年这一出口部门的年均增长率为：加工厂数量+108%，加工能力+121%，出口额值+117%。渔业加工结构正趋向多样化，并集中于高出口值的商品。鱼产品遍及亚洲、欧洲、美国等 105 个国家和地区。

第四节　捕捞业概况

一、基本情况

捕鱼是越南（尤其沿岸水域）一种古老的传统产业，直接从海滩或在浅水的红树林、河口、潟湖和河流三角洲借助潮水的起落捕鱼。随着时间的推移，这种传统的捕鱼作业发展成为如今使用非动力船和动力船以及各种简单又先进的渔具在沿岸和近海水域进行捕鱼作业，为国民乃至世界人民提供大量海产食品和所需蛋白质。

越南渔业包括 3 大部门：海洋渔业、内陆渔业和水产养殖业。海洋渔业是贡献最大的渔业生产，其次是水产养殖业。还有休闲渔业，现在是发展中的新兴产业。

越南海域分为 4 个主要捕鱼区域：北部湾（与中国共享）、中越（中部海区）、东南越（东南海区）和西南越（西南海区，是泰国湾的一部分，与柬埔寨和泰国共享）。海洋渔获量在中越和东南越最高。

除了这些地理区域外，捕鱼区域按渔船作业渔场的深度划分为近岸渔业和近海渔业。近岸渔业指在北部湾、越南东部和西南部以及泰国湾离岸小于 30 m 深度水域或在越南中部沿海区离岸小于 50 m 深度水域的捕鱼作业，渔船没有注册为近海捕捞、主机功率小于 66 kW；近海渔业指在北部湾、越南东部和西南部以及泰国湾以离岸 30 m 等深线或在越南中部沿海区以 50 m 等深线为边界水域的捕鱼作业，近海渔船安装主机功率大于 66 kW，并注册为近海捕捞或发给近海捕捞许可证。

越南的近岸渔业被认为是小型渔业，是越南海洋渔业的主力军。小型渔业又划分为"集体人民渔业"（后来简称人民渔业）和"国有渔业"。人民渔业也被视为具有其他经济成分的渔业，包括集体组织、合作组织、生产互助组和家庭渔业。所以，"人民渔业"一词的区别在于拥有生产技术所有权（生产技术不属于国家的渔业），也指小型渔业。近年来，人民渔业或小型渔业朝新技术和现代化转变，作业渔场离岸越来越远，可与近海捕捞船队竞争。虽然人民渔业仍然利用非动力小船，使用一些传统渔法，但它们正越来越多地使用现代技术捕鱼。

越南渔船大多数在离岸 4~5 n mile、深度小于 50 m 的沿岸区作业，总渔获量的大约 82% 来自小于 50 m 深度水域（这是越南 84% 动力渔船的渔场）。小型渔业使用的渔具基本上是小型刺网（主捕鲐、虾和乌贼）、小型拖网（主捕虾）、延绳钓和手钓、推网、小型灯光敷网（大部分渔获物是幼鱼）和笼具。刺网在北方省份广泛使用，而延绳钓和手钓在中部地区占优势。沿岸水域也成为越南大约 88% 渔民的生活和食物来源地。

越南有 28 个省份濒临大海，有许多小型捕捞社区使用传统的小型渔法来满足当地市场的需求，为越南人民提供 1/3 的动物蛋白质。越南渔民最常用的渔场位于浅水海区，水深 0~100 m，占越南 EEZ 的大约 60%，但渔场只占 EEZ 的 11%。南部水域（尤其泰国湾水域）作为当地渔民的主要渔场，但受限于距沿岸或岛屿不超过 10 n mile。在富岛和金瓯角之间的东南沿海也有重要的渔场，在离岸不超过 50 n mile、深度 10~40 m 水域捕捞作业。南部沿海的捕捞业在越南渔业中发挥重大作用。在越南中部，捕捞作业遍及整个沿海水域。一般来说，中部沿海捕捞业的发展速度比北部和南部沿海慢。

越南近海渔业使用的渔船大多数为小型拖网船，也使用许多其他类型的渔具，如围网、延绳钓和各种笼具。大多数渔船安装二手主机，其中 6 675 艘安装 66 kW 以上的主机，总功率 73.5×10⁴ kW（平均每船 110 kW）。这些渔船形成近海捕捞船队，其中只有大约 100 艘（294~368 kW）具有深海捕捞能力。该船队主要由拖网船或围网船组成，在东南水域 35~80 m 深度使用拖网船捕捞底层鱼，在深水域（主要在中区）使用围网船捕捞中上层鱼。主要渔具的渔获量比例是：拖网 30%，围网 26%，刺网 18%，敷网 5%，延绳钓 6%，其他渔具（定置网、推网等）15%。在主要的拖网（对拖网和单拖网）捕捞当中，优势在南部，拥有大约 40% 渔船。流刺网捕捞在北部较为重要，而定置网集中于有大量河口的省份。

二、渔业劳力

越南人力资源丰富，渔民勤劳，这是渔业领域的一大优势。越南沿海地区有大约 1 800 万人口，约占全国总人口的 22%。因为沿海地区的面积只占全国总面积的 16%，所以沿海地区的人口密度显然高于全国的平均数。渔业部门为人民创造了许多就业机会，包括直接就业（如海上捕鱼作业）和间接就业（如岸上海产品加工等）。近年来，越南渔民人数一直在增长，在 1990—2000 年间，渔民人数几乎翻了一番，从 27 万人增至 54 万人，年均增加 2.7 万人。目前越南从事渔业的人数正在增长，每年增长 10 万个劳力，包括渔民以及渔业相关人员，如补网、食物供应、产品贸易等，渔业专职劳力年均增加 2.4%。

但是，越南渔民受教育水平一般很低，具体地说，只有 10% 渔民毕业于中学，20% 渔民只受到初等教育，68% 的学生没有读完小学，有职业学校或大学毕业证书或学位证书的渔民只有 0.65%。所以，渔民对捕鱼没有选择余地。在渔民当中，1.4% 捕鱼工人是妇女，而且这些女渔民都是以海岸为基地。不过，越南妇女一般拥有渔船或船队，例如在建江，妇女拥有并管理一些较大的私人船队。妇女们通常为捕捞航次准备材料，修补渔具、在岸上分类渔获物和在当地市场零售鱼货。在湄公河三角洲，几乎 90% 海产品代理人/经销商都是妇女。在鱼类加工厂就业的职工 80%~85% 是女性。妇女同样主导管理职位，在出口加工部门就业的妇女至少有 6.5 万人。妇女成为越南渔业相关行业的主力军。

越南绝大多数渔民处于贫困状态，他们的资金投资能力十分有限，没有能力负担得起近海渔船的消费或转移到其他谋生行业。每年加入到渔业来的新人大多数集中于小型渔船的沿海捕捞活动。这种状况继续增加沿海捕捞的竞争，造成沿海渔业资源状况恶化。由于教育水平低，渔民无法适应先进技术，尤其是近海捕捞技术。同样，要小型渔民转业以降低捕捞压力也是十分困难的。

总的来说，越南沿海地区的贫困率低于内地山区。与山区不同的是，沿海地区的经济较为多样化，包括渔业、农业、畜牧业、水产养殖、手工艺品和海盐生产。但是，越南沿海社区 80% 家庭依靠捕捞来获得其家庭收入的一部分或全部。许多沿海社区农业土地普遍较少，渔民的生计容易遭受季节性天气、破坏性台风、污染、移居和其他威胁。就沿海地区而言，中部沿海是省级最穷的地区。在越南 28 个省份中，只有岘港市贫困率在 20% 以下，中部沿海也有 2 个省份（广治省和宁顺省）贫困率最高，分别为 51% 和 53%。湄公河三角洲的沿海省份是贫困率最低的地区。

三、捕捞船队

1. 渔船数量和功率

越南捕捞业几乎都是小型渔船，84%以上渔船功率小于 66 kW，捕捞活动主要集中于近岸水域。20 世纪 80 年代以来，渔船总数量和总功率一直在不断增加，动力渔船的总数量和总功率从 1981 年的 29 684 艘，33.3×10⁴ kW 增加到 1998 年的 71 904 艘和 184×10⁴ kW，2003 年渔船总数量超过 8.3 万艘，294×10⁴ kW。

2005 年动力渔船总数量达到约 8.6 万艘，1991—2005 年动力渔船总数量增加将近 1 倍，总功率增加近 5 倍。但是，渔船的单位努力渔获量却逐年下降，然而此期间的海洋渔业产量逐年增加，年均增长 5.73%，2005 年达到 142.6×10⁴ t，其中 87.3×10⁴ t 来自沿海捕捞，超过了捕捞限额（60×10⁴ t），这意味着沿海水域捕捞能力过量。

在动力渔船总数量当中，大约 72%小于 33 kW，84%小于 66 kW。这些渔船大多数在距海岸 4~5 n mile、深度小于 50 m 的沿岸区作业。沿岸船队拥有大约 2.8 万艘非动力独木舟和小船和大约 4.5 万艘小型动力船。小型机动船安装长尾或固定式 1 汽缸柴油机，功率约 18 kW。所有这些船直接离开海滩作业，不使用渔港设施。

越南有 2 万多艘拖网船（占渔船总数量的 25%），通常在沿海区域作业，是导致海洋环境恶化的主要因素。大多数渔船很小，90%渔船的长度在 20 m 以下，功率小和船速慢，无法经受狂风巨浪，实际上面对恶劣天气却无能为力。

在不同的区域，渔船功率也有所不同，南方渔船平均功率大于 66 kW，其余地方为 22 kW。在动力渔船当中，将近 7 000 艘在近海作业，主机功率 66 kW，平均功率迅速增加，大于 33 kW 的机动船数量逐年增加，增加的功率等级主要是大于 55 kW 和 34~55 kW 的渔船。主机小于 18 kW 的渔船数量呈逐年下降趋势。

2. 船体结构和大小

越南渔船的船壳几乎都是木造的，其中只有一些主机功率大于 147 kW 的船壳属于钢造。此外，还有许多无主机的竹船。现在造船用的木材很少，其价格迅速增加，所以，越南政府鼓励人们使用其他材料建造渔船。越南现有渔船类型很多，但渔民仍然喜欢传统船型。这些传统船型在各区有所不同，渔船的大小也有差异（表 8-11）。

表 8-11　不同功率渔船的主尺度

功率（kW）	船长 L（m）	型宽 B（m）	型深 D（m）
7~17	10.20~13.40	3.10~3.50	1.15~1.45

功率（kW）	船长 L（m）	型宽 B（m）	型深 D（m）
18～24	13.75～17.30	3.50～4.00	1.38～2.15
25～33	14.50～17.50	3.13～4.00	1.54～-1.80
34～44	16.00～18.00	3.00～4.60	2.00～-2.40
45～66	15.30～20.00	3.40～5.80	1.70～2.60
67～99	18.30～20.70	3.90～5.60	1.45～2.62
100～147	17.40～26.20	4.90～6.40	2.20～3.40
148～220	18.00～30.03	4.50～5.80	2.23～4.10
221～331	18.94～32.00	4.50～6.00	2.50～3.60

1975 年之前，越南的大多数渔船属于个体渔船（主要在北越）。1975 年南北越统一后渔船数量增加，超过一半的国有渔船有动力。1976—1980 年，严格采用中央计划机制，国营捕捞企业和合作社处于优先发展之列。但 1981—1990 年引入新的国家政策，允许更多经济组织自由独自作业，捕捞业又开始兴旺起来。在 20 世纪 90 年代后期，国家船队的规模比 80 年代在数量和功率方面几乎翻了一番，但船队的组成仍然没有变化，到 2000 年，低功率（<33 kW）渔船仍然占越南渔船总数量的 70%以上。

四、渔业产量

越南的海洋渔业属于小型渔业，主要在沿岸水域作业。近海捕捞主要发生于 30 m 以浅和 50 m 以浅水域。随着渔船数量和主机总功率的不断增加，渔获量逐年增长，而单位努力渔获量（CPUE）一直在下降。

在 1981—2003 年间，渔船总数量和总功率分别增加了 1.8 倍和 7.8 倍，而总渔获量只增加 1.64 倍。也就是说，虽然渔船总功率迅速增加，但总渔获量增加缓慢。1980 年海洋捕捞产量约 55×10^4 t，到 1990 年突破 100×10^4 t，2006 年超过 180×10^4 t。

就渔获种类而言，每年鱼类上岸量上升 5%，甲壳类上升 10%，软体动物平均上升 16%。就区域而言，1997 年越南 14 个省份的渔获量合计约 53×10^4 t，其中北区（6 省）占 13.84%；中区（4 省）占 32.66%；南区（4 省）占 53.50%。中区渔获量高于北区，南区渔获量高于北区和中区。北区渔获量主要来自拖网和刺网捕捞；中区渔获量主要来自围网和刺网捕捞；南区渔获量主要来自拖网和围网捕捞。

2000—2006 年越南海洋上岸量从 141×10^4 t 增加到 182×10^4 t，年均增长率约 3.87%（1.4%～6.4%）。近年来，越南海洋刺网渔具数量增加，渔获量也增加。目前越南海洋总上岸量70%以上来自刺网捕捞，拖网（包括底拖网、中层拖网和虾拖网）上岸量排序第二，占总上岸量的10%～11%。

特别指出的是，越南许多渔业尤其是热带水域的拖网渔业，捕获大量不想要的鱼（习惯称为"杂鱼"，也叫做"副渔获"）。这些渔获通常被抛弃回海，或者已经死亡，或者快要死亡。据报告，越南海洋渔业的副渔获占总渔获量的31%～481%（平均大约33%），估算每年上岸的副渔获达 $30×10^4$ t。有时在海上抛弃一部分副渔获。

南区渔业杂鱼比例最高（平均占渔获量的大约60%），中区占5%，北区占14%。杂鱼的质量往往很低，因为通常使用盐来保藏，而不是用冰保藏。北区和南区的自然环境条件具有高密度的鱼虾混杂，拖网渔业是副渔获产量的主要来源，一般上岸50%～70%非可食用鱼种，近海拖网占30%，近岸拖网占60%。在东京湾的上岸量中，杂鱼的渔获占27%～51%，在东南区为16%～68%，大于200 m深层除外。在北区拖网上岸量中，杂鱼渔获占大约70%，在东南区为21%～42%。这种情况与在西南浅水域作业的单拖网船队相同，就是说在上岸量中杂鱼的渔获组成相当高，并且逐年增加。

杂鱼渔获组成中主要的鱼科是：鲾科（Leiognathidae）、天竺鲷科（Apogonnidae）、鳀科（Engraulidae）、鲂鮄科（Triglidae）、䲗科（Callionymidae）、篮子鱼科（Siganidae）、单棘鲀科（Monacanthidae）、鮟鱇鱼科（Lophiidae）、躄鱼科（Antennaridae）和其他科的许多幼鱼，如鮨科（Serranidae）、歧须鮻科（Synodontidae）、鲷科（Sparidae）、鲭科（Scombridae）、羊鱼科（Mullidae）、金线鱼科（Nemipteridae）、大眼鲷科（Priacanthidae）、鲹科（Carangidae）、鲱科（Clupeidae）等。

在越南有100多种海洋"杂鱼"作为水产养殖饲料或水产养殖饲料成分。杂鱼当中，鱼的数量最大，还有小的软体动物、甲壳类和海胆类（表8-12）。杂鱼的组成也有变化，这取决于捕鱼的渔具，但大多数来自拖网捕捞，所以杂鱼在越南语中的一种常用名叫做"拖网鱼"。杂鱼的组成也随区域或地区而变化，在中区和西南区主要杂鱼鱼种是鳀；在北区、中区和东南区是蛇鲻；在中区和西南区是鲾。杂鱼的相对丰度也高度季节性。杂鱼主要由底鱼种组成，但在鱼上岸量超过当地市场能力或鱼类加工能力时可能使用中上层鱼。腐败的高值鱼种也可能用作杂鱼。一般来说，没有特殊的杂鱼渔业。所以，杂鱼是捕捞较高价值鱼类、甲壳类和软体动物的一种副产品。

表 8–12　作为水产养殖饲料或水产养殖饲料成分的海洋杂鱼主要种类

中文名	学名	地点	中文名	学名	地点
软体动物			海洋鱼类		
三角帆蚌	*Hyriopsis cumingii*	C	燕鳐属	*Cyselurus* spp.	C，SW
西施舌	*Sanguinolaris diphos*	C	鲻形目	Mugiliformes	
巨牡蛎	*Ostrea* sp.	C	斑条舒	*Shyraena jello*	SW
马氏珠母贝	*Pteria martensii*	C	鲈形目	Perciformes	
螺	*Pila globosa*	C	银牙鱼或	*Otholithes argentius*	N
光球螺	*Pila polita*	C	双棘原始黄姑鱼	*Johnius goma*	N，C，SW
枪乌贼属	*Loligo* sp.	SW	绯鲤属	*Upeneus* spp.	N，SE
甲壳动物			篮子鱼属	*Siganus* spp.	N
对虾派	Penaeidea	N，C	圆鲹属	*Decapterus* spp.	N，C，SW
馒头蟹属	*Calappa* spp.	N，C，SW	鲭属	*Scomber* spp.	SW
梭子蟹属	*Portunus* spp.	N，C，SW	短体羽鳃鲐	*Rastrelliger brachisoma*	SW
棘皮动物			金带细鲹	*Selaroides leptolepis*	SW
海参属	*Holodeima* spp.	C	乌鲳	*Fomio niger*	SW
玉足海参	*Holothuria vagabunda*	C	印度南鲳	*Psenes indicus*	C
刺冠海胆	*Diadema setosum*	C	短尾大眼鲷	*Priacanthus macracanthus*	SE
海洋鱼类			鲾属	*Leiognathus* spp.	C，SW
鳐目	Rajiformes		大头狗母鱼	*Nemipterus hexodon*	SE
虹属	*Dasyatis* spp.	SW	石鲈属	*Pomadasys* spp.	C
鲱目	Clupeiformes		印度鲬	*Platycephalus indicus*	N，SW
小公鱼属	*Stolephorus* spp.	C，SW	罗非鱼属	*Tilapia* spp.	C
钝腹鲱	*Clupea leiogaster*	SW	鲽形目	Pleuronectiformes	
中颌棱鳀	*Thrissa mystax*	C	褐牙鲆	*Paralichthys olivaceus*	N
鲦属	*Clupanodon* spp.	SW	双线舌鳎	*Cynoglossus bilineatus*	C
仙女鱼目	Scopelifomes		鲀形目	Tetradontiformes	
狗母鱼属	*Saurida* spp.	N，C，SE	独角鲀	*Leather jacket*	N，SE
鳗鲡目	Anguilliformes		未知鱼类，鱼类副产品（头、内脏）		

中文名	学名	地点	中文名	学名	地点
海鳗	*Muraenesox cinereus*	C		黄尾鲹，乌鲂，蛇鲻，鲾，鲲	SW
颚针鱼目	Beloniformes			蛇鲻，短尾大眼鲷，鲾，银鲳	SE
鱵属	*Hemirhamphus*	N, C			

注：C 为中区，N 为北区，SE 为东南区，SW 为西南区。

五、渔业后勤设施

越南渔业后勤设施一直在迅速扩展，不断地推动全国所有省份渔业部门的发展。

1. 船舶建造和维修

2002 年越南有 702 家造船公司，年建造能力为 4 000 艘（主要为 294 kW 以下的木船），年维修能力为 8 000 艘。造修船舶公司的数量在每个地区均有所不同，在北部有 7 家公司，中北部有 145 家，中南部有 385 家，东南部有 95 家，西南部有 70 家。

2. 渔港和上岸地点

渔港和上岸地点建在沿岸区或群岛上，在停泊地点、码头和贸易方面保证船只的需求，而且在渔港和上岸地点的基础设施方面提供许多必需的服务，如燃油、鱼类保鲜用冰、淡水等。一般来说，越南所有渔港和上岸地点都在有效地运作。

2001 年，渔港（包括已在使用的和正在建设的渔港）总数量为 63 个，其中 47 个渔港建于沿岸区，16 个渔港建在群岛上。在 63 个渔港中，48 个在用渔港总长度为 6 700 m，15 个在建渔港总长度为 2 570 m。

越南现有 80 多个供机械化船只使用的上岸地点，但很少适合于大型近海渔业使用。散装上岸量在当地的城镇和农村市场，但高值产品出售给专业经销商和工厂。有些港口有基础设施，如冰、水和燃油供应。大多数港口供大型近海渔船使用，小型渔船继续使用一般没有后勤服务的传统上岸地点。现在供冰一般足以满足产业的需求，尽管所有工厂生产块冰，块冰冷冻鱼的效率低于较先进渔业现用的片冰。在几个港口已建造了加工厂，在大多数港口区内已兴建了小、中型企业，为捕捞业提供一系列的服务支持。

在表 8-13 中列出了越南各省份的主要渔港以及港口的长度和入港船只的最大规格。因为目前没有监测系统，所以缺少关于每个港口的上岸量数据。

表 8-13　越南各省份的港口、港口长度和入港船只最大功率

省份	港口名称	港口长度（m）	入港船只最大功率（kW）
海防	Cat Ba	155	
	XN. Ha Long	200	
南定	Nam Dinh	200	
清化	Lach Bang	105	294
	Lach Hoi	150	
义安	Cua Hoi	100	294
河静	Xuan Pho	110	294
广平	Song Gianh	250	294
广治	Con Co	175	99
岘港	Thuan Phuoc	130	294
庆和	Cu Lao Xanh	125	
宁顺	Dong Hai	267	
	Ninh Cu	200	
	Ca Na	200	
平顺	Phan Thiet	422	
	Phu Quy	140	
巴地头顿	Cat Lo	290	
	Ben Dam	336	
	Loc An	200	
前江	My Tho	195	
槟知	Binh Thang	180	
茶荣	Dai An	150	
	Lang Cham	160	
朔庄	Tran De	370	
薄寮	Ganh Hao	100	
金瓯	Ca Mau	300	
	Nam Can	300	
建江	Tac Cau	500	
	Nam Du	130	
	An Thoi	135	
	Tho Chu	188	

3. 其他服务设施

其他服务设施包括 7 个尼龙/聚乙烯网制作公司，其中 2 个是国内公司，5 个是 100% 的外资公司，年总生产能力 $1.2×10^4$ t。多种形式和丰富的中间链是国家渔业贸易体系的重要补充，它们主要涉及贸易、加工和销售产品。但是，整体销售鱼市场和消费渠道仍然很弱。

目前，越南已建立用于出口的加工厂 439 家，其中 296 加工是用于加工冷冻鱼产品的。已有 171 家海产加工商申请了危害分析及关键控制点（HACCP）标准体系，有资格向欧洲市场出口他们的海产品。其中有资格进入美国、中国、韩国市场的加工厂分别有 300 家、295 家和 251 家。

越南拥有 332 家海产食品加工厂，其中 70% 位于南区，24% 位于中区，6% 位于北区。100 家加工厂有资格出口到欧盟，200 多家应用 HACCP，仅胡志明市就有大约 50 家海产食品公司。

第五节 渔具渔法

越南海域地处热带，海洋渔业资源种类繁多，捕捞作业使用的渔具渔法也多种多样。自 1975 年起，越南在全国各省进行了渔具渔法调查，根据 1997—1999 年越南海洋渔具渔法调查的结果，目前越南海洋渔具可分：拖网、围网、拉网、刺网、敷网、掩网、抄网、钓具、陷阱/笼具和杂渔具，详见表 8-14。

表 8-14 越南的海洋渔具类型

渔具类别	渔具名称	渔具类别	渔具名称
拖网	桁拖网	敷网	便携敷网
	底层板拖网		筏敷网
	底层撑杆板拖网		敷网
	底层对拖网		棒受捞网
围网	鳀围网	掩网	抛网
	光诱围网		棒受罩网
	围网		
拉网	地拉网	抄网	人力推网
	船拉网		动力推网
刺网	流刺网	陷阱/笼具	定置网
	底刺网		竹桩陷阱
	三重刺网		张网
	有囊流刺网		笼具

渔具类别	渔具名称	渔具类别	渔具名称
	手钓		耙网
钓具	延绳钓	杂渔具	鱼叉
			潮流网
			鱼钩

一、拖网

拖网是越南最重要的渔具类型之一，拖网捕捞产量占总渔获量的大约 40%。拖网在越南使用已久，在早些年份，渔民使用 2 艘帆船拖曳 1 张拖网，网由棉线制成，浮子由矩形或水动力形木料制成。渔场主要在沿岸区，水深不足 20 m。

1957 年得到德国民主共和国的技术援助，使用 4 艘 664 kW 的拖网船，配置二片式拖网，在北部湾捕捞作业。1958 年，中华人民共和国给越南提供 15 艘板拖网船，船长 28 m，每艘主机功率 184 kW，在越南水域作业十分成功。1976 年，挪威给越南提供 4 艘钢壳板拖网船，每艘 4 414 kW，使用四片式高口拖网在北部湾捕捞作业。目前，拖网船已发展到 2 万多艘。但是，由于渔场的自然环境所限，拖网渔业只能在越南的北部和南部省份发展。

目前越南使用的拖网大多数是二片式拖网，近年来，南部省份的渔民已使用四片式高口拖网。

由于海底平坦，底质为沙泥，所以大多数拖网使用"柔软底纲"。这意味着很少使用滚轮、铁轮或胶轮，所以底纲直接接触海底，鱼因此无法逃逸。此外，"柔软底纲"也能减少拖网在拖曳时的水阻力。使用矩形、椭圆形或 V 形网板。

越南拖网渔业有 2 个特点：① 大多数拖网船经常使用对拖网渔法，每船安装 99~368 kW 大主机功率，拖速 3.5~4 n mile/h，但这一速度比具有较好捕捞效果所需的速度慢。② 虾拖网船经常使用板拖网渔法，一艘船可拖曳 1~2 张网，有时拖曳多达 18 张网。为了保持拖网的水平张开，虾拖网船使用 2 种捕捞方法：板拖网和桁拖网。虾拖网渔场在水深不足 30 m 的沿岸区。

从 1997 年起，已从中国进口大网目拖网，这些拖网的规格和网目尺寸都比普通拖网大。中国拖网的目标鱼种是沙丁鱼，占总渔获量的 80%~90%。虽然拖网的总渔获量很高，但总收入很低。另一方面，这种拖网只在小于 30 m 水深的沿岸区域作业，但捕捞该区域的生物资源并不好，并经常与小型渔业产生冲突。

越南拖网全都是底层拖网，分为 4 种类型：桁拖网、板拖网、吊杆板拖网和对拖网。

1. 桁拖网

桁拖网主要用来捕虾，所以网目尺寸很小。小型渔业船只使用桁拖网，渔船尺度小，主机功率范围为16.2~66.2 kW，高达184 kW的很少。许多小船使用1~2张桁拖网（图8-6），但是，如果使用中国拖网渔法，一艘大船可以拖曳多达18张桁拖网（图8-7）。

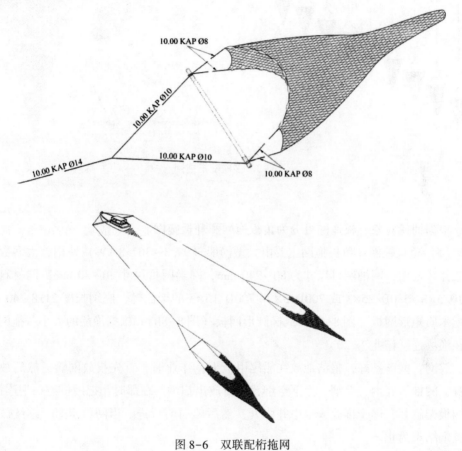

图 8-6 双联配桁拖网

网口通过竹或钢管来支撑水平张开，有时渔民使用2块滑撬与底纲和上纲连接在一起沿着海底轻易地滑行。桁拖网的渔场是沙泥底质的浅水域，目标种类是虾、蟹和小底鱼。

放网：如果操作多张网，首先投放离船舷最远的网，然后投放接近船舷的网。通过信使绳保证网的曳纲沿着2根吊杆到达一定的位置。如果船只以桁拖网作业，则不需要吊杆，在这种情况下，保证拖纲到达船尾。

起网：首先，拉起离船舷最近的网拖纲，然后解开拖纲和信使绳之间的链环，收进拖纲，直到它们全部铺设在船甲板上为止。最后打开网囊底绳，倒出虾和鱼。

越南桁拖网渔具主要分布于海防、南定、义安、广平、承天顺化等地。

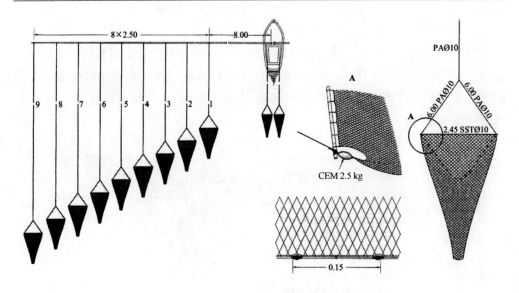

图 8-7　多联配桁拖网

2. 板拖网

根据捕捞对象，板拖网可分为鱼板拖网和虾板拖网。

（1）鱼板拖网：鱼板拖网主要由大型渔船（99.3～367.8 kW）使用，大多数网是二片式拖网，网袖网目尺寸为 80～240 mm，网囊网目尺寸 30～40 mm，网材料为 380D/5×3～380D/25×3 或 700D/5×3～700D/15×3 的聚乙烯，底纲长度 21.8～40 m。装配木质矩形网板（图 8-8a）或椭圆形网板（图 8-8b）。根据渔船的大小，拖网船可在渔场连续作业 7～20 d。

放网：网准备好，整洁地放在船尾甲板上，作业时，首先投放网囊，然后放出网身、网袖、底纲、上纲、上下空纲，跟着放出扫纲。在那时，把网板与扫纲连接，从网板架解开，逐步排放入水中并张开，然后船向前行进。当网稳定时，继续放网到曳纲结束为止。

起网：收回拖纲，把网板悬挂在网板架上，用绞盘绞收拖纲直到底纲，接着吊车轮流吊起网袖、网身和网囊的每一部分，然后把网囊拉到前甲板卸鱼。

（2）虾板拖网：虾板拖网的渔场是沿岸区域，水深小于 30 m。在越南北部，总是使用主机小于 44.1 kW 的小船捕虾；在南部，虽然渔民使用 24.3～331 kW 大渔船捕虾，但这些船仍然在沿岸区域作业。所以，虾板拖网船的作业对小型渔业产生负面影响。现在，大多数板拖网船用来捕虾，捕鱼板拖网船的数量很少。虾板拖网的捕捞作业与鱼板拖网的捕捞作业相同。

虾板拖网的网袖网目尺寸为 26～50 mm，由 380D/2×3～380D/12×3 聚乙烯制成；网囊网目尺寸为 12～24 mm，由 380D/3×3～380D/9×3 聚乙烯制成。网的大小取决于渔船的功率的大小。在底纲和上纲的前面，装配"赶虾链"来驱集栖息在沙中的

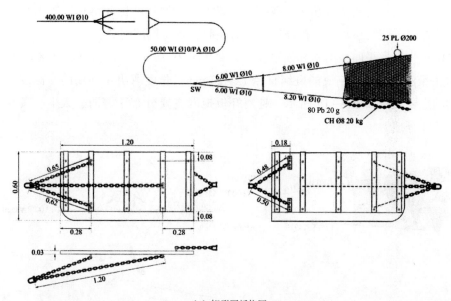

（a）矩形网板拖网

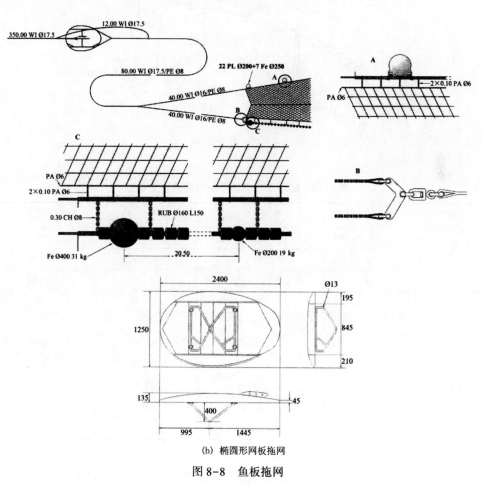

（b）椭圆形网板拖网

图 8-8 鱼板拖网

虾。赶虾链两端与底纲两端保持在同一位置上，链的长度比底纲长度短 1.5~3.5 m 并保持在底纲前面移动。虾被该链触及时跳起，容易地被网捕获。

网板为矩形平面，由木和铁制成，宽度 0.4~0.75 m，长度 0.96~1.8 m（图 8-9）。由聚乙烯或钢丝制成的曳纲直径 12~20 mm，长度取决于渔场的水深度。单船拖网的主要参数如表 8-15 所示。越南虾板拖网主要分布于海防、太平、义安、广平、建江等地。

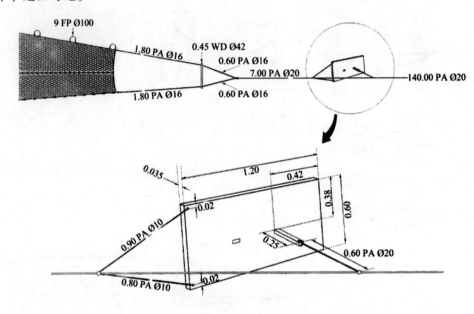

图 8-9　虾板拖网

表 8-15　越南部分省份单船拖网的主要参数

省份	渔船功率（kW）	拖网长度（m）	上纲长度（m）	网囊网目尺寸（mm）
建江	66.2~110.3	60~65	14.3	28
	183.9~294.2	62~95	19~22.2	28~30
	323.6~551.6	62~116	24.5~28.6	28~30
金瓯	66.2~110.3	41~45	26~35	25
	183.9~294.2	42~45	36~38	25
巴地头顿	183.9~294.2	60~70	30~35	20
	323.6~551.6	60~70	33~38	20
海防	16.9~33.1	37.6	31.2	20
	183.9~294.2	76	39	40
	323.6~551.6	60~76	34.5~42	40

（3）撑杆板拖网：在越南大多数省份，有许多渔船使用撑杆板拖网捕虾、鱼和

其他海洋生物。为了增加拖网网口的水平张开，在船舷上使用2根（每舷1根）撑杆（图8-10），增加网板的水平扩张（因为2条拖纲之间的距离增大），从而提高拖网渔具的捕捞效率。

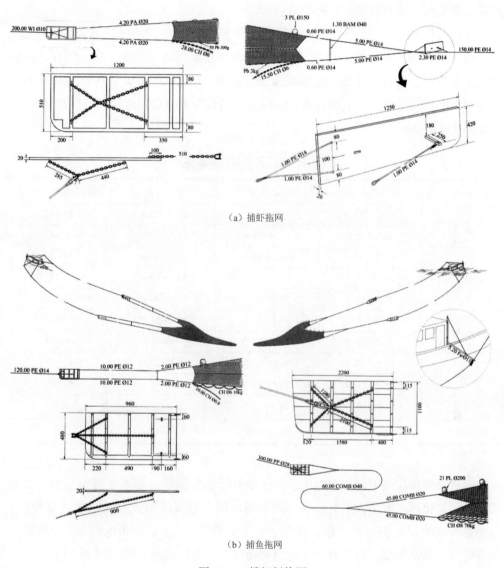

（a）捕虾拖网

（b）捕鱼拖网

图8-10 撑杆板拖网

撑杆板拖网捕虾与普通板拖网相比并没有很大的差别。捕虾网的网袖网目尺寸为35~50 mm，网囊网目尺寸为20~25 mm（图8-10a）。而捕捞底鱼和其他种类的网目尺寸较大，网袖网目尺寸为80~240 mm，网囊网目尺寸为30~40 mm（图8-10b）。

放网：撑杆板拖网的作业方法与普通板拖网相同。拖纲放到所需长度后与撑杆两端的信使绳连接。

起网：拖网绞车绞起信使绳，紧接着把网板悬挂在网板架上，以常用的方法使用辅助船收集网具。扫纲一端与网袖的上、下空纲连接。要求2艘船同步放置扫纲，然后放置拖纲。拖纲的长度取决于渔场水深。

撑杆板拖网主要分布于广宁、南定、广平等地。

（4）对拖网：在越南，对拖网正在逐步替代板拖网开发鱼类。对拖网在北区和南区十分流行，大多数对拖网船每艘主机功率为147～353 kW，使用普通拖网和中国拖网，网目尺寸很大，上纲长度18～84 m，网长为40～120 m。普通对拖网的主要参数详见表8-16。

表8-16　普通对拖网的主要参数

省份	船功率（kW）	拖网长度（m）	上纲长度（m）	囊网目尺寸（mm）
建江	66.2～110.3	50-58	22.2～23.8	25～30
	45.6～73.6	23.8-28.6	25.0-30.0	25～40
巴地头顿	66.2～110.3	44.0-55.0	35.0-48.0	28～34
	32.4～35.3	50.0-52.0	30.0-34-0	15.5～22.5
	34.6～51.5	39.0-40.0	30.0-40.0	25～40
庆和	16.9～33.1	48.0-48.5	19.2-21.0	30
	36.0～38.2	21.5-23.0	30.0	46～84
岘港	16.9～33.1	40.0-65.0	18.0-30.0	13～17
	39.4～50.0	20.0-41.0	16.0-18.0	46～84
义安	<16.9	40.0-45.0	28.0-30.0	18
海防	183.9～294.2	60.0-82.0	32.0-42.0	40

越南全国都在使用底层对拖网，为了很好操作对拖网，要求2艘渔船的大小和功率必须有相同。但是，只有南区一些省份的渔业发展使用大船（叫做"母船"）与小船（叫做"公船"）合作。在作业时，小船只负责看守一条拖纲端，而大船不仅看守另一条拖纲端，而且要绞起拖纲和拖网，还要贮藏渔获物（图8-11）。

放网：主船（放网船）尽可能减速到最低，把网囊放入海，跟着依次投放网身、网袖和上、下空纲。另一艘船到达主船左舷，把信使绳抛给主船，以便绞起一边网袖。

起网：2艘船把速度减到最小并将船头转向右，直到它们朝相反方向移动拖曳为止。然后2艘船同步绞起拖纲，接着绞收扫纲和上、下空纲。

辅助船绞起扫纲，直到上、下空纲很接近网板架为止，然后把上、下空纲与信使绳连结在一起转移到主船。然后辅助船离开主船。

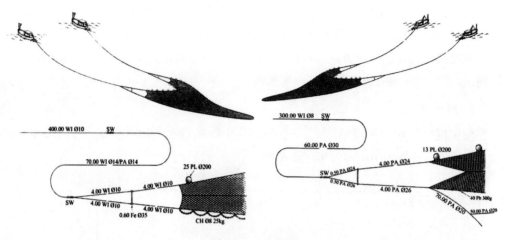

图 8-11 对拖网

　　主船收回辅助船的网袖后，继续使用吊车起吊网（网袖至网囊）的每一部分。这一操作在船的右舷进行，此时小心控制船以保持网不接近船舷或漂向螺旋桨。根据渔获情况，可使用 1~2 台吊车起吊网。

　　每捕捞航次持续 1~3 周，每网次拖网捕捞延续时间为 2~4 h。主要渔获是底层鱼、中上层鱼和低值鱼。通常，低值鱼占总渔获量的 40%~55%。

　　对拖网主要分布于广宁、海防、南定、义安、广平、巴地头顿、建江、金瓯等地。

二、围网

　　围网是越南海洋渔业中最重要的渔具类型之一，也是近海区域有作业潜力的渔具。随着新技术和集鱼装置（包括使用灯光和鱼礁诱鱼；使用尼龙网衣材料）的出现，围网渔业发展十分迅速。北部和中部省份大多数围网船都是小船，船长 13~16 m，主机功率小于 66 kW。在南部省份，围网船尺度较大，许多围网船长 16~23 m，主机功率 66~331 kW。

　　围网是大型渔具，在 24~331 kW 渔船上使用，主要集中于中部和南部省份，北部省份围网很少。每年大约 600 艘 24~54 kW 的围网船从中区转移到北部湾作业。

　　越南围网渔业使用两种渔法：引诱和搜寻。

　　引诱法：这一方法在全国十分流行。在引诱法中，围网长度通常为 250~500 m，网深 45~70 m。使用这一方法的原因在于鱼群经常集中在鱼礁周围和光源下面。所以，除了有足以包围鱼群的网长外，不需要太大尺度的网。

　　搜寻法：中层鱼经常游速较快，所以围网船必须具有较快的移动速度和放网速度。围网必须够长够深，通常网长 500~1 000 m，网深 70~120 m。

目前，越南围网渔获量在海洋渔业中位居第二，年渔获占本国总渔获量的30%。围网的主要鱼种是小型中上层鱼，包括沙丁鱼、鲐、蓝圆鲹、鲣、鳀等。

按网具结构及其作业方法，越南围网可分3种类型：鳀围网、光诱围网和搜寻围网。

1. 鳀围网

鳀围网可以在较深渔场作业。网长200~450 m，网深40~60 m，网目尺寸6~10 mm。网材料是210D/6~210D/12尼龙（图8-12）。

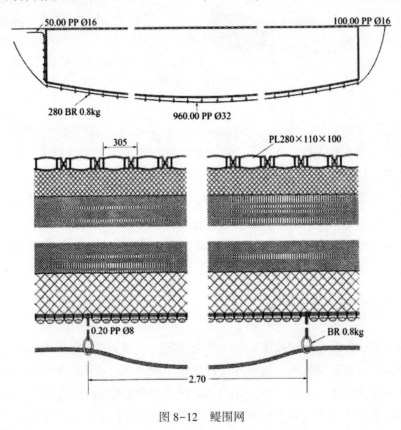

图8-12　鳀围网

鳀围网船长11~21 m，主机功率24~240 kW，发电机功率3~5 kW（用来发电供光诱鳀和其他鱼群。

2. 光诱围网

光诱围网在越南全国广泛使用。光诱围网船主机功率14.7~257.4 kW，发电机功率310 kW（供诱鱼灯所用）。每艘船有2~7个鱼礁组。该围网为矩形，上纲长300~350 m，网深40~160 m，取鱼部网目尺寸15~18 mm，其他部分网目尺寸22~35 mm（图8-13）。光诱围网船通常在20~80 m深度水域进行捕捞作业。

捕捞作业在夜间进行，使用网船和灯船的灯光诱鱼。放网前，逐步关闭网船上

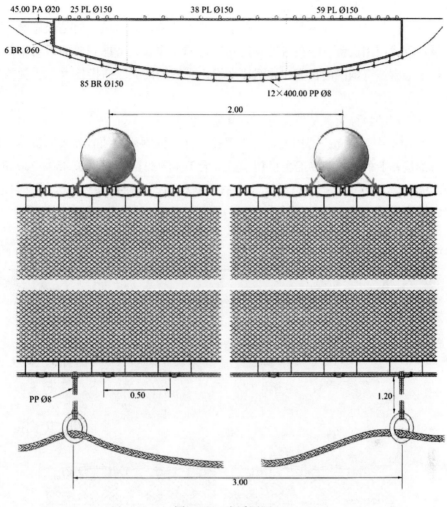

图 8-13　光诱围网

灯光，将鱼诱集到灯船周围。在强月光期（朔望月中的第 12~19 d），所有光诱围网船都停靠在港口而不出海作业。

放网：网船到达灯船附近，测定流向和风向后放网。首先把旗浮标抛入海，布网包围整个鱼群。

起网：拖曳旗浮标，用绞车收起括纲，起网操作时，在船的两舷用手拉网，将鱼赶集到取鱼部，用锥形小网捞取渔获物。主要目标鱼种是竹筴鱼、鲐等。

光诱围网主要分布于广宁、海防、南定、义安、广平、承天顺化、建江、金瓯等地。

3. 搜寻围网

根据网的结构和大小，寻搜围网可分为两种类型：捕捞小型中上层鱼的搜寻围网和捕捞金枪鱼的搜寻围网。

搜寻围网与光诱围网不同，差异在于前者不需要灯光诱鱼，而是依靠渔民的视觉寻找鱼群或使用探鱼声呐在白天或夜间进行捕鱼作业。考虑到要捕捞的整群鱼正在游行，通常搜寻围网的长度和放网速度均比光诱围网大。捕捞技术（包括放网和起网）与光诱围网相同。

搜寻围网的目标鱼种是竹笅鱼、鲐、金枪鱼等。

（1）小型中上层鱼搜寻围网：对于寻搜方法，围网船必须有强大的机器，适合在近海渔场作业的尺寸。渔船主机功率通常大于 44~331 kW。网长 450~700 m，网深 50~90 m（图 8-14）。网目尺寸与光诱围网相同。捕捞作业在白天或夜间进行，渔民以视觉方法搜寻鱼群。

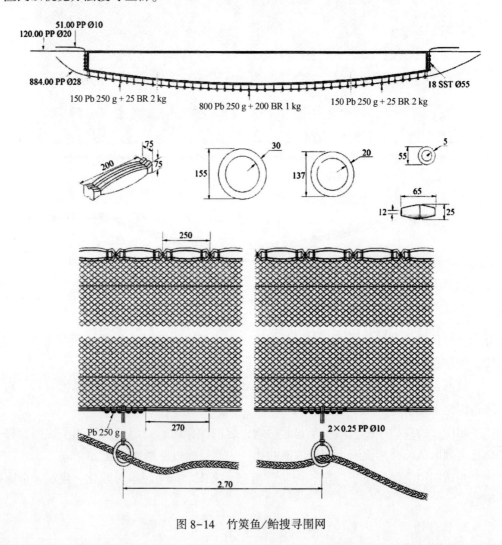

图 8-14　竹笅鱼/鲐搜寻围网

（2）金枪鱼搜寻围网：金枪鱼是以高速移动的鱼种之一，所以捕捞它们的围网经常网长达 500~1 200 m，网深 70~120 m。取鱼部网目尺寸 30~35 mm，其他部分网目尺寸为 40~60 mm（图 8-15）。

目前，金枪鱼围网船使用许多新设备，包括雷达、GPS、鱼探机、绞车和动力滑轮，在捕捞作业时都是十分有用的。

搜寻围网主要分布于海防、广平、承天顺化、建江、金瓯等地。

三、拉网

在越南，拉网捕捞是一种长期存在的传统渔法。在海洋渔业中使用的拉网有两种类型，即船拉网和地拉网。随着捕捞技术的发展和捕捞效率的提高，现在船拉网很少。

一般来说，地拉网长 220~450 m，网深 6~12 m，主要使用聚乙烯或聚酰胺单丝制成的小网目尺寸（4 mm×4 mm~6 mm×6 mm）网衣制作（图 8-16）。主要目标鱼种是鲹、棱鲹等。

地拉网的捕捞作业通常在白天进行，最佳的捕捞时间是日出和日落前后。地拉网渔船是个体渔船或舷外动力渔船，主机功率 4.4~8.8 kW。地拉网捕捞方法简单，网袖一端由一组渔民在海岸上握住并与海岸成直角放网，放网方向逐步向海岸转回。放完网后接着放出袖端拖纲，渔船转向海岸（条件是上岸点与放网点之间要有一定的距离），然后拉起网袖两端的浮标绳和沉子纲来捕鱼（图 8-17）。

地拉网主要分布于广平、承天顺化等地。

四、刺网

刺网是越南一种古老的传统渔具，渔具结构十分简单，而且资金投入低，所以在小型渔业中十分流行。

在越南水域作业的刺网有许多种类，包括漂流刺网、表层刺网、底层刺网、定置刺网、虾三重刺网和乌贼三重刺网。根据目标鱼种及其行动的不同，刺网设计也有所不同。

越南刺网渔业使用的渔船很小，主机功率小于 33 kW 或根本没有动力的小型刺网船超过 $1.8×10^4$ 艘，占全国刺网渔船总数的 94%。而且，这些渔船都在沿岸水域捕捞作业。

越南刺网可分为 4 种类型：漂流刺网、底层刺网、三重刺网和袋型刺网。

1. 漂流刺网

在越南有许多种类的漂流刺网（简称流刺网或流网），捕捞不同的目标鱼种。一般来说，它们的结构是一堵横截水流设置的网墙，可以随流漂移。上纲在水面或

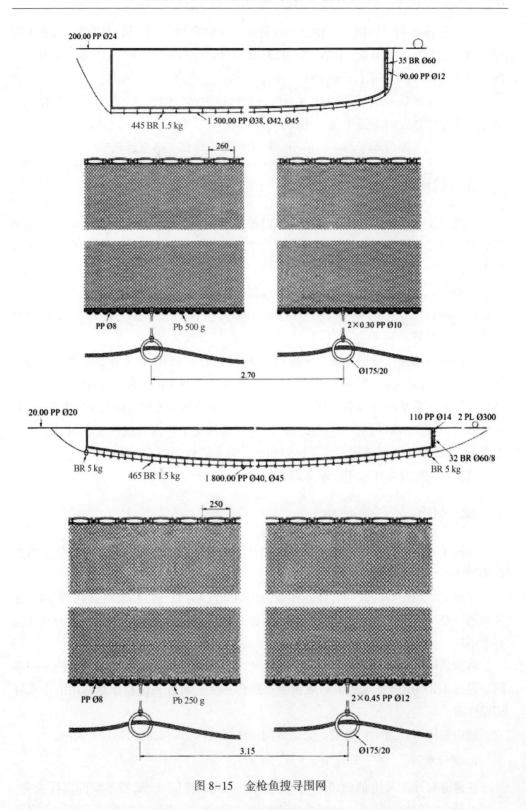

图 8-15　金枪鱼搜寻围网

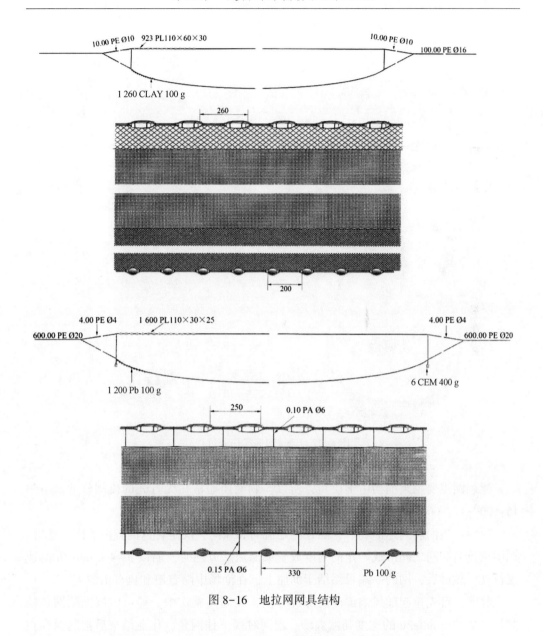

图 8-16 地拉网网具结构

在 2~6 m 水深处，网的下部有无沉子纲取决于目标鱼种和渔场特点。

流刺网的长度取决于船的大小、渔民的经济能力和目标鱼种，平均长度为 1~15 km，捕捞小型中上层鱼种（如沙丁鱼、飞鱼等）使用的网短于捕捞鲐和金枪鱼使用的网。流刺网的高度为 2~20 m，也取决于目标鱼种。捕捞沙丁鱼、飞鱼等使用的网目尺寸为 30~50 mm（图 8-18a 和图 8-18b），捕捞鲐和金枪鱼使用的网目尺寸较大，为 70~105 mm（图 8-18c）。制网的主要材料是尼龙单丝（直径 0.2~0.4 mm）。大多数流刺网由 PA210D/12~PA210D/18 尼龙复丝制成，少数由 PE380D/3×3~ PE380D/3×5 聚乙烯制成。

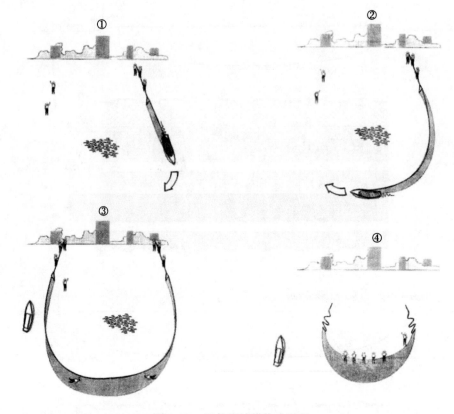

图 8-17　地拉网捕捞作业过程

流刺网主要用来捕捞中上层鱼，所以，刺网船通常在无月光的夜间作业。下午15：00—17：00放网，第二天早上起网。

放网：当渔船到达渔场后，船长测定流向和风向，决定合适的方向放网。通常，刺网在流向和网之间形成一定的角度放置或漂流。放网时，船以 3~4 n mile/h 的速度行驶。放网后，网的一端可系结于渔船上，在渔场中随着浪和风自由漂流。

起网：首先拉起随风浪漂流的那部分网。在起网操作中，船可以根据陷网鱼的数量以 2~3 n mile/h 的速度朝网移动。起网时摘下挂网鱼，作业结束后把网保存在网舱中。

流刺网主要分布于广宁、海防、南定、义安、广平、承天顺化、广南、扶安、庆和、巴地头顿、前江、建江等地。

2. 底层刺网

这一渔具用来捕捞底层鱼类或游泳蟹。根据目标鱼种的不同使用不同规格的网（包括网目尺寸、网线规格、缩结系数、网长度和网高度）。

这一类型刺网最常用来捕捞底鱼，如石斑鱼、石首鱼、乌鲂等。上纲长达700 m，网高 5 m，网目尺寸为 48~400 mm，网线直径为 0.17~0.7 mm。

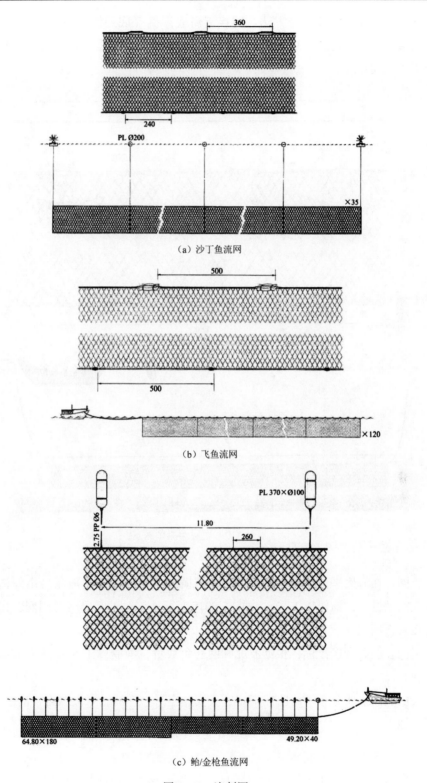

（a）沙丁鱼流网

（b）飞鱼流网

（c）鲐/金枪鱼流网

图 8-18　流刺网

底层刺网使用两种捕捞方法：网接近海底漂流（底层漂流刺网）（图 8-19）；网的两端用 2 门锚定置（底层定置刺网）（图 8-20）。根据目标鱼种，底层刺网可在白天和夜间作业。

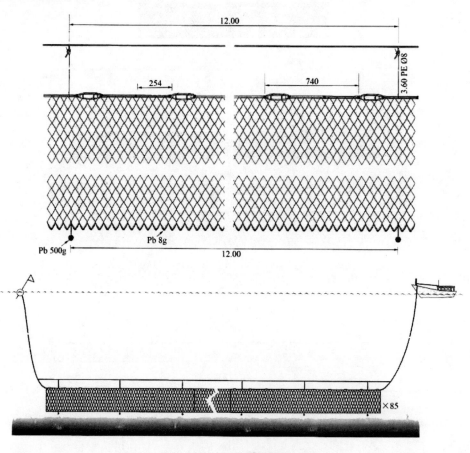

图 8-19　底层漂流刺网

放网：在海底平坦的渔场，把漂流刺网横流放置在海底，随流自由漂流。放网作业在船舷进行，渔船以 1~2 n mile/h 的速度行驶。对于底层定置刺网，用 2 门锚定置在礁石周围。

起网：船驶到旗浮标，根据波况和网获鱼数量，渔船以 1.5~2.5 n mile/h 的速度起网。

底层刺网主要分布于海防、南定、义安、广平、广治、承天顺化、前江、朔庄、金瓯等地。

3. 三重刺网

三重刺网由主机功率小于 18 kW 的小船或非动力船使用，在深度小于 20 m 的浅水域作业。

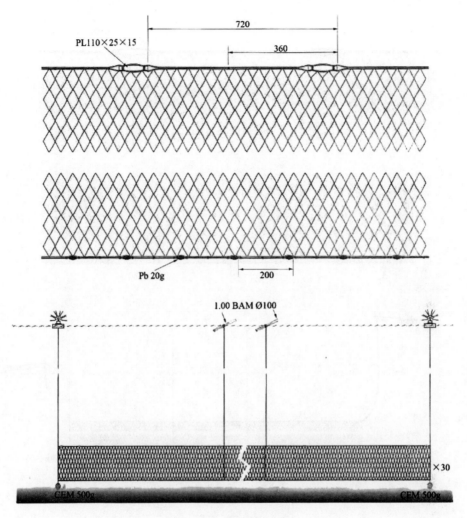

图 8-20　底层定置刺网

越南主要有两种三重刺网：虾三重刺网和乌贼三重刺网。它们的结构几乎相同，只是内、外网衣的网目尺寸和网线直径不同。上纲长度小于 1 500 m，网高小于 4.5 m。

虾三重刺网（图 8-20 至图 8-22）的网衣由尼龙复丝或单丝制成。内网衣的网线规格为 110D/2、210D/6 或直径 0.3 mm 的尼龙单丝，网目尺寸为 44~100 mm；外网衣的网线规格为 210D/4~210D/6 或直径 0.8 mm，网目尺寸为 300~800 mm。

乌贼三重刺网（图 8-23）的网衣由尼龙单丝或复丝制成。内网衣的网线直径为 0.1~0.25 mm，网目尺寸为 75~100 mm；外网衣的网线直径为 0.2~0.4 mm，网目尺寸为 400~480 mm。

放网：三重刺网放网操作与底层刺网相同，但三重刺网是直线横流放网。根据目标鱼种的不同和渔场水体的清澈度，可以在白天或夜间进行放网作业。

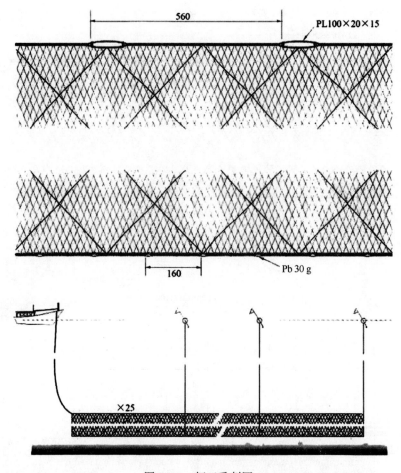

图 8-21　虾三重刺网

起网：渔船以 1~2 n mile/h 的速度起网，通常起网后摘下鱼放在甲板上，然后认真准备下一次放网。

三重刺网主要分布于广宁、海防、承天顺化等地。

4. 袋型刺网

袋型刺网（简称袋刺网）包括鱼袋刺网（图 8-24a）和蟹袋刺网（图 8-24b）。鱼袋刺网由上、下 2 段 PA 网衣（上段为单片网衣，下段为鱼袋）构成，网线直径 3 mm，网目尺寸 120 mm；蟹袋刺网包括 1 片大网衣（材料为 PA 210D/12，网目尺寸 100 mm）和 2 片小网衣（材料为 PA 210D/9，网目尺寸分别为 90 mm 和 70 mm）以及袋网衣（材料为 PA 210D/9，网目尺寸 90 mm）。放网时，袋口面向水流设置，网随流漂移。起网时，渔船以 1~2 n mile/h 的速度行驶，并拖曳浮标绳。该型刺网主要分布于南定省。

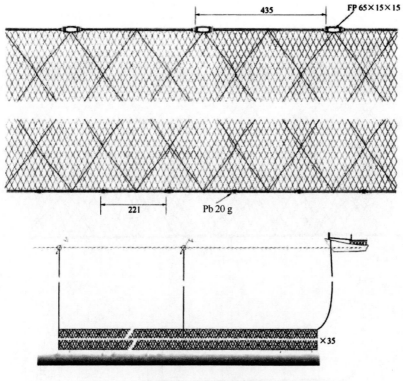

图 8-22　龙虾三重刺网

五、钓具

在越南，钓渔业有巨大的发展潜力，并可以在近海区域作业。越南钓渔业产量占总渔获量的 8.5%。

钓渔业在越南各个地区的发展有所不同。鱿（枪乌贼属）钓在全国极为流行，鱿钓渔船常用主机功率为 24~66 kW（有时高达 257 kW），这些船大多数在沿岸区域作业。

近年来，越南中部省份近海水域的飞鱿钓渔业一直在迅猛发展。夜间，渔民在个体船上使用由电池供电的水面闪光灯进行钓捕作业。

越南中部和南部地区正在发展延绳钓渔业。在中区，金枪鱼（黄鳍金枪鱼，大眼金枪鱼）延绳钓正在迅猛发展，钓捕船主机功率 24~66 kW。在南区，渔民使用 33~198 kW 的渔船，配置 24~30 km 延绳进行底层延绳钓捕鱼作业，主要捕捞鱼种是康吉鳗。

越南钓渔船的数量超过 11×10⁴ 艘，主机功率小于 66 kW 的小船占钓渔船总数量的 98.4%。

越南钓具主要包括 2 种类型：手钓和延绳钓。

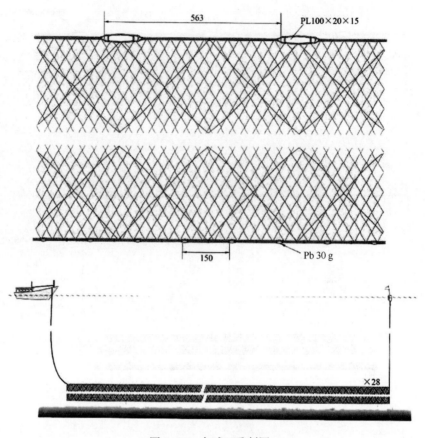

图 8-23　乌贼三重刺网

1. 手钓

手钓结构很简单，一般来说，手钓由干线和装配钓钩的支线组成，并使用不锈钢丝保护钓钩免于遭受鱼咬而丢失，使用转环防止钓线扭转和防止钓线与沉子纠缠。

手钓可以用来捕捞蓝圆鲹、石斑鱼、鲷科，尤其是捕鱿。手钓使用的饵料包括天然饵料和人工饵料。

现在，越南大多数手钓是鱿手钓，鱿钓渔船大小不同，主机功率通常为 24～54 kW。

通常，清早在岩石底或群岛周围海域使用鱼手钓钓捕捞鱼类（图 8-25）；傍晚进行鱿手钓作业，使用电灯诱集并钓捕鱿（图 8-26）。

飞鱿手钓渔业在越南中区迅猛发展，每艘母船有 13～18 位渔民，每位渔民独操一条非机动竹船（小艇）。渔具包括一枚 20～30 cm 长的大钓钩和一条由直径 0.8～1 mm 单丝制成的钓线（图 8-27）。每艘竹船装备一块 2～4 m² 的风帆系统来提高船速，还使用一个遮罩系统。渔船在日落后出海，彼此之间相距 300～500 m。每晚钓捕延续时间为 6～9 h，平均每艘小艇的渔获量为 45～70 kg。

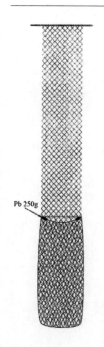
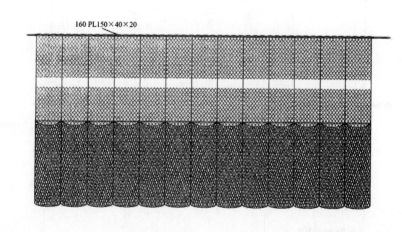

（a）鱼袋刺网

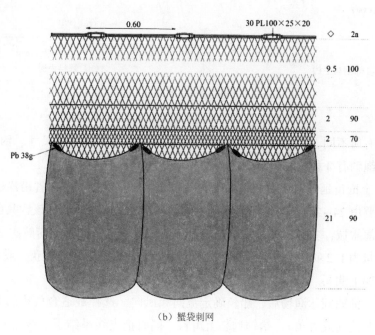

（b）蟹袋刺网

图 8-24　袋型刺网

手钓主要分布于广宁、广平、岘港等地。

2. 延绳钓

延绳钓的主要类型是底置延绳钓和漂流延绳钓。根据目标鱼种的不同，延绳钓

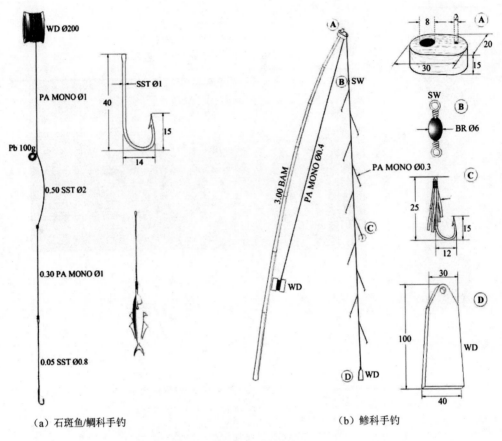

（a）石斑鱼/鲷科手钓　　　　　　　　　　　（b）鲹科手钓

图 8-25　鱼手钓

的结构也有所不同，主要差异在于干线长度、支线长度、钓钩尺寸、钓钩数量等。主要的延绳钓有 3 种：金枪鱼延绳钓；鲨延绳钓；底层延绳钓。

（1）金枪鱼延绳钓：金枪鱼延绳钓（图 8-28）是越南中部省份渔民最常用的渔具，主要由 24~257 kW 的渔船使用，延绳长度为 18~25 km。该钓具的作业渔场主要在近海水域，主捕鱼种是大眼金枪鱼和黄鳍金枪鱼，一个捕捞航次（15~30 d）平均渔获量为 1.2~4.3 t。使用飞鱼和鲐作为饵料，饵料由本船捕获，或从市场上或从其他渔船上购买。

放钓：渔船到达渔场后，船长确定流向和风向，选择最适合放钓的方向（放钓方向通常与流向成直角）。给钓钩装上饵料，同时把支线系结于干线上并投放干线。通常，在放钓时，渔船以 4~6 n mile/h 的速度行驶，让钓随流漂移。

起钓：拉起干线时，渔船以 2.5~3.5 n mile/h 的速度沿干线行驶，支线结节解开后分开收集。

（2）鲨延绳钓：鲨延绳钓（图 8-29）渔业主要在中区各省份。目前鲨延绳钓渔船数量少，渔获量低。鲨延绳钓的干线长度为 24~32 km，装配钓钩 620~1 300

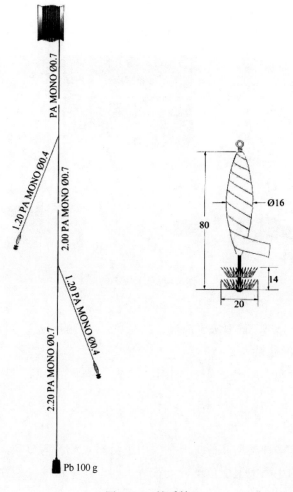

图 8-26　鱿手钓

枚，由 44~66 kW 的渔船使用，在近海水域作业。

　　放钓方法与黄鳍金枪鱼延绳钓相同，但是，支线和干线之间的结节是固定的。鲨延绳钓船以适合于波、风和渔场条件的速度朝钓线方向行驶。钓钩、支线和干线贮藏于钩桶中或钩夹上。平均航次（延续时间为 20~30 d）渔获量为 4~4.2 t。

　　（3）底层延绳钓：底层延绳钓（图 8-30）用来捕捞底鱼，如石斑鱼、鲷、鳗等。鳗是南区底层延绳钓的重要鱼种，鳗渔获量占该区底层延绳钓总渔获量的 90%。延绳钓的构件主要包括浮子绳、干线、支线、沉子和钓钩。延绳由尼龙单丝制成，长度为 2~30 km，装配钓钩 900~2 000 枚。钓钩的大小取决于目标鱼种。底层延绳钓船的主机功率为 15~257 kW，在小于 100 m 深度的渔场作业。

　　底层延绳钓船与流向成直角或根据海底特征以 3~5 n mile/h 的速度行驶。放钓前，从钓夹上取下钓钩，并逐钩装上饵料。船循着浮动的旗杆沿着延绳钓移动，起

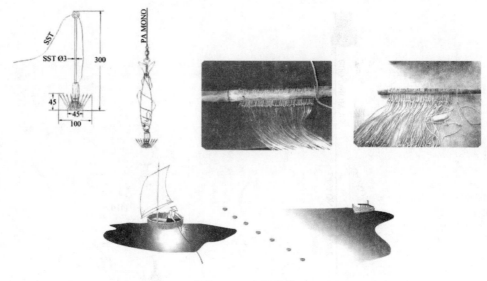

图 8-27　飞鱿手钓

收速度为 2~4 n mile/h，这取决于浪况、风况和上钩鱼的数量。30 km 延绳钓每捕捞航次（8 d）平均渔获量为 2~5 t。

延绳钓主要分布于广宁、海防、南定、义安、广平、平顺、建江等地。

六、敷网

越南敷网有许多种类型。传统上主要用于沿岸水域、河口和泻湖作业，目标鱼种是生活在近岸的小型中上层鱼类，如稜鳀、鳀、沙丁鱼等。现在有许多敷网船使用灯光和鱼礁，可以在较深水域作业，捕捞价值较高的鱼种，如乌鲳、竹筴鱼、鲔等。一般来说，敷网渔业是小型渔业，捕捞航次延续时间短。

根据渔具的结构和作业方式，越南敷网可分为 4 种类型：便携敷网、筏敷网、船敷网和棒受捞网。

1. 便携敷网

这一渔具结构简单、整洁且易于制作，可供非动力船或 4.4~8.8 kW 舷外动力船使用，渔场主要在近岸水域，捕捞高值鱼种，如东风螺、蟹、梭子蟹、龙虾等。该渔具有一个直径 40~60 cm 的钢架，3~4 条纲与钢架连接，以便于渔具的投放和绞起。网衣为尼龙单丝或复丝，网目尺寸 40~80 mm，装配在框架上，框架上有一个装饵构件。

这种敷网可独立设置，或以 8~12 m 的间隔连接起来，形成一条直线。

2. 筏敷网

该渔具的结构是一片由尼龙复丝或小目网制成的方形或矩形网衣，网目尺寸为

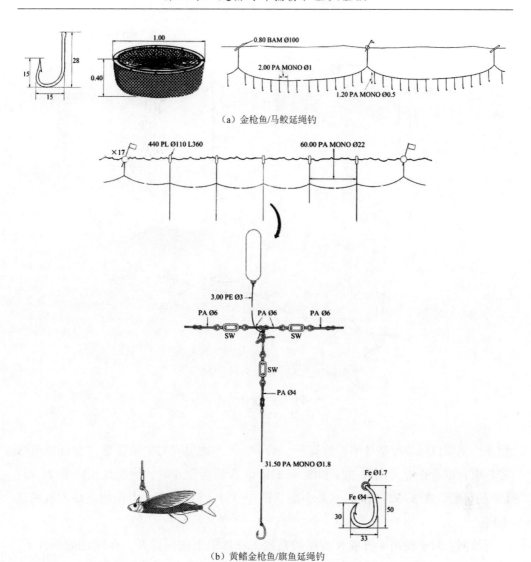

（a）金枪鱼/马鲛延绳钓

（b）黄鳍金枪鱼/旗鱼延绳钓

图 8-28　金枪鱼延绳钓

4~8 mm。网衣的 4 个角落系结于十字形的竹框架或木框架上。通过框架的起、落结构提升或降落网具（图 8-31）。主要渔获种类是虾、稜鳀和其他低值鱼。

筏敷网可设置于固定位置（图 8-31a），或者设置在可移动的浮筏上（图 8-31b）。根据网中捕获鱼的数量，在某一段时间内提起和放下敷网。

筏敷网主要分布于承天顺化等地。

3. 船敷网

船敷网主要由一个尼龙或聚乙烯网线制成的矩形网或袋形网构成，网目尺寸为 20~40 mm。一般在主机功率为 24~54 kW 的渔船上布设网具，在水深 50 m 的渔场

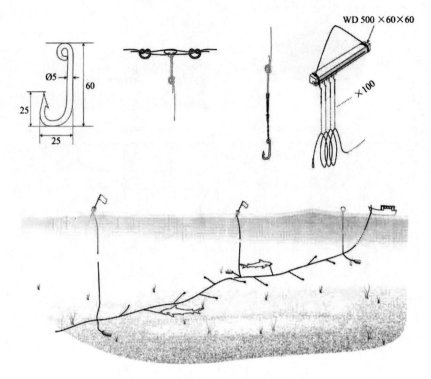

图 8-29 鲨延绳钓

作业。主要目标鱼种是乌鲳、竹笺鱼、鲐等。大多数敷网与集鱼装置（包括诱鱼灯和鱼礁）联合作业（图 8-32a 和图 8-32b）。在捕捞作业时，渔民使用一艘 24~54 kW 的母船（图 8-32）和 4~8 条小艇（图 8-33）进行作业，由小艇点灯和放网或起网。

放网：对于使用 4 艘或 8 艘船的敷网，在母船上把网撑开，在固定的条件下，使用 4 门锚，设置于网的 4 个角落，每个角落都有绳索与船连接，敷网每边缘中央有一条纲与其他辅助船连接。放网后，灯船（光诱船）指向定置网区中央。对于使用 1~2 艘船的敷网，使用 2 门锚设置并固定网，之后，渔民可以使用灯或鱼礁把鱼聚集到网口。

起网：对于使用 4 艘或 8 艘船的敷网，处于 4 个角落的船拉动敷网角落和锚之间的连接插件。在 8 艘船敷网的情况下，其他船提起网缘。对于使用 1~2 艘船的敷网，除去网口和锚之间的连接插件后，在船边提起网口，拉起括纲。

该敷网主要分布于广宁、义安、广平、承天顺化、平顺等地。

4. 棒受捞网

棒受捞网由尼龙 210D/6 制成，网目尺寸为 10 mm，或者是网目尺寸 6 mm 的小目网。把网挂在 2 根竹竿上，使用"推行"和"提起"的方法操作渔具（图 8-

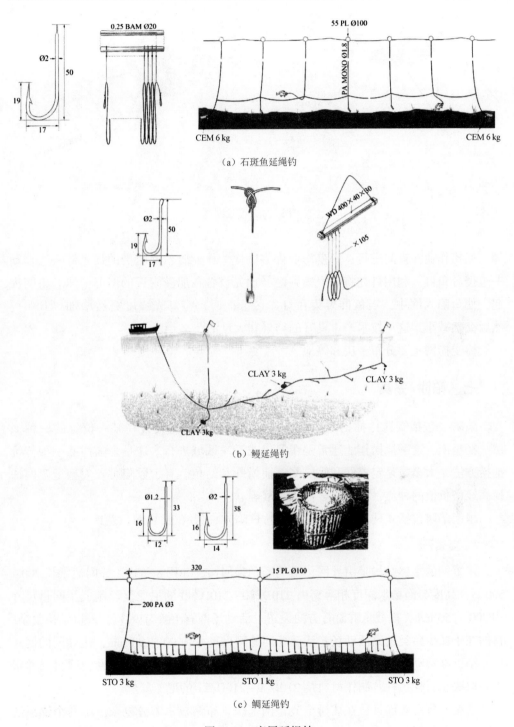

（a）石斑鱼延绳钓

（b）鳗延绳钓

（c）鲷延绳钓

图 8-30　底层延绳钓

34）。

　　该网在小船（12~15 m）上使用电力诱鱼灯诱集捕捞鳀和其他鱼种，如鱿、鲐

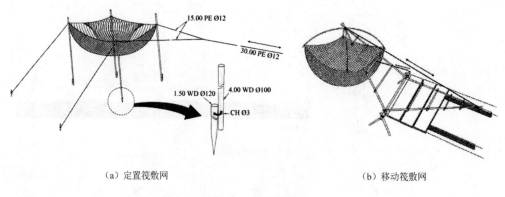

（a）定置筏敷网 　　　　　　　　　　　　　　（b）移动筏敷网

图 8-31　筏敷网

等。捕捞作业在夜间进行，一夜作业许多网次。作业时，渔船借助强光灯一边移动一边搜寻鱼群。利用灯光将鱼聚集到已经预先设置在船舷附近的网上，然后将网提起，使鱼陷入网中。当鱼群聚集在灯光区下面时，将灯光强度突然增加（10%），然后突然减小。这一技术产生良好的结果和大量渔获。

棒受捞网主要分布于庆和等地。

七、陷阱/笼具

陷阱（包括笼具）捕捞是把渔具按一定的形状固定设置在某一位置的一种渔法。在越南，这一捕捞作业通常是在河口或沿岸区域进行。这是全国性的一种传统捕捞方法，大多数是定置网和底层网，捕捞虾和幼鱼。有少数陷阱和大型定置网捕捞高经济价值的种类，如鲔、金枪鱼、蟹等。

越南陷阱包括4种类型：定置网、竹桩陷阱、张网/长袋网和笼具。

1. 定置网

定置网的主体结构是由导网、活动场和袋网构成（图8-35）。导网通常长200~500 m，高度与渔场水深度相等，由210D/80~210D/90 的尼龙复丝制成，网目尺寸为200~250 mm，横截鱼群游行方向设置。活动场网有1~2个入口，入口结构复杂，目的在于减少鱼类逃离活动场。活动场网的网目尺寸为90~120 mm，比导网的网目尺寸小。在活动场中有一个用来收集鱼类的敷网或抄网。收集鱼类网的网目尺寸很小并取决于目标鱼种，制作材料是210D/9~210D/21 的尼龙复丝。

这是一种定置渔具，在捕捞季节布网一次，布网技术十分复杂。用一个锚系统使入口网和箱网保持在一个固定位置。当鱼进入箱网后，渔民使用小围网（抄网、敷网）来捕捞箱网中的鱼。

这一渔具主要分布于庆和省，主要目标鱼种是鲔、金枪鱼和其他中上层鱼类。

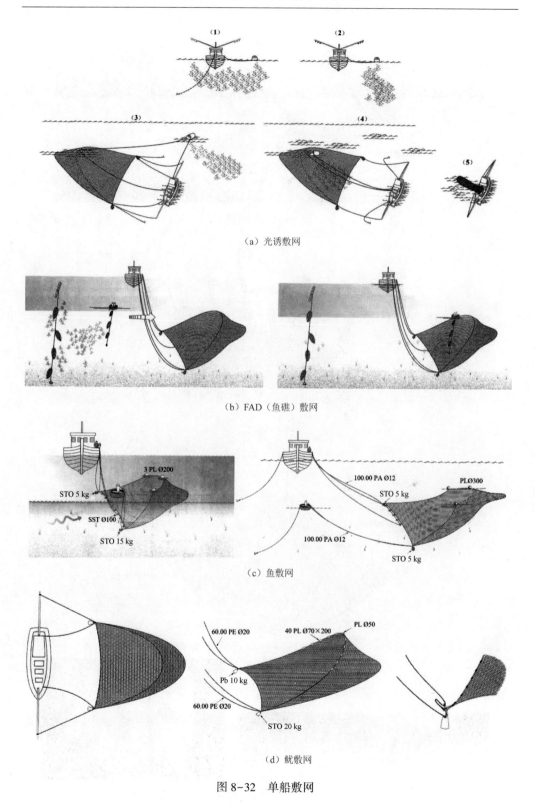

（a）光诱敷网

（b）FAD（鱼礁）敷网

（c）鱼敷网

（d）鱿敷网

图 8-32 单船敷网

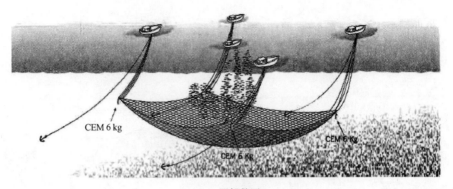

（a）四船敷网

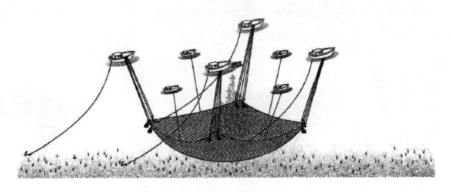

（b）八船敷网

图 8-33　船敷网

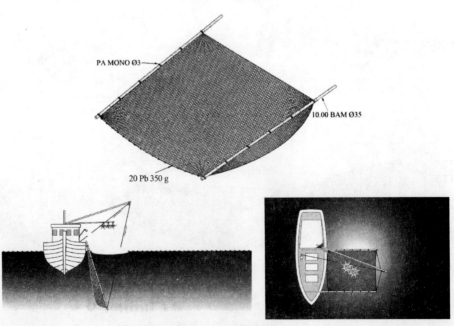

图 8-34　棒受捞网

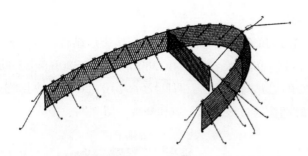

图 8-35　定置网

2. 竹桩陷阱

竹桩陷阱有一个类同于定置网的主结构，但制网材料是竹、木和小目网（图 8-36）。作业渔场是河口，主要目标鱼种是幼虾和小鱼。主要分布于南定、承天顺化等地。

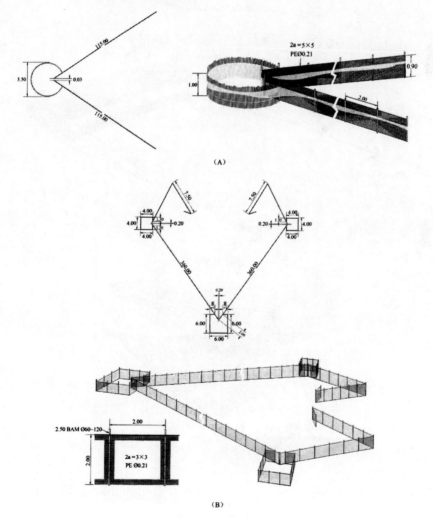

图 8-36　竹桩陷阱

3. 张网/长袋网

张网（图 8-37）和长袋网（图 8-38）都是袋形结构，有网袖或无网袖，这取决于使用地区的习惯和经验。该网由 380D/2×3 ~ 380D/4×3 的聚乙烯网线或 210D/6~210D/12 的尼龙网线制成，网目尺寸为 10~20 mm。网口逆流固结在 2 根固定杆上。当鱼、虾随流通过该网时，鱼和虾被保留在网囊中。

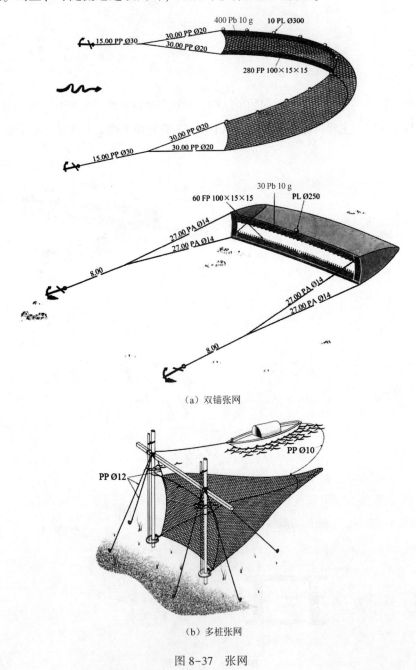

（a）双锚张网

（b）多桩张网

图 8-37　张网

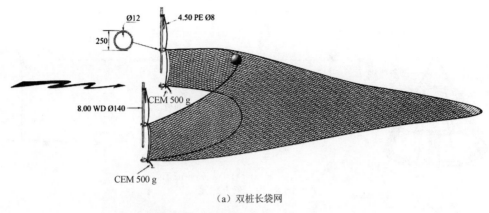

（a）双桩长袋网

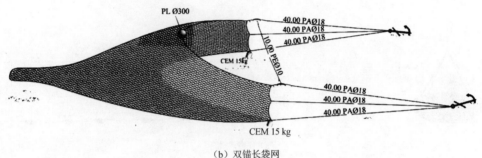

（b）双锚长袋网

图 8-38　长袋网

这一渔具主要分布于南定、海防、广平、承天顺化、薄寮等地。

4. 笼具

该渔具在越南有所发展，主要集中于沿海区，主要分布于广平省，不在近海区和底质粗糙或复杂的海域作业。

笼具是平行六面体或圆柱形结构，由竹、藤条或铁丝网构成，或者用坚硬框架和套笼网片制成，有 1~2 个入口（图 8-39 至图 8-41）。笼可以使用浮子独立设置，或者用支线把笼固定在干线上。笼中放置饵料，以引诱具有高经济价值的目标种类。但是，这一渔具尚未引起足够的研究，并尚未得到广泛的发展，应该利用先进技术把它应用于有较高经济价值鱼种的水域作业。

按主捕种类，该渔具可分为：螺笼（图 8-39）、蟹笼（图 8-40）、乌贼笼（图8-41）、鱼笼、龙虾笼等。根据目标鱼种的不同，放笼、浸笼和收笼的方法也有所不同。龙虾笼和石斑鱼笼必须分开设置，并使入口对着洞穴放置。这些笼可以固定在水域中几个月，每天或每周进行收集作业。对于蟹笼，一条干线可以一个接一个地装配数百个笼，每天放笼和收取渔获物。

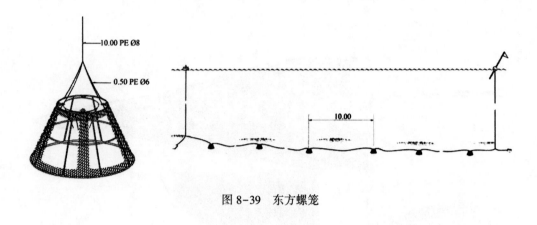

图 8-39　东方螺笼

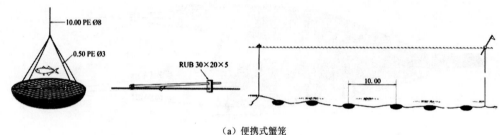

（a）便携式蟹笼

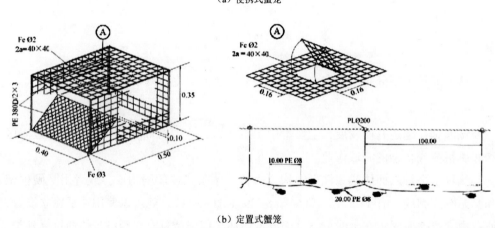

（b）定置式蟹笼

图 8-40　蟹笼

八、掩网

掩网，包括在池塘、湖泊、江河和沿海区域作业的小型掩网，已使用了很长时间。20 世纪 90 年代初，越南从中国和泰国引进了棒受掩网（罩网），虽然从事这一渔业的渔船数量与其他渔业相比并不算多，但它是越南最重要的捕鱿渔具之一。

越南掩网可分为 2 个类型：抛网和棒受掩网。

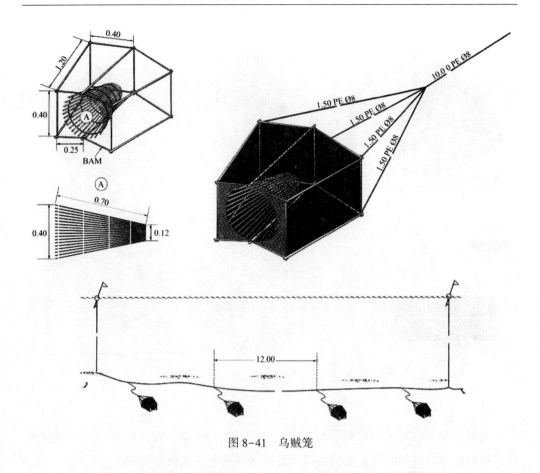

图 8-41　乌贼笼

1. 抛网

抛网（也叫撒网）渔业是小型渔业。抛网为袋形结构，在网口处有一些保留渔获的小袋，网的底部有一条纲，以便于较容易地撒网和起网。主要目标鱼种是虾和小鱼。

2. 棒受掩网

这是掩网中使用数量最多的网具，在主机功率 24~147 kW 的动力渔船上使用。主要目标鱼种是鱿。该渔具是袋形结构，通常，网口周长 40~70 m，由直径 0.2~0.3 mm 的 PA 单丝或 210D/4~210D/6 的尼龙复丝制成，网目尺寸 20~30 mm。在网口处装配 150~250 kg 沉子，通过括纲系统和上纲圆环封闭网口（图 8-42）。

捕捞作业在夜间进行，使用诱鱼灯聚鱼一些时间后，逐步减小灯光强度，把鱼诱到水面至渔具罩下的范围内。渔具已预先挂在船舷（一舷或两舷）的撑杆上，然后拉开连接插件，渔具罩落覆盖鱼群，最后拉动括纲封闭网口。

放网步骤：撒网→逐步减小每组灯光→控制灯光强度以聚集鱿至水面张开着的网下面→拉动插件让网罩落以捕捞整群鱿。

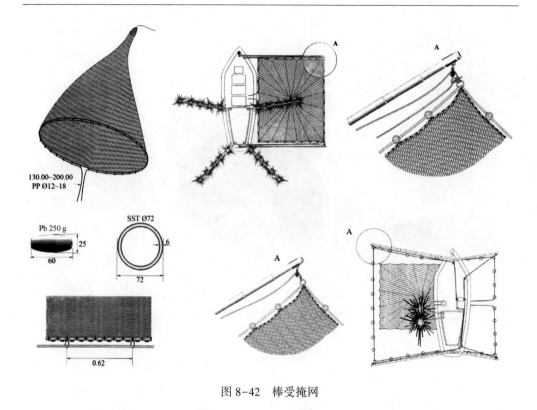

图 8-42　棒受掩网

起网过程：当网沉至鱿所处的水层（深度 15~20 m）时，就可以开始捕鱿操作，收拉括纲以封闭网口，然后用绞车把网连同渔获一起拉起到船上。

棒受掩网主要分布于海防、平顺等地。

九、抄网

这是越南历代渔民使用的一种传统渔具，在江河、河口和沿海区域进行捕捞作业，主要目标种类是虾和鱼，当中幼鱼比例很高。

根据捕捞方式，抄网可分为 2 种类型：一种是用人力推行，叫做捞网；另一种由动力船推行，叫做推网（船推网）。因为每单位投入资本适合于渔民的经济能力，所以推网渔业的渔船数量迅速增加，导致渔获量减少，又加上大多数省份的渔民把炸渔或电渔方式与推网一起结合使用，从而对资源繁殖已造成极为严重的破坏。

该渔具由 2 个主要部分（锥形袋网和剪刀形木架或竹架）组成（图 8-43 至图 8-45）。袋网由直径为 0.2~0.3 mm 的尼龙单丝或 380D/3×3~380D/3×4 的复丝网线制成。网口与剪刀形竹/木架连接，网口处装配铅或链以保证网口总是接触海底。剪刀形竹/木架由 2 根竹/木杆构成，每根杆长 16~22 m，每根杆的端部装配一个滑撬使竹/木架容易地在海底上滑行。由一艘 103 kW 的动力船（配有 2~3 位渔民）推动推网，作业时间可以是白天，也可以是夜间，最好是在晚上。每网次延续时间为 1~

2 h。

　　推网主要分布于海防、南定、义安、承天顺化、建江等地。

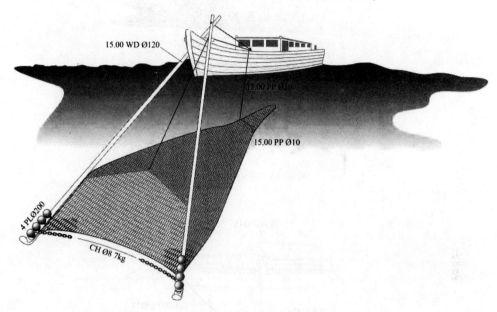

图 8-43　虾船推网

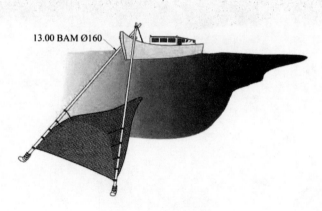

图 8-44　渔船推网

十、杂渔具

　　除了上述渔具外，越南还有许多其他渔具（通称杂渔具），如蛤耙、鱼叉等，这些渔具主要用来捕捞一些典型种类。这些渔具只在某些有其主捕对象的区域使用，例如南部的蛤耙、群岛周围的鱼叉。

　　蛤耙有一个平行六面形，由 4～10 mm 的钢丝网衣制成，网口规格为 33 cm×136 cm（图 8-46）。这一渔具通常在较大的渔船上使用。根据渔船主机功率的大小，一艘渔船可拖曳 1～3 个耙网。

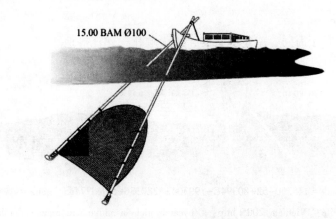

图 8-45　鱼/虾船推网

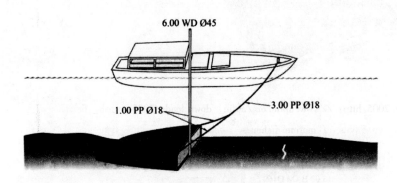

图 8-46　蛤耙

参考文献

胡复元. 越南渔业现状和发展趋势. 中国水产, 1999, (5)：15.

佚名. 越南渔业现状. 2008. http：//info. caexpo. com/zixun/dongmmy/2008-04-29/6409. html.

佚名. 越南大力发展海洋渔业. 2011. http：//www. shuichan. com/Article_ Show. asp？ ArticleID =70218.

张显良, 卢立群. 越南的渔业资源. 国外水产, 1993, (4)：39-43. http：//download. verylib. com/down. html？ f_ code=145250-52-80394C-199304-2227336-5f9cd774&f_ name=ÿÿÿÿÿÿÿ. pdf.

Anon. Country Profile：Vietnam. 2005. http：//bycatch. nicholas. duke. edu/regions/SoutheastAsia/Vietnam. pdf.

Anon. Vietnam Fisheries Industry. 2011. http：//www. vasep. com. vn/vasep/Potention. nsf/eVietNamSeafoodIndu stry.

Blue Ocean Institute. Country Profile：Vietnam. http：//bycatch. nicholas. duke. edu/regions/SoutheastAsia/Viet nam. pdf.

Dao M S, Dang V T, Huynh N, Duy Bao. Some information on low value and trash fish in Vietnam. 2005. http：//www. apfic. org/apfic_ down loads/2005_ trash_ fish/Vietnam-2. pdf.

Dao Manh Son. Status of marine fisheries resources and capture fisheries in Vietnam. 2005. ftp：//ftp. afsc. noaa. gov/International/RimConf-Presentations/Day1/A05-Vietnam-Vihn. ppt.

Edwards P，Tuan L A，Allan G L. A survey of marine trash fish and fish meal as aquaculture feed ingredients in Vietnam. ACIAR Working Paper, 2004, No. 57, pp 56. http：//aciar. gov. au/files/node/554/wp57. pdf.

FAO. Fishery country profile：The Socialist Republic of Viet Nam. 2005. http：//www. fao. org/fi/oldsite/FCP/en/VNM/profile. htm.

FAO/FishCode. Report of the National Conference on Responsible Fisheries in Vietnam, Hanoi, Vietnam, 29 - 30 September 2003, FAO/FishCode review, no. 9. Rome：UN Food and Agriculture Organization, 2004.

Ministry of Fisheries and The World Bank. Vietnam Fisheries and Aquaculture Sector Study--Final Report. 2005. http：//siteresources. worldbank. org/INTVIETNAM/Resources/vn_ fisheries-report-final. pdf.

Narong R，Somboon S. Fishing Gear and Methods in Southeast Asia_ IV. Vietnam. SEAFDEC，2002. P279.

Nguyen，K A T. Marine fisheries in Vietnam. 2004. http：//www. onefish. org/servlet/CDSServlet？ status = ND00 Mjcua WlmZXRfZDU0JjY9ZW4mMzM9ZG9jdW1lbnRzJjM3PWluZm8~.

Seaaroundu. List of Marine Fishes for Viet Nam. 2011. http：//www. seaaroundus. org/eez/.

Thuc Nguyen Van. Bycatch Utilisation in Vietnam. In：Clucas, I. and Teutscher F. (Eds), Report and Proceedings of FAD/DFID Expert Consultation on Bycatch Utilization in Tropical Fisheries，Beijing，China，21-28 September 1998，129-138.

Thuoc P and Long N. Overview of the coastal fisheries of Vietnam. P. 96-106. In: Silvestre G & Pauly D (Editors) . Status and management of tropical coastal fisheries in Asia. ICLARM Conference Proceedings 53, 208p. 1997. http: //www2. fisheries. com/archive/members/dpauly/booksreports/1997/status-mngttropicalcoast alfisheries. pdf.

Vu Viet Ha. A review on the marine fisheries resources as used for surimi raw materials in Vietnam. 2008. http: //map. seafdec. org/downloads/ws-1-2-07-09/08_ Country%20report%20of% 20Vietnam. pdf.

附　　录

附录 1

渔具图注解

（1）围网和刺网的水平长度按浮子纲长度绘制，垂直深度按充分拉紧网衣长度绘制。对于有侧纲的刺网，垂直深度按侧纲长度绘制。

（2）概要图，如完整渔具的装配图和构件的细节图，大多数不按比例绘制，但给出主要尺寸。有些渔具以示意图表示，标出可用尺寸。

（3）在网衣上下边缘的 2 条并列纲索，其长度、材料和规格相同时，只标注其中 1 条纲索的数字，并在此标注前加上"2-"或"2×"，例如，2-51.45PAMØ0.51 或 2×51.45PAMØ0.51。

（4）长度尺寸均采用公制，只用米（m）和毫米（mm）2 种单位。为了简化图面，一般不标注单位，但从前后关系和标注方式可以容易地确认出来。较大的尺寸（例如网衣、纲索和较长属具的长度）用米（m）表示，精确到 2 位小数，小数点后无数字的用零补足，如 5.25、90.20、150.00；较小的尺寸（例如网目尺寸和纲索、浮子的直径）用毫米（mm）表示，一般不保留小数或只保留 1 位小数，如 12、527、1.2、20.5。

（5）质量和重量单位用千克（kg）或克（g）表示。浮力和沉力用千克力（kgf）或克力（gf）表示。

（6）网衣的缩结系数（E）是指一定部分的配纲长度和装配在这部分纲上的拉紧网衣长度之间的比值，可以根据需要标注至 2 位或 3 位小数。

（7）网线的规格用但尼尔（D）制表示。

（8）沿边缘直行的网目数量表示网片或网段的宽度和长度或深度。

（9）捕捞作业的次序用带圆括号的阿拉伯数字（1，2，3，…）的示意图表示，阿拉伯数字表示捕捞作业阶段的顺序。

（10）渔具图部分详细用圆括号大写字母（A，B，C，…）表示。

附录2

渔具制图略语和符号

ALT	替换，随选	FO/FP	泡沫/泡沫塑料	RIN	环圈
Alu	铝	GAL	镀锌	RUB	橡胶，橡皮带
ARTI	人造	GL	玻璃	SAN	沙
BAG	囊，袋	GT	总吨	SF	合成纤维
BAM	竹	HO	钩	SILK	丝绸
BAR	倒刺，支，条	HU	皮，外壳	SL	惊吓纲/绳
BAT	电池，蓄电池	IF	铁框	SN	Saran 尼龙
BL	支线	kW	千瓦	SPL	聚光灯
BR	黄铜	LA/LI	灯	SST	不锈钢
BRA	树枝，分支	LEAD	导网，网墙	ST	钢
BRI	砖	MONO	单丝，单股	STO	石头
CEM	水泥	MUL	复丝	STR	稻草
CH	链，铁链	NE	网衣	SYN	合成
CL	布	NF	尼龙纤维	SW	转环
CLAY	粘土，陶土	ORAN	橙色	TUB	管子
CLIP	夹锁	PA	聚酰胺，尼龙	VIN	乙烯塑料
COCO	椰叶	PALM	棕榈	W	瓦
COMB	混合纲	Pb	铅，沉子	WD	木
Cu	铜	PE	聚乙烯	WI	铁丝
D	旦，但尼尔	PH	塑料软管	YEL	黄色
E	缩结系数	PI	圆管	Zn	锌
ENT	入口	PL	塑料	2a	网目尺寸
EYE	眼	PO	杆	◇	网目（数）
Fe	铁	PP	聚丙烯	Ø	直径
FEAT	羽毛	PUL	滑轮	◎	底环
FIB	纤维	PVA	聚乙烯醇	⌒	圆周目数
FL	闪光灯	RA	藤	～	流向
FLU	荧光灯	RED	红色	⇒	风向